普通高等教育“十一五”国家级规划教材

传　感　器

第 6 版

主编　唐文彦　张晓琳
参编　王永红　黄银国　吴海滨
主审　张国雄

本书配有以下教学资源：
★课件
★习题答案
★试卷
★视频课程
（微信扫“天工讲堂”二维码）

机 械 工 业 出 版 社

本书主要讲述在几何量和机械量检测中所使用的传感器，如电阻式传感器、电感式传感器、电容式传感器、磁电式传感器、压电式传感器、光电式传感器、热电式传感器、气电式传感器、谐振式传感器、波式和射线式传感器等。主要介绍这些传感器的工作原理、一些工程设计方法，以及对传感器进行分析研究和选用的基本知识。

这次是在第5版的基础上修订的，保持第5版按传感器的工作原理分章的结构，条理清晰，内容的选取反映了我国当前工业生产和科研的实际，增加了一些传感器在当代所能达到的技术指标、传感器的特性分析、准确度分析等方面的内容及应用实例。

本书读者对象为高校测控技术与仪器专业的师生，也可供相关专业师生及工程技术人员参考。

本书配有电子课件和习题答案，欢迎选用本书作教材的老师登录www.cmpedu.com注册下载，或发邮件到jinacmp@163.com索取。

图书在版编目（CIP）数据

传感器/唐文彦，张晓琳主编. —6版. —北京：机械工业出版社，2020.12（2022.1重印）

普通高等教育“十一五”国家级规划教材

ISBN 978-7-111-67269-2

Ⅰ.①传… Ⅱ.①唐… ②张… Ⅲ.①传感器-高等学校-教材 Ⅳ.①TP212

中国版本图书馆CIP数据核字（2020）第263544号

机械工业出版社（北京市百万庄大街22号 邮政编码100037）
策划编辑：吉 玲 责任编辑：吉 玲
责任校对：张 薇 封面设计：张 静
责任印制：郜 敏
北京中兴印刷有限公司印刷
2022年1月第6版第2次印刷
184mm×260mm · 13.5印张 · 329千字
标准书号：ISBN 978-7-111-67269-2
定价：45.00元

电话服务	网络服务
客服电话：010-88361066	机 工 官 网：www.cmpbook.com
010-88379833	机 工 官 博：weibo.com/cmp1952
010-68326294	金 书 网：www.golden-book.com
封底无防伪标均为盗版	机工教育服务网：www.cmpedu.com

前言

传感器被称为工业时代的测量工具——仪器仪表的“五官”，承担着信息感知和获取的关键任务，是当今信息时代的信息源头，在国民经济和国防各领域发挥着不可替代的作用。

本书是根据2003年于北京召开的“测控技术与仪器”教学指导委员会研讨会上拟订的“传感器”教学大纲要求编写的，在第5版的基础上进行了修订，其原则是适当减少教学中触及不多的内容，删除了“传感技术新发展”一章，对于常用传感器给出了目前所能达到的技术指标，使全书内容更适应于教学和科学研究的需要。

本书主要讲述在几何量和机械量检测中所使用的传感器，如电阻式传感器、电感式传感器、电容式传感器、磁电式传感器、压电式传感器、光电式传感器、气电式传感器和谐振式传感器；同时也系统地介绍了测量其他物理量的传感器，包括热电式传感器、超声波及微波式传感器、射线式传感器、半导体式物理传感器等。

本书具有如下特点：按工作原理分章，条理清晰、结构严谨、涵盖面广；每章末均附有思考题和习题；内容的选取反映了我国当前工业生产和科学研究的实际。

本书可作为高校测控技术及仪器专业的本科教材，同时可供相关领域工程技术和研究人员及相邻专业研究生参考。

本书由哈尔滨工业大学唐文彦、张晓琳主编。参加编写的有唐文彦（绪论、第一章、第十一章、第十二章）、张晓琳（第三章、第八章）、合肥工业大学王永红（第二章、第六章、第九章）、天津大学黄银国（第五章、第七章）、哈尔滨理工大学吴海滨（第四章、第十章）。

天津大学张国雄仍负责主审工作。

我们在修订本书过程中，努力保持其先进性和适用性。但由于学识浅陋，难免有不足之处，希望同行指正。

编　者

目录

绪　论

一、传感器的作用

信息技术已成为当今全球性的战略技术，作为各种信息的感知、采集、转换、传输和处理的功能器件——传感器，已经成为各个应用领域，特别是自动检测、自动控制系统中不可缺少的核心部件。传感器技术正深刻影响着国民经济和国防建设的各个领域。

例如，在化工产品自动生产过程中，首先，进料时要自动对原料称重、分析原料成分或浓度，使它们按比例混合，混合后，在反应容器中自动反应，又必须测定容器中的压力或体积，如果是液体，还需要自动控制容器液位高度；然后，半成品在生产线（管道）中传输，需要自动控制传输速度或流量，这里需要使用液动或气动设备产生推动力，因而要检测压力或压强……最后会对成品自动分装及称重。所有这些环节均需要使用各种传感器对相应的非电量进行检测和控制，使设备或系统自动、正常地运行在最佳状态，保证生产的高效率和高质量。

又如，在各种航天器上，利用多种传感器测定和控制航天器的飞行参数、姿态和发动机工作状态，将传感器获取的各种信号再传送到各种测量仪表和自动控制系统，进行自动调节，使航天器按人们预先设计的轨道正常飞行。

传感器是信息采集系统的首要部件，是实现现代化测量和自动控制（包括遥感、遥测、遥控）的主要环节，是信息的源头，又是信息社会赖以存在和发展的物质与技术基础。现在，传感技术与信息技术、计算机技术并列成为支撑整个现代信息产业的三大支柱。可以设想如果没有高度保真和性能可靠的传感器，没有先进的传感器技术，那么信息的准确获取就成为一句空话，信息技术和计算机技术就成了无源之水。目前，从宇宙探索、海洋开发、环境保护、灾情预报到包括生命科学在内的每一项现代科学技术的研究以及人们的日常生活等，几乎无一不与传感器和传感器技术紧密联系着。可见，应用、研究和开发传感器和传感器技术是信息时代的必然要求。因此，毫不夸张地说：没有传感器及其技术将没有现代科学技术的迅速发展。

二、传感器的定义与组成

我国国家标准（GB 7665—2005）中传感器（Transducer/Sensor）的定义是："能够感受规定的被测量并按照一定规律转换成可用输出信号的器件或装置。"

此定义具有以下几方面的含义：①传感器是某种测量装置或测量装置的一部分，能完成部分检测任务；②它的输入量是某一被测量，可能是物理量，也可能是化学量、生物量等；③它的输出量是某种物理量，这种量要便于转换、处理等，这种量可以是气、光、电物理量，但主要是电物理量；④输出输入有对应关系，且应有一定的精确程度。

关于传感器，我国曾出现过多种名称，如发送器、传送器、变送器、换能器等，它们的内涵相同或相似，所以近来已逐渐趋向统一，大都使用传感器这一名称了。从字面上可以做如下解释：传感器的功用是一感二传，即感受被测信息，并传送出去。

传感器一般由敏感元件、转换元件、基本转换电路3部分组成，组成框图如图0-1所示。

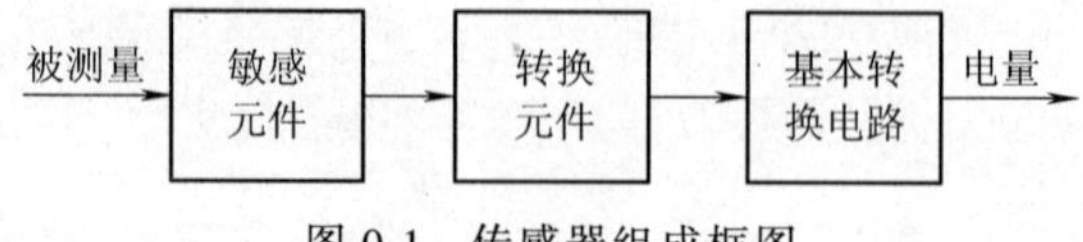

图0-1　传感器组成框图

敏感元件：它是直接感受被测量，并输出与被测量成确定关系的某一物理量的元件。图0-2是一种气体压力传感器的示意图。膜盒2的下半部与壳体1固接，上半部通过连杆与磁心4相连，磁心4置于两个电感线圈3中，后者接入转换电路5。这里的膜盒就是敏感元件，其外部与大气压力p_a相通，内部感受被测压力p。当p变化时，引起膜盒上半部移动，即输出相应的位移量。

转换元件：敏感元件的输出就是它的输入，它把输入转换成电路参量。在图0-2中，转换元件是可变电感线圈3，它把输入的位移量转换成电感的变化。

基本转换电路：上述电感变化量接入基本转换电路（简称转换电路），便可转换成电量输出。传感器只完成被测参数至电量的基本转换，然后输入到测控电路，进行放大、运算、处理等进一步转换，以获得被测值或进行过程控制。

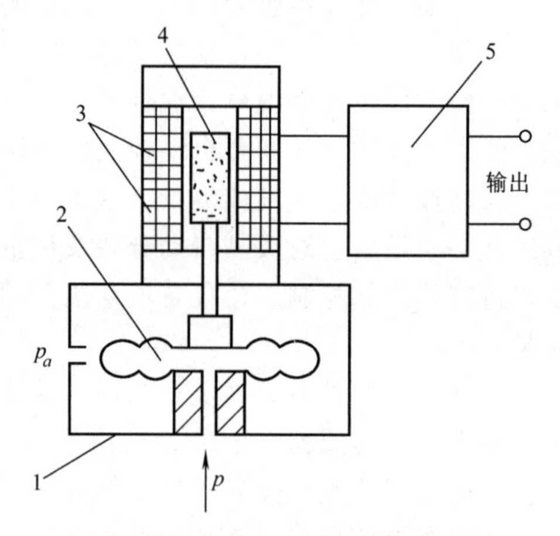

图0-2　气体压力传感器
1—壳体　2—膜盒　3—电感线圈
4—磁心　5—转换电路

实际上，有些传感器很简单，有些则较复杂，大多数是开环系统，也有些是带反馈的闭环系统。

最简单的传感器由一个敏感元件（兼转换元件）组成，它感受被测量时直接输出电量，如热电偶就是这样。如图0-3所示，两种不同的金属材料A和B，一端连接在一起，放在被测温度T中，另一端为参考，温度为T_0，则在回路中将产生一个与温度T、T_0有关的电动势，从而进行温度测量。

有些传感器由敏感元件和转换元件组成。如图0-4所示的压电式加速度传感器，其中质量块m是敏感元件，压电片（块）是转换元件。因转换元件的输出已是电量，故无需转换电路。

有些传感器，转换元件不止一个，要经过若干次转换。

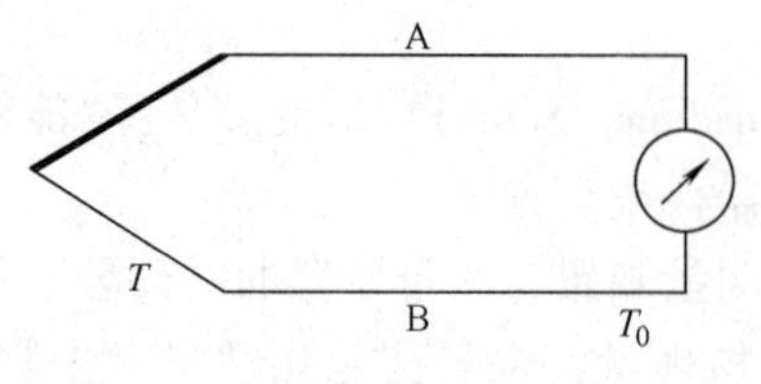

图0-3　热电偶

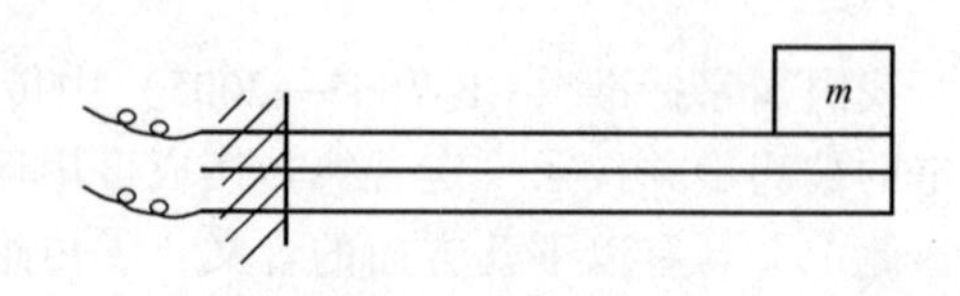

图0-4　压电式加速度传感器

敏感元件与转换元件在结构上常是装在一起的，而基本转换电路为了减小外界的影响也希望和它们装在一起，不过由于空间的限制或者其他原因，基本转换电路常装入电箱中。尽管如此，因为不少传感器要在通过转换电路后才能输出电信号，从而决定了转换电路是传感器的组成环节之一。

三、传感器的分类及对它的一般要求

传感器是知识密集、技术密集的器件，它与许多学科有关，其种类繁多。为了很好地掌握和应用它，需要有一个科学的分类方法。

下面将目前广泛采用的分类方法做一简单介绍。

第一，按传感器的工作机理，可分为物理型、化学型、生物型等。

本课程主要讲授物理型传感器。在物理型传感器中，作为传感器工作物理基础的基本定律有场的定律、物质定律、守恒定律和统计定律等。

第二，按传感器的构成原理，可分为结构型与物性型两大类。

结构型传感器是基于物理学中场的定律构成的，包括动力场的运动定律、电磁场的电磁定律等。物理学中的定律一般是以方程式给出的。对于传感器来说，这些方程式也就是许多传感器在工作时的数学模型。这类传感器的特点是传感器的工作原理是以传感器中元件相对位置变化引起场的变化为基础的，而不是以材料特性变化为基础的。

物性型传感器是基于物质定律构成的，如胡克定律、欧姆定律等。物质定律是表示物质某种客观性质的法则。这种法则，大多数是以物质本身的常数形式给出。这些常数的大小决定了传感器的主要性能。因此，物性型传感器的性能随材料的不同而异。例如，光电管就是物性型传感器，它利用了物质法则中的外光电效应。显然，其特性与涂覆在电极上的材料有着密切的关系。又如，所有半导体传感器，以及所有利用各种环境变化而引起的金属、半导体、陶瓷、合金等性能变化的传感器，都属于物性型传感器。

此外，也有基于守恒定律和统计定律的传感器，但为数较少。

第三，根据传感器的能量转换情况，可分为能量控制型和能量转换型两大类。

能量控制型传感器，在信息变化过程中，其能量需要外电源供给。如电阻、电感、电容等电路参量传感器都属于这一类传感器。基于应变电阻效应、磁阻效应、热阻效应、光电效应、霍尔效应等的传感器也属于此类传感器。

能量转换型传感器，主要由能量变换元件构成，它不需要外电源。如基于压电效应、热电效应、光电动势效应等的传感器都属于此类传感器。

第四，按照物理原理分类，可分为：

1）电参量式传感器，包括电阻式、电感式、电容式 3 个基本形式。

2）磁电式传感器，包括磁电感应式、霍尔式、磁栅式等。

3）压电式传感器。

4）光电式传感器，包括一般光电式、光栅式、激光式、光电码盘式、光导纤维式、红外式、摄像式等。

5）气电式传感器。

6）热电式传感器。

7）波式传感器，包括超声波式、微波式等。

8）射线式传感器。

9）半导体式传感器。

10）其他原理的传感器等。

有些传感器的工作原理具有两种以上原理的复合形式，如不少半导体式传感器，也可看成电参量式传感器。

第五，可以按照传感器的用途来分类，如位移传感器、压力传感器、振动传感器、温度传感器等。

另外，根据传感器输出是模拟信号还是数字信号，可分为模拟传感器和数字传感器；根据转换过程可逆与否，可分为可逆传感器和单向传感器。

各种传感器，由于原理、结构不同，使用环境、条件、目的不同，其技术指标也不可能相同。但是有些一般要求却基本上是共同的，包括：①可靠性；②静态精度；③动态性能；④灵敏度；⑤分辨力；⑥量程；⑦抗干扰能力；⑧能耗；⑨成本；⑩对被测对象的影响等。

可靠性、静态精度、动态性能、量程的要求是不言而喻的。传感器是通过检测功能来达到各种技术指标的目的的，很多传感器要在动态条件下工作，精度不够、动态性能不好或出现故障，整个工作就无法进行。在某些系统中或设备上往往装有许多传感器，若有一个传感器失灵，会影响全局。所以传感器的工作可靠性、静态精度和动态性能是最基本的要求。

抗干扰能力也是十分重要的，因为使用现场总会存在这样或那样的干扰，总会出现各种意想不到的情况，所以要求传感器应有这方面的适应能力，同时还应包括在恶劣环境下使用的安全性。通用性主要是指传感器应可用于各种不同的场合，以免一种应用要搞一种设计，达到事半功倍的目的。其他几项要求不言自明，不再赘述。

四、传感器发展展望

传感器在科学技术领域、工农业生产以及日常生活中发挥着越来越重要的作用。人类社会对传感器提出的越来越高的要求是传感器技术发展的强大动力，而现代科学技术突飞猛进则提供了坚强的后盾。

纵观几十年来的传感技术领域的发展，有以下4个方面。

1. 扩展检测范围

目前检测技术正在向宏观世界和微观世界的纵深发展着。空间技术、海洋开发、环境保护以及地震预测等都要求检测技术满足观测研究宏观世界的要求；细胞生物学、遗传工程、光合作用、医学及微加工技术等又希望检测技术跟上研究微观世界的步伐。所有这些都对传感器的研究开发提出许多新的要求。其中重要的一点就是扩展检测范围，不断突破检测参数的极限，包括检测参数的种类以及检测范围。例如，连续测量液态金属的温度、长时间测量高温介质、极低温度测量（超导）、混相流量测量、脉动流量测量、超高压测量、微差压测量、大吨位测量、分子量测量等，都要求研究解决极端参数检测用的传感器。近代物理学中的许多新成就应用于传感器的研究与开发，极大地扩展了传感器的检测范围。用激光、红外、超声、各种谱线及射线等原理可以制成测温、测流、测距等各类新颖传感器。用半导体砷化镓二极管可测0.3~400K的超低温，分辨力达0.07K；利用发光二极管或激光为光源加上光纤可以传送图像及测温；利用激光的单色性及其光程差引起的干涉现象可以测量2MPa数量级的差压。发展地看，传感器的极限检测范围大多将取决于量子力学效应。例如，利用约瑟夫逊效应的磁传感器可以测 10^{-11}T 的极弱磁场强度；用约瑟夫逊效应的热噪声温度计可测 10^{-6}K 的超低温。具有检测这种极其微弱信号的传感器技术，不仅展示了传感器开发的方向及能力，也可以促进其他技术的发展，甚至会使一些新学科诞生。

2. 提高检测性能

检测技术的发展，必然要求传感器的性能不断提高。例如，对于火箭发动机燃烧室的压力测量，希望测量精度能高于 0.1%；对超精密机械加工的在线检测，要求精度达 0.1μm，且工作可靠，由此需要研制性能优异的传感器。

对传感器而言，测量精度是其最重要的综合指标。在 20 世纪 30 到 40 年代，测量精度一般为百分之几到千分之几。近年来提高很快，有些量的测量精度可达万分之几，甚至百万分之几。例如，采用光电倍增管作为传感器的自动光学高温计，测温范围可达数千摄氏度，而精度为 10^{-2}K；用直线光栅测线位移，测量范围在几米时，精度可达几微米；用激光脉冲测量月球到地球近 40 万千米的距离，其精度可达几厘米。依据微观世界量子力学效应研制的传感器，不仅扩展了检测范围，也极大地提高了测量精度。

3. 传感器的集成化、功能化、智能化

传感器的集成化，是由于引入了半导体集成电路等技术及开发思想的结果。传感器的集成化一般具有两方面含义：其一是将传感器与其后级的放大电路、运算电路、温度补偿电路等制成一个组件，实现一体化。这样与一般传感器相比，它具有体积小、反应快、抗干扰能力强、稳定性好的优点。其二主要是将同一类传感器集成于同一芯片或器件上构成二维或三维式传感器，如面型固态图像传感器，可用于测量物体的表面状况，由于从一开始就用一体化构造的形式来完成，不是在个别传感器制造后用组合或结合的方法构成，因而这类传感器具有坚固性、高精度和高可靠性的特点。

传感器的功能化是与“集成化”相对应的一个概念。这里所讨论的功能化，不是指传感器信号变换的那种单纯或单一的功能，而是比较复杂的或复合的功能。过去由几个元件连接成电路才能完成的功能，经功能化后，只要由一个半导体器材就能实现了。并且，传感器与别的功能结合，可产生出新的功能。例如，由温度传感器与开关元件集成化可构成某种热敏传感器。只要将这种元件的集电结反向饱和电流设计成随温度而变化，就能起控温作用。可见，这种热敏传感器同时具备温度传感器与开关两种功能。再如，用于成像器件的 CCD（电荷耦合器件）就是一种将阵列化的光电探测器与扫描功能一体化的器件。它是具有把一维或二维光学图像转换成时序电信号的功能传感器。

传感器的集成化、功能化充分利用了传感器特性的均匀性，降低了制造成本，实现了系统的小型化和整体性能的提高。

20 世纪 80 年代发展起来的智能化传感器是微电子技术、微型电子计算机技术与检测技术相结合的产物。智能化传感器不仅具有测量、存储、通信、控制等功能，而且还具有记忆、解析、统计处理及自诊断、自校准、自适应等功能。近年来，智能化传感器有了很大的发展，开始同人工智能相结合，创造出各种基于模糊推理、人工神经网络等人工智能技术的传感器，并已在航天等许多高科技领域得到应用。智能化传感器是传感器技术未来发展的主要方向之一，在今后的发展中将会进一步应用到化学、电磁、光学和核物理等研究领域。

4. 新领域、新原理的传感器

传感器的研究与开发可以分为两大方面：一个是传感器本身的研究开发；另一个是与计

算机相连接的传感器系统（或称智能传感器）的研究开发。而就传感器本身的研究开发来说，又可以分为两个方面：一个是面对生产和生活的需要，研制大批新颖传感器，开辟和扩大传感器市场；另一个则是开发新领域、应用新原理新技术的基础研究。

探索、发现和利用新的物理现象、化学反应和生物效应是研制新型传感器的重要工作之一。近年来，许多新原理新技术，如激光、半导体技术、光导纤维、遥感技术、自动化技术以及近代物理、信息论等都已大规模地应用于传感器的开发。从开发的领域看，虽然研究与发展的大多为物理传感器，但是化学传感器和生物传感器的研究也取得了较大的成绩。同时，也应看到传感技术未开发的领域还很多，由于科学技术的发展，需要检测极端参数（超高、超低）值和特殊参量（如气敏、味觉、嗅觉、识别颜色、判断明暗等）等，因此需要不断地探求新的检测原理，研究开发新原理的传感器。除研究利用新的物理效应外，还要不断研究新的化学效应、研究仿生学，仿照生物的感觉功能来开发未来的新型传感器。

五、本课程的特点和任务

“传感器”课程主要讲授把各种几何量、机械量、热工量以及其他有关量转换成电量的各种传感器（包括基本转换电路）。

传感器是与现代科学技术紧密相连的正在发展的一门新兴学科，其种类很多，涉及的工作原理十分丰富。传感器与生产实际和科学研究的关系十分密切。所有这些就决定了“传感器”课程是一门综合性、理论性和实践性都很强的课程。

本课程的主要任务是：①使学生掌握各类传感器的基本理论；②掌握几何量、机械量、热工量等有关量测量中常用的各种传感器的工作原理、主要性能及其特点；③使学生掌握各种传感器的典型应用，能合理地选择和使用传感器；④了解当代传感技术的最新研究成果。

学习“传感器”课程，涉及机、电、光、计算机等多方面知识，学习之前应有所准备。学习中要把握各章重点，弄懂基本概念，配合必要的实验，理论联系实际。

第一章 传感器的一般特性

传感器的特性主要是指输出与输入之间的关系。当输入量为常量，或变化极慢时，这一关系就称为静态特性；当输入量随时间较快地变化时，这一关系就称为动态特性。

一般来说，传感器输出与输入关系可用对时间的微分方程来描述。理论上，将微分方程中的一阶及以上的微分项取为零时，便可得到静态特性。因此，传感器的静态特性只是动态特性的一个特例。实际上传感器的静态特性要包括非线性和随机性等因素，如果把这些因素都引入微分方程，将使问题复杂化。为避免这种情况，总是把静态特性和动态特性分开考虑。

传感器除了有描述输出输入关系的特性之外，还有与使用条件、使用环境、使用要求等有关的特性。

第一节 传感器的静态特性

静态特性表示传感器在被测量处于稳定状态时的输出输入关系。

人们总是希望传感器的输出与输入具有确定的对应关系，而且最好呈线性关系。但一般情况下，输出输入不会符合所要求的线性关系，同时由于存在着迟滞、蠕变、摩擦、间隙和松动等各种因素的影响，以及外界条件的影响，使输出输入对应关系的唯一确定性也不能实现。考虑了这些情况之后，传感器的输出输入作用图大致如图 1-1 所示。图中的外界影响不可忽视，影响程度取决于传感器本身，可通过传感器本身的改善来加以抑制，有时也可以对外界条件加以限制。图中的误差因素就是衡量传感器特性的主要技术指标。

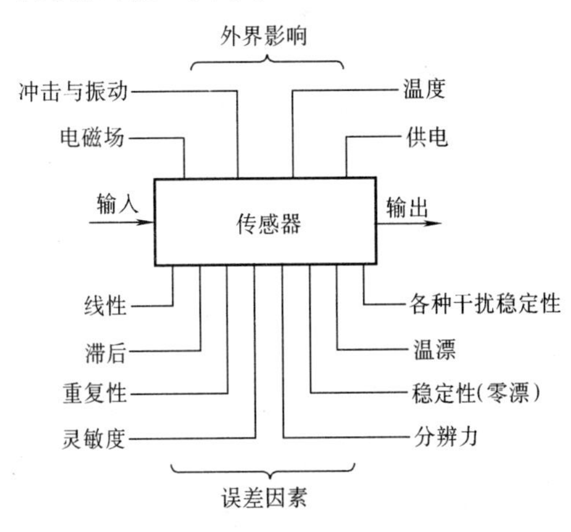

图 1-1 传感器的输出输入作用

一、线性度

传感器的输出输入关系或多或少地存在非线性问题。在不考虑迟滞、蠕变、不稳定性等因素的情况下，其静特性可用下列多项式代数方程表示：

$$y=a_0+a_1x+a_2x^2+a_3x^3+\cdots+a_nx^n \tag{1-1}$$

式中　　y——输出量；

x——输入量；

a_0——零点输出；

a_1——零点处灵敏度；

a_2、a_3、…、a_n——非线性项系数。

各项系数不同，决定了特性曲线的具体形式。

静态特性曲线可实际测试获得。在获得特性曲线之后，可以说问题已经得到解决。但是为了标定和数据处理的方便，希望得到线性关系。这时可采用各种方法，其中也包括硬件或软件补偿，进行线性化处理。一般来说，这些办法都比较复杂。所以在非线性误差不太大的情况下，总是采用直线拟合的办法来线性化。

在采用直线拟合线性化时，输出输入的实际测量曲线与其拟合直线之间的最大偏差，就称为非线性误差或线性度，通常用相对误差 γ_L 来表示，即

$$\gamma_L = \pm(\Delta_{Lmax}/y_{FS})\times 100\% \tag{1-2}$$

式中　Δ_{Lmax}——最大非线性误差；

y_{FS}——满量程输出。

由此可见，非线性偏差的大小是以一定的拟合直线为基准直线而得出来的。拟合直线不同，非线性误差也不同。所以，选择拟合直线的主要出发点，应是获得最小的非线性误差。另外，还应考虑使用是否方便，计算是否简便。

目前常用的拟合方法有：①理论拟合；②过零旋转拟合；③端点连线拟合；④端点连线平移拟合；⑤最小二乘拟合；⑥最小包容拟合等。前4种方法如图1-2所示。图中实线为实际输出曲线，虚线为拟合直线。

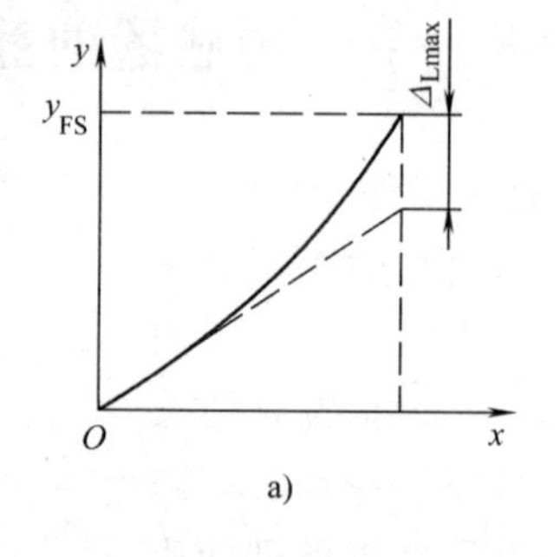

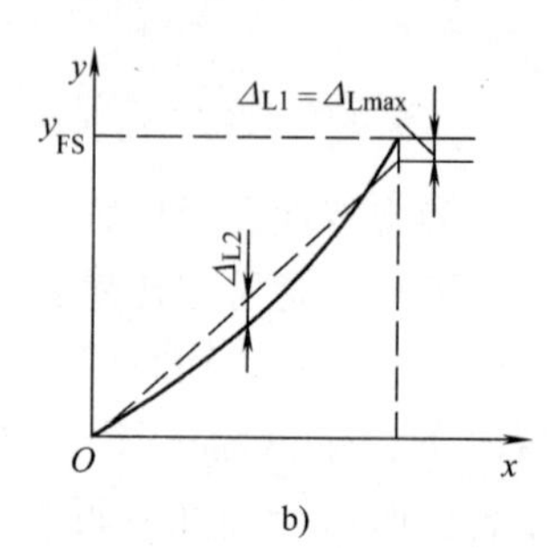

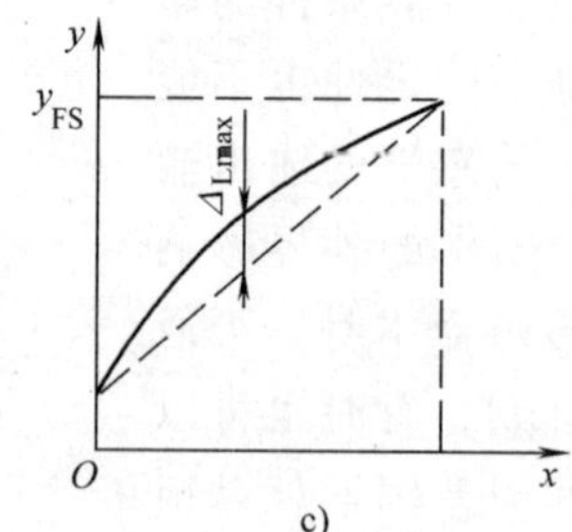

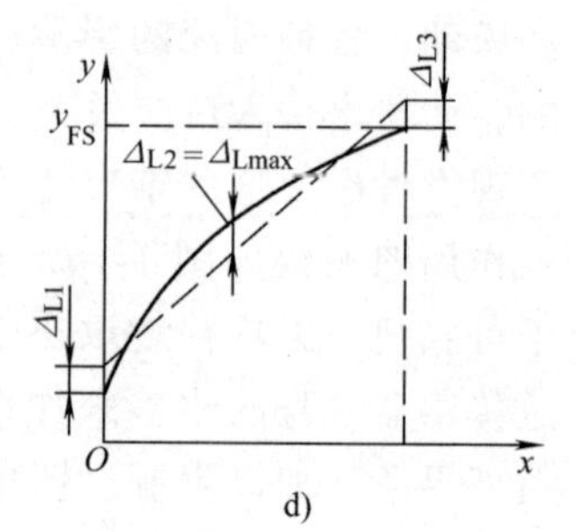

图1-2　各种直线拟合方法

a）理论拟合　b）过零旋转拟合

c）端点连线拟合　d）端点连线平移拟合

图1-2a中，拟合直线为传感器的理论特性，与实际测试值无关。该方法十分简单，但一般说 Δ_{Lmax} 较大。图1-2b为过零旋转拟合，常用于曲线过零的传感器。拟合时，使 $\Delta_{L1}=|\Delta_{L2}|=\Delta_{Lmax}$。这种方法也比较简单，非线性误差比前一种小很多。图1-2c中，把输出曲线两端点的连线作为拟合直线。这种方法比较简便，但 Δ_{Lmax} 也较大。图1-2d中在图1-2c基础上使直线平移，移动距离为原先 Δ_{Lmax} 的一半，这样输出曲线分布于拟合直线的两侧，$\Delta_{L2}=|\Delta_{L1}|=|\Delta_{L3}|=\Delta_{Lmax}$，与图1-2c相比，非线性误差减小一半，提高了精度。

采用最小二乘法拟合时，如图1-3所示。设拟合直线方程为

$$y=kx+b \tag{1-3}$$

若实际校准测试点有 n 个，则第 i 个校准数据与拟合直线上响应值之间的残差为

$$\Delta_i=y_i-(kx_i+b) \tag{1-4}$$

最小二乘法拟合直线的原理就是使 $\sum\Delta_i^2$ 为最小值，即

$$\sum_{i=1}^{n}\Delta_i^2=\sum_{i=1}^{n}[y_i-(kx_i+b)]^2=\min \tag{1-5}$$

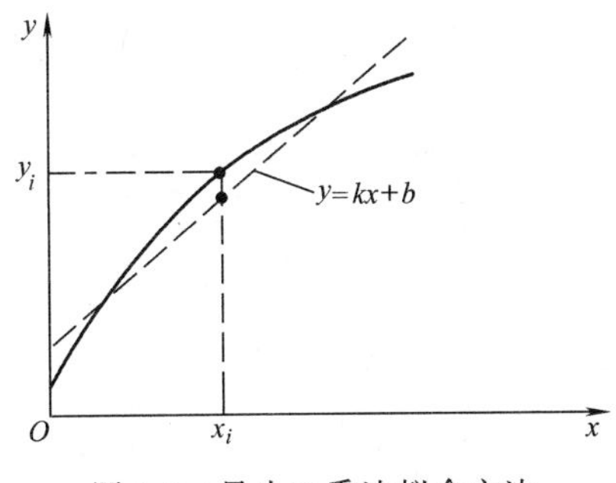

图 1-3　最小二乘法拟合方法

也就是使 $\sum\Delta_i^2$ 对 k 和 b 一阶偏导数等于零，即

$$\frac{\partial}{\partial k}\sum\Delta_i^2=2\sum(y_i-kx_i-b)(-x_i)=0 \tag{1-6}$$

$$\frac{\partial}{\partial b}\sum\Delta_i^2=2\sum(y_i-kx_i-b)(-1)=0 \tag{1-7}$$

从而求出 k 和 b 的表达式为

$$k=\frac{n\sum x_iy_i-\sum x_i\sum y_i}{n\sum x_i^2-(\sum x_i)^2} \tag{1-8}$$

$$b=\frac{\sum x_i^2\sum y_i-\sum x_i\sum x_iy_i}{n\sum x_i^2-(\sum x_i)^2} \tag{1-9}$$

在获得 k 和 b 之值后代入式（1-3）即可得到拟合直线，然后按式（1-4）求出残差的最大值 Δ_{Lmax} 即为非线性误差。

顺便指出，大多数传感器的输出曲线是通过零点的，或者使用“零点调节”使它通过零点。某些量程下限不为零的传感器，也可以将量程下限作为零点处理。

二、迟滞

传感器在正（输入量增大）反（输入量减小）行程中输出输入曲线不重合的现象称为迟滞。迟滞特性如图 1-4 所示，它一般是由实验方法测得的。迟滞误差一般以满量程输出的百分数表示，即

$$\gamma_{\mathrm{H}}=\pm(1/2)(\Delta_{\mathrm{Hmax}}/y_{\mathrm{FS}})\times100\% \tag{1-10}$$

式中　Δ_{Hmax}——正反行程间输出的最大差值。

迟滞误差的另一名称为回程误差。回程误差常用绝对误差表示。检测回程误差时，可选择几个测试点，对应于每一个输入信号，传感器正行程及反行程中输出信号差值的最大者即为回程误差。

三、重复性

重复性是指传感器在输入按同一方向连续多次变动时所得特性曲线不一致的程度。

图 1-5 所示为输出曲线的重复特性，正行程的最大重复性误差为 Δ_{Rmax1}，反行程的最大重复性误差为 Δ_{Rmax2}。重复性误差取这两个误差之中较大者为 Δ_{Rmax}，再以满量程 y_{FS} 输出的百分数表示，即

$$\gamma_R = \pm(\Delta_{Rmax}/y_{FS}) \times 100\% \tag{1-11}$$

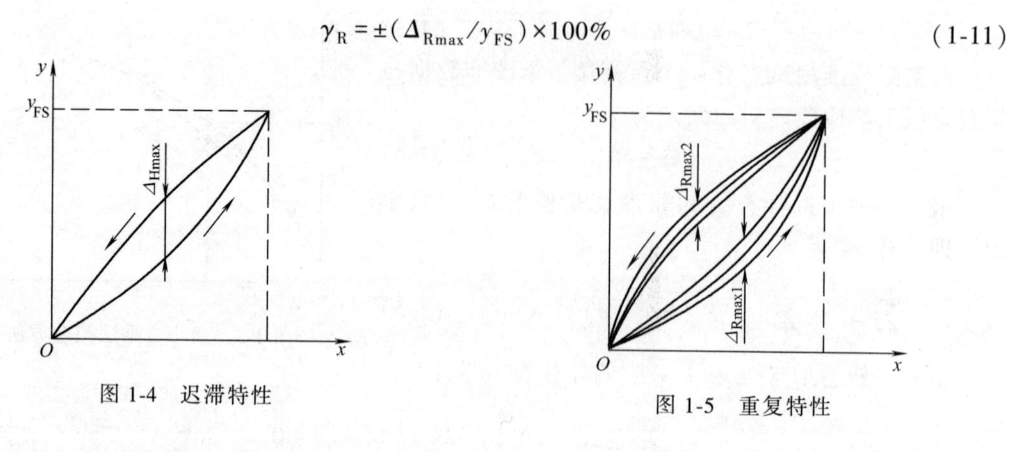

图 1-4 迟滞特性

图 1-5 重复特性

重复性误差也常用绝对误差表示。检测时也可选取几个测试点，对应每一点多次从同一方向趋近，获得系列输出值 y_{i1}，y_{i2}，y_{i3}，…，y_{in}，算出最大值与最小值之差或 3σ 作为重复性偏差 Δ_{Ri}，在几个 Δ_{Ri} 中取出最大值 Δ_{Rmax} 作为重复性误差。

四、灵敏度与灵敏度误差

传感器输出的变化量 Δy 与引起该变化量的输入变化量 Δx 之比即为其静态灵敏度，表达式为

$$k = \Delta y / \Delta x \tag{1-12}$$

由此可见，传感器输出曲线的斜率就是其灵敏度。对具有线性特性的传感器，其特性曲线的斜率处处相同，灵敏度 k 是一常数，与输入量大小无关。

由于某种原因，会引起灵敏度变化，产生灵敏度误差。灵敏度误差用相对误差表示，即

$$\gamma_S = (\Delta k / k) \times 100\% \tag{1-13}$$

五、分辨力与阈值

分辨力是指传感器能检测到的最小的输入增量。有些传感器，当输入量连续变化时，输出量只做阶梯变化，则分辨力就是输出量的每个“阶梯”所代表的输入量的大小。分辨力用绝对值表示，用与满量程的百分数表示时称为分辨率。在传感器输入零点附近的分辨力称为阈值。

六、稳定性

稳定性是指传感器在长时间工作的情况下输出量发生的变化，有时称为长时间工作稳定性或零点漂移。测试时先将传感器输出调至零点或某一特定点，相隔 4h、8h 或一定的工作次数后，再读出输出值，前后两次输出值之差即为稳定性误差。稳定性误差可用相对误差表示，也可用绝对误差表示。

七、温度稳定性

温度稳定性又称为温度漂移，它是指传感器在外界温度变化时输出量发生的变化。测试时先将传感器置于一定温度（如 20℃），将其输出调至零点或某一特定点，使温度上升或下

降一定的度数（如 5℃或 10℃），再读出输出值，前后两次输出值之差即为温度稳定性误差。温度稳定性误差用温度每变化若干摄氏度的绝对误差或相对误差表示。每摄氏度引起的传感器误差又称为温度误差系数。

八、抗干扰稳定性

抗干扰稳定性是指传感器对外界干扰的抵抗能力，如抗冲击和振动的能力、抗潮湿的能力、抗电磁场干扰的能力等。评价这些能力比较复杂，一般也不易给出数量概念，需要具体问题具体分析。

九、静态测量不确定度

静态测量不确定度（传统上也称为静态误差）是指传感器在其全量程内任一点的输出值与其理论值的可能偏离程度。

静态误差的求取方法如下：把全部输出数据与拟合直线上对应值的残差，看成是随机分布，求出其标准偏差 σ，即

$$\sigma = \pm\sqrt{\frac{1}{n-1}\sum_{i=1}^{n}(\Delta y_i)^2} \tag{1-14}$$

式中　Δy_i——各测试点的残差；

n——测试点数。

取 2σ 或 3σ 值即为传感器的静态误差。静态误差也可用相对误差来表示，即

$$\gamma = \pm(3\sigma/y_{FS})\times 100\% \tag{1-15}$$

静态误差是一项综合性指标，它基本上包括了前面叙述的非线性误差、迟滞误差、重复性误差、灵敏度误差等，若这几项误差是随机的、独立的、正态分布的，也可以把这几个单项误差综合而得，即

$$\gamma = \pm\sqrt{\gamma_L^2+\gamma_H^2+\gamma_R^2+\gamma_S^2} \tag{1-16}$$

第二节　传感器的动态特性

传感器的动态特性是指传感器对随时间变化的输入量的响应特性，传感器所检测的信号大多数是时间的函数。为了使传感器的输出信号和输入信号随时间的变化曲线一致或相近，要求传感器不仅应有良好的静态特性，而且还应具有良好的动态特性。传感器的动态特性是传感器的输出值能够真实地再现变化着的输入量能力的反映。

一、数学模型与传递函数

为了分析动态特性，首先要写出数学模型，求得传递函数。

一般情况下，传感器输出 y 与被测量 x 之间的关系可写成

$$f_1(\mathrm{d}^n y/\mathrm{d}t^n,\cdots,\mathrm{d}y/\mathrm{d}t,y)=f_2(\mathrm{d}^m x/\mathrm{d}t^m,\cdots,\mathrm{d}x/\mathrm{d}t,x)$$

不过，大多数传感器在其工作点附近一定范围内，其数学模型可用线性微分方程表示，即

$$a_n \mathrm{d}^n y/\mathrm{d}t^n + \cdots + a_1 \mathrm{d}y/\mathrm{d}t + a_0 y = b_m \mathrm{d}^m x/\mathrm{d}t^m + \cdots + b_1 \mathrm{d}x/\mathrm{d}t + b_0 x \tag{1-17}$$

设 $x(t)$、$y(t)$ 的初始条件为零，对式（1-17）两边进行拉普拉斯变换，可得

$$a_n s^n Y(s) + \cdots + a_1 sY(s) + a_0 Y(s) = b_m s^m X(s) + \cdots + b_1 sX(s) + b_0 X(s)$$

由此可求得初始条件为零的条件下输出信号拉普拉斯变换 $Y(s)$ 与输入信号拉普拉斯变换 $X(s)$ 的比值：

$$\frac{Y(s)}{X(s)} = W(s) = \frac{b_m s^m + \cdots + b_1 s + b_0}{a_n s^n + \cdots + a_1 s + a_0} \tag{1-18}$$

这一比值 $W(s)$ 定义为传感器的传递函数。

传递函数是拉普拉斯变换算子 s 的有理分式。所有系数 a_n，…，a_1，a_0 及 b_m，…，b_1，b_0 都是实数，这是由传感器的结构参数决定的。分子的阶次 m 不能大于分母的阶次 n，这是由物理条件决定的，否则系统不稳定。分母的阶次用来代表该传感器的特征，$n=0$ 时称零阶，$n=1$ 时称一阶，$n=2$ 时称二阶，n 更大时称为高阶。稳定的传感器系统所有极点都位于复平面的左半平面，零点、极点可能是实数，也可能是共轭复数。

二、频率特性

输入量 x 按正弦函数变化时，微分方程式（1-17）的特解（强迫振荡），即输出量 y 也是同频率的正弦函数，其振幅和相位将随频率变化而变化。这一性质就称为频率特性。

设输入量为

$$x = A\mathrm{e}^{\mathrm{j}(\omega t + \varphi_0)} \tag{1-19}$$

获得的输出量为

$$y = B\mathrm{e}^{\mathrm{j}(\omega t + \phi_0)} \tag{1-20}$$

式中　A、B、φ_0、ϕ_0——输入、输出的振幅和初相角；

ω——角频率。

则

$$\mathrm{d}x/\mathrm{d}t = A\mathrm{j}\omega \mathrm{e}^{\mathrm{j}(\omega t + \varphi_0)} = \mathrm{j}\omega x$$

$$\mathrm{d}^2 x/\mathrm{d}t^2 = -A\omega^2 \mathrm{e}^{\mathrm{j}(\omega t + \varphi_0)} = (\mathrm{j}\omega)^2 x$$

$$\vdots$$

$$\mathrm{d}^m x/\mathrm{d}t^m = (\mathrm{j}\omega)^m x$$

$$\mathrm{d}y/\mathrm{d}t = B\mathrm{j}\omega \mathrm{e}^{\mathrm{j}(\omega t + \phi_0)} = \mathrm{j}\omega y$$

$$\mathrm{d}^2 y/\mathrm{d}t^2 = -B\omega^2 \mathrm{e}^{\mathrm{j}(\omega t + \phi_0)} = (\mathrm{j}\omega)^2 y$$

$$\vdots$$

$$\mathrm{d}^n y/\mathrm{d}t^n = (\mathrm{j}\omega)^n y$$

将它们代入式(1-17)可得

$$[a_n(\mathrm{j}\omega)^n + \cdots + a_1(\mathrm{j}\omega) + a_0] y = [b_m(\mathrm{j}\omega)^m + \cdots + b_1(\mathrm{j}\omega) + b_0] x \tag{1-21}$$

从而可得

$$W(\mathrm{j}\omega) = \frac{b_m(\mathrm{j}\omega)^m + \cdots + b_1(\mathrm{j}\omega) + b_0}{a_n(\mathrm{j}\omega)^n + \cdots + a_1(\mathrm{j}\omega) + a_0} \tag{1-22}$$

$W(\mathrm{j}\omega)$ 为一复数，它可用代数形式及指数形式表示，即

$$W(\mathrm{j}\omega)=k_1+\mathrm{j}k_2=k\mathrm{e}^{\mathrm{j}\varphi} \tag{1-23}$$

式中　k_1、k_2——$W(\mathrm{j}\omega)$的实部和虚部；

k、φ——$W(\mathrm{j}\omega)$的幅值和相角，$k=\sqrt{k_1^2+k_2^2}$，$\tan\varphi=k_2/k_1$。

将式（1-23）代入式（1-21）可得

$$y=k\mathrm{e}^{\mathrm{j}\varphi}x \tag{1-24}$$

将式（1-19）、式（1-20）代入式（1-24）可得

$$B\mathrm{e}^{\mathrm{j}(\omega t+\phi_0)}=kA\mathrm{e}^{\mathrm{j}(\omega t+\varphi_0+\varphi)} \tag{1-25}$$

可见，k 值表示了输出量幅值与输入量幅值之比，即动态灵敏度，k 值是 ω 的函数，称为幅频特性，以 $k(\omega)$表示；φ 值表示了输出量的相位较输入量超前的角度，它也是 ω 的函数，称为相频特性，以 $\varphi(\omega)$表示。

三、过渡函数与稳定时间

过渡函数就是输入为阶跃信号的响应。传感器的输入由零突变到A，且保持为A，如图 1-6a 所示，输出 y 将随时间变化，如图 1-6b 所示。$y(t)$可能经过若干次振荡(或不经振荡)缓慢地趋向稳定值 kA，这里 k 为仪器的静态灵敏度，这一过程称为过渡过程，$y(t)$称为过渡函数。

过渡函数就是符合 $t=0$、$y=0$ 等初始条件的下列方程：

$$a_n\mathrm{d}^n y/\mathrm{d}t^n+\cdots+a_1\mathrm{d}y/\mathrm{d}t+a_0y=b_0A \tag{1-26}$$

的特解。

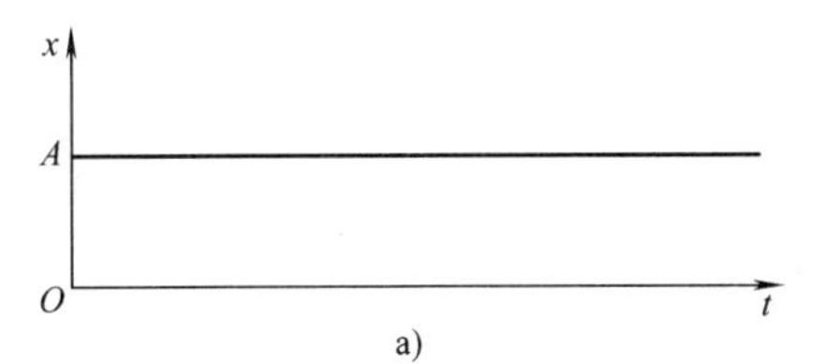

a)

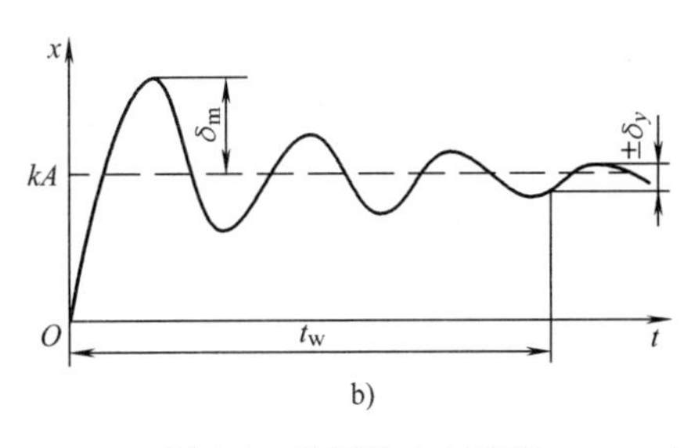

b)

图 1-6　阶跃输入与响应

对过渡函数的要求，与输出信号如何提取有关。严格说来，过渡函数曲线上各点到 $y=kA$ 直线的距离都是动态误差。当过渡过程基本结束时，y 处于允许误差 δ_y 范围内所经历的时间称为稳定时间 t_w。稳定时间也是重要的动态特性之一。当后续测量控制系统有可能受到过渡函数的极大值的影响时，过冲量 δ_m 应给予限制。

四、应用

实际的模拟传感器的数学模型，通常可简化用零阶、一阶、二阶微分方程表示，需用高阶(三阶以上)微分方程表示的较少。数学模型为几阶微分方程就称为几阶传感器。

电位器式传感器，忽略寄生电感和电容的影响，就是零阶传感器。

一阶传感器，如液体温度传感器、某些气体传感器等。

二阶传感器，如电动式测振传感器等。

现对二阶传感器进行具体分析。二阶传感器的方程为

$$a_2\mathrm{d}^2y/\mathrm{d}t^2+a_1\mathrm{d}y/\mathrm{d}t+a_0y=b_0x \tag{1-27}$$

也可写成

$$(\tau^2s^2+2\xi\tau s+1)Y=kX \tag{1-28}$$

式中　τ——时间常数，$\tau=\sqrt{a_2/a_0}$，$\omega_0=1/\tau$，ω_0 为自振角频率；

ξ——阻尼比，$\xi=a_1/(2\sqrt{a_0a_2})$；

k——静态灵敏度，$k=b_0/a_0$。

由式（1-28）可得二阶传感器的频率特性、幅频特性、相频特性，分别为

$$W(j\omega)=k/[1-\omega^2\tau^2+2j\xi\omega\tau] \tag{1-29}$$

$$k(\omega)=k/\sqrt{(1-\omega^2\tau^2)^2+(2\xi\omega\tau)^2} \tag{1-30}$$

$$\varphi(\omega)=-\arctan[2\xi\omega\tau/(1-\omega^2\tau^2)] \tag{1-31}$$

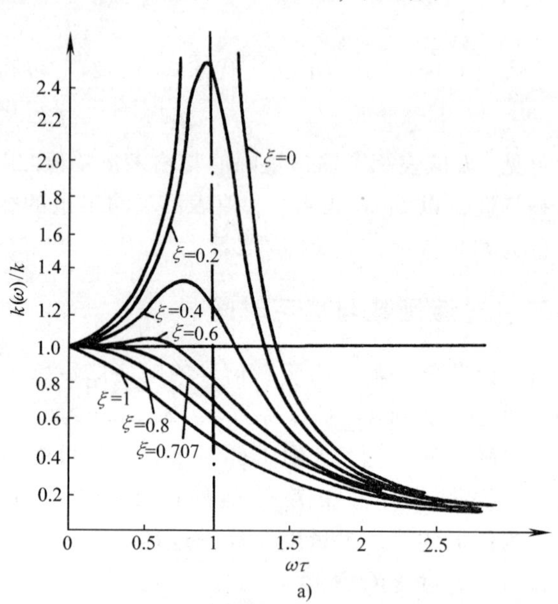

a)

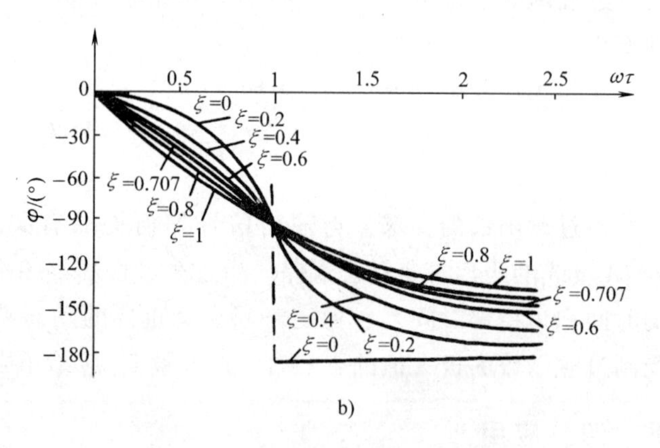

b)

图 1-7　二阶传感器的幅频与相频特性

图 1-7 所示为不同阻尼比情况下相对幅频特性即动态特性与静态灵敏度之比的曲线图。

由此可见，阻尼比 ξ 的影响较大。当 $\xi\to0$ 时，在 $\omega\tau=1$ 处 $k(\omega)$ 趋近无穷大，这一现象称为谐振。随着 ξ 的增大，谐振现象逐渐不明显。当 $\xi\geqslant0.707$ 时，不再出现谐振，这时 $k(\omega)$ 将随着 $\omega\tau$ 的增大而单调下降。为了求得二阶传感器的过渡函数，需要在输入阶跃量 $x=A$ 的情况下求下列方程的解：

$$\tau^2\mathrm{d}^2y/\mathrm{d}t^2+2\xi\tau\mathrm{d}y/\mathrm{d}t+y=kA \tag{1-32}$$

式（1-32）所列方程的特征方程为

$$\tau^2s^2+2\xi\tau s+1=0 \tag{1-33}$$

根据阻尼比的大小不同，可分为以下 4 种情况。

1）$0<\xi<1$（有阻尼）：特征方程具有共轭复数根，即

$$\lambda_{1,2}=-(\xi\pm j\sqrt{1-\xi^2})/\tau \tag{1-34}$$

方程式（1-32）的通解为

$$y(t)=-e^{-\xi t/\tau}\left(A_1\cos\frac{\sqrt{1-\xi^2}}{\tau}t+A_2\sin\frac{\sqrt{1-\xi^2}}{\tau}t\right)+A_3$$

根据 $t\to\infty$，$y\to kA$，求出 A_3；根据初始条件 $t=0$，$y(0)=0$，$\dot{y}(0)=0$，求出 A_1、A_2，

可得
$$y(t)=kA\left[1-\frac{\exp(-\xi t/\tau)}{\sqrt{1-\xi^2}}\sin\left(\frac{\sqrt{1-\xi^2}}{\tau}t+\arctan\frac{\sqrt{1-\xi^2}}{\xi}\right)\right] \tag{1-35}$$

$\xi<1$ 的二阶传感器过渡曲线如图 1-8 所示。这是一个衰减振荡过程。ξ 越小，振荡频率越高，衰减越慢。

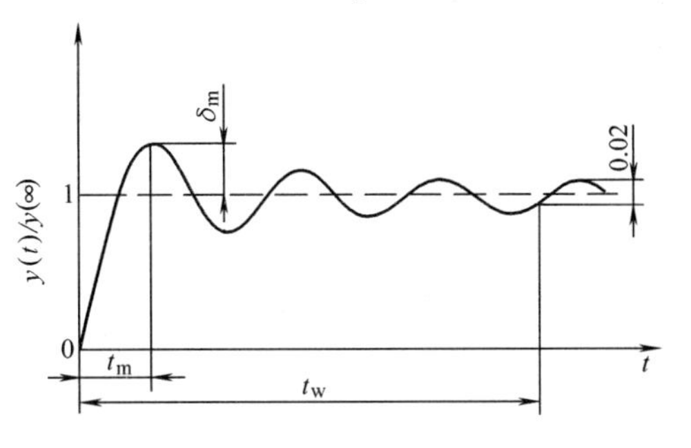

图 1-8　$\xi<1$ 的二阶传感器过渡曲线

由式（1-35）还可求得稳定时间 t_w、过冲量 δ_m 与其发生的时间 t_m：

$t_w=4\tau/\xi$（设允许相对误差 $\delta_y=0.02$）

$$\delta_m=\exp(-\xi t_m/\tau)$$

$$t_m=\tau\pi/\sqrt{1-\xi^2}$$

2）$\xi=0$（零阻尼）：输出变成了等幅振荡，即

$$y(t)=kA[1-\sin(t/\tau+\varphi_0)] \tag{1-36}$$

式中的 φ_0 由初始条件确定。

3）$\xi=1$（临界阻尼）：特征方程具有重根 $-1/\tau$，过渡函数为

$$y(t)=kA\left[1-\exp(-t/\tau)-\frac{t}{\tau}\exp(-t/\tau)\right] \tag{1-37}$$

4）$\xi>1$（过阻尼）：特征方程具有两个不同的实根，即

$$\lambda_{1,2}=-(\xi\pm\sqrt{\xi^2-1})/\tau$$

过渡函数为

$$y(t)=kA\left[1+\frac{-\xi-\sqrt{\xi^2-1}}{2\sqrt{\xi^2-1}}\exp\left(\frac{-\xi+\sqrt{\xi^2-1}}{\tau}t\right)-\frac{\xi+\sqrt{\xi^2-1}}{2\sqrt{\xi^2-1}}\exp\left(\frac{-\xi-\sqrt{\xi^2-1}}{\tau}t\right)\right] \tag{1-38}$$

式（1-37）和式（1-38）表明，当 $\xi\geqslant1$ 时，该系统不再是振荡的，而是由两个一阶阻尼环节组成，前者两个时间常数相同，后者两个时间常数不同。

实际传感器，ξ 值一般可适当安排，兼顾过冲量 δ_m 不要太大、稳定时间 t_w 不要过长的要求。在 $\xi=0.6\sim0.7$ 时，可以获得较为合适的综合特性。对于正弦输入来说，当 $\xi=0.6\sim0.7$ 时，幅值比 $k(\omega)/k$ 在比较宽的范围内变化较小。计算表明在 $\omega\tau=0\sim0.58$ 时，幅值比变化不超过 5%，相频特性 $\varphi(\omega)$ 接近于线性关系。

对于高阶传感器，在写出运动方程后，也可根据式(1-18)、式(1-22)写出传递函数、频率特性等。在求出特征方程共轭复根和实根后，可将它们分解为若干个二阶环节和一阶环节研究其过渡函数。有些传感器可能难以写出运动方程，这时可采用实验方法，即通过输入不同频率的周期信号与阶跃信号，以获得该传感器系统的幅频特性、相频特性与过渡函数等。

第三节　传感器的标定

传感器在制造、装配完毕后必须对设计指标进行标定试验，以保证量值的准确传递。传感器使用一段时间（中国计量法规定一般为一年）或经过修理后，也必须对其主要技术指标

再次进行标定试验，即校准试验，以确保其性能指标达到要求。

传感器的标定，就是通过试验确立传感器的输入量与输出量之间的关系。同时，也确定出不同使用条件下的误差关系。

因此，传感器标定有两个含义：其一是确定传感器的性能指标；其二是明确这些性能指标所适用的工作环境。本章仅限于讨论第一个问题。

传感器的标定有静态标定和动态标定两种。静态标定的目的是确定传感器静态指标，主要是线性度、灵敏度、滞后和重复性。动态标定的目的是确定传感器动态指标，主要是时间常数、固有频率和阻尼比。有时，根据需要也对非测量方向(因素)的灵敏度、温度响应、环境影响等进行标定。

标定的基本方法是将已知的被测量(亦即标准量)输入给待标定的传感器，同时得到传感器的输出量；对所获得的传感器输入量和输出量进行处理和比较，从而得到一系列表征两者对应关系的标定曲线，进而得到传感器性能指标的实测结果。

标定系统框图如图1-9所示。图中，实线框环节组成绝对法标定系统。这时，标定装置能产生被测量并将之传递给待标定传感器，而且还能将被测量测量出来；待标定传感器的输出信号由输出量测量环节测量并显示出来。一般来说，它的标定精度较高，但较复杂。如果标定装置不能测量被测量，或不用它给出的测量值，就需要增加标准传感器测量被测量。这就组成了简单易行的比较法标定系统。另外，若待标定传感器包括后续测量电路和显示部分，标定系统中就可去掉输出量测量环节，如此标定能提高传感器在工程测试中使用的精度。

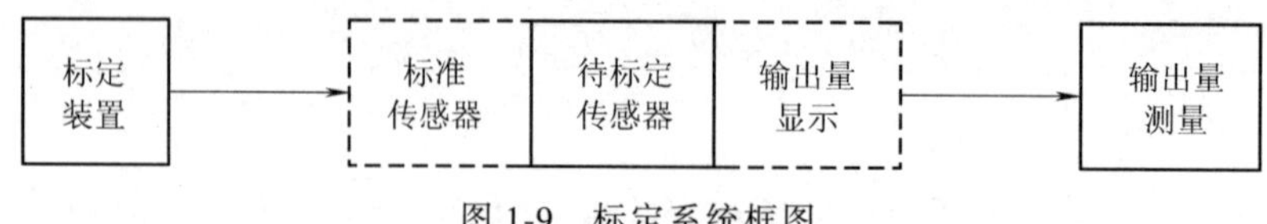

图1-9　标定系统框图

对传感器进行标定，是根据试验数据确定传感器的各项性能指标，实际上也就是确定传感器的测量准确度。所以在标定传感器时，所用测量设备(称为标准设备)的准确度通常要比待标定传感器的准确度高一个数量级(至少要高1/3以上)。这样通过标定确定的传感器性能指标才是可靠的，所确定的准确度才是可信的。

一、传感器静态特性的标定方法

传感器的静态特性是在静态标准条件下进行标定的。所谓静态标准条件主要包括没有加速度、振动、冲击(除非这些参数本身就是被测量)，以及环境温度一般为室温(20℃±5℃)、相对湿度不大于85%、气压为(101±7)kPa等条件。

一般的静态标定包括如下步骤：

1）将传感器全量程(测量范围)分成若干等间距点。

2）根据传感器量程分点情况，由小到大、逐点递增输入标准量值，并记录下与各点输入值相对应的输出值。

3）将输入量值由大到小、逐点递减，同时记录下与各点输入值相对应的输出值。

4）按2)、3）所述过程，对传感器进行正、反行程往复循环多次(一般为3~10次)测试，将得到的输出-输入测试数据用表格列出或画成曲线。

5）参照第一章中第一节，对测试数据进行必要的处理，根据处理结果就可以得到传感器校正曲线，进而可以确定出传感器的灵敏度、线性度、迟滞和重复性。

二、传感器动态特性的实验确定法

传感器的动态标定，实质上就是通过实验得到传感器动态性能指标的具体数值。所以，下面讨论动态特性的实验确定法。确定方法常常因传感器的形式(如电的、机械的、气动的等)不同而不完全一样，但从原理上一般可分为阶跃信号响应法、正弦信号响应法、随机信号响应法和脉冲信号响应法等。

应该指出，标定系统中所用标准设备的时间常数应比待标定传感器的小得多，而固有频率则应高得多。这样它们的动态误差才可忽略不计。

（一）阶跃信号响应法

1. 一阶传感器时间常数 τ 的确定

一阶传感器输出 y 与被测量 x 之间的关系为 $a_1 \mathrm{d}y/\mathrm{d}t+a_0 y=b_0 x$，当输入 x 是幅值为 A 的阶跃函数时，可以解得

$$y(t)=kA[1-\exp(-t/\tau)] \tag{1-39}$$

式中　τ——时间常数，$\tau=a_1/a_0$；

k——静态灵敏度，$k=b_0/a_0$。

在测得的传感器阶跃响应曲线上，取输出值达到其稳态值的63.2%处所经过的时间即为其时间常数 τ。但这样确定 τ 值实际上没有涉及响应的全过程，测量结果的可靠性仅仅取决于某些个别的瞬时值。采用下述方法，可获得较为可靠的 τ 值。根据式(1-39)得 $1-y(t)/(kA)=\exp(-t/\tau)$，令 $Z=-t/\tau$，可见 Z 与 t 呈线性关系，而且

$$Z=\ln[1-y(t)/(kA)] \tag{1-40}$$

因此，根据测得的输出信号 $y(t)$ 做出 Z-t 曲线，则 $\tau=-\Delta t/\Delta Z$。这种方法考虑了瞬态响应的全过程，并可以根据 Z-t 曲线与直线的符合程度来判断传感器接近一阶系统的程度。

2. 二阶传感器阻尼比 ξ 和固有频率 ω_0 的确定

二阶传感器一般都设计成 $\xi=0.7\sim0.8$ 的欠阻尼系统，则测得的传感器阶跃响应输出曲线见图1-8。在其上可以获得曲线振荡频率 ω_d、稳态值 $y(\infty)$、最大过冲量 δ_m 与其发生的时间 t_m。而根据式(1-35)可以推导出

$$\xi=\sqrt{\frac{1}{1+[\pi/\ln(\delta_\mathrm{m}/y(\infty))]^2}} \tag{1-41}$$

$$\omega_0=\frac{\omega_\mathrm{d}}{\sqrt{1-\xi^2}}=\frac{\pi}{t_\mathrm{m}\sqrt{1-\xi^2}} \tag{1-42}$$

由式（1-41）、式（1-42）可确定出 ξ 和 ω_0。

也可以利用任意两个过冲量来确定 ξ，设第 i 个过冲量 $\delta_{\mathrm{m}i}$ 和第 $i+n$ 个过冲量 $\delta_{\mathrm{m}(i+n)}$ 之间相隔整数 n 个周期，它们分别对应的时间是 t_i 和 t_{i+n}，则 $t_{i+n}=t_i+(2\pi n)/\omega_\mathrm{d}$。令 $\delta_n=\ln(\delta_{\mathrm{m}i}/\delta_{\mathrm{m}(i+n)})$，根据式(1-35)可以推导出

$$\xi=\sqrt{\frac{1}{1+4\pi^2 n^2/[\ln(\delta_{\mathrm{m}i}/\delta_{\mathrm{m}(i+n)})]^2}} \tag{1-43}$$

从传感器阶跃响应曲线上，测取相隔 n 个周期的任意两个过冲量 δ_{mi} 和 $\delta_{m(i+n)}$，然后代入式（1-43）便可确定出 ξ。

该方法由于用比值 $\delta_{mi}/\delta_{m(i+n)}$，因而消除了信号幅值不理想的影响。若传感器是二阶的，则取任何正整数 n，求得的 ξ 值都相同；反之，就表明传感器不是二阶的。所以，该方法还可以判断传感器与二阶系统的符合程度。

（二）正弦信号响应法

测量传感器正弦稳态响应的幅值和相角，然后得到稳态正弦输入输出的幅值比和相位差。逐渐改变输入正弦信号的频率，重复前述过程，即可得到幅频和相频特性曲线。

1. 一阶传感器时间常数 τ 的确定

将一阶传感器的频率特性曲线绘成伯德图，则其对数幅频曲线下降 3dB 处所测取的角频率 $\omega=1/\tau$，由此可确定一阶传感器的时间常数 τ。

2. 二阶传感器阻尼比 ξ 和固有频率 ω_0 的确定

二阶传感器的幅频特性曲线如图 1-7a 所示。在欠阻尼情况下，从曲线上可以测得 3 个特征量，即零频增益 k_0、共振频率增益 k_r 和共振角频率 ω_r。由式（1-30）通过求极值可推导出

$$\frac{k_r}{k_0}=\frac{1}{2\xi\sqrt{1-\xi^2}} \tag{1-44}$$

$$\omega_0=\frac{\omega_r}{\sqrt{1-2\xi^2}} \tag{1-45}$$

即可确定 ξ 和 ω_0。

虽然从理论上讲，也可通过传感器相频特性曲线确定 ξ 和 ω_0，但是一般来说准确的相角测试比较困难，所以很少使用相频特性曲线。

（三）其他方法

如果用功率谱密度为常数 C 的随机白噪声作为待标定传感器的标准输入量，则传感器输出信号功率谱密度为 $Y(\omega)=C|H(\omega)|^2$。所以传感器的幅频特性 $k(\omega)$ 为

$$k(\omega)=\frac{1}{\sqrt{C}}\sqrt{Y(\omega)} \tag{1-46}$$

由此得到传感器频率特性的方法称为随机信号校验法，它可消除干扰信号对标定结果的影响。

如果用冲击信号作为传感器的输入量，则传感器的系统传递函数为其输出信号的拉普拉斯变换，由此可确定传感器的传递函数。

如果传感器属三阶以上的系统，则需分别求出传感器输入和输出的拉普拉斯变换，或通过其他方法确定传感器的传递函数，或直接通过正弦响应法确定传感器的频率特性；再进行因式分解将传感器等效成多个一阶和二阶环节的串并联，进而分别确定它们的动态特性，最后以其中最差的作为传感器的动态特性标定结果。

第四节　传感器的技术指标

因为传感器的应用范围十分广泛，类型五花八门，使用要求千差万别，所以列出用来全

面衡量传感器质量的统一指标是很困难的。表 1-1 给出了几个方面的指标，其中大部分是经常遇到的。列出若干基本参数和比较重要的环境参数指标作为检验、使用和评价传感器的依据，是十分必要的。

表 1-1　传感器的技术指标

基本参数指标	环境参数指标	可靠性指标	其他指标
①量程指标： 量程范围、过载能力等 ②灵敏度指标： 灵敏度、分辨力、满量程输出等 ③准确度有关指标： 测量不确定度、误差、线性、滞后、重复性、灵敏度误差、稳定性 ④动态性能指标： 固有频率、阻尼比、时间常数、频率响应范围、频率特性、临界频率、临界速度、稳定时间等	①温度指标： 工作温度范围、温度误差、温度漂移、温度系数、热滞后等 ②抗冲振指标： 允许各向抗冲振的频率、振幅及加速度、冲振所引入的误差 ③其他环境参数： 抗潮湿、抗介质腐蚀能力、抗电磁场干扰能力等	工作寿命、平均无故障时间、保险期、疲劳性能、绝缘电阻、耐压及抗电火花等	有关使用指标： 供电方式(直流、交流、频率及波形等)、功率。各项分布参数值、使用电压范围与稳定度等 外形尺寸、重量、壳体材质、结构特点等,安装方式、馈线电缆等

对于一种具体的传感器而言，并不是全部指标都是必需的。此外，按照不同的需要，可列出一些特殊含义的指标。在上述各项指标中，也有对于一些性能参数采用不同特征参数表达的情况。

必须指出，企图使某一传感器各个指标都优良，不仅设计制造困难，实际上也没有必要。不要选用“万能”的传感器去适合不同的场合，恰恰相反，应该根据实际需要，保证主要的参数，其余满足基本要求即可。即使是主要参数，也不必盲目追求单项指标的全面优异，而主要应关心其稳定性和变化规律性，从而可在电路上或使用计算机进行补偿与修正，这样可使许多传感器既可低成本又可高精度应用。

思考题与习题

1. 什么是传感器的静态特性？它有哪些性能指标？

2. 传感器动态特性取决于什么因素？

3. 某传感器给定准确度为 2%FS，满度值输出为 50mV，求可能出现的最大误差 δ（以 mV 计）。当传感器使用在满刻度的 1/2 和 1/8 时计算可能产生的百分误差。由其计算结果能得出什么结论？

4. 有一个传感器，其微分方程为 $30\mathrm{d}y/\mathrm{d}t+3y=0.15x$，其中 y 为输出电压（mV），x 为输入温度（℃），试求该传感器的时间常数 τ 和静态灵敏度 k。

5. 已知某二阶系统传感器的自振频率 $f_0=20\mathrm{kHz}$，阻尼比 $\xi=0.1$，若要求传感器的输出幅值误差小于 3%，试确定该传感器的工作频率范围。

第二章

电阻式传感器

电阻式传感器的基本原理是将被测的非电量转换成电阻值的变化，通过测量电阻值变化达到测量非电量的目的。

由于构成电阻的材料种类很多，如导体、半导体、电解质溶液等，因而引起电阻变化的物理原因也很多，如电阻材料的长度变化或内应力变化、温度变化等，根据这些不同的物理原理，就产生了各种各样的电阻式传感器。电阻式传感器可以测量力、压力、位移、应变、加速度、温度等非电量参数。一般来说，电阻式传感器的结构简单，性能稳定，灵敏度较高，有的还适合于动态测量。

电阻式传感器的敏感元件有应变片、半导体膜片和电位器等，由它们分别制成了应变式传感器、压阻式传感器和电位器式传感器等。本章介绍应变式传感器和压阻式传感器的原理及应用。

第一节　应变式传感器

应变式传感器是一种具有较长应用历史的传感器，由于其具有尺寸小、质量轻、结构简单、使用方便、响应速度快等优点，因此被广泛应用于工程测量和科学实验中。这种传感器一般由弹性元件和电阻应变片（或半导体应变片）构成，工作时利用弹性元件的应变效应，将被测物变形转换成金属应变片或半导体应变片的电阻变化。

一、工作原理

（一）金属的电阻应变效应

当金属丝在外力作用下发生机械变形时，其电阻值将发生变化，这种现象称为金属的电阻应变效应。

设有一根长度为 l、截面积为 S、电阻率为 ρ 的金属丝，在未受力时，原始电阻为

$$R=\rho\frac{l}{S} \tag{2-1}$$

当金属电阻丝受到轴向拉力 $\boldsymbol{F}$ 作用时，将伸长 Δl，横截面积相应减小 ΔS，电阻率因晶格变化等因素的影响而改变 $\Delta\rho$，故引起电阻值变化 ΔR。对式（2-1）全微分，并用相对变化量来表示，则有

$$\frac{\Delta R}{R}=\frac{\Delta l}{l}-\frac{\Delta S}{S}+\frac{\Delta\rho}{\rho} \tag{2-2}$$

式中的 $\Delta l/l$ 为电阻丝的轴向应变，用 ε 表示，常用单位 $\mu\varepsilon$（$1\mu\varepsilon=1\times10^{-6}$mm/mm）。若径向应变为 $\Delta r/r$，电阻丝的纵向伸长和横向收缩的关系用泊松比 μ 表示为 $\Delta r/r=-\mu(\Delta l/l)$，因为 $\Delta S/S=2(\Delta r/r)$，故式（2-2）可以写成

$$\frac{\Delta R}{R}=\frac{\Delta l}{l}(1+2\mu)+\frac{\Delta\rho}{\rho}=\left(1+2\mu+\frac{\Delta\rho/\rho}{\Delta l/l}\right)\frac{\Delta l}{l}=k_0\varepsilon \tag{2-3}$$

式（2-3）为"应变效应"的表达式。k_0 称为金属电阻的灵敏系数，由式（2-3）可见，k_0 受两个因素影响：一个是（$1+2\mu$），它是由材料的几何尺寸变化引起的；另一个是 $\Delta\rho/(\rho\varepsilon)$，它表示材料的电阻率 ρ 随应变而变化（称为"压阻效应"）。对于金属材料而言，以前者为主，其 $k_0\approx1+2\mu$；对半导体，k_0 值主要是由电阻率相对变化所决定。实验也表明，在金属电阻丝拉伸比例极限内，电阻相对变化与轴向应变成正比。通常金属丝的灵敏系数 k_0 为 2 左右。

（二）应变片的基本结构及测量原理

各种电阻应变片的结构大体相同，以图 2-1 所示丝绕式应变片为例，它以直径为 0.025mm 左右的合金电阻丝 1 绕成形如栅栏的敏感栅，敏感栅粘贴在绝缘的基底 2 上，电阻丝的两端焊接引出线 4，敏感栅上面粘贴有保护用的覆盖层 3。l 称为应变片的基长，b 称为基宽，$l\times b$ 称为应变片的使用面积。应变片的规格以使用面积和电阻值表示，如（3×10）mm^2，120Ω。

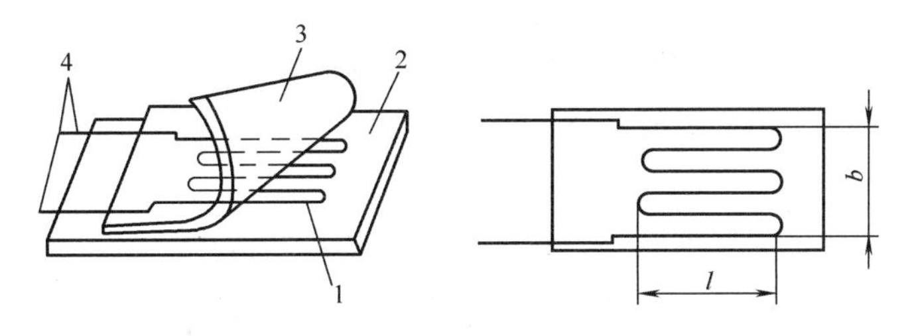

图 2-1　丝绕式电阻应变片基本结构

用应变片测量受力应变时，将应变片粘贴于被测对象表面上。在外力作用下，被测对象表面产生微小机械变形时，应变片敏感栅也随同变形，其电阻值发生相应变化，通过转换电路转换为相应的电压或电流的变化。根据式（2-3），可以得到被测对象的应变值 ε，而根据引力应变关系：

$$\sigma=E\varepsilon \tag{2-4}$$

式中　σ——测试的应力；

E——材料弹性模量。

可以测得应力值 σ。通过弹性敏感元件，将位移、力、力矩、加速度、压力等物理量转换为应变，因此可以用应变片测量上述各量，从而做成各种应变式传感器。

应变片之所以应用得比较广泛，是由于有如下优点：①测量应变的灵敏度和精确度高，性能稳定、可靠，可测 1～2$\mu\varepsilon$，误差小于 1%；②应变片尺寸小、质量轻、结构简单、使用方便、响应速度快，测量时对被测件的工作状态和应力分布影响较小，既可用于静态测量，又可用于动态测量；③测量范围大，既可测量弹性变形，也可测量塑性变形，变形范围为 1%～20%；④适应性强，可在高温、超低温、高压、水下、强磁场以及核辐射等恶劣环境下使用；⑤便于多点测量、远距离测量和遥测。

二、应变片的类型和粘贴

(一) 应变片的类型和材料

电阻应变片分金属丝式、金属箔式和金属薄膜式几种类型。

1. 金属丝式应变片

金属丝式应变片有回线式和短接式两种。图2-2a所示为回线式应变片，它的敏感栅丝直径在0.012~0.05mm，以0.025mm左右为最常用；回线的曲率半径 r 为0.1~0.3mm；基片用厚度为0.03mm左右的薄纸（称为纸基），或用黏结剂和有机树脂基膜制成（称为胶基），粘贴性能好，能保证有效地传递变形；引线多用0.15~0.30mm直径的镀锡铜线与敏感栅相接。因其制作简单，性能稳定，成本低，易粘贴，所以最为常用。但因弯曲部的变形使其横向效应较大。

为了克服横向效应，有如图2-2b所示的短接式应变片，其两端用直径比栅丝直径粗5~10倍的镀银丝短接而成。由于焊点多，易在焊点处出现疲劳损坏，制造工艺要求高，故使用较少。

丝式应变片敏感栅材料的要求是：灵敏系数高，电阻率高，稳定性好，温度系数小，机械强度高，抗氧化，耐腐蚀。常用的材料有锰白铜（亦称康铜）、镍铬合金、镍铬铝合金、铁镍铬合金以及贵金属（铂、铂钨合金）等。

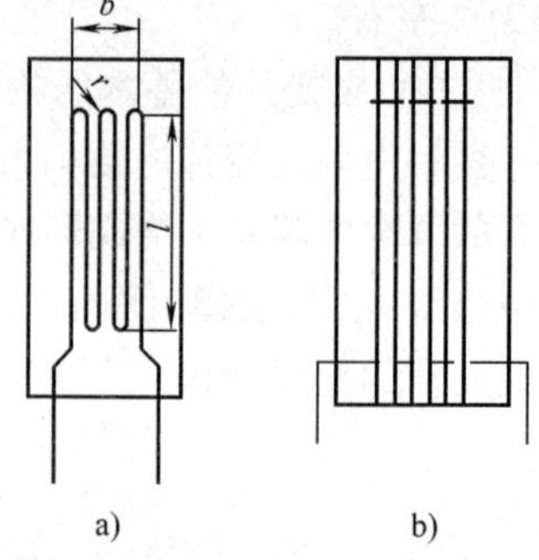

图2-2　短接式应变片

2. 金属箔式应变片

金属箔式应变片是在绝缘基底上，将厚度为0.003~0.01mm电阻箔材，利用照相制板或光刻腐蚀的方法，制成适用于各种需要的形状。图2-3为常见的金属箔式应变片的结构形式。

它的优点是：①可以制成多种复杂形状尺寸准确的敏感栅，栅长 l 最小可做到0.2mm，以适应不同的测量要求；②与被测试件接触面积大，粘结性能好，散热条件好，允许电流大，提高了输出灵敏度；③横向效应可以忽略；④蠕变、机械滞后小，疲劳寿命长。目前箔式应变片得到了广泛应用，现在已基本取代金属丝电阻应变片。它的主要缺点是电阻值的分散性大，有的能相差几十欧姆，故需要做阻值调整。

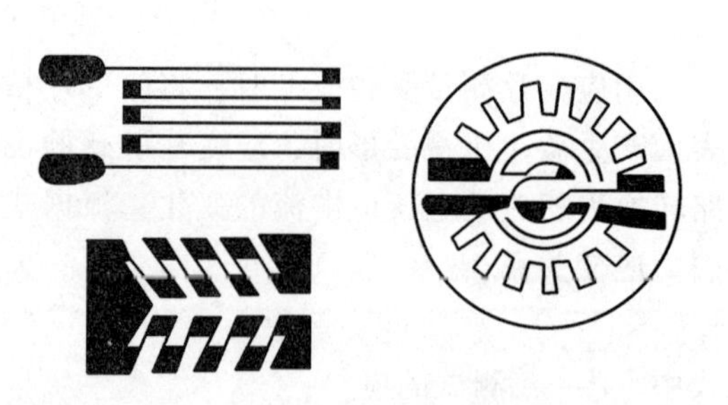

图2-3　常见的金属箔式应变片的结构形式

3. 金属薄膜式应变片

金属薄膜应变片是薄膜技术发展的产物。它是采用真空蒸发或真空沉积等方法在薄的绝缘基片上形成厚度在0.1μm以下的金属电阻材料薄膜敏感栅，最后再加上保护层，易实现工业化批量生产，是一种很有前途的新型应变片。

这种应变片的特点是：电阻值比箔式应变片高，形状和尺寸也比箔式应变片更小更精确；它没有箔式应变片腐蚀所引入的疵病；制成的结构散热良好，对于较宽的温度范围也可达到较完善的补偿；特别是近年由于激光调阻技术的发展，提高了电阻值的精度，可达

0.01%。尤其突出的是：陶瓷绝缘代替了胶接，既避免了复杂的分选和粘贴技术，而且对胶接法所引入的漂移、蠕变、疲劳弱点都有很大的克服。

4. 厚膜应变片

厚膜应变片通常使用高纯氧化铝陶瓷材料制成感压膜片。用厚膜应变电阻浆料在感压膜片上以丝网印刷技术制出应变计图形，浆料是具有敏感特性的功能浆料，它是由粉状的敏感功能材料、玻璃材料及有机载体混合而成的浆状物。干燥后在高温下烧结，使图形与基体牢固地结合为一体，因此，厚膜应变电阻的机械应变和受力膜片变形相一致，克服了箔式应变片由于粘贴引起的蠕变和滞后。

厚膜电阻具有良好的热稳定性和时间稳定性。它的使用温度范围宽，可以在 -70 ~ +350℃温度范围内工作。厚膜电阻应变系数远高于金属应变传感器，可大 10 倍，故输出较大。同时，由于厚膜应变片电阻值的大小可以通过制浆料的成分来实现，一般可做到几百欧姆到几兆欧姆。这样可使组成的桥路工作电流小，功耗低。厚膜应变片具有非常好的长期稳定性，精度与薄膜应变片相当，而工艺比薄膜应变片简单、经济。厚膜电阻的温度系数小，传感器工作温度在 -60 ~ +120℃范围内，温度系数可小于 10^{-4}/℃，这大大改善了传感器的温度特性。

（二）黏结剂和粘贴技术

应变片是用黏结剂粘贴到被测件上的，黏结剂形成的胶层必须可靠地将试件或弹性元件产生的应变传递到应变片的敏感栅上去，所以黏结剂与粘贴技术对测量结果有直接影响。

1. 黏结剂

选择黏结剂必须适合应变片材料和被测试件材料及环境，如工作温度、湿度、化学腐蚀等。对黏结剂要求为：①有一定的粘结强度；②能准确传递应变，有足够的剪切弹性模量；③蠕变、机械滞后小；④有足够的稳定性能；⑤耐湿、耐油、耐老化、耐疲劳等。常用的黏结剂类型有硝化纤维素黏结剂、氰基丙烯酸脂黏结剂、有机硅黏结剂等。

2. 粘贴工艺

粘贴工艺是一项技术性很强的工作，只有在正确的工艺基础上才能有良好的测试结果。粘贴工艺包括：①应变片的检查和阻值检查；②试件表面处理，为了使应变片牢固地粘贴在试件表面上，必须将要贴片处的表面部分打磨，使之平整光洁，清洗使之无油污、氧化层、锈斑等；③定位画线；④粘贴应变片，并压合，使黏结剂的厚度尽量减薄；⑤黏结剂固化处理；⑥引线的焊接处固定以及防护与屏蔽处理等。

经固化和稳定处理后，应对应变片进行电阻测量和绝缘性测量。

三、金属应变片的主要特性

（一）灵敏系数

灵敏系数是指应变片安装于试件表面，在其轴线方向的单向应力作用下，应变片的阻值相对变化与试件表面上安装应变片区域的轴向应变之比：

$$k = \frac{\Delta R/R}{\varepsilon}$$

应变片的电阻-应变特性与金属单丝时不同，因此需用实验方法对应变片的灵敏系数 k 进行测定。测定时必须按规定的标准，如受轴向单向力（拉或压），试件材料为泊松系数

$\mu=0.285$ 的钢等。一批产品只能抽样5%的产品来测定，取平均值及允许公差值作为该批产品的灵敏系数，又称“标称灵敏系数”。

实验表明，电阻应变片的灵敏系数 k 恒小于电阻丝的灵敏系数 k_0，其原因除了粘结层传递变形失真外，还存有横向效应。

（二）横向效应

粘贴在受单向拉伸力试件上的应变片，如图2-4所示，其敏感栅是由多条直线和圆弧部分组成的。这时，各直线段上的金属丝只感受沿轴向拉应变 ε_x，电阻值将增加，但在圆弧段上，沿各微段轴向（即微段圆弧的切向）的应变却并非是 ε_x，因此与直线段上同样长度的微段所产生的电阻变化就不相同，最明显的在 $\theta=\pi/2$ 处微圆弧段上，按泊松关系，在垂直方向上产生负的压应变 ε_y，因此该段的电阻是减小的。而在圆弧的其他各段上，其轴向感受的应变由 $+\varepsilon_x$ 变化到 $-\varepsilon_y$。由此可见，将直的电阻丝绕成敏感栅之后，虽然长度相同，但应变状态不同，灵敏系数也降低了。这种现象称为横向效应。

应变片横向效应表明，当实际使用应变片时，使用条件与标定灵敏系数 k 时的标定规则不同时，例如，$\mu\neq0.285$ 或受非单向应力状态，以及横向效应的影响，实际 k 值要改变，由此可能产生较大测量误差。当不能满足测量精度要求时，应进行必要的修正。为了减少横向效应产生的测量误差，一般多采用箔式应变片，其圆弧部分尺寸较栅丝尺寸大得多，电阻值较小，因而电阻变化量也就小得多。

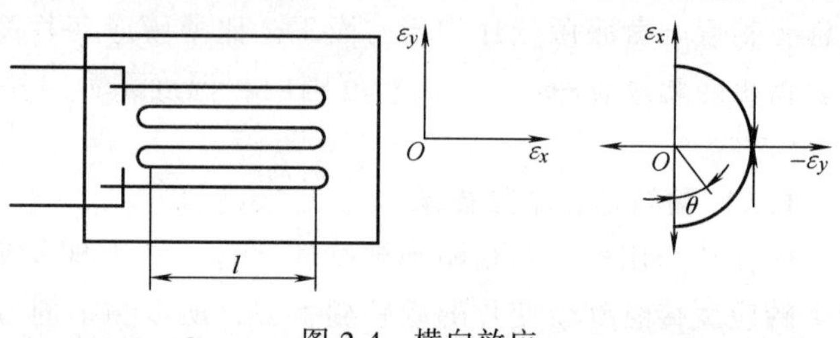

图2-4　横向效应

（三）机械滞后

应变片安装在试件上以后，在一定温度下，其 $(\Delta R/R)-\varepsilon$ 的加载特性与卸载特性不重合，如图2-5所示，在同一机械应变值 ε_g 下，其对应的 $\Delta R/R$ 值（相对应的指示应变）不一致。加载特性曲线与卸载特性曲线的最大差值 $\Delta\varepsilon_m$ 称为应变片的滞后。

产生机械滞后的原因，主要是敏感栅、基底和黏结剂在承受机械应变后所留下的残余变形所造成的。为了减小滞后，除选用合适的黏结剂外，最好在新安装应变片后，做3次以上的加卸载循环后再正式测量。

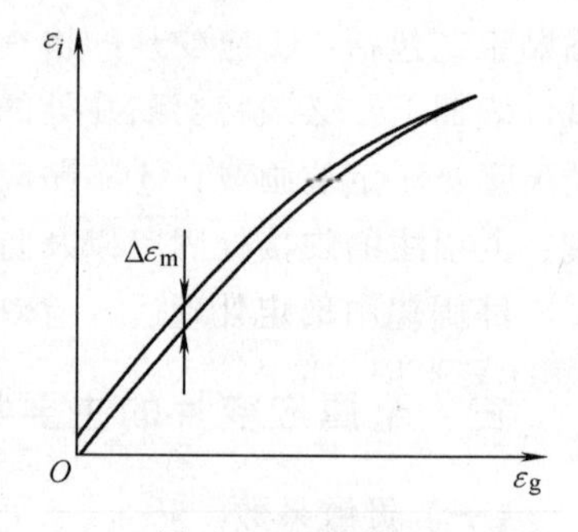

图2-5　机械滞后

（四）零漂和蠕变

粘贴在试件上的应变片，在温度保持恒定、不承受机械应变时，其电阻值随时间而变化的特性，称为应变片的零漂。

如果在一定温度下，使应变片承受恒定的机械应变，其电阻值随时间而变化的特性，称为应变片的蠕变。一般蠕变的方向与原应变量变化的方向相反。

这两项指标都是用来衡量应变片特性对时间的稳定性，在长时间测量中其意义更为突出。实际上，蠕变中即包含零漂，因为零漂是不加载的情况，而蠕变是加载情况的特例。

应变片在制造过程中所产生的内应力、丝材、黏结剂、基底等的变化是造成应变片零漂和蠕变的因素。

（五）应变极限和疲劳寿命

应变片的应变极限是指在一定温度下，应变片的指示应变 ε_i 对测试值的真实应变 ε_g 的相对误差不超过规定范围（一般为 10%）时的最大真实应变值 ε_j，如图 2-6 所示。为提高 ε_j 值，应选用抗剪强度较高的黏结剂和基底材料，基底和黏结剂的厚度不宜太大，并经适当的固化处理。

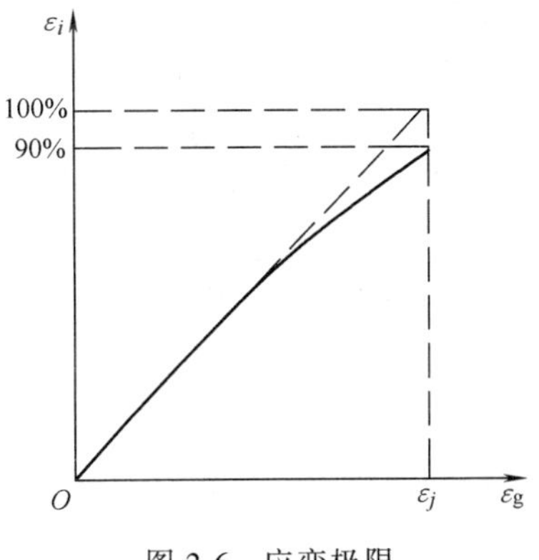

图 2-6 应变极限

对于已安装好的应变片，在恒定幅值的交变力作用下，可以连续工作而不产生疲劳损坏的循环次数 N 称为应变片的疲劳寿命。当出现以下三种情况之一时，都认为是疲劳损坏：①应变片的敏感栅或引线发生断路；②应变片输出指示应变的幅值变化 10%；③应变片输出信号波形上出现穗状尖峰。疲劳寿命反映了应变片对动态应变测量的适应性。

（六）最大工作电流和绝缘电阻

最大工作电流是指允许通过应变片而不影响其工作的最大电流。工作电流大，应变片输出信号大，灵敏度高。但过大的工作电流会使应变片本身过热，使灵敏系数变化，零漂、蠕变增加，甚至把应变片烧毁。工作电流的选取，要根据散热条件而定，主要取决于敏感栅的几何形状和尺寸、截面的形状和大小、基底的尺寸和材料、黏结剂的材料和厚度以及试件的散热性能等。通常允许电流值在静态测量时取 25mA 左右，动态时可高一些，箔式应变片可取更大一些。对于导热性能差的试件，如塑料、陶瓷、玻璃等，工作电流要取小些。

绝缘电阻是指应变片的引线与被测试件之间的电阻值，通常要求 50～100MΩ 以上。绝缘电阻过低，会造成应变片与试件之间漏电而产生测量误差。如果应变片受潮，绝缘电阻会大大降低。应变片绝缘电阻取决于黏结剂及基底材料的种类以及它们的固化工艺。基底与胶层越厚，绝缘电阻越大，但会使应变片灵敏系数减小，蠕变和滞后增加，因此基底与胶层不可太厚。

（七）应变片的电阻值 R

应变片在未经安装也不受外力情况下，于室温下测得的电阻值，是使用应变片时需知道的一个特性参数。

目前常用的电阻系列，习惯上为 60Ω、120Ω、200Ω、350Ω、500Ω、1000Ω，其中以 120Ω 最常用。取电阻值大，可以加大应变片承受电压，因此输出信号大，但敏感栅尺寸也增大。

（八）动态响应特性

电阻应变片在测量变化频率较高的动态应变时，应考虑其动态响应特性。因为在动态测量时，应变是以应变波的形式在材料中传播，它的传播速度 v 与声波相同，对于钢材 $v\approx$ 5000m/s。当应变按正弦规律变化时，应变片反映出来的是应变片敏感栅长度各相应点应变量的平均值，显然不能以某一“点”的应变值来表示。图 2-7 给出了在应变片中传播的应变波的瞬时情况。设应变波长为 λ，应变片的基长为 l，应变片中点坐标为 x_0，其两端点的坐标为 x_1 和 x_2，应变的变化为 $\varepsilon=\varepsilon_0\sin2\pi ft$。应变在试件中轴向（沿栅轴方向）传播，有 $x=$

vt，$v=\lambda f$，所以 $t=x/(\lambda f)$，代入应变表达式，则应变式为 $\varepsilon=\varepsilon_0\sin(2\pi x/\lambda)$。

此时应变片在基长 l 内测得的平均应变 ε_p 达到最大值为

$$\varepsilon_p=\frac{\int_{x_1}^{x_2}\varepsilon_0\sin\frac{2\pi}{\lambda}x\mathrm{d}x}{x_2-x_1}=\varepsilon_0\frac{\sin\frac{\pi l}{\lambda}}{\frac{\pi l}{\lambda}}\sin\frac{2\pi x_0}{\lambda}$$

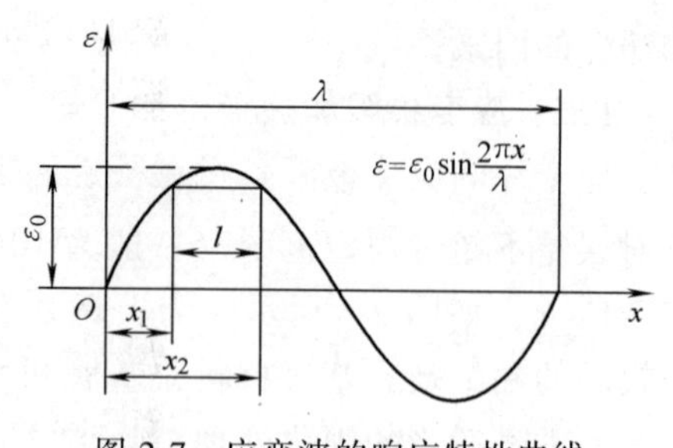

图 2-7　应变波的响应特性曲线

而此时相应的 x_0 的真实应变为

$$\varepsilon_{x0}=\varepsilon_0\sin\frac{2\pi x_0}{\lambda}$$

因而应变波幅测量的相对误差 γ 为

$$\gamma=\frac{\varepsilon_p-\varepsilon_{x0}}{\varepsilon_{x0}}=\frac{\lambda}{\pi l}\sin\frac{\pi l}{\lambda}-1 \tag{2-5}$$

由式（2-5）可见，测量误差 γ 与应变波长对基长的相对比值 λ/l 有关。根据式（2-5），可进行动态应变测量时的误差计算或选择应变片栅长以满足某种频率范围内的误差要求。表 2-1 给出了对于钢材 $v\approx5000\text{m/s}$，取不同基长应变片的最高工作频率。

表 2-1　某种钢材不同基长应变片的最高工作频率

应变片基长 l/mm	1	2	3	5	10	15	20
最高工作频率 f/kHz	250	125	83.3	50	25	16.6	12.5

四、转换电路

应变片将应变的变化转换成电阻相对变化 $\Delta R/R$，还要把电阻的变化再转换为电压或电流的变化，才能用电测仪表进行测量。通常采用电桥电路实现微小阻值变化的转换。

（一）直流电桥

1. 直流电桥的工作原理

4 臂电桥如图 2 8a 所示，因为应变片电阻值变化很小，可以认为电源供电电流为常数，即加在电桥上的电压也是定值，假定电源为电压源，内阻为零，则流过负载电阻 R_L 的电流为

$$I_L=U\frac{R_1R_4-R_2R_3}{R_L(R_1+R_2)(R_3+R_4)+R_1R_2(R_3+R_4)+R_3R_4(R_1+R_2)}$$

$I_L=0$ 时电桥平衡，则平衡条件为

$$R_1R_4=R_2R_3\quad 或\quad R_1/R_2=R_3/R_4 \tag{2-6}$$

若将应变片接入电桥一臂，应变片的阻值变化量可以用检流计转换为电流 I_L 的大小表示（称为偏转法），也可以用改变相邻桥臂阻值的方法，使 I_L 恢复到零（称为零位法），然后根据相邻桥臂阻值的变化来确定应变片的阻值变化。

2. 不平衡直流电桥的工作原理及灵敏度

当电桥后面接放大器时，放大器的输入阻抗很高，比电桥输出电阻大很多，可以把电桥

输出端看成开路，如图 2-8b 所示。电桥的输出式为

$$U_o=\frac{R_1R_4-R_2R_3}{(R_1+R_2)(R_3+R_4)}U$$

电桥的平衡条件与式（2-6）相同。应变片工作时，其电阻变化 ΔR，此时有不平衡电压输出：

$$U_o=\frac{\frac{R_4}{R_3}\frac{\Delta R_1}{R_1}}{\left(1+\frac{R_2}{R_1}+\frac{\Delta R_1}{R_1}\right)\left(1+\frac{R_4}{R_3}\right)}U \quad (2\text{-}7)$$

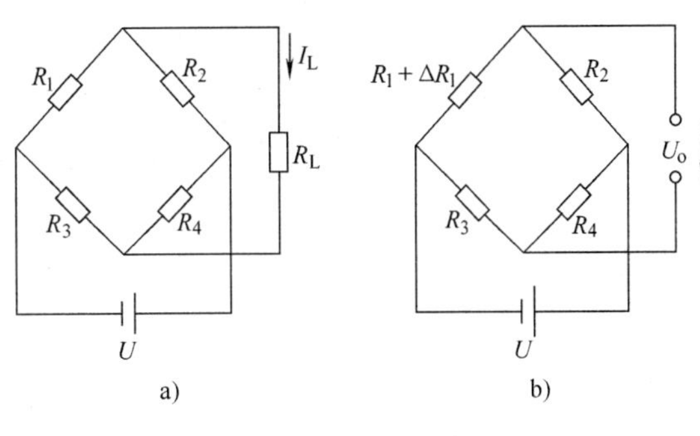

图 2-8　直流电桥

设桥臂比 $n=R_2/R_1$，由于电桥初始平衡时有 $R_2/R_1=R_4/R_3$，通常 $\Delta R_1 \ll R_1$，略去分母中的 $\Delta R_1/R_1$，可得

$$U_o=\frac{n}{(1+n)^2}\frac{\Delta R_1}{R_1}U \quad (2\text{-}8)$$

电桥灵敏度定义为 $k_u=\frac{U_o}{\Delta R_1/R_1}$，可得单臂工作应变片的电桥电压灵敏度为

$$k_u=\frac{n}{(1+n)^2}U$$

显然，k_u 与电桥电源电压成正比，电源电压的提高，受应变片允许功耗的限制。k_u 与桥臂比 n 有关。当电桥电源电压 U 一定时，n 应取何值电桥灵敏度最大？

取 $dk_u/dn=0$ 时，k_u 为最大，得 $(1-n^2)/(1+n)^4=0$，所以 $n=1$ 时，即 $R_1=R_2$，$R_3=R_4$ 时，k_u 为最大。

当 $n=1$ 时，由式（2-8）得

$$U_o=\frac{U}{4}\frac{\Delta R_1}{R_1} \quad (2\text{-}9)$$

$$k_u=\frac{U}{4} \quad (2\text{-}10)$$

式（2-9）表明，当电源电压 U 及电阻相对值一定时，电桥的输出电压及电压灵敏度将与各臂阻值的大小无关。$n=1$ 时的电桥，称为对称电桥，目前常采用这种电桥形式。

直流电桥的优点是高稳定度直流电源易于获得，电桥调节平衡电路简单，传感器及测量电路分布参数影响小，目前在测量中常用直流电桥。

（二）直流电桥的非线性误差

式（2-8）求出的输出电压是由略去式（2-7）分母中的 $\Delta R_1/R_1$ 项（假设 $\Delta R_1/R_1 \ll 1$）而得出的近似值。实际值按式（2-7）计算为

$$U'_o=\frac{n\frac{\Delta R_1}{R_1}}{\left(1+n+\frac{\Delta R_1}{R_1}\right)(1+n)}U$$

非线性误差为

$$\gamma_L=\frac{U_o-U'_o}{U_o}=\frac{\dfrac{\Delta R_1}{R_1}}{1+n+\dfrac{\Delta R_1}{R_1}}$$

对于对称电桥，$n=1$ 时，有

$$\gamma_L=\frac{\dfrac{\Delta R_1}{2R_1}}{1+\dfrac{\Delta R_1}{2R_1}} \tag{2-11}$$

将 $1/[1+\Delta R_1/(2R_1)]$ 按幂级数展开代入式（2-11），再略去高阶量，可得

$$\gamma_L=\frac{\Delta R_1}{2R_1}$$

可见，非线性误差 γ_L 与 $\Delta R_1/R_1$ 成正比。对金属电阻丝应变片，因为 ΔR 非常小，故电桥非线性误差可以忽略；对半导体应变片，因为灵敏度比金属丝式大得多，受应变时 ΔR 很大，故非线性误差将不可忽略。

为了减小非线性误差，常采用的措施为：

（1）采用差动电桥　如图 2-9a 所示，在试件上安装两个工作应变片，一片受拉，一片受压，然后接入电桥相邻臂。

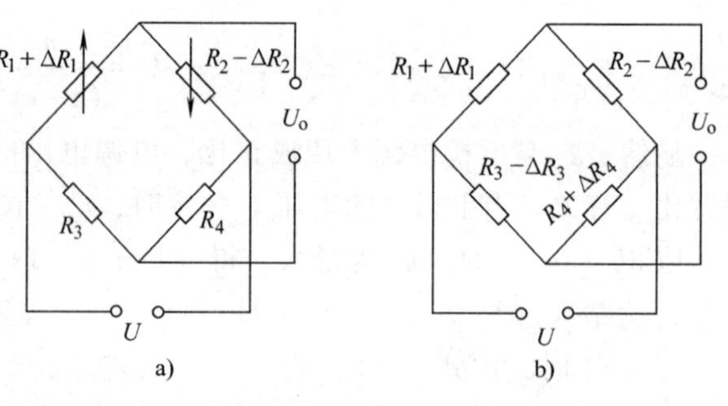

图 2-9　差动电桥

电桥输出电压为

$$U_o=U\left(\frac{R_1+\Delta R_1}{R_1+\Delta R_1+R_2-\Delta R_2}-\frac{R_3}{R_3+R_4}\right)$$

设初始时 $R_1=R_2=R_3=R_4=R$，$\Delta R_1=\Delta R_2=\Delta R$，则上式可简化为

$$U_o=\frac{U}{2}\frac{\Delta R}{R} \tag{2-12}$$

可见，这时输出电压 U_o 与 $\Delta R/R$ 呈严格的线性关系，而且电桥灵敏度比单臂时提高一倍，此外还具有温度补偿作用。

为了提高电桥灵敏度或进行温度补偿，在桥臂中往往安置多个应变片，电桥也可采用 4 臂差动电桥，如图 2-9b 所示，与上同理，可得输出电压为

$$U_o=U\frac{\Delta R}{R}$$

（2）采用恒流源电桥　产生非线性的原因之一是在工作过程中，由于产生 ΔR 变化，使通过桥臂的电流不恒定，若用恒流源供电，如图 2-10 所示。

供电电流为 I，通过各臂的电流为 I_1 和 I_2，$\Delta R_1=0$ 时：

$$I_1=\frac{R_3+R_4}{R_1+R_2+R_3+R_4}I$$

$$I_2=\frac{R_1+R_2}{R_1+R_2+R_3+R_4}I$$

$$U_o=I_1R_1-I_2R_3=\frac{R_1R_4-R_2R_3}{R_1+R_2+R_3+R_4}I$$

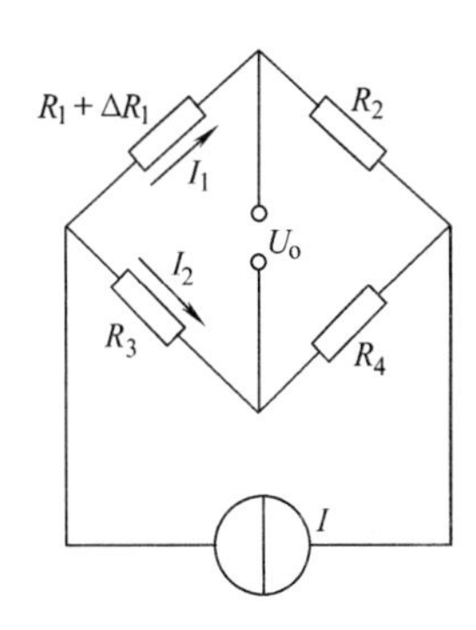

图 2-10　恒流源电桥

若电桥初始处于平衡状态，而且 $R_1=R_2=R_3=R_4=R$，当第一臂电阻 R_1 变为 $R+\Delta R$ 时，电桥输出电压为

$$U_o=\frac{R\Delta R}{4R+\Delta R}I=\frac{1}{4}I\frac{\Delta R}{1+[\Delta R/(4R)]}$$

由此可见，分母中的 ΔR 被 $4R$ 除，与恒压源相比，非线性误差减小一半。所以半导体应变电桥一般采用恒流源供电。

（三）交流电桥

交流电桥采用了交流供电，这时，电桥的平衡条件、引线分布参数的影响、平衡调节、后续放大电路等许多方面的影响，与直流电桥有明显的差别。

1. 交流电桥的平衡条件

交流电桥的一般形式如图 2-11a 所示，Z_1、Z_2、Z_3、Z_4 为复阻抗，$\dot{U}$ 为交流电压源，开路输出电压为 $\dot{U}_o$。其电压输出为

$$\dot{U}_o=\frac{Z_1Z_4-Z_2Z_3}{(Z_1+Z_2)(Z_3+Z_4)}\dot{U} \tag{2-13}$$

平衡条件为

$$Z_1Z_4-Z_2Z_3=0 \text{ 或 } Z_1/Z_2=Z_3/Z_4 \tag{2-14}$$

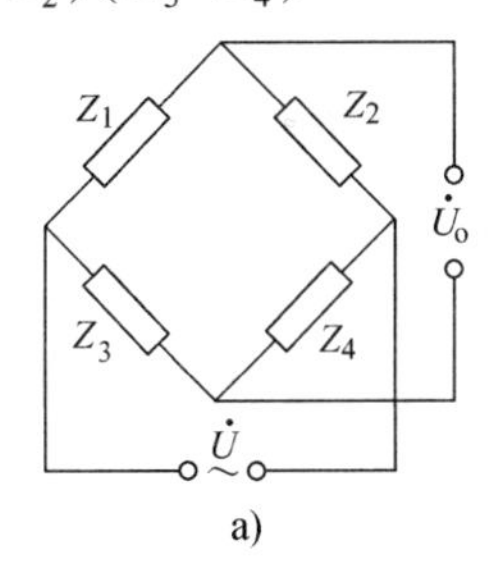

a)

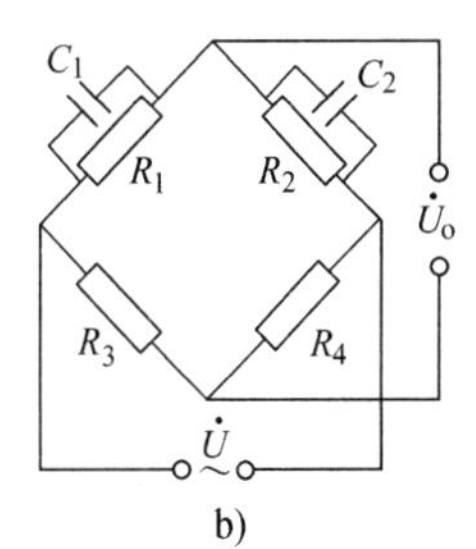

b)

图 2-11　交流电桥

设各臂阻抗为

$$Z_1=r_1+jx_1=|Z_1|e^{j\varphi_1}$$

$$Z_2=r_2+jx_2=|Z_2|e^{j\varphi_2}$$

$$Z_3=r_3+jx_3=|Z_3|e^{j\varphi_3}$$

$$Z_4=r_4+jx_4=|Z_4|e^{j\varphi_4}$$

式中的 r_1、r_2、r_3、r_4 和 x_1、x_2、x_3、x_4 为相应各桥臂的电阻和电抗，而 $|Z_1|$、$|Z_2|$、$|Z_3|$、$|Z_4|$ 和 φ_1、φ_2、φ_3、φ_4 为复阻抗的模和辐角。将上述各指数表达式代入式（2-14），可得交流电桥的平衡条件为

$$\begin{cases}|Z_1||Z_4|=|Z_2||Z_3|\\ \varphi_1+\varphi_4=\varphi_2+\varphi_3\end{cases} \tag{2-15}$$

式（2-15）表明，交流电桥平衡要满足两个条件，即相对两臂复阻抗的模之积相等，并且其辐角之和相等。

2. 交流电桥的输出特性及预平衡调节

设交流电桥的初始状态是平衡的，当工作应变片 R_1 改变 ΔR_1 后，使 Z_1 变化了 ΔZ_1，根据式（2-13）可得

$$\dot{U}_o=\dot{U}\frac{\frac{Z_4}{Z_3}\frac{\Delta Z_1}{Z_1}}{\left(1+\frac{Z_2}{Z_1}+\frac{\Delta Z_1}{Z_1}\right)\left(1+\frac{Z_4}{Z_3}\right)} \tag{2-16}$$

对于初始是平衡的对称电桥，并略去分母中 ΔZ 项得

$$\dot{U}_o=\frac{\dot{U}}{4}\frac{\Delta Z_1}{Z_1} \tag{2-17}$$

例如，由于导线寄生电容 C_1 的存在（见图 2-11b），故有

$$Z_1=\frac{R_1}{1+j\omega R_1C_1}$$

$$\Delta Z_1=\frac{R_1+\Delta R_1}{1+j\omega(R_1+\Delta R_1)C_1}-\frac{R_1}{1+j\omega R_1C_1}\approx\frac{\Delta R_1}{(1+j\omega R_1C_1)^2}$$

一般情况下，由于导线寄生电容很小，电源频率也不很高，因此，$\omega R_1C_1\ll1$，$R_1=Z_1$，$\Delta Z_1=\Delta R_1$。可见，在电桥初始平衡，电源频率不太高，导线寄生电容较小时，交流电桥仍可看作纯电阻电桥，直流电桥的计算公式仍然适用。

电桥的一般形式又如图 2-11b 所示，C_2 亦为应变片导线或电缆分布电容。$Z_3=R_3$，$Z_4=R_4$，$Z_1=R_1/(1+j\omega R_1C_1)$，$Z_2=R_2/(1+j\omega R_2C_2)$，按式（2-15）可求出

$$\frac{R_3}{R_1}+j\omega R_3C_1=\frac{R_4}{R_2}+j\omega R_4C_2$$

当实部、虚部各自相等，并经整理可得该交流电桥的平衡条件为

$$R_2/R_1=R_4/R_3 \quad 及 \quad R_2/R_1=C_1/C_2 \quad 或 \quad R_1C_1=R_2C_2$$

对这种交流电桥，除要满足电阻平衡条件外，还必须满足电容平衡条件。实际上，由于应变片粘贴、引线等引起初始电抗的不相等，因此一般要设置预调平衡电路。

五、温度误差及其补偿

用应变片测量时，由于环境温度变化所引起的电阻变化与试件应变所造成的电阻变化几乎有相同的数量级，从而产生很大的测量误差，称为应变片的温度误差，又称热输出。

（一）温度误差

（1）敏感栅电阻随温度的变化引起的误差　当环境温度变化 Δt 时，敏感栅材料电阻温度系数为 α_t（1/℃），则引起的电阻相对变化为

$$\left(\frac{\Delta R_t}{R}\right)_1=\alpha_t\Delta t \tag{2-18}$$

（2）试件材料的线膨胀引起的误差　当温度变化 Δt 时，因试件材料和敏感栅材料的线膨胀系数不同，应变片将产生附加拉长（或压缩），引起的电阻相对变化为

$$\left(\frac{\Delta R_t}{R}\right)_2=k(\alpha_g-\alpha_s)\Delta t \tag{2-19}$$

式中　k——应变片灵敏系数；

α_g——试件膨胀系数（1/℃）；

α_s——应变片敏感栅材料的膨胀系数（1/℃）。

因此，由于温度变化形成总的电阻相对变化为

$$\frac{\Delta R}{R}=\alpha_t\Delta t+k(\alpha_g-\alpha_s)\Delta t$$

相应的热输出为

$$\varepsilon_t=\left(\frac{\Delta R}{R}\right)\bigg/k=\frac{\alpha_t}{k}\Delta t+(\alpha_g-\alpha_s)\Delta t \tag{2-20}$$

（二）温度补偿

通常补偿温度误差的方法有应变片自补偿法和电路补偿法。

1. 自补偿法

（1）单丝自补偿法　由式（2-20）看出，为使 $\varepsilon_t=0$，必须满足

$$\alpha_t=-k(\alpha_g-\alpha_s)$$

对于给定的试件（α_g 给定），可适当选取栅丝的温度系数 α_t 及膨胀系数 α_s，以满足上式，可在一定温度范围内进行补偿。实际的做法是对于给定的试件材料和选定的锰白铜或镍铬铝合金栅丝（α_g、α_s 及 k 均已给定），适当地选择或控制、调整栅丝温度系数 α_t。例如，改变栅丝合金成分，或以不同的热处理规范来控制栅丝温度系数 α_t。图 2-12 所示为锰白铜丝温度系数 α_t 与退火温度的关系。如试件为不锈钢，其 $\alpha_g=14\times10^{-6}℃^{-1}$，敏感栅选用康铜丝，$\alpha_s=15\times10^{-6}℃^{-1}$，$k=2$，要满足温度自补偿条件，按上式可求出 $\alpha_t=2\times10^{-6}℃^{-1}$，锰白铜丝退火温度应为 380℃。如试件为硬铝，$\alpha_g=22\times10^{-6}℃^{-1}$，同样采用锰白铜栅丝可求出 $\alpha_t=-14\times10^{-6}℃^{-1}$，锰白铜丝则应在 320℃退火处理。这种自补偿应变片较容易加工，成本低，缺点是只适用特定试件材料，温度补偿范围也较窄。

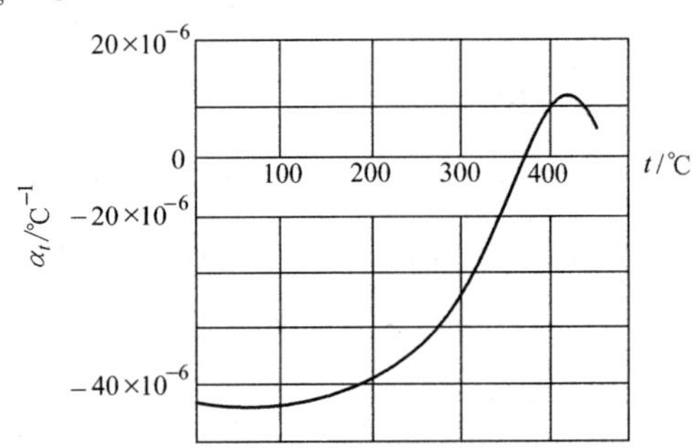

图 2-12　锰白铜丝温度系数 α_t 与退火温度的关系曲线

（2）组合式自补偿法　应变片敏感栅丝由两种不同温度系数的金属丝串接组成。一种类型是选用两者具有不同符号的电阻温度系数，结构如图 2-13 所示。

通过实验与计算，调整 R_1 和 R_2 的比例，使温度变化时产生的电阻变化满足

$$(\Delta R_1)_t=-(\Delta R_2)_t$$

经变换得

$$R_1/R_2=-\frac{(\Delta R_2/R_2)}{(\Delta R_1/R_1)}$$

通过调节两种敏感栅的长度来控制应变片的温度自补偿，可达±0.45μm/℃的高精度。栅丝可用锰白铜，也可用锰白铜-镍铬、锰白铜-镍串联制成。

组合式自补偿应变片的另一种形式是，两种串接的电阻丝具有相同符号的温度系数，即都为正或负。组合式自补偿法之二如图 2-14 所示。

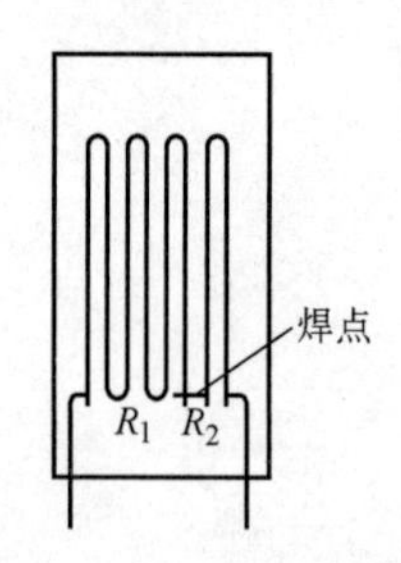

图 2-13 组合式自补偿法之一

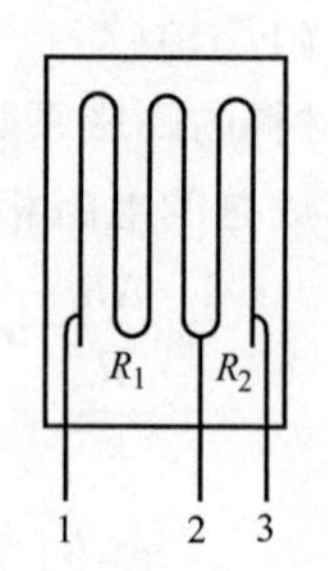

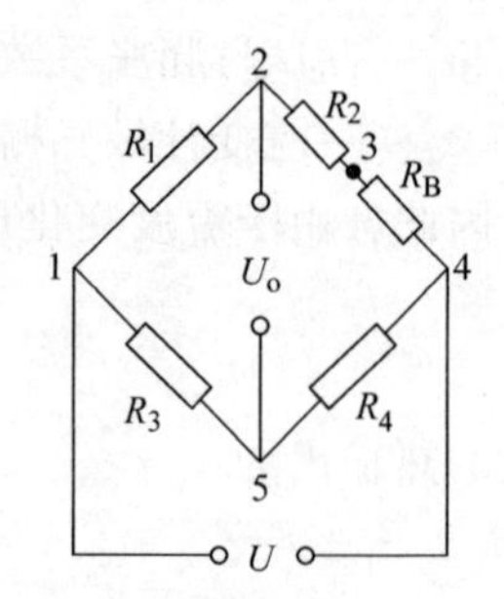

图 2-14 组合式自补偿法之二

在电阻丝 R_1 和 R_2 串接处焊接一引线 2，R_2 为补偿电阻，它具有高的温度系数及低的应变灵敏系数。R_1 作为电桥的一臂，R_2 与一个温度系数很小的附加电阻 R_B 共同作为电桥的一臂，且作为 R_1 的相邻臂。适当调节 R_1 和 R_2 的长度比和外接电阻 R_B 之值，使之满足条件：

$$(\Delta R_1)_t/R_1=(\Delta R_2)_t/(R_2+R_B)$$

由此可求得

$$R_B=R_1\frac{(\Delta R_2)_t}{(\Delta R_1)_t}-R_2$$

即可满足温度自补偿要求。从电桥原理知道，由于温度变化引起的电桥相邻两臂（1-2，2-4）的电阻变化相等或很接近，相应的电桥输出电压即为零或极小。经计算，这种补偿可以达到±0.1με/℃的高精度，缺点是只适合于特定试件材料。此外，补偿电阻 R_2 虽比 R_1 小得多，但总要敏感应变，在桥路中与工作栅 R_1 敏感的应变起抵消作用，从而使应变片的灵敏度下降。

2. 电路补偿法

常用的最好的补偿方法是电桥补偿法。如图 2-15 所示，工作应变片 R_1 安装在被测试件上，另选一个其特性与 R_1 相同的补偿片 R_B，安装在材料与试件相同的某补偿件上，但不承受应变。

R_1 与 R_B 接入电桥相邻臂上，造成 ΔR_{1t} 与 ΔR_{Bt} 相同，根据电桥理论可知，其输出电压 U_o 与温度变化无关。当工作应变片感受应变时，电桥将产生相应输出电压。

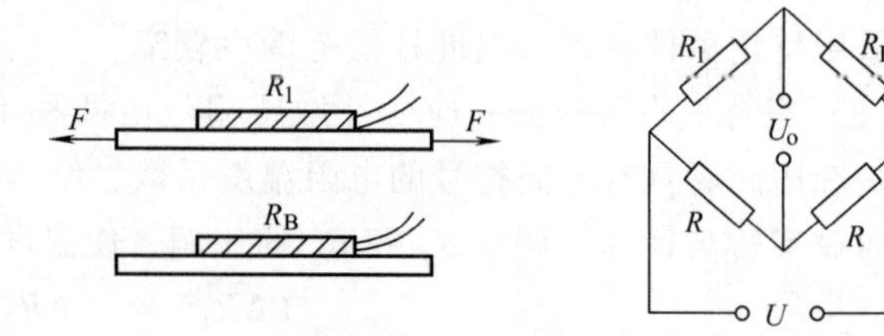

图 2-15 电桥补偿法

在某些情况下，可以比较巧妙地安装应变片而不需补偿件并兼得灵敏度的提高。如图 2-16 测量梁的弯曲应变时，将两个应变片分贴于上下两面对称位置，R_1 与 R_B 特性相同，所以二电阻变化值相同而符号相反。但 R_1 与 R_B 按图 2-9 接入电桥，因而电桥输出电压比单片时增加 1 倍。当梁上下面温度一致时，R_B 与 R_1 可起温度补偿作用。电桥补偿法简易可行，使用普通应变片可对各种试件材料在较大温度范围内进行补偿，因而最为常用。

另外也可以采用热敏电阻进行补偿，如图 2-17 所示，热敏电阻 R_t 与应变片处在相同的温度下，当应变片的灵敏度随温度升高而下降时，热敏电阻 R_t 的阻值下降，使电桥的输入电压随温度升高而增加，从而提高电桥输出电压。选择分流电阻 R_5 的值，可以使应变片灵敏度下降对电桥输出的影响得到很好的补偿。此方法的缺点是不能补偿因温度变化引起的电桥不平衡。

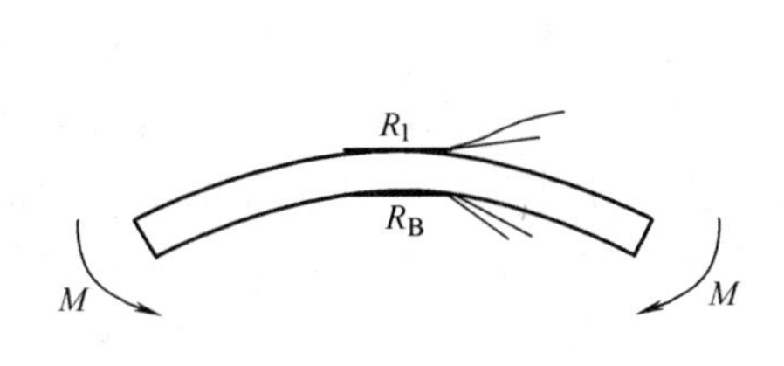

图 2-16　差动电桥补偿法

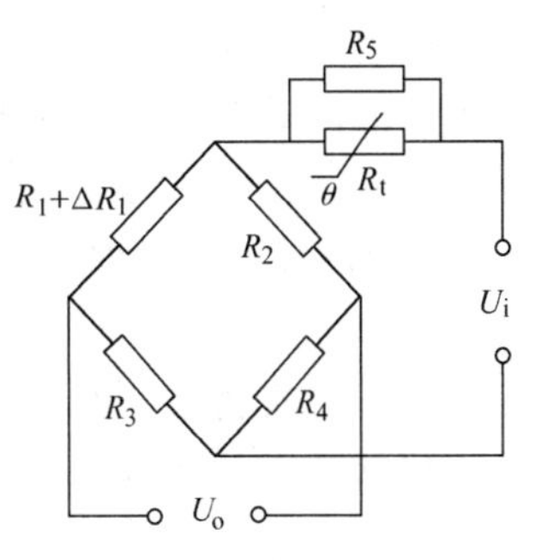

图 2-17　热敏电阻补偿法

六、应变式传感器举例

电阻应变丝、片除了直接用以测量机械、仪器以及工程结构等的应力、应变外，还常与某种形式的弹性元件相配合，制成各种应变式传感器，用来测量力、拉力、扭矩、位移和加速度等。

(一) 应变式力传感器

测量荷重和力的传感器常采用贴有应变片的应变式力传感器。其弹性元件有柱式、梁式、环式、框式等。

1. 柱式力传感器

圆柱式力传感器的弹性元件分实心和空心两种，如图 2-18 所示。应变片粘贴在弹性体外壁应力均匀的中间部分，并均匀对称地粘贴多片。因为弹性元件的高度对传感器的精度和动态特性有影响，根据材料力学分析和试验研究的结果，对实心圆柱，一般取 $H \geqslant 2D+l$，而空心圆柱一般取 $H \geqslant D-d+l$，式中 H 为圆柱体高度，D 为圆柱外径，d 为空心圆柱内径，l 为应变片基长。贴片在圆柱面上的展开位置及其在桥路中的连接，如图 2-19 所示。其特点是 R_1、R_3 串联，R_2、R_4 串联并置于相对位置的臂上，以减少弯矩的影响，横向贴片作温度补偿用。

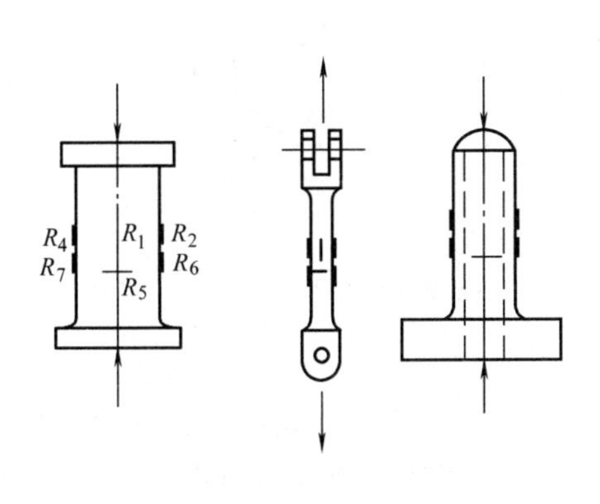

图 2-18　圆柱式力传感器

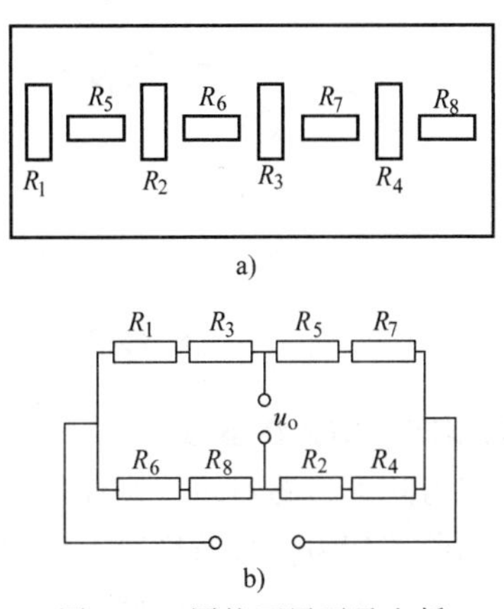

图 2-19　圆柱面展开及电桥

柱式力传感器的结构简单，可以测量大的拉、压力，最大可达 10^7N。在测 10^3 ~ 10^5N 时，为了提高变换灵敏度和抗横向干扰，一般采用空心圆柱式结构。

2. 梁式力传感器

梁式力传感器有多种形式，如图 2-20 所示。图 2-20a 为等强度梁，力 F 作用于梁端三角形顶点上，梁内各断面产生的应力相等，表面上的应变也相等，故对在 l 方向上粘贴应变片位置要求不严。图 2-20b 为等截面梁，其特点为结构简单、易加工、灵敏度高，适合于测 5000N 以下的载荷，也可以测量小的压力，但是因表面沿 l 方向各点的力分布不等，对 4 个（或 2 个）贴片的位置要求对称。图 2-20c 为双孔梁，多用于小量程，如工业电子秤和商业电子秤。图 2-20d 为"S"形弹性元件，适用于较小载荷。图 2-21a 为实际工程应用中的一种双孔梁式传感器的实物图，图 2-21b 为梁式传感器的另一种封装形式，图 2-21c 为实际应用中的一种 S 形剪切梁传感器实物图。

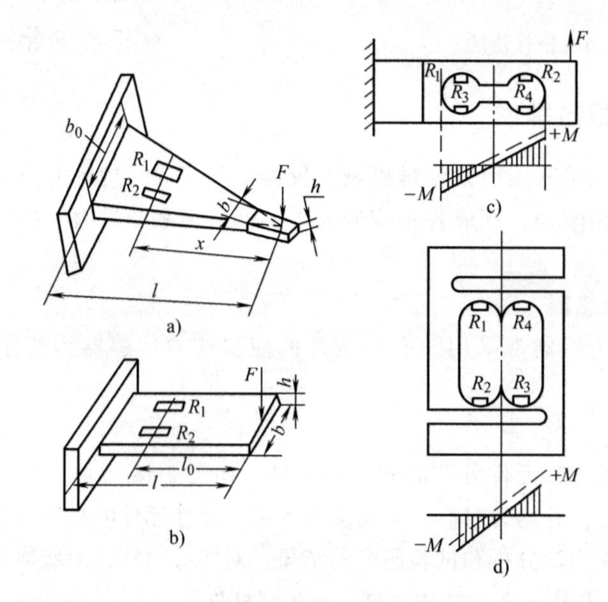

图 2-20　梁式力传感器

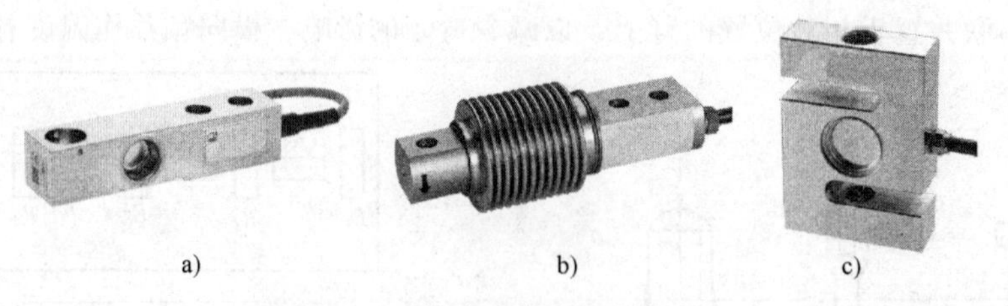

a)　　b)　　c)

图 2-21　梁式力传感器实物图

a）双孔梁式传感器　b）密封梁式传感器　c）S 形剪切梁传感器

3. 轮辐式剪切力传感器

轮辐式剪切力传感器结构原理如图 2-22a 所示，外加载荷作用在轮的顶部和轮圈底部，轮辐上受到纯剪切力。每条轮辐上的剪切力和外加力 F 成正比。当外加力作用点发生偏移时，一面的剪切力减小，一面增加，其绝对值之和仍然是不变的常数。应变片（8 片）的贴法和连接电桥如图 2-22b 所示。它可以消除载荷偏心和侧向力对输出的影响。

这是一种较新型的力传感器，其优点是精度高、滞后小、重复性及线性度好、抗偏载能力强、尺寸小、重量轻。

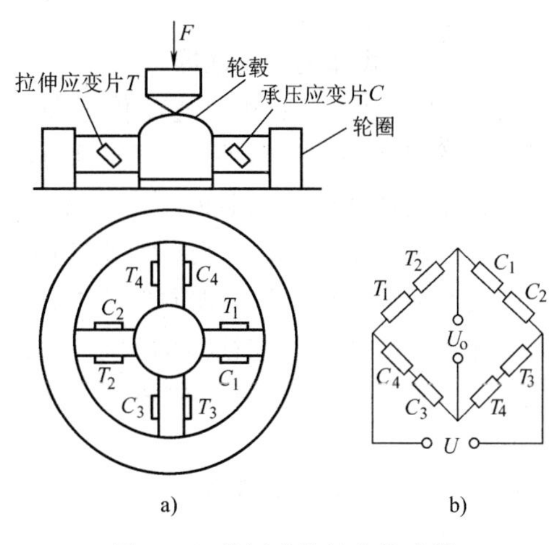

图 2-22　轮辐式剪切力传感器

（二）应变式压力传感器

应变式压力传感器主要用于液体、气体压力的测量，采用膜片式、薄板式、筒式、组合式的弹性元件。

1. 膜片式压力传感器

膜片式压力传感器如图 2-23a 所示，弹性元件为周边固定的圆薄膜片。

在压力 p 作用下，膜片上各点的径向应力 σ_r 和切向应力 σ_t 可用下列两式表示：

$$\sigma_r=\frac{3p}{8h^2}[(1+\mu)r^2-(3+\mu)x^2] \tag{2-21}$$

$$\sigma_t=\frac{3p}{8h^2}[(1+\mu)r^2-(1+3\mu)x^2] \tag{2-22}$$

式中　σ_r——径向应力；

σ_t——切向应力；

μ——膜片材料的泊松系数；

p——膜片承受的压力；

r、x——膜片有效半径、计算点半径；

h——膜片厚度。

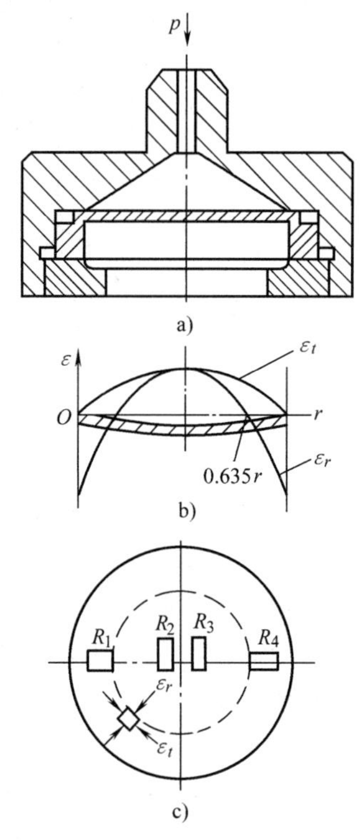

图 2-23　膜片式压力传感器

膜片产生径向应变 ε_r 和切向应变 ε_t，如图 2-23b 所示。

由应力分布规律可找出贴片的方法。由于切应变全是正的，中间最大，径向应变分布有正有负，当 ε_r 在 $(x/R)=0.635$ 时为零值，一般在圆片中心处沿切向贴两片 R_2、R_3，在边缘处沿径向贴两片 R_1、R_4，如图 2-23c 所示。应变片 R_1、R_4 和 R_2、R_3 接在桥路 4 臂内，以提高灵敏度和进行温度补偿。也可以在 0.635r 半径的两侧径向处各贴两片，组成 4 臂差动电桥。

2. 筒式压力传感器

测较大压力时，多采用筒式压力传感器，如图 2-24a 所示，圆柱体内有一盲孔，一端有法兰盘与被测系统连接。被测压力 p 作用于筒内壁时，筒体的空心部分的外表面产生环向应变 ε_t。图 2-24b 表示贴片方向，R_2 不产生应变，只作温度补偿用。图 2-24c 是贴片都在空心部分，则 R_1 和 R_2 垂直粘贴，R_2 作温度补偿用。

这类传感器可用来测量机床液压系统的压力（10^6～10^7Pa），也可用来测量枪炮的膛内压力（10^8Pa），其动态特性和灵敏度主要由材料的弹性模量 E 值和尺寸决定。

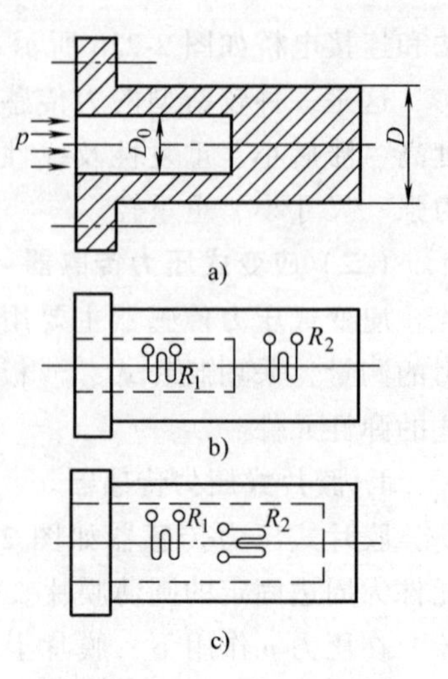

图 2-24　筒式压力传感器

（三）应变式加速度传感器

图 2-25 所示为应变式加速度传感器的结构图。在应变梁 2 的一端固定惯性质量块 1，梁的上下粘贴应变片 4，传感器内腔充满硅油，以产生必要的阻尼。测量时，将传感器壳体与被测对象刚性连接。当有加速度作用在壳体上时，由于梁的刚度很大，质量块也以同样的加速度运动，产生的惯性力与加速度成正比。惯性力的大小由梁上的应变片测出。限位块 11 使传感器过载时不被破坏。这种传感器常用于低频振动测量中。

（四）应变式扭矩传感器

扭矩会使传动轴（扭力轴）产生一定的应变，而且这

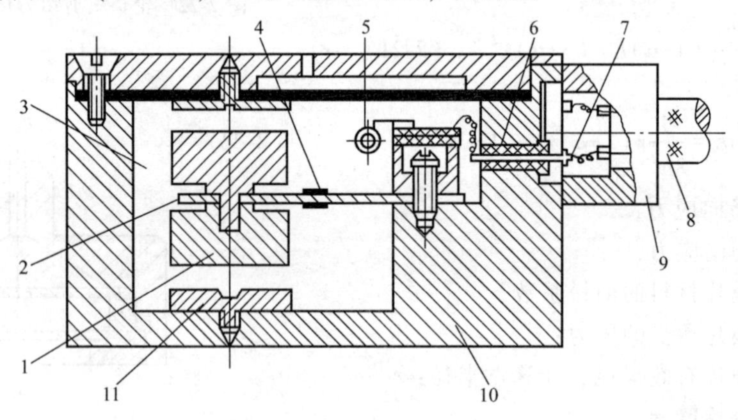

图 2-25　应变式加速度传感器

1—质量块　2—应变梁　3—硅油阻尼液　4—应变片　5—温度补偿电阻
6—绝缘套管　7—接线柱　8—电缆　9—压线柱　10—壳体　11—限位块

种应变与扭矩的大小存在着比例关系，因此可以通过电阻应变片来检测相应扭矩的大小。当扭力轴受到扭矩作用时会发生扭转变形，最大主应变产生在与轴线成 45°角的方向上，在此方向上粘贴电阻应变片能够检测到传动轴所受扭矩的大小。应变式扭矩传感器结构原理如图 2-26 所示，沿扭力轴的轴向±45°方向分别粘贴 4 个应变片，组成全桥电路的 4 个桥臂。当传动轴受扭时，应变片的电阻发生变化，电阻的变化通过电桥输出与外加扭矩成正比的电压信号，通过处理后便可计算出外加扭矩。这种扭矩传感器使用范围广，能测量瞬时扭矩及起动扭矩（动态测量），而且结构简单，测量精度高。

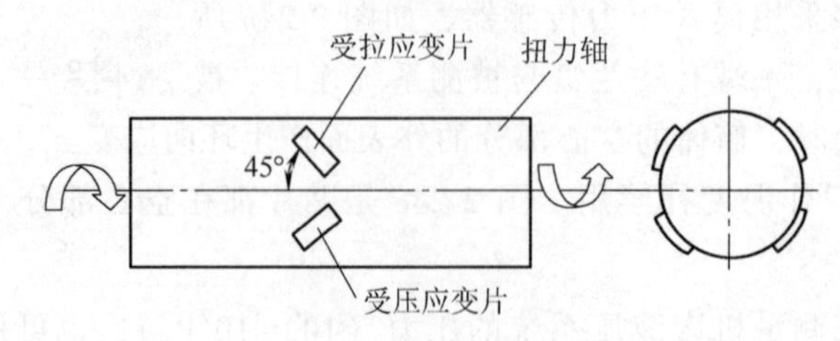

图 2-26　应变式扭矩传感器

第二节 压阻式传感器

固体受到作用力后，电阻率就要发生变化，这种效应称为压阻效应。半导体材料的这种效应特别强。利用半导体材料做成的压阻式传感器有两种类型：一种是利用半导体材料的体电阻做成的粘贴式应变片；另一种是在半导体材料的基片上用集成电路工艺制成扩散电阻，称为扩散型压阻传感器。压阻式传感器的灵敏系数大，分辨率高，频率响应高，体积小。它主要用于测量压力、加速度和载荷等参数。

因为半导体材料对温度很敏感，因此压阻式传感器的温度误差较大，必须要有温度补偿。

一、基本工作原理

根据式（2-3）：

$$\frac{\Delta R}{R}=(1+2\mu)\frac{\Delta l}{l}+\frac{\Delta\rho}{\rho}$$

式中的 $\Delta\rho/\rho$ 项，对金属材料，其值很小，可以忽略不计；对半导体材料，$\Delta\rho/\rho$ 值很大，半导体电阻率的变化为

$$\frac{\Delta\rho}{\rho}=\pi_l\sigma=\pi_l E_e\frac{\Delta l}{l} \tag{2-23}$$

式中的 π_l 为沿某晶向的压阻系数，σ 为应力，E_e 为半导体材料的弹性模量。如半导体硅材料，$\pi_l=(40\sim80)\times10^{-11}\mathrm{m^2/N}$，$E_e=1.67\times10^{11}\mathrm{N/m^2}$，则 $\Delta\rho/\rho=k_0=50\sim100$。此例表明，半导体材料的灵敏系数比金属应变片灵敏系数（$1+2\mu$）大很多，可近似认为 $\Delta R/R=\Delta\rho/\rho$。

半导体电阻材料有结晶的硅和锗，掺入杂质形成 P 型和 N 型半导体。其压阻效应是因在外力作用下，原子点阵排列发生变化，导致载流子迁移率及浓度发生变化而形成的。由于半导体（如单晶硅）是各向异性材料，因此它的压阻系数不仅与掺杂浓度、温度和材料类型有关，还与晶向有关。

二、温度误差及其补偿

由于半导体材料对温度比较敏感，压阻式传感器的电阻值及灵敏系数随温度变化而变化，将引起零漂和灵敏度漂移。

图 2-27 所示为在不同杂质浓度下，P 型硅的剪切压阻系数 π_{44} 与温度 T 的关系。掺杂浓度较低时，压阻系数较高，而它的温度系数也较大；反之，掺杂浓度高时，它的温度系数可以很小，但压阻灵敏系数太低。一般不采用高掺杂的办法来降低温度误差。

压阻式传感器一般扩散 4 个电阻，并接入电桥。当 4 个扩散电阻阻值相等或相差不大，温度系数也一样时，则电桥零漂和灵敏度漂移会很小，但工艺上很难实现。

零位温漂一般可用串、并联电阻的方法进行补偿。如图 2-28 所示，串联电阻 R_s 起调零作用，并联电阻 R 则主要起温度补偿作用，R 是负温度系数电阻，当然 R_4 上并联正温度系数电阻也可以。R_s、R 值和温度系数要选择合适，要根据 4 臂电桥在低温和高温下实测电阻值计算出来，才能取得较好的补偿效果。

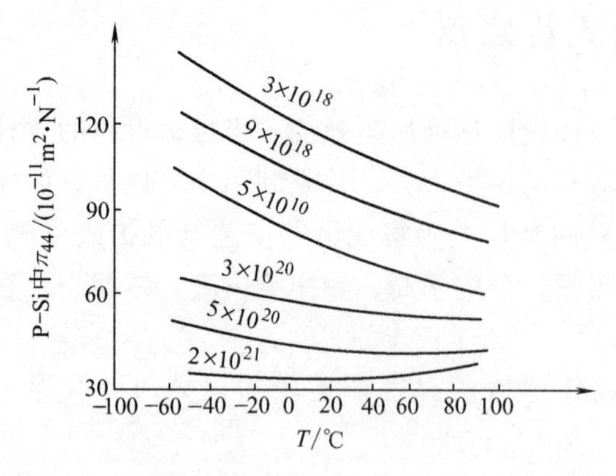

图 2-27 不同掺杂浓度 P-Si 中 π_{44} 与温度的关系

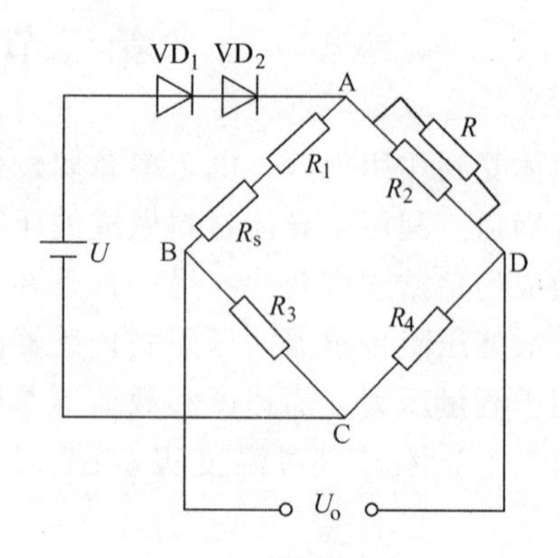

图 2-28 温度误差补偿

电桥的电源回路中串联的二极管 VD 是补偿灵敏度温漂的。二极管的 PN 结压降为负温度特性，温度每升高 1℃，正向压降减小 1.9~2.4mV。若电源采用恒压源，电桥电压随温度升高而提高，以补偿灵敏度下降。所串联二极管数，依实测结果而定。

三、压阻式传感器举例

(一) 半导体应变式传感器

半导体应变式传感器常用硅、锗等材料做成单根状的敏感栅，如图 2-29 所示。

半导体应变片的使用方法与金属应变片相同。因为

$$\frac{\Delta R}{R}=(1+2\mu+\pi_l E)\varepsilon$$

式中的 $(1+2\mu)$ 项是半导体材料几何尺寸变化引起的，与一般电阻丝式相差不多，而 $\pi_l E$ 项是压阻效应引起的，其值比前者大近百倍，故 $(1+2\mu)$ 项可忽略，所以半导体应变片的灵敏系数近似为 $k_B=\pi_l E$。

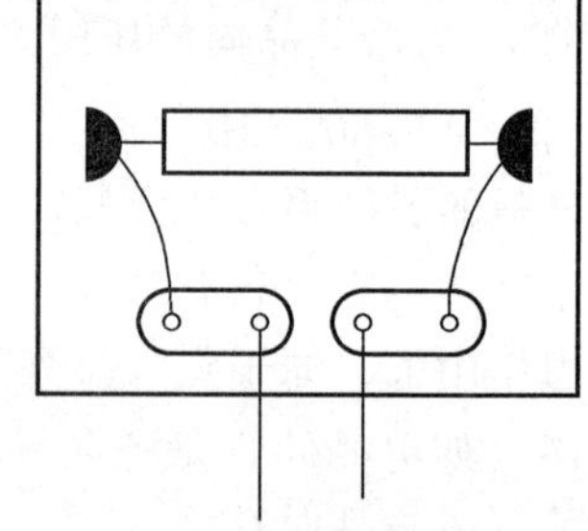

图 2-29 半导体应变式传感器

半导体应变片的突出优点是灵敏系数很大，可测微小应变，尺寸小，横向效应和机械滞后也小。其主要缺点是温度稳定性差，测量较大应变时，非线性严重，必须采取补偿措施。此外，灵敏系数随拉伸或压缩而变，且分散性大。

(二) 压阻式压力传感器

1. 硅集成微型压力传感器

随着微电子技术的高速发展，一种具有重大影响的核心技术——微机电系统（MEMS）也获得了飞速发展，给传感器技术带来了革命性的变化。硅集成微型传感器的芯片制造采用了 MEMS 技术。一方面它继承了传统的微电子平面加工工艺；另一方面为制作高性能、高灵敏度的微机械薄膜，它采用了多种新型工艺。因此，它可以将测量电路和敏感元件结合成一体，可使传感器由单一的信号变换功能，扩展为兼有放大、运算、补偿等功能，以提高传感器的灵敏度、精确度和可靠性，实现小型化、智能化。硅集成微型压力传感器又称扩散硅压力传感器，结构如图 2-30a 所示。其核心部分是一块沿某晶向切割的 N 型的圆形硅膜片（见图 2-30b）。在膜片上利用集成电路工艺方法扩散上 4 个阻值相等的 P 型电阻，用导线将

其构成平衡电桥。膜片的四周用圆硅环（硅杯）固定，其下部是与被测系统相连的高压腔，上部一般可与大气相通。在被测压力 p 作用下，膜片产生应力和应变。膜片上各点的应力分布由式（2-21）和式（2-22）给出。当 $x/r=0.635$ 时，径向应力 σ_r 为零值。4 个电阻沿一定晶向并分别在 $x=0.635r$ 处的内外排列，在 $0.635r$ 之内侧的电阻承受的 σ_{ri} 为正值，即拉应力（见图 2-23b），外侧的电阻承受的 σ_{ro} 是负值，即压应力。

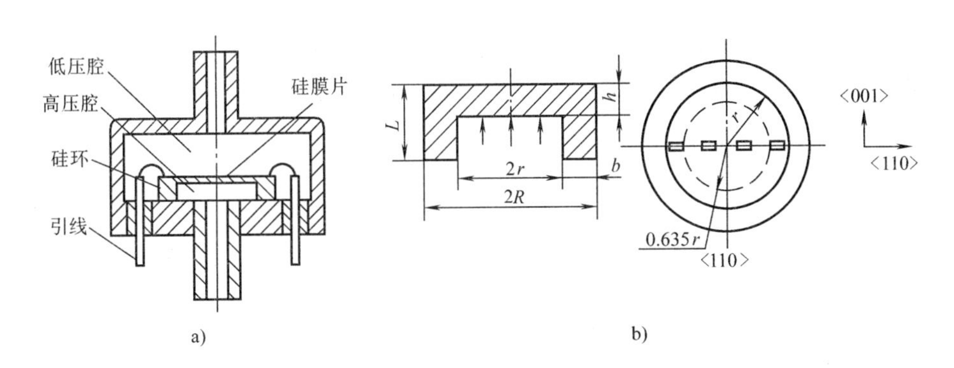

图 2-30　硅集成微型压力传感器

设计时，要正确地选择电阻的径向位置，使 $\overline{\sigma}_{ri}=\overline{\sigma}_{ro}$，因而使 $\left|\left(\frac{\Delta R}{R}\right)_i\right|=\left|\left(\frac{\Delta R}{R}\right)_o\right|$。使 4 个电阻接入差动电桥，初始状态平衡，受力 p 后，差动电桥输出与 p 相对应。

微型硅压力传感器由于弹性元件与转换元件一体化，尺寸小，其固有频率很高，可以测频率范围很宽的脉动压力。压阻式压力传感器广泛用于流体压力、差压、液位等的测量。特别是它的体积小，最小的传感器可为 0.8mm，在生物医学上可以测量血管内压、颅内压等参数。

2. X 形硅压力传感器

一般的硅压阻式压力传感器是在硅片上用扩散或离子注入法形成 4 个阻值相等的电阻，并将它们构成平衡电桥。这种压力传感器由于 4 个桥臂不匹配而引起测量误差，零点偏移较大，不易调整。X 形硅压力传感器是利用离子注入工艺，将单个 X 形压敏电阻元件形成在硅膜上，并采用计算机控制的激光修正技术、温度补偿技术，使 X 形硅压力传感器的精度达到较高的水平，具有极好的线性度，且灵敏度高，长期重复性好。

X 形硅压力传感器的结构如图 2-31 所示。其敏感元件是边缘固定的方形硅膜片，压力均匀垂直作用于膜片上。由图可见，一只 X 形压敏电阻器被置于硅膜边缘，感受由压力产生的剪切力。其中，1 脚接地，3 脚加电源电压 $+V_S$，激励电流流过 3 脚和 1 脚。加在硅膜上的压力与电流方向相垂直，该压力在电阻器上建立了一个横向电场，该电场穿过电阻器中点，所产生的电压差由 2 脚和 4 脚引出。X 形硅压力传感器的符号如图 2-32 所示。

这种传感器结构简单，其模拟输出电压正比于输入的压力值和电源偏置电压，使用单个的 X 形电阻器做应变仪不仅避免了构成电桥的电阻由于不匹配产生的误差，而且简化了进行校准和温度补偿所需的外用电路。

（三）压阻式加速度传感器

压阻式加速度传感器采用单晶硅做悬臂梁，在其近根部扩散 4 个电阻，如图 2-33 所示。

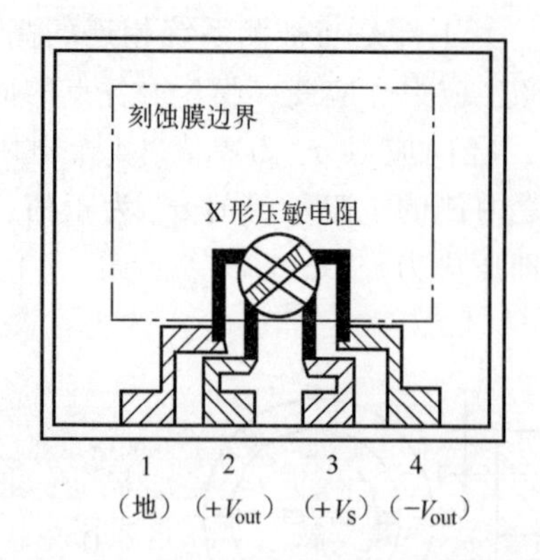

图 2-31 X形硅压力传感器的结构

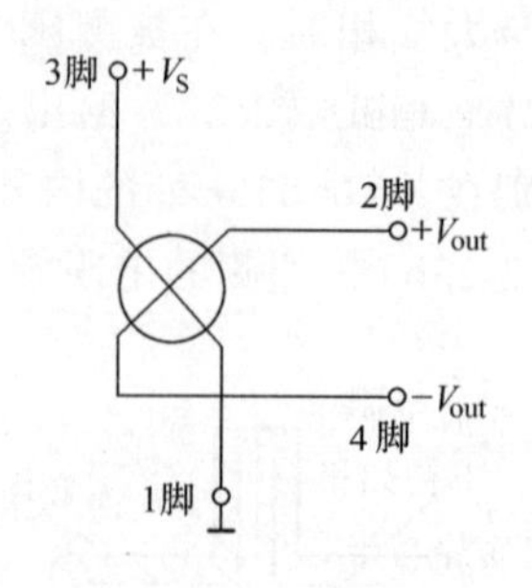

图 2-32 X形硅压力传感器的符号

当梁的自由端的质量块受到加速度作用时，在梁上受到弯矩和应力，使电阻值发生变化。电阻相对变化与加速度成正比。由4个电阻组成的电桥将产生与加速度成正比的电压输出。在设计时，恰当地选择传感器尺寸及阻尼系数，则可用来测量低频加速度与直线加速度。

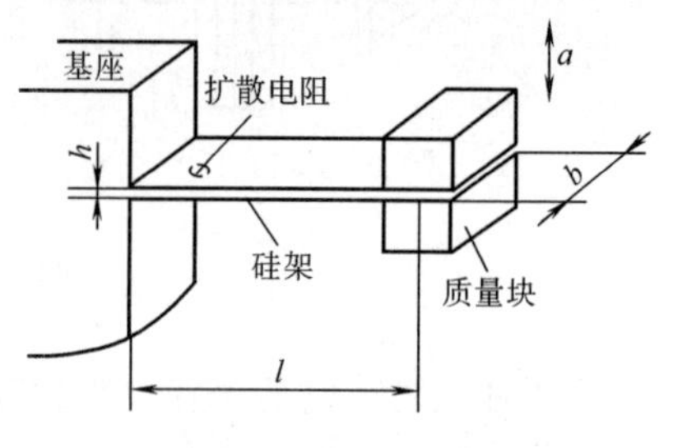

图 2-33 压阻式加速度传感器

利用锰铜的压阻效应测压始于20世纪初。20世纪50年代又出现了锰铜动压测试系统用于测火炮的压力，当时是用锰铜线圈做的压力传感器。目前，锰铜压阻式传感器的结构形式很多，可分丝式和箔式，有高阻和低阻，还有线圈式等。丝式和箔式锰铜压阻式传感器外形和制造工艺与金属电阻应变计几乎完全相同，所不同的是工作原理和安装方式。

国内外均采用锰铜丝、锰铜箔应变计制成的压力传感器研究冲击波、爆炸力学效应、爆炸效应以及高静水压力的影响。虽然锰铜的电阻率低，其压力灵敏系数仅为 $0.27\%/10^8$Pa，但它的电阻变化与冲击波压力呈线性关系。这种传感器可测量 $(1\sim40)\times10^6$Pa 的压力。

（四）集成压阻式压力传感器

压阻式传感器虽有高达100mV左右的输出，但标称值输出往往有相当大的离散性，且欲直接与计算机、打印机连接还需放大信号，且多数压阻式传感器用恒流源供电，因此调整、补偿较困难。近年来，随着大量体积小、重量轻、外接元件少、功能全面且价格适宜的四运放及专用集成块的出现，越来越多的传感器厂家将其压阻式传感器和电源、补偿及放大电路等组装到一起，成为带放大器的、标准高输出的传感器。

虽然微机械加工技术与硅平面工艺可以兼容，但是压阻式传感器性能优化的工艺参数与集成电路工艺参数兼容性并不好。因此，尽管早在20世纪70年代中期就发展了单片全集成的压阻式传感器，但由于性能价格比因素，发展并不迅速，仅在生物医学等特殊领域得到应用。

为解决单片集成工艺兼容的问题，出现了一种混合集成压阻式传感器。这种传感器将难以与工艺理想兼容的压阻敏感元件和线性集成信号处理电路分片集成，将重要的电阻网络用厚膜或薄膜工艺集成，然后将它们封装组合成一体的混合集成压阻式压力传感器，因有优良的性能价格比，而得到较快发展。

思考题与习题

1. 何为金属的电阻应变效应？怎样利用这种效应制成应变片？

2. 什么是应变片的灵敏系数？它与电阻丝的灵敏系数有何不同？为什么？

3. 对于箔式应变片，为什么增加两端各电阻条的横截面积便能减小横向灵敏度？

4. 用应变片测量时，为什么必须采用温度补偿措施？

5. 一应变片的电阻 $R=120\Omega$，$k=2.05$，用作应变为 $800\mu m/m$ 的传感元件。①求 ΔR 和 $\Delta R/R$；②若电源电压 $U=3V$，求初始平衡时惠斯通电桥的输出电压 U_o。

6. 金属应变片与半导体应变片在工作原理上有何不同？

第三章

电感式传感器

电感式传感器是利用线圈自感或互感的变化实现测量的一种装置，其核心部分是可变自感或可变互感，在将被测量转换成线圈自感或线圈互感的变化时，一般要利用磁场作为媒介或利用铁磁体的某些现象。这类传感器的主要特征是具有电感绕组。

电感式传感器具有以下优点：结构简单可靠、输出功率大、输出阻抗小、抗干扰能力强、对工作环境要求不高、分辨力较高（如在测量长度时一般可达 0.1μm）、示值误差一般为示值范围的 0.1%~0.5%、稳定性好。它的缺点是频率响应低，不宜用于快速测量。此外，利用电涡流原理的电涡流式传感器，利用压磁原理的压磁式传感器，利用平面绕组互感原理的感应同步器等，亦属此类。

第一节　工作原理

一、自感式传感器

图 3-1 所示是自感式传感器的原理图。在图 3-1a、b 中，尽管在铁心与衔铁之间有一个空气隙，但由于其值不大，所以磁路（图中点画线表示磁路）是封闭的。根据磁路的基本知识，线圈自感可按下式计算：

$$L = N^2/R_m \tag{3-1}$$

式中　N——线圈匝数；

R_m——磁路总磁阻。

对图 3-1 所示情况，因为气隙厚度 δ 较小，可以认为气隙磁场是均匀的，若忽略磁路铁损，则由铁心磁阻和空气隙磁阻组成的总磁阻为

$$R_m = \sum l_i/(\mu_i S_i) + 2\delta/(\mu_0/S) \tag{3-2}$$

式中　l_i——各段导磁体的长度；

μ_i——各段导磁体的磁导率；

S_i——各段导磁体的截面积；

δ——空气隙的厚度；

μ_0——真空磁导率，$\mu_0 = 4\pi \times 10^{-7}$ H/m；

S——空气隙截面积（图 3-1b 中，$S = ab$）。

将 R_m 代入式（3-1）可得

$$L = N^2/[\sum (l_i/(\mu_i S_i) + 2\delta/(\mu_0 S)] \tag{3-3}$$

在铁心的结构和材料确定之后，式（3-3）分母第一项为常数，此时自感 L 是气隙厚度 δ 和气隙截面积 S 的函数，即 $L=f(\delta,S)$ 。如果保持 S 不变，则 L 为 δ 的单值函数，可构成变气隙型传感器；如果保持 δ 不变，使 S 随位移而变，而可构成变截面型传感器。它们分别如图 3-1a、b 所示。同时，如图 3-1c 所示，线圈中放入圆柱形衔铁，也是一个可变自感，使衔铁上下位移，自感量将相应变化，这就可构成螺线管型传感器。

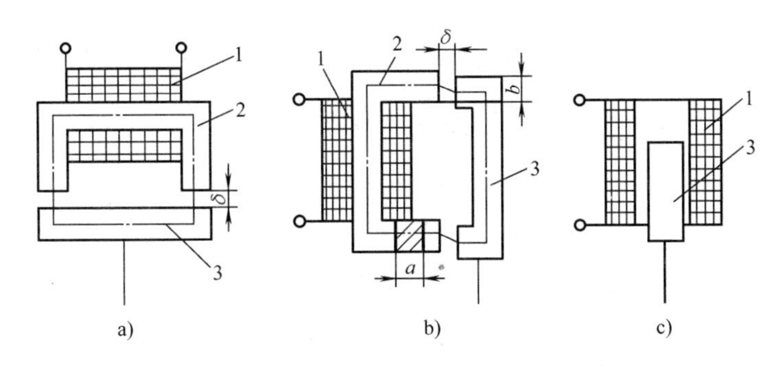

图 3-1　自感式传感器的原理图

a）气隙型　b）截面型　c）螺线管型

1—线圈　2—铁心　3—衔铁

气隙型传感器灵敏度高，对后续测量电路的放大倍数要求低，它的缺点是非线性严重，为了限制非线性，示值范围只能较小，由于衔铁在运动方向上受铁心的限制，故自由行程小。变截面型具有较好的线性，自由行程较大，制造装配比较方便，但灵敏度较低。螺线管型则结构简单，制造装配容易，由于空气隙大，磁路的磁阻高，灵敏度低，但线性范围大；此外，螺线管型还具有自由行程可任意安排、制造方便等优点，在批量生产中的互换性较好，这给测量仪器的调试、装配、使用带来很大方便，尤其在使用多个测微仪组合来测量物体形状的时候。

二、互感式传感器

互感式传感器本身是其互感系数可变的变压器，当一次线圈接入激励电压后，二次线圈将产生感应电压输出，互感变化时，输出电压将做相应变化。一般，这种传感器的二次线圈有两个，接线方式又是差动的，故常称之为差动变压器式传感器。

这种传感器的工作原理如图 3-2 所示。设在磁心上绕有两个线圈 N_1、N_2，则当匝数为 N_1 的一次线圈通入激励电流 $\dot{I}_1$ 时它将产生磁通 $\dot{\Phi}_{11}$（线圈 N_1 所链磁通），其中将有一部分磁通 $\dot{\Phi}_{12}$ 穿过匝数为 N_2 的二次线圈，从而在线圈 N_2 中产生互感电动势 $\dot{E}$，其表达式为

$$\dot{E}=\mathrm{d}\dot{\psi}_{12}/\mathrm{d}t=M\mathrm{d}\dot{I}_1/\mathrm{d}t \tag{3-4}$$

式中　$\dot{\psi}_{12}$——穿过 N_2 的磁链，$\dot{\psi}_{12}=N_2\dot{\Phi}_{12}$；

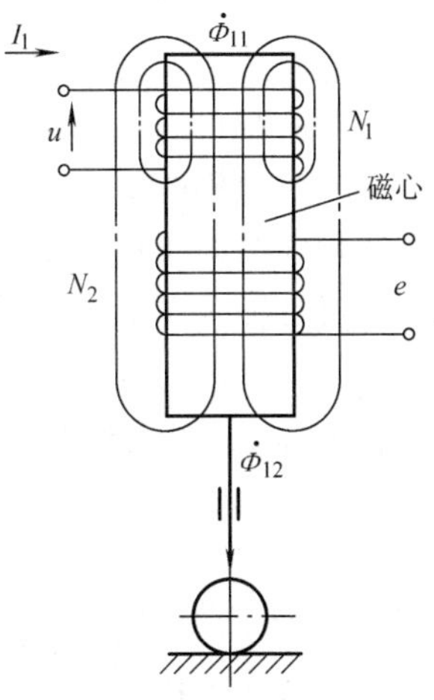

图 3-2　互感原理图

M——线圈 N_1 对 N_2 的互感系数，$M=\mathrm{d}\dot{\psi}_{12}/\mathrm{d}\dot{I}_1$。

设 $\dot{I}_1=I_{1M}\mathrm{e}^{-\mathrm{j}\omega t}$，其中 I_{1M} 为电流模量，ω 为电源角频率，则 $\mathrm{d}\dot{I}_1/\mathrm{d}t=-\mathrm{j}\omega I_{1M}\mathrm{e}^{-\mathrm{j}\omega t}$，式(3-4)可写为

$$\dot{E}=-\mathrm{j}\omega M\dot{I}_1 \tag{3-5}$$

因为 $\dot{I}_1=\dot{U}/(R_1+\mathrm{j}\omega L_1)$，其中 $\dot{U}$ 为激励电压，R_1 为一次线圈的有效电阻，L_1 为一次线圈的电感，则二次线圈开路输出电压 $\dot{U}_o$ 及其有效值为

$$\dot{U}_o=\dot{E}=-\mathrm{j}\omega M\dot{U}/(R_1+\mathrm{j}\omega L_1) \tag{3-6}$$

$$U_o=\omega MU/\sqrt{R_1^2+(\omega L_1)^2} \tag{3-7}$$

由式(3-6)、式(3-7)可知，输出电压信号将随互感变化而变化。

传感器工作时，被测量的变化将使磁心位移，后者引起磁链 ψ_{12} 和互感 M 变化，最终使输出电压变化。

互感式传感器的类型与自感式传感器极为相似，也可分为气隙型、截面型和螺线管型三种。气隙型互感式传感器与气隙型自感式传感器一样，其优点是灵敏度高，缺点是示值范围小、非线性严重。所以，近年来这种类型传感器的使用逐渐减少。螺线管型互感式传感器，虽然其灵敏度较低，但其示值范围大，自由行程可任意安排，制造装配也较方便，因而获得了广泛的应用。

第二节 转换电路和传感器灵敏度

一、转换电路

电感式传感器实现了把被测量的变化转化为自感和互感量的变化。为了测出自感或互感量的变化，同时也为了送入下级电路进行处理，就要用转换电路把自感量（或互感量）的变化转换成电压（或电流）变化。把传感器的自感（或互感）接入不同的转换电路后，原则上可将其转换成电压（或电流）的幅值、频率、相位的变化，它们分别称为调幅、调频、调相电路。在自感式传感器中，调幅电路用得较多，调频、调相电路用得较少。

（一）调幅电路

调幅电路的一种主要形式是交流电桥。关于交流电桥，已在第二章中讨论过，不再重复。这里只提一下在自感式传感器中经常使用的变压器电桥。图3-3所示为变压器电桥，Z_1、Z_2 为传感器两个绕组的阻抗，另两臂为电源变压器二次绕组的两半，每半的电压为 $u/2$。空载输出电压为

$$u_o=\frac{u}{Z_1+Z_2}Z_1-\frac{u}{2}=\frac{u}{2}\frac{Z_1-Z_2}{Z_1+Z_2} \tag{3-8}$$

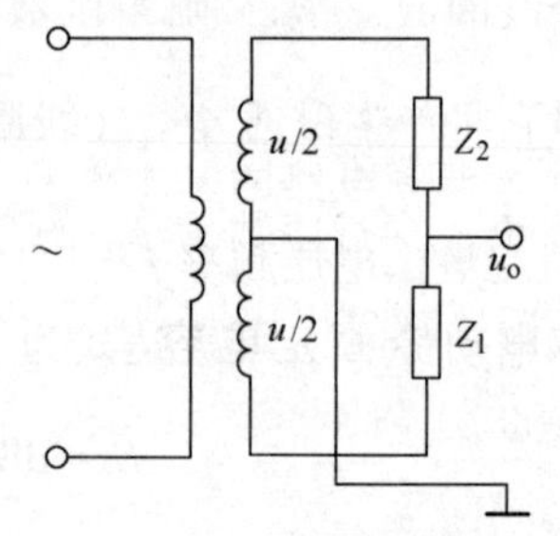

图3-3 变压器电桥

在初始平衡状态，$Z_1=Z_2=Z$，$u_o=0$。当衔铁偏离中间零点时，$Z_1=Z+\Delta Z$、$Z_2=Z-\Delta Z$，代入式(3-8)得

$$u_o = (u/2)(\Delta Z/Z) \tag{3-9}$$

这种桥路使用元件少，输出阻抗小（变压器二次绕组的阻抗可忽略），输出阻抗为传感器两线圈阻抗的并联，即为$\sqrt{R^2+(\omega L)^2}/2$，因而获得广泛应用。

顺便提及，当传感器衔铁移动方向相反时，$Z_1 = Z-\Delta Z$，$Z_2 = Z+\Delta Z$，则空载输出电压将为

$$u_o = -(u/2)(\Delta Z/Z) \tag{3-10}$$

将式（3-10）与式（3-9）比较，说明这两种情况的输出电压大小相等，方向相反，即相位差180°。这两个式子所表达的电压都为交流信号，如果用示波器去看波形，结果相同。为了判别衔铁移动方向，就是判别信号的相位，要在后续电路中配置相敏检波器来解决。

传感器线圈的阻抗变化 ΔZ 由损耗电阻变化 ΔR 及感抗变化 $\omega\Delta L$ 两部分组成，即 $\Delta Z = (R\Delta R + \omega^2 L\Delta L)/(2\sqrt{R^2 + (\omega L)^2})$。考虑到电感线圈的品质因数 $Q = \omega L/R$，则代入式（3-9）可得

$$\begin{aligned} u_o &= \frac{u}{2}\left[\frac{R^2}{R^2 + (\omega L)^2}\frac{\Delta R}{R} + \frac{\omega^2 L^2}{R^2 + (\omega L)^2}\frac{\Delta L}{L}\right] \\ &= \frac{u}{2(1 + 1/Q^2)}\left[\frac{\Delta L}{L} + \frac{1}{Q^2}\left(\frac{\Delta R}{R}\right)\right] \end{aligned} \tag{3-11}$$

由式（3-11）可以看出，若 $\Delta R/R$ 可以忽略，则式（3-11）变为

$$u_o = \frac{u}{2}\frac{(\omega L)^2}{R^2 + (\omega L)^2}\frac{\Delta L}{L} = \frac{u}{2(1 + 1/Q^2)}\frac{\Delta L}{L} \tag{3-12}$$

若能设计成 $\Delta L/L=\Delta R/R$，或使其有较大的 Q 值，则式（3-12）变为

$$u_o = (u/2)(\Delta L/L) \tag{3-13}$$

图 3-4a 所示是另一种调幅电路，一般称为谐振式调幅电路。这里，传感器自感 L 与一个固定电容 C 和一个变压器 T 串联在一起，接入外接电源 u 后，变压器的二次侧将有电压 u_o 输出，输出电压频率与电源频率相同，幅度随 L 变化。图 3-4b 所示为输出电压 u_o 与自感 L 的关系曲线，其中 L_0 为谐振点的自感值。实际应用时可以使用特性曲线一侧接近线性的一段。这种电路的灵敏度很高，但线性差，适用于线性要求不高的场合。

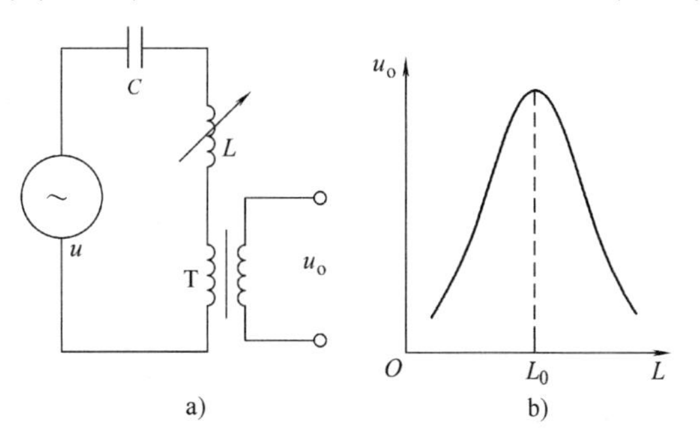

图 3-4 谐振式调幅电路

（二）调频电路

调频电路的基本原理是传感器自感 L 的变化引起输出电压频率 f 的变化。一般是把传感器自感 L 和一个固定电容 C 接入一个振荡回路中，如图 3-5a 所示。图中 G 表示振荡回路，其振荡频率 $f = 1/(2\pi\sqrt{LC})$，当 L 变化时，振荡频率随之变化，根据 f 的大小即可算出被测量。

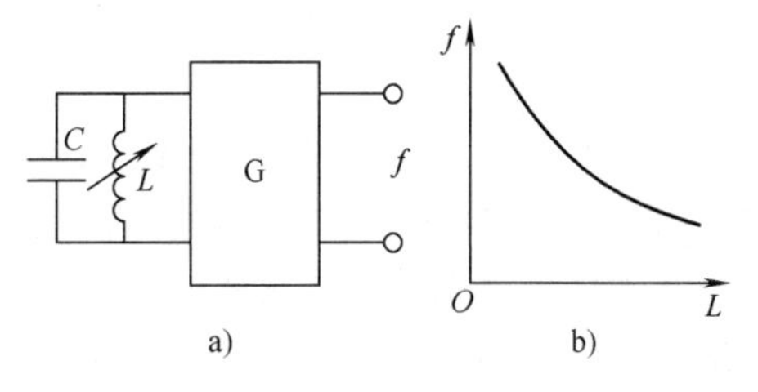

图 3-5 调频电路

当 L 有了微小变化 ΔL 后，频率变化 Δf 为

$$\Delta f=-(LC)^{-3/2}C\Delta L/(4\pi)=-(f/2)(\Delta L/L) \tag{3-14}$$

图3-5b给出了 f 与 L 的特性曲线，它存在严重的非线性。这种电路仅能在动态范围很小的情况下或要求后续电路做适当处理时使用。

调频电路只有在 f 较大的情况下才能达到较高的精度。例如，若测量频率的不确定度为1Hz，那么当 $f=1\text{MHz}$，相对误差为 10^{-6}。

(三) 调相电路

调相电路的基本原理是传感器自感 L 变化会引起输出电压相位 φ 变化。图3-6a所示是一个相位电桥，一臂为传感器自感 L，一臂为固定电阻 R。设计时使电感线圈具有高品质因数。忽略其损耗电阻，则电感线圈与固定电阻上压降 $\dot{U}_L$ 与 $\dot{U}_R$ 两个相量是互相垂直的，如图3-6b所示。当电感 L 变化时，输出电压 $\dot{U}_o$ 的幅值不变，相位 φ 随之变化。φ 与 L 的关系为

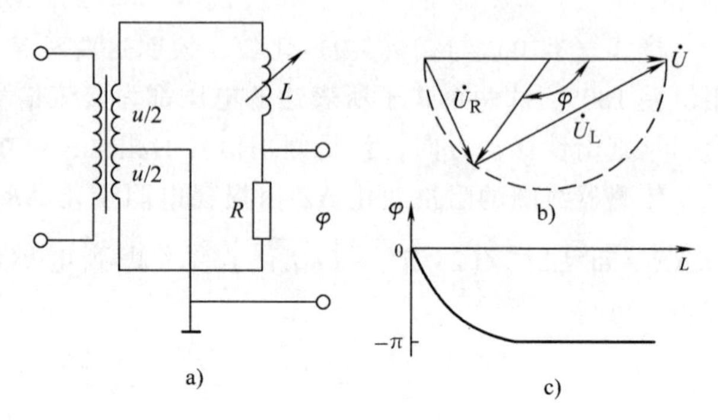

图3-6 调相电路

$$\varphi=-2\arctan(\omega L/R) \tag{3-15}$$

式中 ω——电源角频率。

在这种情况下，当 L 有了微小变化 ΔL 后，输出电压相位变化 $\Delta\varphi$ 为

$$\Delta\varphi=-\frac{2(\omega L/R)}{1+(\omega L/R)^2}\frac{\Delta L}{L} \tag{3-16}$$

图3-6c示出了 φ 与 L 的关系曲线。

二、电感式传感器的灵敏度

自感式传感器的灵敏度是指传感器结构（测头）和转换电路综合在一起的总灵敏度。下面以调幅电路为例来讨论传感器的灵敏度问题，对调频、调相电路亦可用同样方法进行分析。

传感器结构灵敏度 k_t 定义为自感值相对变化与引起这一变化的衔铁位移之比，即

$$k_t=(\Delta L/L)/\Delta x \tag{3-17}$$

转换电路的灵敏度 k_c 定义为空载输出电压 u_o 与自感相对变化之比，即

$$k_c=u_o/(\Delta L/L) \tag{3-18}$$

由式（3-17）和式（3-18）可得总灵敏度为

$$k_z=k_t k_c=u_o/\Delta x \tag{3-19}$$

传感器类型和转换电路不同，灵敏度表达式也就不同。顺便提及，供电电压 u 要求稳定，因为它将直接影响传感器输出信号的稳定。

在工厂生产中测定传感器的灵敏度是把传感器接入转换电路后进行的，而且规定传感器灵敏度的单位为mV/(μm·V)，意思是当电源电压为1V，衔铁偏移1μm时，输出电压为若干毫伏。

互感式传感器的转换电路一般采用反串电路和桥路两种。

反串电路是直接把两个二次线圈反向串接，如图 3-7a 所示。在这种情况下，空载输出电压等于两个二次绕组感应电动势之差，即

$$\dot{U}_o = \dot{E}_{2a} - \dot{E}_{2b} \tag{3-20}$$

桥路如图 3-7b 所示，其中 R_1、R_2 是桥臂电阻，RP 是供调零用的电位器。暂时不考虑电位器 RP，并设 $R_1 = R_2$，则输出电压为

$$\begin{aligned}\dot{U}_o &= [\dot{E}_{2a} - (-\dot{E}_{2b})]R_2/(R_1 + R_2) - \dot{E}_{2b} \\ &= (\dot{E}_{2a} - \dot{E}_{2b})/2\end{aligned} \tag{3-21}$$

可见，这种电路的灵敏度为前一种的 1/2，其优点是利用 RP 可进行电调零，不用需要另外配置调零电路。

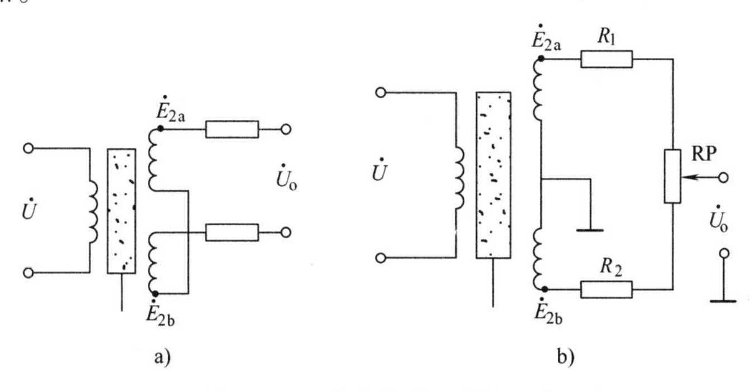

图 3-7　互感式传感器转换电路

第三节　零点残余电压

前面在讨论桥路输出电压时曾经指出，当两线圈的阻抗相等（即 $Z_1 = Z_2$）时，电桥平衡，输出电压为零。由于传感器阻抗是一个复数阻抗，有感抗也有阻抗，为了达到电桥平衡，就要求两线圈的电阻 R 相等，两线圈的电感 L 相等。实际上，这种情况是难以精确达到的，就是说不易达到电桥的绝对平衡。若画出衔铁位移 x 与电桥输出电压有效值 U_o 的关系曲线，则如图 3-8 所示，虚线为理想特性曲线，实线为实际特性曲线，在零点总有一个最小的输出电压。一般把这个最小的输出电压称为零点残余电压，并用 e_0 表示。

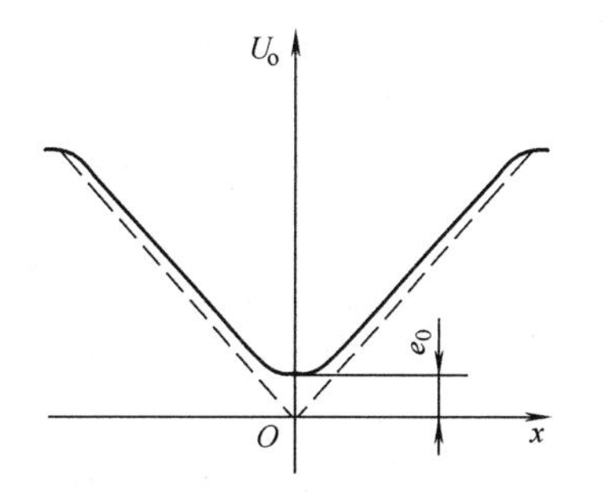

图 3-8　U_o-x 特性曲线

图 3-9a 所示是从示波器上观察到的波形，其中 u 代表电源电压，e_0 代表零点残余电压的波形。这个不太规则的复杂波形实际上是由很多幅值和频率互不相同的谐波组成的，包含了基波和高次谐波两个部分。基波一般为与电源电压相正交的正交分量。高次谐波中有偶次、三次谐波和幅值较小的外界电磁干扰波，如图 3-9b 所示。

如果零点残余电压过大，会使灵敏度下降，非线性误差增大，不同档位的放大倍数有显著差别，甚至造成放大器末级趋于饱和，致使仪器电路不能正常工作，甚至不再反映被测量

的变化。在仪器的放大倍数较大时，这一点尤应注意。

因此，零点残余电压的大小是判别传感器质量的重要指标之一。在制造传感器时，要规定其零点残余电压不得超过某一定值。例如，某自感测微仪的传感器，其输出信号经200倍放大后，在放大器末级测量，零点残余电压不得超过80mV。仪器在使用过程中，若有迹象表明传感器的零点残余电压太大，就要进行调整。

造成零点残余电压的原因，总的来说，是两电感线圈的等效参数不对称。自感线圈的等效电路如图3-10a所示。其中与L串联的R_c是铜损电阻，与其并联的R_e与R_h则分别代表铁心的涡流损失及磁滞损失；与L及R_c并联的电容C则反映了线圈的自身电容，这在高频时必须给以特别考虑，一般可以忽略。其各处电压、电流的相量图如图3-10b所示。

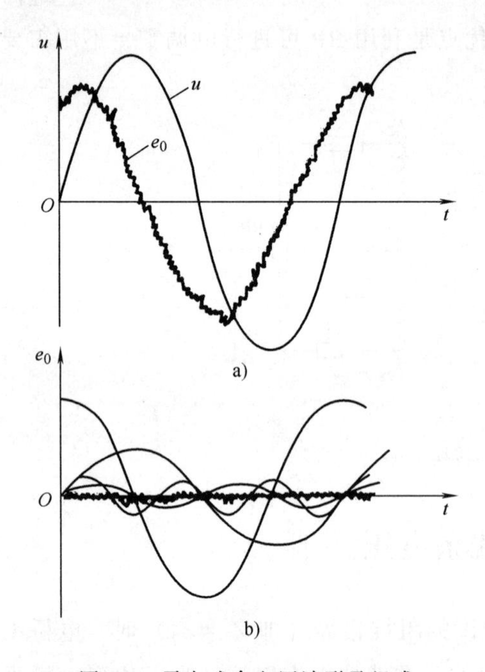

图3-9 零点残余电压波形及组成

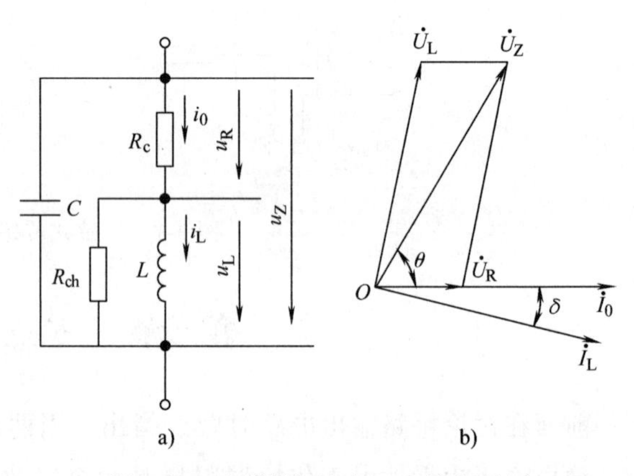

图3-10 自感线圈电压、电流相量图

图中：

i_0——流入线圈的总电流；

i_L——流入自感的电流；

u_R——铜损电阻上的电压降；

u_L——电感上的电压降；

u_Z——整个线圈上的电压降，且$\dot{U}_Z=\dot{U}_L+\dot{U}_R$；

δ——损耗角，$\tan\delta=\omega L/R_{ch}$；

R_{ch}——$R_e//R_h$。

由图可以求得u_Z的有效值及其相角θ为

$$U_Z=\sqrt{(U_L\cos\delta)^2+(U_R+U_L\sin\delta)^2}$$

$$\theta=\arctan\frac{U_L\cos\delta}{U_R+U_L\sin\delta}=\arctan\frac{R_{ch}^2\omega L}{R_cR_{ch}^2+R_c\omega^2L^2+R_{ch}\omega^2L^2} \tag{3-22}$$

顺便提及，衔铁位移将引起 u_L 变化，后者又引起 u_Z 变化。可求出 U_L 对 U_Z 的导数如下：

$$dU_Z/dU_L = (U_L + U_R\sin\delta)/\sqrt{U_L^2 + U_R^2 + 2U_LU_R\sin\delta} \tag{3-23}$$

由式（3-23）可知，灵敏度 dU_Z/dU_L 除与 U_L 有关外，还与 U_R 及 δ 有一定关系。

将两个电感线圈接入变压器电桥后，流入两线圈的总电流 i_0 是同一的，如图 3-11a 所示。每一线圈内的电压、电流相量如图 3-11b 所示。

理想情况下：$R_{c1}=R_{c2}$、$L_1=L_2$、$\delta_1=\delta_2$、则 $u_{Z1}=u_{Z2}$、$\theta_1=\theta_2$，即 u_{Z1} 与 u_{Z2} 不但大小相等，并且相位一致，这时 $u_0=0$，如图 3-11b 所示。

实际上，由于 $R_{c1}\neq R_{c2}$ 或者 $\delta_1\neq\delta_2$，则在适当调整 L_1 与 L_2 的情况下，将出现 u_{Z1} 与 u_{Z2} 的大小相等，但相位不一致的情况，如图 3-11c 所示，图中 e_0 即为零点残余电压。由图可以计算得

$$e_0 = U_Z\sin[(\theta_1 - \theta_2)/2] \tag{3-24}$$

式中，$\theta_i=\arcsin\dfrac{R_{chi}^2\omega L_i}{R_{ci}R_{chi}^2+R_{ci}\omega^2L_i^2+R_{chi}\omega^2L_i^2}$，$i=1$，2。

为了抑制零点残余电压，常采用相敏整流电路。若以 $\dot{U}$ 为参考电压，e_0 的相位接近 90°，这就是测量信号通过相敏整流后，零点残余电压在很大程度上被抑制的原因。

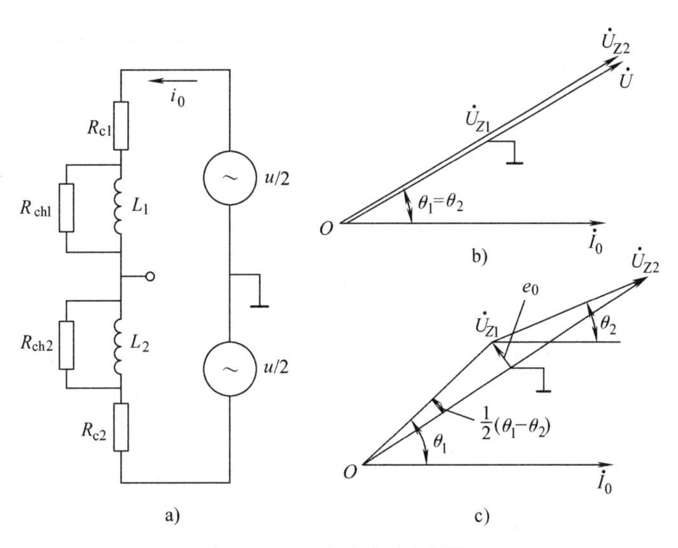

图 3-11　零点残余电压图解

由上可知，为了尽可能地减少零点残余电压，在设计和制造上应采取相应的措施：设计时应使上、下磁路对称；制造时应使上下磁性材料特性一致，磁筒、磁盖、磁心要配套挑选，线圈排列要均匀，松紧要一致，最好每层的匝数都相等。至于匝间电容，其值较小，在高频时要考虑，在音频范围内关系不大。

为了控制零点残余电压不超过允许范围，在生产中以及在仪器检定中一般还要进行必要的调整。如图 3-12a 所示，首先用试探法在其中一臂串入一个电阻 R_1，该电阻可用电位器，也可用锰白铜丝。串入哪一臂应视零点残余电压是否有所减少而定。调整时用示波器观察放大器末级输出，一边调 R_1 的大小，一边移动磁心的位置，直至示波器上没有基波（与振荡电源频率相同的波）信号为止。但这时还会剩下二次谐波或三次谐波，这是由于传感器磁

心的磁化曲线非线性所致。虽然外加电源是正弦的，而通过线圈的电流却发生了畸变，包含了高次谐波，又因两线圈的非线性不一致，高次谐波不能够完全抵消，就在输出电压中显示出来。为此在某一臂并联一电阻 R_2（数十至数百千欧），使该线圈分流，改变磁化曲线上的工作点，从而改变其谐波分量。调整 R_2，使高次谐波减至最小。此外，有时因振荡变压器二次侧不对称，两个二次电压的相位不是严格地相同而引起较大的零点残余电压。这时可把传感器拔去，用两个阻值相同的电阻接入桥路，用试探法在某个一次线圈上并接一电容 C（100~500pF），调整 C 的大小，直到零点残余电压达到最小为止。

上述3种方法，可以综合使用，也可以单项使用。图3-12b中在两臂分别串入5Ω电阻和10Ω电位器，调整电位器使两臂电阻分量达到平衡。图3-12c中在两臂并联10kΩ、43kΩ电阻和50kΩ电位器，调节电位器，抑制高次谐波的影响。

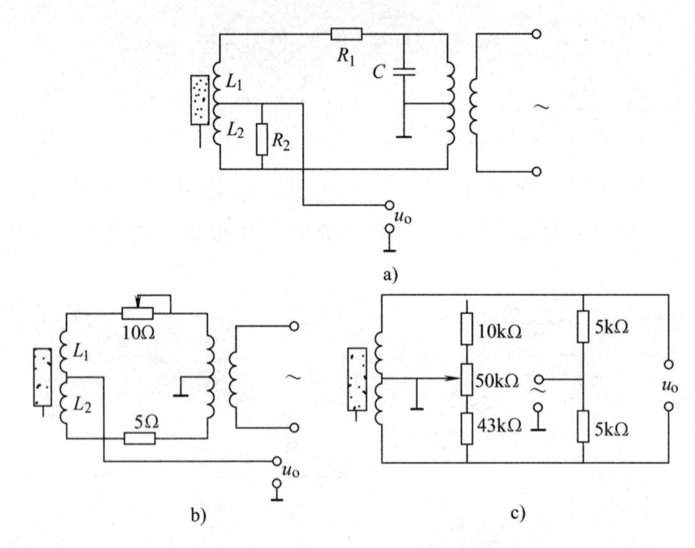

图3-12 零点残余电压调整方法

与自感式传感器相似，互感式传感器也存在零点残余电压。为减小互感式传感器的零点残余电压，在设计和工艺上，力求做到磁路对称、线圈对称。铁心材料要均匀，要经过热处理以除去机械应力和改善磁性。两个二次线圈窗口要一致，两线圈绕制要均匀一致，一次线圈的绕制也要均匀。

在电路上进行补偿，对于减小零点残余电压是既简单又行之有效的方法。电路的形式很多，但是归纳起来，不外乎是以下几种方法：加串联电阻；加并联电阻；加并联电容；加反馈绕组或反馈电容等。

图3-13是几个补偿零点残余电压的实例。图3-13a中在输出端接入电位器RP，电位器的动点接两二次线圈的公共点。调节电位器，可使两二次线圈输出电压的大小和相位发生变化，从而使零点残余电压为最小值。RP一般在10kΩ左右。这种方法对基波正交分量有明显的补偿效果，但对高次谐波无补偿作用。如果并联一只电容 C，就可有效地补偿高次谐波分量，如图3-13b所示。电容 C 的大小要适当，常为0.1μF以下，要通过实验确定。图3-13c中，串联电阻 R 调整二次线圈的电阻值不平衡，并联电容改变其一输出电动势的相位，也能达到良好的零点残余电压补偿作用。图3-13d中，接入 R（几百千欧）减轻了两二次线圈的负载，可以避免外接负载不是纯电阻而引起较大的零点残余电压。

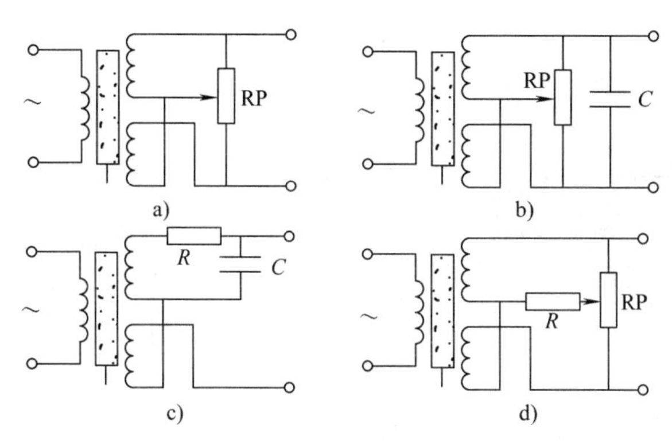

图 3-13　零点残余电压补偿电路

第四节　应用举例

自感式传感器可直接用于测量直线位移、角位移，还可以测量压力、加速度、转矩等。

图 3-14 所示是一个测量尺寸用的轴向自感式传感器，轮廓尺寸 ϕ15mm×94mm。可换的玛瑙测端 10 用螺纹拧在测杆 8 上，测杆 8 可在滚珠导轨 7 上做轴向移动。这里滚珠有 4 排，每排 8 粒，尺寸和形状误差都小于 0.6μm。测杆的上端固定着磁心 3，当测杆移动时，带动磁心在电感线圈 4 中移动。线圈 4 置于铁心套筒 2 中，铁心材料是铁氧体，型号为 MX1000。线圈匝数为 2×800，线径 ϕ0.13mm，每个电感约为 4mH。测力由弹簧 5 产生，一般安排为 0.2～0.4N。防转件 6 用来限制测杆的转动，以提高示值的重复性。密封件 9 用来防止尘土进入传感器内。1 为传感器引线。外壳有标准直径 ϕ8mm 和 ϕ5mm 两个夹持部分，便于安装在比较仪座上或有关仪器上使用。

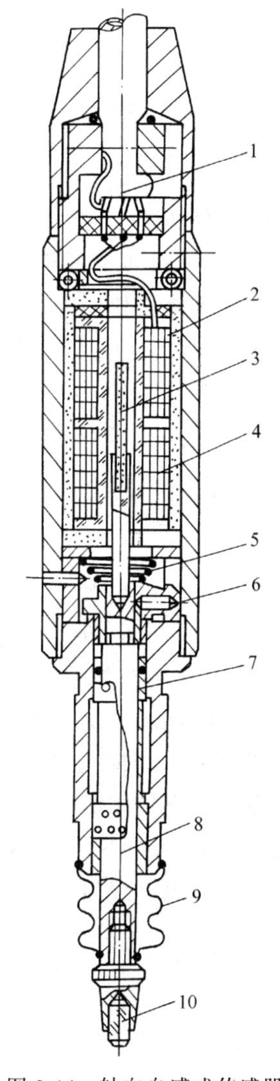

图 3-14　轴向自感式传感器

图 3-15 所示为一种气体压力传感器的结构原理图。被测压力 p 变化时，弹簧管 1 的自由端产生位移，带动衔铁 5 移动，使传感器线圈中 4、6 的自感值一个增加，一个减小。线圈分别装在铁心 3、7 上，其初始位置可用螺钉 2 来调节，也就是调整传感器的机械零点。传感器的整个机芯装在一个圆形的金属盒内，用接头螺纹与被测对象相连接。

图 3-16 所示是一个加速度计应用的互感式传感器。质量块 2 由两片片簧 1 支撑。测量时，质量块的位移与被测加速度成正比，把对加速度的测量转变为对位移的测量。质量块的材料是导磁的，所以它既是加速度计中的惯性元件，又是磁路中的磁性元件。

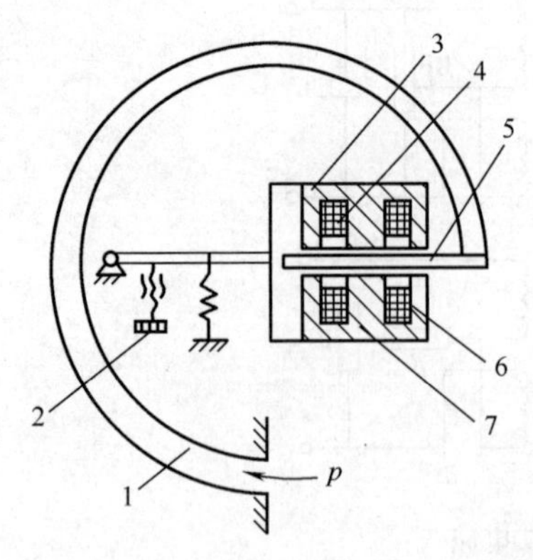

图 3-15 气体压力传感器结构原理图

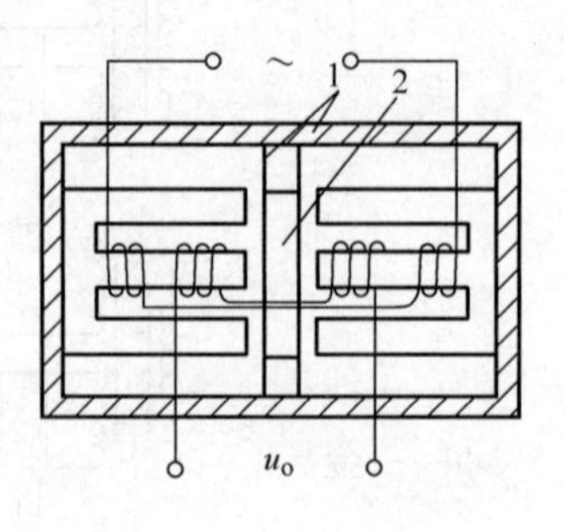

图 3-16 加速度计应用的互感式传感器

第五节 电涡流式传感器

一、工作原理

金属导体置于变化着的磁场中，导体内就会产生感应电流，这种电流像水中旋涡那样在导体内转圈，所以称之为电涡流或涡流。这种现象就称为涡流效应。电涡流式传感器就是在这种涡流效应的基础上建立起来的。要形成涡流必须具备下列两个条件：①存在交变磁场；②导电体处于交变磁场之中。因此，涡流式传感器主要由产生交变磁场的通电线圈和置于线圈附近因而处于交变磁场中的金属导体两部分组成。金属导体也可以是被测对象本身。

如图 3-17a 所示，如果把一个扁平线圈置于金属导体附近，当线圈中通以正弦交变电流 $\dot{I}_1$ 时，线圈的周围空间就产生了正弦交变磁场 H_1，处于此交变磁场中的金属导体内就会产生涡流 $\dot{I}_2$，此涡流也将产生交变磁场 H_2，H_2 的方向与 H_1 的方向相反。由于磁场 H_2 的作用，涡流要消耗一部分能量，从而使产生磁场的线圈阻抗发生变化。

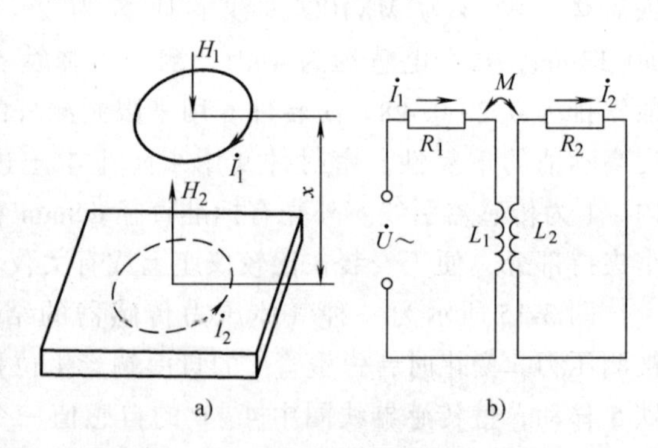

图 3-17 涡流作用原理

可以看出，线圈与金属导体之间存在着磁性联系，若把导体形象地看作一个短路线圈，其间的关系用图 3-17b 所示的电路来表示。线圈与金属导体之间可以定义一个互感系数 M，它将随着间距 x 的减少而增大。根据基尔霍夫定律，可列出方程为

$$\left.\begin{aligned} R_1\dot{I}_1 + \mathrm{j}\omega L_1\dot{I}_1 - \mathrm{j}\omega M\dot{I}_2 &= \dot{U} \\ R_2\dot{I}_2 + \mathrm{j}\omega L_2\dot{I}_2 - \mathrm{j}\omega M\dot{I}_1 &= 0 \end{aligned}\right\} \tag{3-25}$$

解之得

$$\dot{I}_1=\frac{\dot{U}}{R_1+\frac{\omega^2M^2}{R_2^2+(\omega L_2)^2}R_2+\mathrm{j}\left[\omega L_1-\frac{\omega^2M^2}{R_2^2+(\omega L_2)^2}\omega L_2\right]}$$

$$\dot{I}_2=\frac{\omega^2ML_2+\mathrm{j}\omega MR_2}{R_2^2+(\omega L_2)^2}\dot{I}_1 \tag{3-26}$$

式中　R_1、L_1——线圈的电阻和电感；

R_2、L_2——金属导体的电阻和电感；

$\dot{U}$——线圈激励电压。

由 $\dot{I}_1$ 的表达式可以看出线圈受到金属导体影响后的等效阻抗为

$$Z=R_1+R_2\frac{\omega^2M^2}{R_2^2+\omega^2L_2^2}+\mathrm{j}\omega\left[L_1-L_2\frac{\omega^2M^2}{R_2^2+\omega^2L_2^2}\right] \tag{3-27}$$

等效电阻、电感分别为

$$\left.\begin{aligned}R&=R_1+R_2\omega^2M^2/(R_2^2+\omega^2L_2^2)\\L&=L_1-L_2\omega^2M^2/(R_2^2+\omega^2L_2^2)\end{aligned}\right\} \tag{3-28}$$

在等效电感中，第一项 L_1 与磁效应有关。若金属导体为非磁性材料，L_1 就是空心线圈的电感。当金属导体是磁性材料时，L_1 将增大，而且随着 x 的变化而变化。第二项与涡流效应有关，涡流引起的反磁场 H_2 将使电感减小，x 越小，电感减小的程度就越大。

等效电阻 R 总是比原有的电阻 R_1 来得大，这是因为涡流损耗、磁滞损耗都将使阻抗的实数部分增加。显然，金属导体材料的导电性能和线圈离导体的距离将直接影响这实数部分的大小。由式（3-28）也可以得到线圈的品质因数 Q 为

$$Q=Q_1\left[1-\frac{L_2\omega^2M^2}{L_1Z_2^2}\right]\Big/\left[1+\frac{R_2\omega^2M^2}{R_1Z_2^2}\right] \tag{3-29}$$

式中　Q_1——无涡流影响时线圈的品质因数；

Z_2——金属导体中产生涡流的圆环部分的阻抗，$Z_2=\sqrt{R_2^2+(\omega L_2)^2}$。

由上可知，被测参数变化，既能引起线圈阻抗 Z 变化，也能引起线圈电感 L 和线圈 Q 值变化。所以涡流传感器所用的转换电路可以选用 Z、L、Q 中的任一参数，并将其转换成电量，即可达到测量的目的。这样，金属导体的电阻率 ρ、磁导率 μ、线圈与金属导体的距离 x 以及线圈激励电流的角频率 ω 等参数，都将通过涡流效应和磁效应与线圈阻抗发生联系。或者说，线圈阻抗 Z 是这些参数的函数，可写成

$$Z=f(\rho,\mu,x,\omega)$$

若能控制其中大部分参数恒定不变，只改变其中一个参数，这样阻抗就能成为这个参数的单值函数。因此，测量电路的任务是把这些参数的变化变换为电压或频率的变化。可以用 3 种类型的测量电路：电桥电路、谐振电路、正反馈电路。通过补偿可以在一定程度上扩大距离的测量范围。

二、转换电路

(一) 电桥电路法

图3-18是电桥电路法的原理图。图中A、B为传感器线圈，它们与电容C_1、C_2，电阻R_1、R_2组成电桥的4个臂。当传感器线圈的阻抗变化时，电桥失去平衡。电桥的不平衡输出经线性放大和检波后输出。这种方法电路简单，主要用在差动式电涡流传感器中。

(二) 谐振电路法

谐振电路法是把传感器线圈与固定电容C并联组成LC并联谐振回路。并联谐振回路的谐振频率为

$$f_0=\frac{1}{2\pi\sqrt{LC}} \tag{3-30}$$

当传感器接近被测金属导体时，线圈的电感L发生变化，回路的等效阻抗和谐振频率也将随着L的变化而变化，由此可以利用测量回路阻抗的方法或测量回路谐振频率的方法间接反映出传感器的被测值，与此法相对应的就是所谓调幅法和调频法两种基本测量电路。

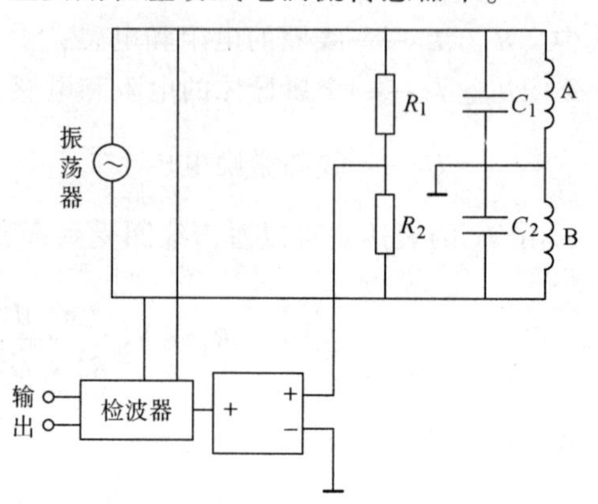

图3-18 电桥电路法原理图

1. 调幅法

图3-19a是调幅法的原理图。传感器线圈与电容组成LC并联谐振回路。它由石英振荡器输出的高频信号激励，它的输出电压为

$$u=i_0F(Z) \tag{3-31}$$

式中 i_0——高频激励电流；

Z——LC回路的阻抗。

由图3-19和式（3-31）可知，Z越大则输出电压u越大。

测量开始前，传感器远离被测导体，调整LC回路使其谐振频率等于激励振荡器的振荡频率。当传感器接近被测导体时，线圈的等效电感发生变化，致使回路失谐而偏离激励频率，回路的谐振峰将向左右移动，如图3-19b所示。若被测导体为非磁性材料，传感器线圈的等效电感减小，回路的谐振频率提高，谐振峰右移，回路所呈现的阻抗减小为Z_1'或Z_2'，输出电压就将由u降为u_1'或u_2'。当被测导体为磁性材料时，由于磁路的等效磁导率增大使传感器线圈的等效电感增大，回路的谐振频率降低，谐振峰左移，阻抗和输出电压分别减小为Z_1或Z_2和u_1或u_2。因此，可以由输出电压的变化来表示传感器与被测导体间距离的变化，如图3-19c所示。

图3-19a中的电阻R是用来降低传感器对振荡器工作状态的影响的。它的数值大小又与测量电路的灵敏度有关。阻值的选择应综合考虑。

2. 调频法

调频法与调幅法不同之处是取LC回路的谐振频率作为输出量，此频率可以用频率计直接测量，也可以通过频率-电压转换测量电压值，图3-20是调频法测量电路的原理框图。

采用调频法时，连接电缆分布电容的影响不可忽视，几个皮法的变化将使频率变化几千

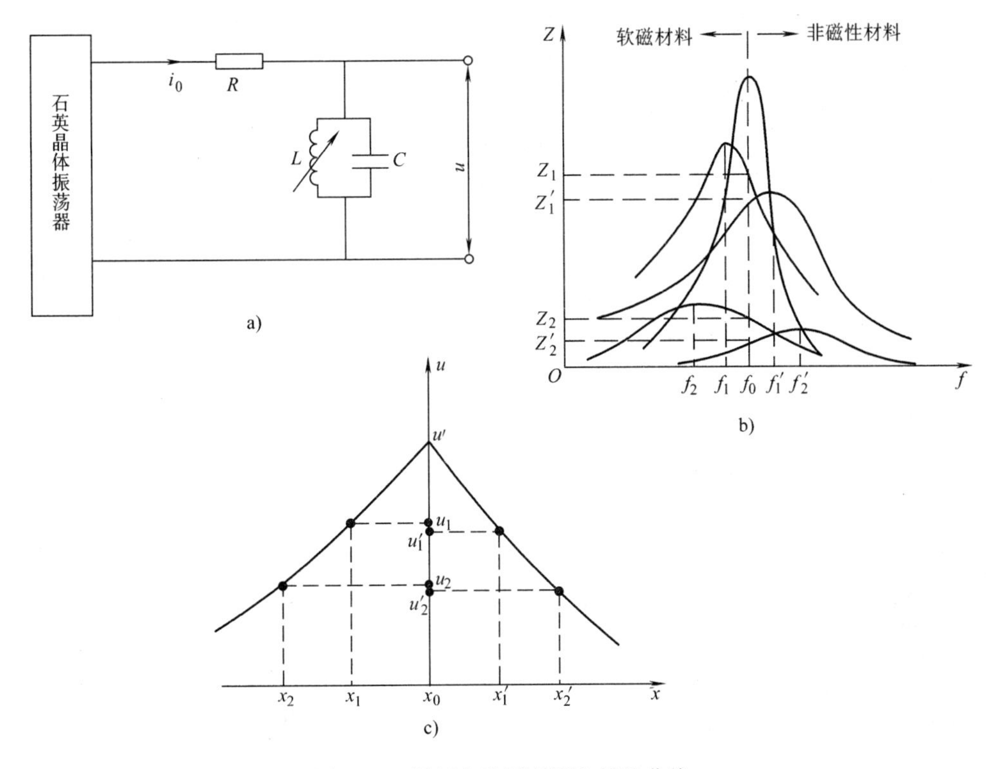

图 3-19　调幅电路原理图和特性曲线

a）原理图　b）谐振曲线　c）特性曲线

赫，严重影响测量结果。弥补的方法是把电容和传感器装在一起。

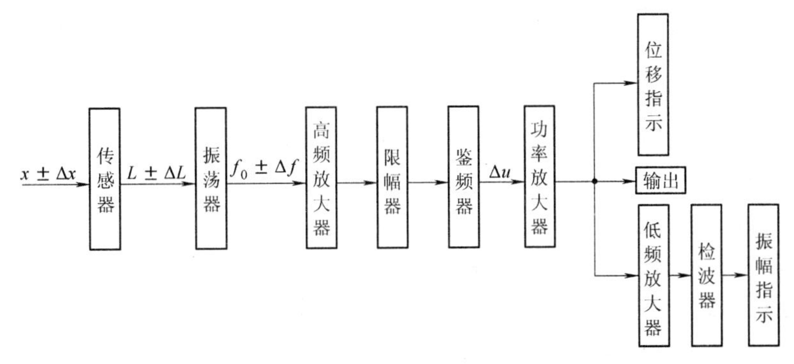

图 3-20　调频法测量电路原理框图

（三）正反馈法

正反馈法的测量原理如图 3-21 所示，其特点是放大器的反馈回路是由电涡流传感器的线圈组成的。线圈阻抗变化时，反馈放大电路的放大倍数发生变化，从而引起输出电压的变化。因此，可以由输出电压的变化来检测传感器与被测体之间距离的变化。

正确的设计可以使距离的测量范围比电桥法扩大 2~3 倍。

三、电涡流式传感器的应用

前面讨论的涡流传感器，金属导体内产生的涡流所建立起来的反磁场以及涡流要消耗一

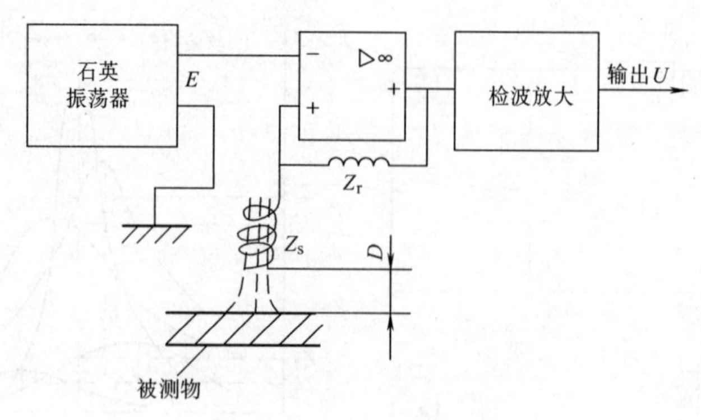

图 3-21 正反馈法的测量原理

Z_r—基准线圈 Z_s—电涡流线圈 D—测量距离

部分能量，这些作用都将“反射”回去，改变原激励线圈的阻抗。因此，式（3-27）所示的等效阻抗 Z 又称为反射阻抗，等效电感 L 又称为反射电感。为了使反射效果更好，激励频率要高，贯穿深度要小，实际中这一类涡流传感器使用较多，称为高频反射式涡流传感器。此外，若将激励频率减低，涡流的贯穿深度将加厚，可做成低频透射传感器。图 3-22 所示为低频透射涡流测厚仪的工作原理图。发射线圈 L_1 和接收线圈 L_2 绕在绝缘框架上，分别安放在被测材料 M 的上、下方。音频电压 u 加到 L_1 上，线圈中的电流 i 将产生一个交变磁场。若线圈之间不存在被测材料 M，L_1 的磁场将直接贯穿 L_2，感应出交变电动势 e，其大小与 u 的幅值、频率 f 及 L_1、L_2 的匝数、结构以及两者的相对位置有关。如果这些参数是确定的，那么 e 就是一个确定值。

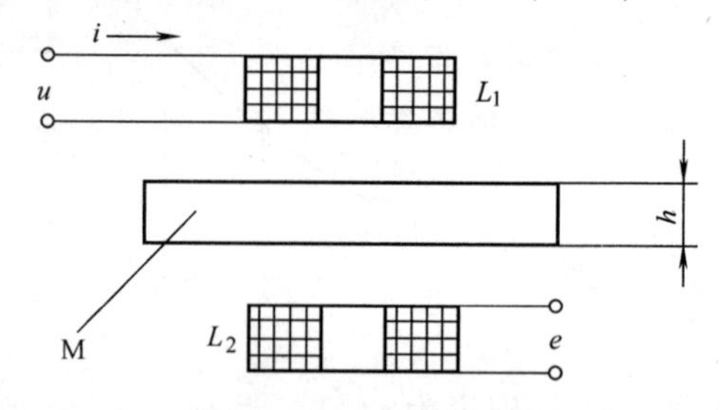

图 3-22 低频透射涡流测厚仪工作原理图

在 L_1、L_2 间放置金属材料 M 后，L_1 产生的磁力线必然透过 M，并在其中产生涡流。涡流损耗了部分磁场能量，使到达 L_2 的磁力线减少，从而引起 e 下降。M 的厚度 h 越大，涡流越大，涡流引起的损耗也越大，e 就越小。由此可知，e 的大小反映了材料厚度 h 的变化。

实际上，材料中涡流的大小还与材料的电阻率 ρ 以及其化学成分、物理状态（特别是温度）有关。这些将成为误差因素，并限制了测厚应用范围，实用中应考虑补偿。

涡流式传感器的特点是结构简单，易于进行非接触的连续测量，灵敏度较高，适用性强，因此得到了广泛的应用。它的变换量可以是位移 x，也可以是被测材料的性质（电阻率 ρ 或磁导率 μ），其应用大致有下列 4 个方面：①利用位移 x 作为变换量，也可以是厚度、振幅、振摆、转速等被测量，也可做成接近开关、计数器等；②利用材料电阻率 ρ 作为变换量，可以做成测量温度、材质判别等传感器；③利用磁导率 μ 作为变换量，可以做成测量应力、硬度等传感器；④利用变换量 x、ρ、μ 等的综合影响，可以做成探伤装置等。

图 3-23 所示是涡流传感器的两个实例。图 3-23a 中，线圈 1 绕制在使用聚四氟乙烯做成的线圈骨架 2 内。使用时，通过骨架衬套 3 将整个传感器安装在支架 4 上，5、6 分别是电缆与插头。传感器的一些技术参数如下：线圈外径分别为 ϕ7mm、ϕ15mm、ϕ28mm 时，线性范围分别为 1mm、3mm、5mm，分辨力分别为 1μm、3μm、5μm，线性误差 3%，使用温度

范围为-15～+80℃。图 3-23b 为另一种结构。在壳体 1 的左方，装入用陶瓷做成的线圈骨架 2，线圈 3 粘贴于其端面上，外面罩以聚酰亚胺保护套 4，5 是填料，6 是固定用螺母，7 是电缆。其主要技术参数为：线圈外径 8mm，线性范围 1.5mm，线性误差 3%。

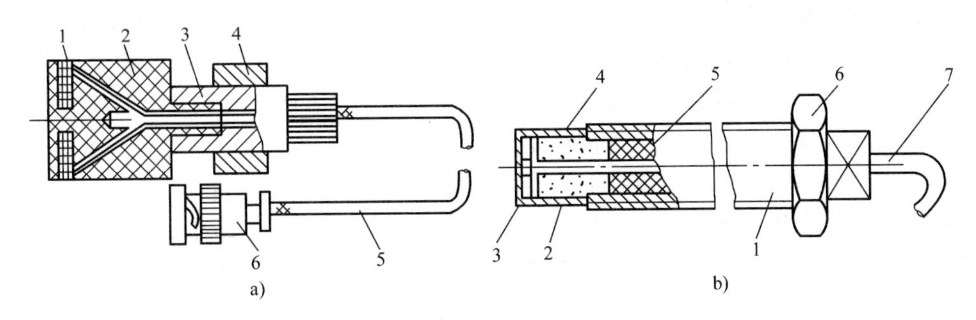

图 3-23　涡流传感器实例

上述结构主要是用来测量以位移 x 为变换量的参数，但是原则上对其他各类参数也可适用。在用于其他各类参数时，要对传感器重新标定。使用涡流传感器测量温度时，是利用导体电阻率随温度而变的性质。一般情况下，导体的电阻率与温度的关系较复杂，但在小的温度范围内可以用下式表示：

$$\rho = \rho_0[1 + \alpha(t - t_0)] \tag{3-32}$$

式中　ρ——温度为 t 时的电阻率；

ρ_0——温度为 t_0 时的电阻率；

α——温度系数。

因此，若能测量出导体电阻率的变化，就可求得导体的温度变化。

测量导体温度的原理如图 3-24a 所示。这时要设法保持传感器与导体间的距离 H 固定，导体的磁导率也要一定，只让传感器的输出随被测导体的电阻率变化而变化。

由于磁性材料（如冷延钢板）的温度系数大，从而决定了它的温度灵敏度高，而非磁性材料（如铝、铜）的温度系数小，温度灵敏度低，因而这种方法主要适用于磁性材料的温度测量。

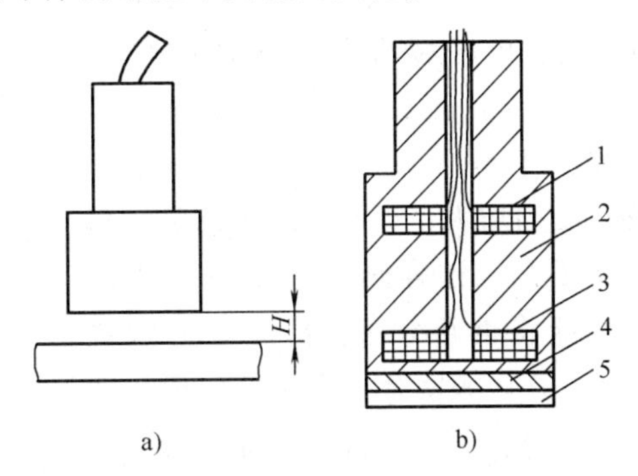

图 3-24　温度测量

当要测量介质的温度时，只要在前面例举结构的基础上，添加温度敏感元件即可，如图 3-24b 所示。这时温度敏感元件 5 选用高温度系数的材料组成，它是传感器的一部分，与电介质热绝缘衬垫 4 一起粘贴在线圈架 2 的端部。在线圈架内除了测量线圈 3 外，还放入了补偿线圈 1。工作时，把传感器端部放在被测的介质中，介质可以是气态的也可以是液态的，温度敏感元件由于周围温度的变化而引起它的电阻率变化，从而导致线圈等效阻抗变化。

涡流测温的最大优点是能够快速测量。其他温度计往往有热惯性问题，时间常数为几秒甚至更长，而用厚度为 0.0015mm 的铅板作为热敏元件所组成的涡流式温度计，其热惯性为 0.001s。

第六节 压磁式传感器

铁磁材料的压磁效应的具体内容为：①材料受到压力时，在作用力方向磁导率μ减小，而在作用力相垂直方向，μ略有增大；作用力是拉力时，其效果相反。②作用力取消后，磁导率复原。③铁磁材料的压磁效应还与外磁场强度有关，为了使磁感应强度与应力间有单值的函数关系，必须使外磁场强度的数值恒定。

图3-25所示为压磁式压力传感器（又称为磁弹性传感器）结构简图示例。它由压磁元件1、弹性支架2、传力钢球3组成。冷轧硅钢片冲压成形，经热处理后叠成一定厚度，用环氧树脂粘合在一起，然后在两对互相垂直的孔中分别绕入励磁线圈和输出线圈。压磁元件的输出特性与它的应力分布状况有关。为了在长期使用过程中保证力作用点的位置不变，压磁元件的位置和受力情况不变，采取了下列措施：机架上的传力钢球3保证被测力垂直集中作用在传感器上，并具有良好的重复性；压磁元件装入由弹簧钢做成的弹性机架内，机架的两道弹性梁使被测力垂直均匀地作用在压磁元件上，且机架对压磁元件有一定的预压力，预压力一般为额定压力的5%～15%；机架与压磁元件的接合面要求具有一定的平面度。

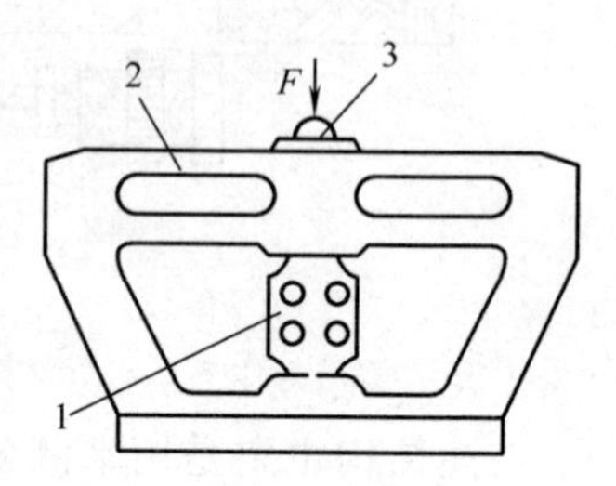

图3-25 压磁式压力传感器结构简图

在压磁元件（见图3-26a）的中间部分开有4个对称的小孔1、2、3和4，在孔1、2间绕有励磁绕组N_{12}，孔3、4间绕有输出绕组N_{34}。当励磁绕组中通过交变电流时，铁心中就产生磁场。若把孔间分成A、B、C、D 4个区域，在无外力的情况下，A、B、C、D这4个区域的磁导率是相同的。这时合成磁场强度H，平行于输出绕组的平面，磁力线不与输出绕组交链，N_{34}不产生感应电动势，如图3-26b所示。

在压力F作用下，如图3-26c所示，A、B区域将受到一定的应力σ，而C、D区域基本上仍处于自由状态，于是A、B区域的磁导率下降，磁阻增大，而C、D区域磁导率基本不变，这样励磁绕组所产生的磁力线将重新分布，部分磁力线绕过C、D区域闭合，于是合成磁场H不再与N_{34}平面平行，一部分磁力线与N_{34}交链而产生感应电动势e。F值越大，与N_{34}交链的磁通越多，e值越大。

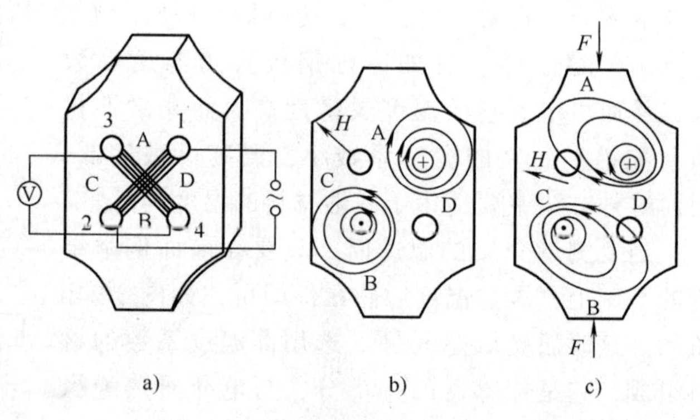

图3-26 压磁式传感器工作原理

压磁式传感器具有输出功率大、抗干扰能力强、过载性能好、结构与电路简单、能在恶劣环境下工作、寿命长等一系列优点。尽管它的测量精度不高（误差约为1%），反应速度低，但由于上述优点，尤其是寿命长和对使用条件要求不高这两点，故很适合在重工业、化学工业等部门应用。

压磁元件是一个力/电变换元件，因此压磁式传感器最直接的应用是做测力传感器。不过若其他物理量可以通过力的变换，则也可以使用压磁式传感器进行测量。

目前，这种传感器已成功地应用于冶金、矿山、造纸、印刷、运输等工业生产领域。例如，用来测量轧钢的轧制力、钢带的张力、纸张的张力，用于吊车提物的自动称量、配料的称量、金属切削过程的切削力测量以及电梯安全保护等。

第七节　感应同步器

感应同步器是利用两个平面形绕组的互感随位置不同而变化的原理制成的，可用来测量直线或转角位移。测量直线位移的称为长感应同步器，测量转角位移的称为圆感应同步器。

长感应同步器示意图如图 3-27 所示。圆感应同步器由转子和定子组成，如图 3-28 所示。这两类感应同步器是采用同样的工艺方法制造的。一般情况下，首先用绝缘黏结剂把铜箔粘牢在金属（或玻璃）基板上，然后按设计要求腐蚀成不同曲折形状的平面绕组。这种绕组称为印制电路绕组。定尺和转尺、转子和定子上的绕组分布是不相同的。在定尺和转子上的是连续绕组，在转尺和定子上的则是分段绕组。分段绕组分为两组，布置成在空间相差 90° 相角，又称为正、余弦绕组。感应同步器的分段绕组和连续绕组相当于变压器的一次和二次绕组，利用交变电磁场和互感原理工作。

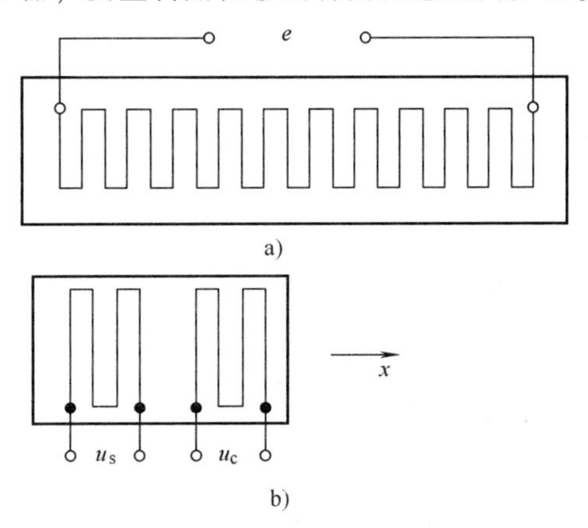

图 3-27　长感应同步器示意图

a）定尺　b）转尺

安装时，定尺和转尺、转子和定子上的平面绕组面对面地放置。由于其间气隙的变化要影响到电磁耦合度的变化，因此气隙一般必须保持在 (0.25±0.05) mm 的范围内。工作时，如果在其中一种绕组上通以交流励磁电压，由于电磁耦合，在另一种绕组上就产生感应电动势，该电动势随定尺与转尺（或转子与定子）的相对位置不同呈正弦、余弦函数变化，再通过对此信号的检测处理，便可测量出直线或转角的位移量。

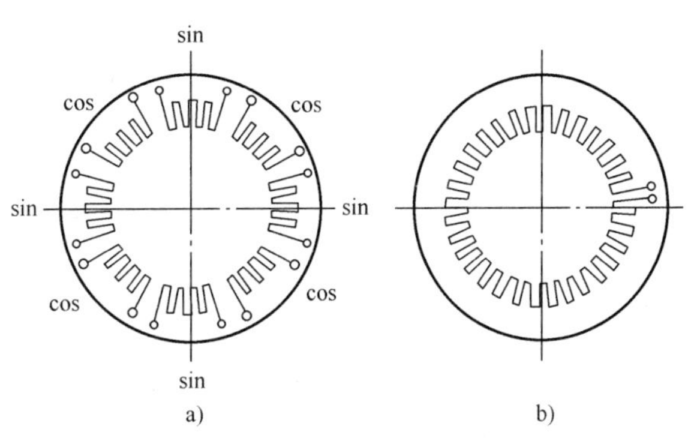

图 3-28　圆感应同步器示意图

a）定子　b）转子

感应同步器的优点是：①具有较高的精度与分辨力。其测量精度首先取决于印制电路绕组的加工精度，温度变化对其测量精度影响不大。感应同步器是由许多节距同时参加工作的，多节距的误差平均效应减小了局部误差的影响。目前长感应同步器的精度可达到 ±1.5μm，分辨力 0.05μm，重复性 0.2μm。直径为 300mm(12in) 的圆感应同步器的精度可达±1″,分辨力 0.05″，重复性 0.1″。②抗干扰能力强。感应同步器在一个节距内是一个绝对测量装置，在任何时间内都可以给出仅与位置相对应的单值电压信号，因而瞬时作用的偶然干扰信号在其消失后不再有影响。平面绕组的阻抗很小，受外界干扰电场的影响很小。③使用寿命长，维护简单。定尺和转尺、定子和转子互不接触，没有摩擦、磨损，所以使用寿命很长。它不怕油污、灰尘和冲击振动的影响，不需要经常清扫，但需装设防护罩，防止铁屑进入其气隙。④可以用作长距离位移测量。可以根据测量长度的需要，将若干根定尺拼接，拼接后总长度的精度可保持（或稍低于）单个定尺的精度。目前几米到几十米的大型机床工作台位移的直线测量，大多采用感应同步器来实现。⑤工艺性好，成本较低，便于复制和成批生产。

由于感应同步器具有上述优点，长感应同步器目前广泛地应用于大位移静态与动态测量中，如用于三坐标测量机、程控数控机床及高准确度重型机床以及加工中的测量装置等。圆感应同步器则广泛地用于机床和仪器的转台以及各种回转伺服控制系统中。

感应同步器的工作原理如下：当一个矩形线圈通以电流 I 后，如图 3-29a 所示，两根竖直部分的单元导线周围空间将形成环形封闭磁力线（横向段导线暂不考虑），图中“×”号表示磁力线方向由外进入纸面，“·”号表示磁力线方向由纸面引出外面。在任一瞬间（对交流电源的瞬时激励电压而言），如图 3-29b 所示，由单元导线 1 所形成的磁场在 1~2 区间的磁感应强度由 1 到 2 逐渐减弱，如近似斜线 B_1 所示；而由单元导线 2 所形成的磁场在 1~2 区间的磁感应强度由 2 到 1 逐渐减弱，如近似斜线 B_2 所示。由于 2 和 1 电流方向相反，故在 1~2 区间产生的磁力线方向一致。B_1 和 B_2 合成后使 1~2 区间形成一个近似均匀的磁场。由此可见，磁通在任一瞬间的空间分布为近似矩形波，而它的幅值则按励磁电流的瞬时值以正弦规律变化。这种在空间位置固定，而大小随时间变化的磁场称为脉振磁场。

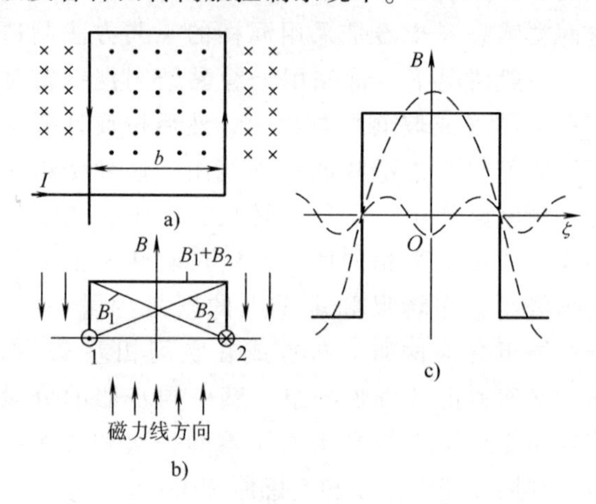

图 3-29 通电流的矩形线圈中的磁场分布

对上述矩形波采用谐波分析的方法，可获得基波、三次谐波、五次谐波。图 3-29c 用虚线画出了方波的基波和三次谐波。在下面的讨论中将只考虑基波部分，即把基波的正弦曲线作为 B 的分布曲线，谐波部分将设法消除或减弱。这样，磁通密度 $B(\zeta)$ 将按位置 ζ 做余弦规律分布，而且幅值与电流 $i=I_m\sin\omega t$ 成正比，即

$$B(\zeta)=k_1 I_m \sin\omega t\cos(\pi\zeta/b) \tag{3-33}$$

式中 b——矩形线圈宽度；

k_1——比例系数。

当把另一个矩形线圈靠近上述通电线圈时，该线圈将产生感应电动势，其感应电动势将随两个线圈的相对位置的不同而不同。如图 3-30 所示，设感应线圈 A 的中心从励磁线圈中心右移的距离为 x，则穿过线圈 A 的磁通为

$$\Phi_A=\int_{x-b/2}^{x+b/2} B(\zeta)\,\mathrm{d}\zeta \tag{3-34}$$

把式（3-33）代入式（3-34）可得

$$\Phi_A = (2b/\pi) k_1 I_m \sin\omega t \cos(\pi x/b) \tag{3-35}$$

由此可得感应线圈的感应电动势为

$$e = (2b/\pi) k_1 \omega I_m \cos\omega t \cos(\pi x/b) \tag{3-36}$$

在实际应用中，设励磁电压为 $u = U_m \sin\omega t$，则感应电动势为

$$e = k\omega U_m \cos(2\pi x/W) \cos\omega t \tag{3-37}$$

若将励磁线圈的原始位置移动 90°的空间角，则

$$e = k\omega U_m \sin(2\pi x/W) \cos\omega t \tag{3-38}$$

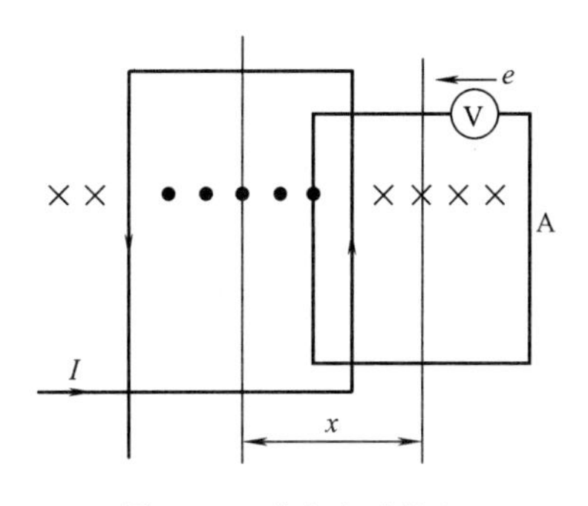

图 3-30　感应电动势与两线圈距离的关系

式中　U_m——励磁电压幅值；

ω——励磁电压角频率；

k——比例常数，其值与绕组间的最大互感系数有关，$k\omega$ 常称为电磁耦合系数，用 k_v 表示；

W——绕组节距，又称感应同步器的周期，$W = 2b$；

x——励磁绕组与感应绕组的相对位移。

式（3-37）和式（3-38）表明，感应同步器可以看作一个耦合系数随相对位移变化的变压器，其输出电动势与位移 x 之间具有正弦、余弦的关系。利用电路对感应电动势进行适当的处理，就可以得到被测位移值。

由感应同步器组成的检测系统，可以采取不同的励磁方式，并可对输出信号采取不同的处理方式。

从励磁方式来说，可分为两大类：一类是以转尺（或定子）励磁，由定尺（或转子）取出感应电动势信号；另一类是以定尺（或转子）励磁，由转尺（或定子）取出感应电动势信号。目前在实用中多数采用前一类励磁方式。

从信号处理方式来说，可分为鉴相方式和鉴幅方式两种。它们的特点是用输出感应电动势的相位或幅值来进行处理。下面以长感应同步器为例进行说明。

1. 鉴相方式

如图 3-27 所示，在转尺的正弦、余弦绕组上供给频率相同、相位差为 90°的交流励磁电压，即

$$\text{正弦绕组励磁电压}\quad u_s = U_m \sin\omega t \tag{3-39}$$

$$\text{余弦绕组励磁电压}\quad u_c = -U_m \cos\omega t \tag{3-40}$$

式中　U_m——励磁电压幅值。

正、余弦绕组空间位置相差$\left(n+\frac{1}{4}\right)W$，其中 n 为整数，两个励磁绕组分别在定尺绕组上感应出电动势，其值分别为

$$\begin{cases} e_s = k_v U_m \sin(2\pi x/W) \cos\omega t \\ e_c = k_v U_m \cos(2\pi x/W) \sin\omega t \end{cases} \tag{3-41}$$

按叠加原理求得定尺总感应电动势为

$$e = e_s + e_c = k_v U_m \sin(\omega t + \theta_x) \tag{3-42}$$

式中的 $\theta_x = 2\pi x/W$ 称为感应电动势的相位角，它在一个节距 W 之内与定尺和转尺的相对位

移 x 有一一对应关系，每经过一个节距，变化一个周期（2π）。

由此可见，通过鉴别感应电动势的相位，例如同励磁电压 $U_m\sin\omega t$ 比相，即可测出定尺和转尺之间的相对位移。

感应同步器在鉴相方式下工作，也可以对定尺绕组励磁，由转尺两绕组取出两个感应电动势，再把其中之一移相90°进行相加，同样可得到上述结果。

2. 鉴幅方式

仍如图3-27所示，加到转尺两相绕组交流励磁电压如下：

$$u_s = U_s\sin\omega t \qquad u_c = -U_c\sin\omega t$$

它们分别在定尺绕组上感应出的电动势为

$$\begin{aligned} e_s &= k_v U_s\sin(2\pi x/W)\cos\omega t \\ e_c &= -k_v U_c\cos(2\pi x/W)\cos\omega t \end{aligned} \tag{3-43}$$

定尺的总感应电动势为

$$e = e_s + e_c = k_v\cos\omega t(U_s\sin\theta_x - U_c\cos\theta_x) \tag{3-44}$$

采用函数变压器使励磁电压幅值为

$$U_s = U_m\cos\theta_d \qquad U_c = U_m\sin\theta_d$$

式中的 θ_d 为励磁电压的电相角，则感应电动势可写成

$$\begin{aligned} e &= k_v U_m\cos\omega t(\cos\theta_d\sin\theta_x - \sin\theta_d\cos\theta_x) \\ &= k_v U_m\cos\omega t\sin(\theta_x - \theta_d) \end{aligned} \tag{3-45}$$

式（3-45）把感应同步器定尺转尺间的相对位移角 θ_x 与励磁电压的电相角 θ_d 联系了起来。

设在原始状态时 $\theta_d=\theta_x$，则 $e=0$。然后转尺相对定尺有一位移，则感应电动势增量为

$$\Delta e = k_v U_m\sin\Delta\theta_x\cos\omega t \approx k_v U_m(2\pi\Delta x/W)\cos\omega t \tag{3-46}$$

由此可见，在位移增量 Δx 较小的情况下，感应电动势增量的幅值 Δe 与 Δx 成正比，通过鉴别感应电动势 Δe 的幅值，就可测出 Δx 的大小。

实际中设计了一个这样的电路系统，每当位移 Δx 超过一定值（如0.01mm），就使 Δe 的幅值超过某一预先调定的门槛电平，发出一个脉冲，并利用这个脉冲去自动地改变励磁电压幅值 U_s 和 U_c，使新的 θ_d 跟上新的 θ_x，这样便把位移量转换成数字量，从而实现了对位移的数字化测量。

上述鉴幅方式是用正弦波进行励磁。此外还有使用方波进行励磁，用数字正、余弦函数发生器进行数模转换的另一种鉴幅方式，称为脉冲调宽鉴幅方式。具体情况，将在“测控电路”课程中介绍。

思考题与习题

1. 何谓电感式传感器？它是基于什么原理进行检测的？
2. 减小零点残余电压的有效措施有哪些？
3. 涡流式传感器有何特点？它有哪些应用？
4. 试比较涡流传感器的几种应用电路的优缺点。
5. 图3-31所示为测量液位的电感式传感器原理图，请阐述其基本工作原理。

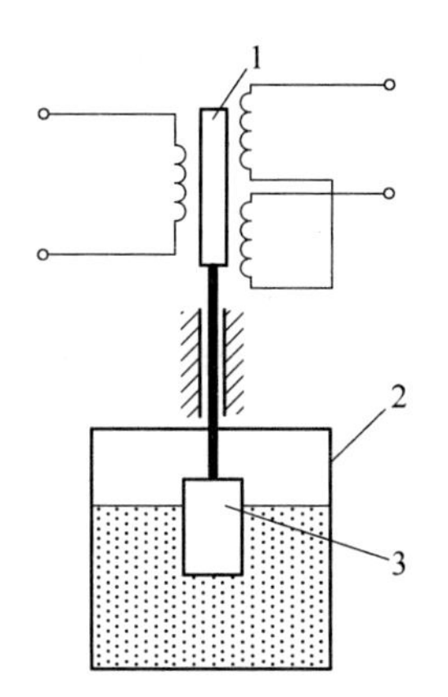

图 3-31　液位测量原理图

1—铁心　2—液罐　3—浮子

6. 阐述压磁式传感器的工作原理。

第四章

电容式传感器

电容式传感器是将被测量的变化转换为电容量变化的一种装置，实质上就是一个具有可变参数的电容器。

电容式传感器具有结构简单、动态响应快、易实现非接触测量、位移分辨力高等突出的优点，在高准确度、高分辨力的微小位移测量方面具有优势。虽然它存在易受干扰和分布电容影响大等缺点，但随着电子技术的发展，这些缺点已被不断得以克服。电容式传感器可直接测量位移或介质的介电常数，如纳米级位移和湿度等；还可间接测量被转换成位移或介电常数变化的其他被测量，包括通过物理效应转换的压力、加速度，以及通过结构转换的厚度、多相流含率等。

第一节　工作原理与类型

一、工作原理

电容式传感器的基本原理可以用图 4-1 所示平板电容器来说明。当忽略边缘效应时，其电容 C 为

$$C=\frac{\varepsilon S}{\delta}=\frac{\varepsilon_r\varepsilon_0 S}{\delta} \tag{4-1}$$

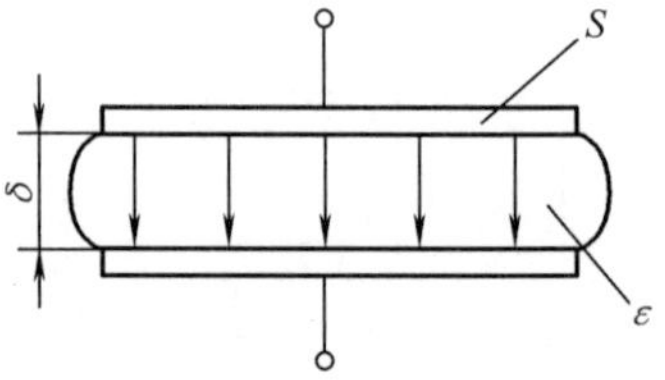

式中　S——极板相对覆盖面积（m^2）；

δ——极板间距离（m）；

ε_r——相对介电常数（F/m）；

ε_0——真空介电常数，$\varepsilon_0=8.85\times10^{-12}$F/m；

ε——电容极板间介质的介电常数（F/m）。

图 4-1　平板电容器

式中 δ、S 和 ε_r 中的某一项或几项有变化时，就改变了电容 C。δ 和 S 的变化可以反映线位移或角位移的变化，也可以间接反映压力、加速度等的变化；ε_r 的变化则可反映液面高度、材料厚度等的变化。

二、类型

实际应用时，常常仅改变 δ、S 和 ε_r 中的一个参数来使 C 发生变化。所以电容式传感器可分为 3 种基本类型：变极距（变间隙）（δ）型、变面积（S）型和变介电常数（ε）型。

表 4-1 列出了电容式传感器的 3 种基本结构形式。它们又可按位移的形式分为线位移和

角位移两种。每一种又依据传感器极板形状分成平板或圆板形和圆柱（圆筒）形，虽还有球面形和锯齿形等其他形状，但一般很少用，故表中未列出。每一种又分为单组式和差动式两种，其中差动式一般优于单组（单边）式的传感器，具有灵敏度高、线性范围宽、稳定性好的优点。

表 4-1　电容式传感器的结构形式

基本类型		单组式	差动式
δ 型	线位移	平板形 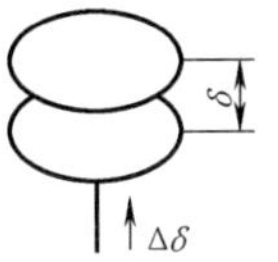	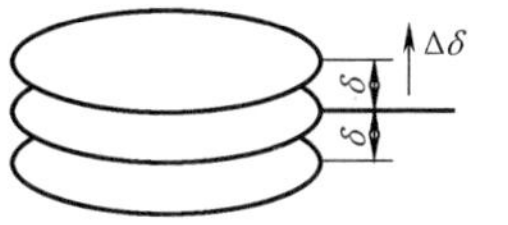
	角位移	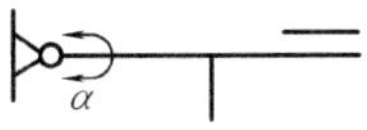	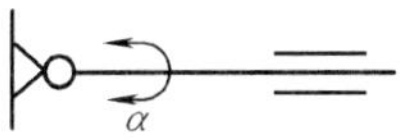
S 型	线位移	平板形 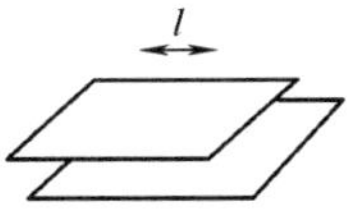	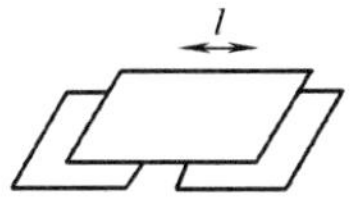
		圆柱形 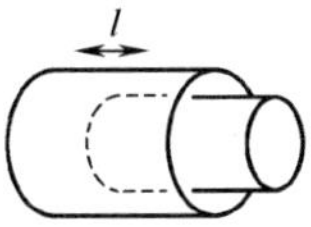	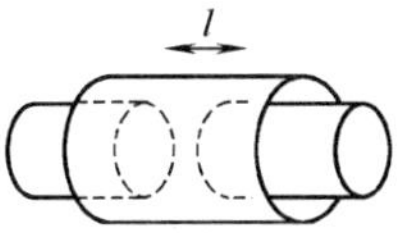
	角位移	平板形 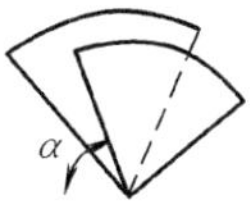	
			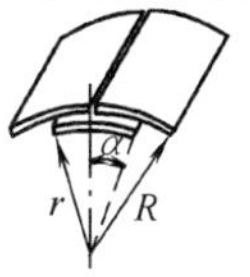
ε 型	线位移	平板形 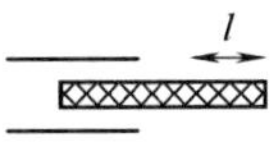	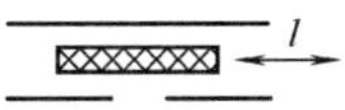
		圆柱形 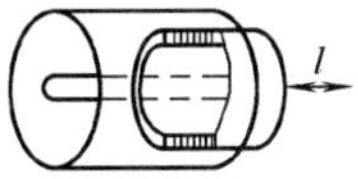	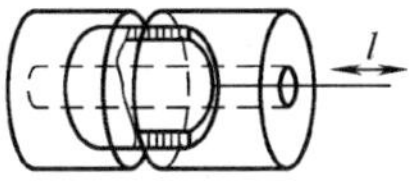

（一）变极距型电容式传感器

由式（4-1）可知，当电容式传感器极板间距 δ 因被测量变化而减小 $\Delta\delta$ 时，电容变化量 ΔC 为

$$\Delta C = \frac{\varepsilon S}{\delta - \Delta\delta} - \frac{\varepsilon S}{\delta} = \frac{\varepsilon S}{\delta}\frac{\Delta\delta}{\delta - \Delta\delta} = C_0\frac{\Delta\delta}{\delta - \Delta\delta} \tag{4-2}$$

式中 C_0——极距为 δ 时的初始电容量（μF）。

该类型电容式传感器存在着原理非线性，所以实际中常常做成差动式来改善其非线性。

（二）变面积型电容式传感器

变面积型电容式传感器中，平板形结构对极距变化特别敏感，测量准确度受到影响。而圆柱形结构受极板径向变化的影响很小，成为实际中最常采用的结构，其中线位移单组式的电容量 C 在忽略边缘效应时为

$$C=\frac{2\pi\varepsilon l}{\ln(r_2/r_1)} \tag{4-3}$$

式中 l——外圆筒与内圆柱覆盖部分的长度（m）；

r_2、r_1——外圆筒内半径和内圆柱外半径（m）。

当两圆筒相对移动 Δl 时，电容变化量 ΔC 为

$$\Delta C=\frac{2\pi\varepsilon l}{\ln(r_2/r_1)}-\frac{2\pi\varepsilon(l-\Delta l)}{\ln(r_2/r_1)}=\frac{2\pi\varepsilon\Delta l}{\ln(r_2/r_1)}=C_0\frac{\Delta l}{l} \tag{4-4}$$

这类传感器具有良好的线性。

（三）变介电常数型电容式传感器

变介电常数型电容式传感器大多用来测量电介质的厚度（见图4-2）、液位（见图4-3），还可根据极间介质的介电常数随温度、湿度改变而改变被测量介质材料的温度、湿度等。若忽略边缘效应，表4-1中 ε 型单组式平板形线位移传感器和图4-2与图4-3中所示传感器的电容量与被测量的关系分别为

$$\left.\begin{aligned} C&=\frac{bl_x}{(\delta-\delta_x)/\varepsilon_0+\delta_x/\varepsilon}+\frac{b(a-l_x)}{\delta/\varepsilon_0}\\ C&=\frac{ab}{(\delta-\delta_x)/\varepsilon_0+\delta_x/\varepsilon}\\ C&=\frac{2\pi\varepsilon_0 h}{\ln(r_2/r_1)}+\frac{2\pi(\varepsilon-\varepsilon_0)h_x}{\ln(r_2/r_1)}\end{aligned}\right\} \tag{4-5}$$

式中 δ、h——两固定极板间的距离（m）、极筒重合部分的高度（m）；

δ_x、h_x、ε——被测物的厚度（m）、被测液面高度（m）和它的介电常数（F/m）；

a、b、l_x——固定极板长度（m）和宽度（m）及被测物进入两极板间的长度（m）；

r_1、r_2——内极筒外半径（m）和外极筒内半径（m）；

ε_0——空气的介电常数（F/m）。

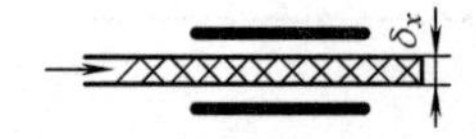

图4-2 厚度传感器

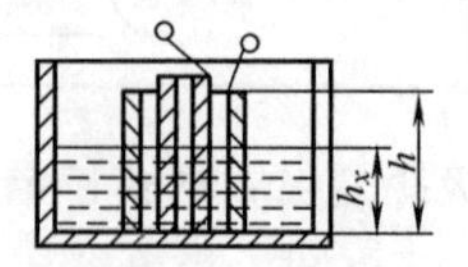

图4-3 液位传感器

应注意，电极之间的被测介质导电时，电极表面应涂盖绝缘层（如0.1mm厚的聚四氟乙烯等）以防止电极间短路。

第二节　转换电路

电容式传感器的转换电路就是将电容式传感器看成一个电容并转换成电压或其他电量的电路。

一、电容式传感器等效电路

实际上，电容式传感器并不是一个纯电容。其完整的等效电路示于图4-4a中，L包括引线电缆电感和电容式传感器本身的电感；r由引线电阻、极板电阻和金属支架电阻组成；C_0为传感器本身的电容；C_p为引线电缆、所接测量电路及极板与外界所形成的总寄生电容；R_g是极间等效漏电阻，它包括极板间的漏电损耗和介质损耗、极板与外界间的漏电损耗和介质损耗。

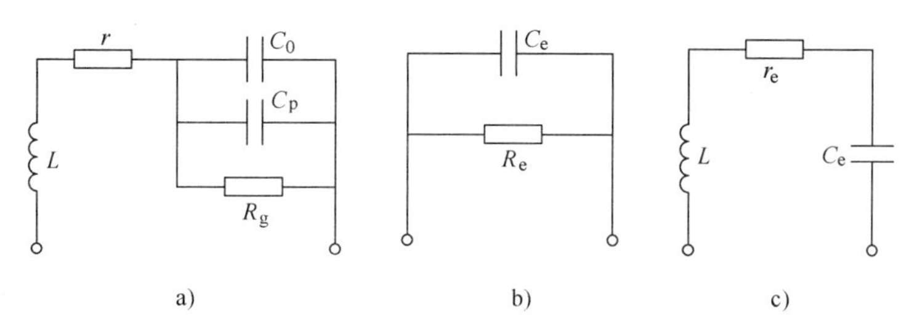

图4-4　电容式传感器等效电路

a）完整等效电路　b）低频等效电路　c）高频等效电路

所有这些参量的作用因工作的具体情况不同而不同。在低频时，传感器电容的阻抗非常大，因此L和r的影响可以忽略。其等效电路可简化为图4-4b，其中等效电容$C_e=C_0+C_p$，等效电阻$R_e \approx R_g$。

在高频时，传感器电容的阻抗变小，因此L和r的影响不可忽略，而漏电的影响可忽略。其等效电路可简化为图4-4c，其中$C_e=C_0+C_p$，而$r_e \approx r$。引线电缆的电感很小，只有工作频率在10MHz以上时，才考虑其影响。而且实际使用时保证与标定时的接线等条件相同，即可消除L的影响。

传感器电容极板之间的有功损耗致使传感器电容电压和电流相位差比90°小一个δ角，其有功损耗大小用损耗角$\tan\delta$来表示。对于一般以低损耗的空气（$\tan\delta<10^{-5}$）等为介质的电容式传感器，其影响可忽略不计。但对介质损耗大的电容式传感器则不能忽略，$\tan\delta$与许多因素有关，如所加电压、工作频率、环境温度及介质的潮湿度等。而电容式传感器利用这些特点又可测量更多的量，如石油的含水量和种子或土壤的湿度等。

电容式传感器的等效电路存在一谐振频率，通常为几十兆赫。供电电源频率必须低于该谐振频率，一般为其1/3～1/2，传感器才能正常工作。

二、电桥电路

将电容式传感器接入交流电桥作为电桥的一个臂（另一个臂为固定电容）或两个相邻臂，另两个臂可以是电阻或电容或电感，也可以是变压器的两个二次绕组。其中另两个臂是紧耦合电感臂的电桥具有较高的灵敏度和稳定性，且寄生电容影响极小，大大简化了电桥的屏蔽和接地，适合于高频电源下工作。而变压器式电桥使用元件最少，桥路内阻最小，因此目前较多采用。

电容电桥的主要特点有：①高频交流正弦波供电；②电桥输出调幅波，要求其电源电压波动极小，需采用稳幅、稳频等措施；③通常处于不平衡工作状态，所以传感器必须工作在平衡位置附近，否则电桥非线性增大，且在要求精度高的场合应采用自动平衡电桥；④输出阻抗很高（一般达几兆欧至几十兆欧），输出电压低，必须后接高输入阻抗、高放大倍数的处理电路。

三、二极管双T形电路

二极管双T形电路原理如图4-5a所示。供电电压是幅值为$\pm U_E$、周期为T、占空比为50%的方波。若将二极管理想化，则当电源为正半周时，电路等效成典型的一阶电路，如图4-5b所示。其中二极管VD_1短路、VD_2开路，电容C_1被以极其短的时间充电，其影响可不予考虑，电容C_2的电压初始值为U_E。根据一阶电路时域分析的三要素法，可直接得到电容C_2的电流i_{C2}如下：

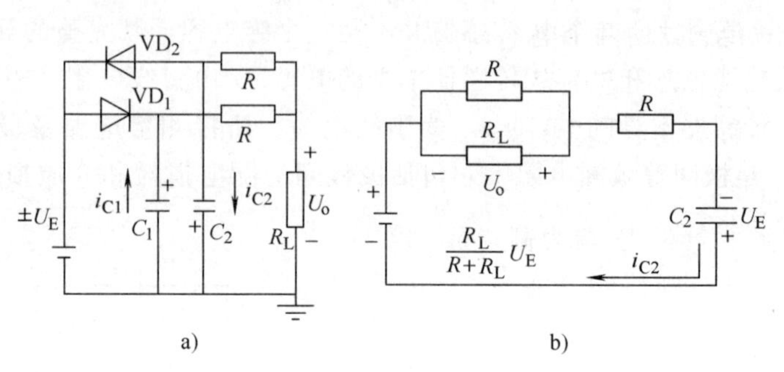

图4-5 二极管双T形电路

a）电路原理 b）一阶等效电路

$$i_{C2}=\left(\frac{U_E+\dfrac{R_L}{R+R_L}U_E}{R+\dfrac{RR_L}{R+R_L}}\right)e^{\frac{-t}{\left(R+\frac{RR_L}{R+R_L}\right)C_2}} \tag{4-6}$$

在$[R+(RR_L)/(R+R_L)]C_2\ll T/2$时，电流$i_{C2}$的平均值$I_{C2}$可以写成：

$$I_{C2}=\frac{1}{T}\int_0^{\frac{T}{2}}i_{C2}\mathrm{d}t\approx\frac{1}{T}\int_0^{\infty}i_{C2}\mathrm{d}t=\frac{1}{T}\frac{R+2R_L}{R+R_L}U_EC_2 \tag{4-7}$$

同理，可得负半周时电容C_1的平均电流I_{C1}为

$$I_{C1}=\frac{1}{T}\frac{R+2R_L}{R+R_L}U_EC_1 \tag{4-8}$$

故在负载R_L上产生的电压为

$$U_o=\frac{RR_L}{R+R_L}(I_{C1}-I_{C2})=\frac{RR_L(R+2R_L)}{(R+R_L)^2}\frac{U_E}{T}(C_1-C_2) \tag{4-9}$$

该电路的特点是：①线路简单，可全部放在探头内，大大缩短了电容引线，减小了分布电容的影响；②电源周期、幅值直接影响灵敏度，要求它们高度稳定；③输出阻抗为R，而与电容无关，克服了电容式传感器高内阻的缺点；④适用于具有线性特性的单组式和差动式电容式传感器。

四、差动脉冲调宽电路

差动脉冲调宽电路也称为差动脉宽（脉冲宽度）调制电路，利用对传感器电容的充放电使电路输出脉冲的宽度随传感器电容量变化而变化。通过低通滤波器就能得到对应被测量变化的直流信号。图 4-6 为差动脉冲调宽电路原理图。图中 C_1、C_2 为差动式传感器的两个电容，若用单组式，则其中一个为固定电容，其电容值与传感器电容初始值相等；A_1、A_2 是两个比较器，U_r 为其参考电压。设接通电源时，双稳态触发器的 Q 端为高电位，$\overline{Q}$ 端为低电位，并分别控制开关 S_1 和 S_2 使电容 C_1 充电、C_2 放电，同时利用 $\overline{Q}$ 控制开关 S_3 使输出电压 U_o 为 $+U$。直至 C_1 的电位 U_{C1} 等于参考电压 U_r 时，比较器 A_2 输出脉冲，使双稳态触发器翻转，Q 端变为低电位，$\overline{Q}$ 端变为高电位，并控制开关 S_1、S_2、S_3 动作，使电容 C_1 放电、C_2 充电，输出电压 U_o 为 $-U$。如此周而复始，则输出电压 U_o 为宽度受 C_1、C_2 调制的矩形脉冲。当 $C_1=C_2$ 时，U_o 电压波形如图 4-7a 所示，其平均值为零。但当 C_1、C_2 值不相等时，C_1、C_2 充电时间常数就会发生改变，若 $C_1>C_2$，则 U_o 波形如图 4-7b 所示，其平均值不为零。U_o 经低通滤波后，就可得到一直流电压 U_o' 为

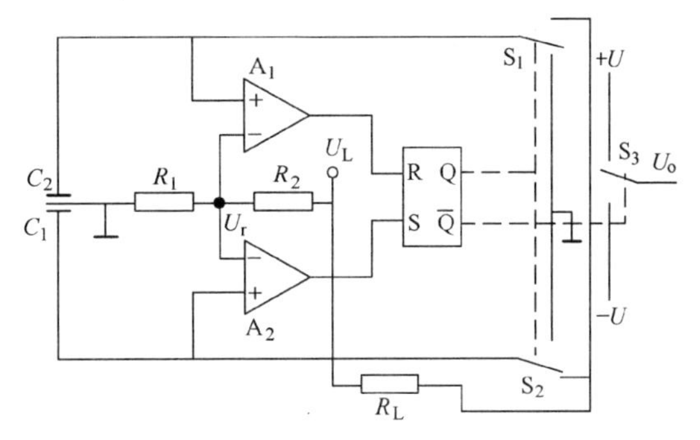

图 4-6　差动脉冲调宽电路原理图

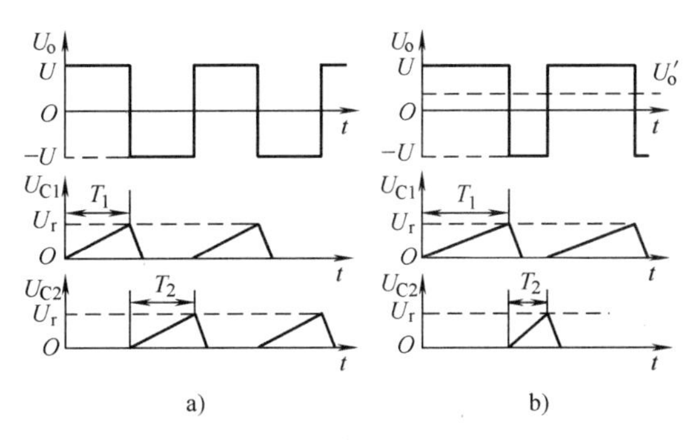

图 4-7　差动脉冲调宽电路各点电压波形

a）$C_1=C_2$ 时输出波形　b）$C_1>C_2$ 时输出波形

$$U_o' = \frac{T_1}{T_1+T_2}U - \frac{T_2}{T_1+T_2}U = \frac{T_1-T_2}{T_1+T_2}U \tag{4-10}$$

式中　T_1、T_2——分别为 C_1 和 C_2 的充电时间；

U——输出电压 U_o 正反向幅值。

C_1、C_2 的充电时间 T_1、T_2 为

$$T_1 = R_L C_1 \ln \frac{U_L}{U_L-U_r}$$

$$T_2 = R_L C_2 \ln \frac{U_L}{U_L-U_r}$$

则得

$$U_o' = \frac{C_1-C_2}{C_1+C_2}U \tag{4-11}$$

因此，输出的直流电压与传感器两电容差值成正比。

设电容 C_1 和 C_2 的极间距离和面积分别为 δ_1、δ_2 和 S_1、S_2，将式（4-1）代入式（4-11），对差动式变极距型和变面积型电容式传感器可分别得

$$U_o' = \frac{\delta_2 - \delta_1}{\delta_2 + \delta_1}U;\quad U_o' = \frac{S_1 - S_2}{S_2 + S_1}U \tag{4-12}$$

可见差动脉冲调宽电路能适用于任何差动式电容式传感器，并具有理论上的线性特性。这是十分重要的性质。在此指出，具有这个特性的电容测量电路还有差动变压器式电容电桥和由二极管T形电路经改进得到的二极管环形检波电路等。

另外，差动脉冲调宽电路采用直流电源，其电压稳定度高，不存在稳频、波形纯度的要求，也不需要相敏检波与解调等；对元件无线性要求；经低通滤波器可输出较大的直流电压，对输出矩形波的纯度要求也不高。

五、运算放大器式电路

运算放大器式电路的最大特点是能够克服变极距型电容式传感器的非线性。图4-8为其原理图，C_x 是传感器电容，C 是固定电容，U_o 是输出电压信号。由运算放大器工作原理可知

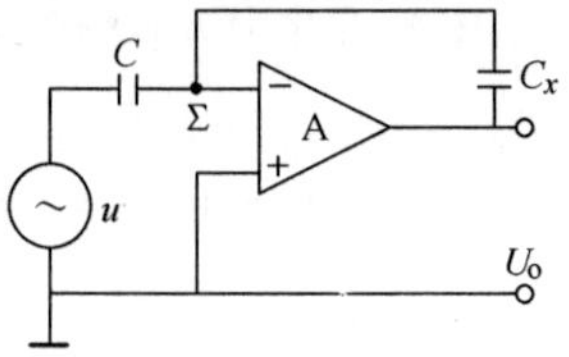

$$U_o = -\frac{1/(j\omega C_x)}{1/(j\omega C)}u = -\frac{C}{C_x}u$$

图4-8　运算放大器式电路原理图

将 $C_x = (\varepsilon S)/\delta$ 代入上式得

$$U_o = -\frac{uC}{\varepsilon S}\delta \tag{4-13}$$

式中的负号表明输出电压与电源电压反相。显然，输出电压与电容极板间距呈线性关系，这就从原理上保证了变极距型电容式传感器的线性。这里是假设放大器开环放大倍数 $A = \infty$，输入阻抗 $Z_i = \infty$，因此仍然存在一定的非线性误差，但一般 A 和 Z_i 足够大，所以这种误差很小。

六、调频电路

调频测量电路将电容传感器作为振荡器谐振回路的一部分，当输入量导致电容传感器的电容量发生变化时，振荡器的振荡频率发生变化。将频率变化在鉴频器中转换为振幅的变化，经放大后显示或输出。调频测量电路原理框图如图4-9所示。

图4-9　调频测量电路原理框图

调频振荡器的振荡频率 f 为

$$f = \frac{1}{2\pi\sqrt{LC}}$$

$$C = C_1 + C_0 \pm \Delta C + C_2$$

式中　L——谐振回路的电感（H）；

C——总电容（μF）；

C_1——谐振回路的固有电容（μF）；

C_2——传感器引线的分布电容（μF）；

$C_0 \pm \Delta C$——传感器的电容（μF）。

当被测信号为零时，振荡器有一个固有频率。当被测信号发生变化时，振荡器频率随之变化。

第三节　主要性能、特点与设计要点

一、主要性能

（一）静态灵敏度

静态灵敏度是被测量缓慢变化时传感器电容变化量与引起其变化的被测量变化之比。

对于变极距型，由式（4-2）可知，其静态灵敏度 k_g 为

$$k_g = \frac{\Delta C}{\Delta \delta} = \frac{C_0}{\delta}\left(\frac{1}{1-\Delta\delta/\delta}\right)$$

因为 $\Delta\delta/\delta<1$，将上式展开成泰勒级数得

$$k_g = \frac{C_0}{\delta}\left[1+\frac{\Delta\delta}{\delta}+\left(\frac{\Delta\delta}{\delta}\right)^2+\left(\frac{\Delta\delta}{\delta}\right)^3+\left(\frac{\Delta\delta}{\delta}\right)^4+\cdots\right] \tag{4-14}$$

可见其灵敏度是初始极板间距 δ 的函数，同时还随被测量而变化。减小 δ 可以提高灵敏度。但 δ 过小易导致电容器击穿（空气的击穿电压为 3kV/mm）。可在极间加一层云母片（其击穿电压大于 10^3kV/mm）或塑料膜来改善电容器耐压性能。

对于圆柱形变面积型电容式传感器，由式（4-4）可知其静态灵敏度为常数，即

$$k_g = \frac{\Delta C}{\Delta l} = \frac{C_0}{l} = \frac{2\pi\varepsilon}{\ln(r_2/r_1)} \tag{4-15}$$

灵敏度取决于 r_2/r_1，r_2 与 r_1 越接近，灵敏度越高。虽然内外极筒原始覆盖长度 l 与灵敏度无关，但 l 不可太小，否则边缘效应将影响到传感器的线性。

另外，变极距型和变面积型电容式传感器还可采用差动结构形式来提高静态灵敏度，一般能提高一倍。例如，对表 4-1 中变面积型差动式线位移电容式传感器，由式（4-3）和式（4-4）可得其静态灵敏度为

$$k_g = \frac{\Delta C}{\Delta l} = \left[\frac{2\pi\varepsilon(l+\Delta l)}{\ln(r_2/r_1)} - \frac{2\pi\varepsilon(l-\Delta l)}{\ln(r_2/r_1)}\right]\Big/\Delta l = \frac{4\pi\varepsilon}{\ln(r_2/r_1)} \tag{4-16}$$

可见比相应单组式的灵敏度提高一倍。

由第一节分析可知，变面积型和变介电常数型电容式传感器在忽略边缘效应时，其输入被测量与输出电容量一般呈线性关系，因而其静态灵敏度为常数。

（二）非线性

对变极距型电容式传感器而言，当极板间距 δ 变化 $\pm\Delta\delta$ 时，其电容量随之变化，根据式（4-2）有

$$\Delta C = C_0\frac{\Delta\delta}{\delta\mp\Delta\delta} = C_0\frac{\Delta\delta}{\delta}\left(\frac{\pm 1}{1\mp\Delta\delta/\delta}\right)$$

因 $\Delta\delta/\delta<1$，所以

$$\Delta C = \pm C_0\frac{\Delta\delta}{\delta}\left[1\pm\frac{\Delta\delta}{\delta}+\left(\frac{\Delta\delta}{\delta}\right)^2\pm\left(\frac{\Delta\delta}{\delta}\right)^3+\cdots\right] \tag{4-17}$$

显然，输出电容 ΔC 与被测量 $\Delta\delta$ 之间是非线性关系。只有当 $\Delta\delta/\delta \ll 1$ 时，略去各非线性项后才能得到近似线性关系为 $\Delta C = C_0(\Delta\delta/\delta)$ 。由于 δ 取值不能大，否则将降低灵敏度，因此变极距型电容式传感器常工作在一个较小的量程内（几微米至几毫米），而且最大 $\Delta\delta$ 应小于极板间距 δ 的 1/10~1/5。

采用差动形式，并取两电容之差为输出量 ΔC，容易得到

$$\Delta C = 2C_0 \frac{\Delta\delta}{\delta}\left[1 + \left(\frac{\Delta\delta}{\delta}\right)^2 + \left(\frac{\Delta\delta}{\delta}\right)^4 + \cdots\right] \tag{4-18}$$

相比之下，差动式的非线性得到了很大的改善，灵敏度也提高了一倍。

如果采用容抗 $X_C = 1/(\omega C)$ 作为电容式传感器输出量，那么被测量 $\Delta\delta$ 就与 ΔX_C 呈线性关系，就不一定需要满足 $\Delta\delta \ll \delta$ 这一要求了。

变面积型和变介电常数型（测厚除外）电容式传感器具有很好的线性（见本章第一节），但这是以忽略边缘效应为条件的。实际上由于边缘效应引起极板（或极筒）间电场分布不均匀，导致非线性问题仍然存在，且灵敏度下降，但比变极距型好得多。

二、特点

电容式传感器与电阻式、电感式等传感器相比有如下一些优点：

1. 温度稳定性较好

电容式传感器的电容值一般与电极材料无关，有利于选择温度系数低的材料，又因本身发热极小，对稳定性几乎没有影响。

2. 结构简单，适应性强

电容式传感器结构简单，易于制造，易于保证高的精度；可以做得非常小巧，以实现某些特殊的测量。电容式传感器一般用金属做电极、以无机材料（如玻璃、石英、陶瓷等）做绝缘支撑，因此能工作在高低温、强辐射及强磁场等恶劣的环境中，可以承受很大的温度变化，承受高压力、高冲击、过载等；能测超高压和低压差，也能对带磁工件进行测量。

3. 动态响应好

电容式传感器由于极板间的静电引力很小（约几个 10^{-5}N），需要的作用能量极小，又由于它的可动部分可以做得很小很薄，即质量很轻，因此其固有频率很高，动态响应时间短，能在几兆赫的频率下工作，特别适合动态测量。又由于其介质损耗小可以用较高频率供电，因此系统工作频率高。它可用于测量高速变化的参数，如测量振动、瞬时压力等。

4. 可以实现非接触测量，具有平均效应

例如，非接触测量回转轴的振动或偏心、小型滚珠轴承的径向间隙等。当采用非接触测量时，电容式传感器具有平均效应，可以减小工件表面粗糙度等对测量的影响。

电容式传感器除上述优点之外，还因带电极板间的静电引力极小，因此所需输入能量极小，所以特别适宜用来解决输入能量低的测量问题。例如，测量极低的压力、力和很小的加速度、位移等，可以做得很灵敏，分辨力非常高，能感受 0.01nm 甚至更小的位移。

然而，电容式传感器存在如下不足之处：

1. 输出阻抗高，负载能力差

电容式传感器的电容量受其电极几何尺寸等限制，一般为几十到几百皮法，使传感器的

输出阻抗很高，尤其当采用音频范围内的交流电源时，输出阻抗高达 $10^6 \sim 10^8\Omega$。因此传感器负载能力差，易受外界干扰影响而产生不稳定现象，严重时甚至无法工作，必须采取屏蔽措施，从而给设计和使用带来不便。容抗大还要求传感器绝缘部分的电阻值极高（几十兆欧以上），否则绝缘部分将作为旁路电阻而影响传感器的性能（如灵敏度降低），为此还要特别注意周围环境如温湿度、清洁度等对绝缘性能的影响。高频供电虽然可降低传感器输出阻抗，但放大、传输远比低频时复杂，且寄生电容影响加大，难以保证工作稳定。

2. 寄生电容影响大

电容式传感器的初始电容量很小，而传感器的引线电缆电容（1~2m 导线可达 800pF）、测量电路的杂散电容以及传感器极板与其周围导体构成的电容等“寄生电容”却较大，这一方面降低了传感器的灵敏度，另一方面这些电容（如电缆电容）常常是随机变化的，将使传感器工作不稳定，影响测量准确度，其变化量甚至超过被测量引起的电容变化量，致使传感器无法工作。因此对电缆的选择、安装、接法都要有要求。

上述不足直接导致电容式传感器测量电路复杂。但随着材料、工艺、电子技术，特别是集成电路的高速发展，电容式传感器的优点得到发扬而缺点不断得到克服，成为一种大有发展前途的传感器。

三、设计要点

电容式传感器的高灵敏度、高精度等独特的优点是与其正确设计、选材以及精细的加工工艺分不开的。在设计传感器的过程中，在所要求的量程、温度和压力等范围内，应尽量使它具有低成本、高准确度、高分辨率、稳定可靠和高的频率响应等优点。对于电容式传感器，设计时可以从下面几个方面予以考虑。

1. 减小环境温度、湿度等变化所产生的影响，保证绝缘材料的绝缘性能

温度变化使传感器内各零件的几何尺寸和相互位置及某些介质的介电常数发生变化，从而改变传感器的电容量，产生温度误差。湿度也影响某些介质的介电常数和绝缘电阻值。因此必须从选材、结构、加工工艺等方面来减小温度等误差并保证绝缘材料具有高的绝缘性能。

电容式传感器的金属电极的材料以选用温度系数低的铁镍合金为好，但较难加工；也可采用在陶瓷或石英上喷镀金或银的工艺，这样电极可以做得极薄，对减小边缘效应极为有利。

传感器内电极表面不便经常清洗，应加以密封，用以防尘、防潮。若在电极表面镀以极薄的惰性金属（如铑等）层，则可代替密封件起保护作用，可防尘、防湿、防腐蚀，并在高温下可减少表面损耗、降低温度系数，但成本较高。

传感器内，电极的支架除要有一定的机械强度外还要有稳定的性能，因此选用温度系数小和几何尺寸长期稳定性好，并具有高绝缘电阻、低吸潮性和高表面电阻的材料，如石英、云母、人造宝石及各种陶瓷等做支架。虽然这些材料较难加工，但性能远高于塑料、有机玻璃等。在温度不太高的环境下，聚四氟乙烯具有良好的绝缘性能，可以考虑选用。

尽量采用空气等介电常数的温度系数几近为零的电介质（也不受湿度变化的影响）作为电容式传感器的电介质。若用某些液体如硅油、煤油等作为电介质，当环境温度、湿度变化时，它们的介电常数随之改变，产生误差。这种误差虽可用后续电路加以补偿（如采用与测量电桥相并联的补偿电桥)，但无法完全消除。

在可能的情况下，传感器内尽量采用差动对称结构，再通过某些类型的测量电路（如电桥）来减小温度等误差。

可以用数学关系式来表达温度等变化所产生的误差，作为设计依据，但比较烦琐。

尽量选用高的电源频率，一般为 50kHz 至几兆赫，以降低对传感器绝缘部分的绝缘要求。

传感器内所有的零件应先进行清洗、烘干后再装配。传感器要密封以防止水分侵入内部而引起电容值变化和绝缘性能下降。传感器的壳体刚性要好，以免安装时变形。

2. 消除和减小边缘效应

边缘效应不仅使电容式传感器的灵敏度降低而且产生非线性，因此应尽量减小、消除它。

适当减小极间距，使电极直径或边长与间距比很大，可减小边缘效应的影响，但易产生击穿并有可能限制测量范围。电极应做得极薄使之与极间距相比很小，这样也可减小边缘电场的影响。此外，可在结构上增设等位环来消除边缘效应，如图4-10所示。等位环 3 与电极 2 在同一平面上并将电极 2 包围，且与电极 2 电绝缘但等电位，这就能使电极 2 的边缘电力线平直，电极 1 和 2 之间的电场基本均匀，而发散的边缘电场发生在等位环 3 外周不影响传感器两极板间电场。

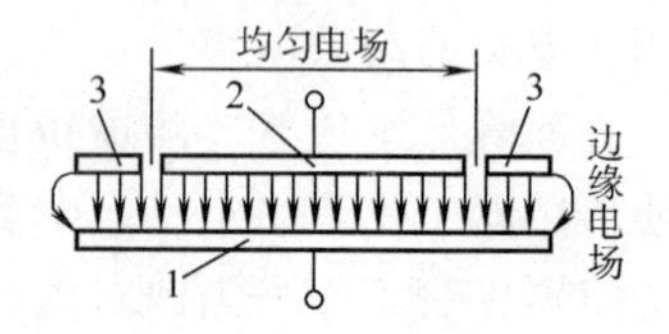

图 4-10 带有等位环的平板电容式传感器原理图

3. 减小和消除寄生电容的影响

由前述可知，寄生电容与传感器电容相并联影响传感器灵敏度，而它的变化则为虚假信号，影响传感器的精度。为减小和消除它，可采用如下方法：

(1) 增加传感器原始电容值　采用减小极片或极筒间的间距（平板式间距为 0.2～0.5mm，圆筒式间距为 0.15mm)，增加工作面积或工作长度的方式来增加原始电容值，但受加工及装配工艺、精度、示值范围、击穿电压、结构等限制。一般电容值变化在 10^{-3}～10^{3}pF 范围内。

(2) 注意传感器的接地和屏蔽　图 4-11 为采用接地屏蔽的圆筒形电容式传感器。图中可动极筒与连杆固定在一起随被测量移动，并与传感器的屏蔽壳（良导体）同为地。因此当可动极筒移动时，它与屏蔽壳之间的电容值将保持不变，从而消除了由此产生的虚假信号。

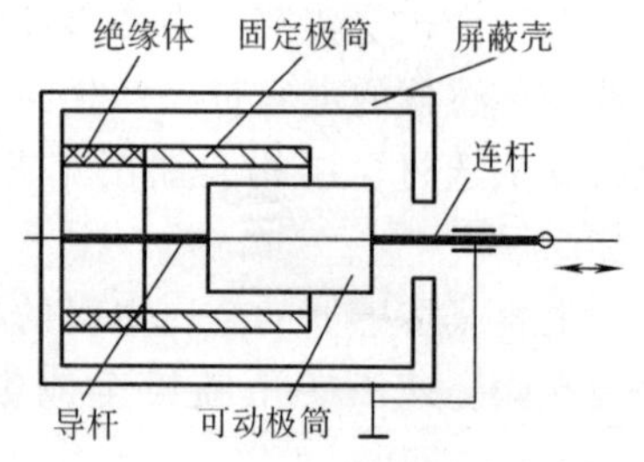

图 4-11 接地屏蔽圆筒形电容式传感器示意图

引线电缆也必须屏蔽在传感器屏蔽壳内。为减小电缆电容的影响，应尽可能使用短的电缆线，缩短传感器至后续电路前置级的距离。

(3) 集成化　将传感器与测量电路本身或其前置级装在一个壳体内，这样寄生电容大为减小，变化也小，使传感器工作稳定。但因电子元器件的特点而不能在高、低温或环境差的场合工作。

(4) 采用“驱动电缆”技术　当电容式传感器的电容值很小，而因某些原因（如环境温度较高)，测量电路只能与传感器分开时，可采用“驱动电缆”技术，如图 4-12 所示。传感器与测量电路前置级间的引线为双屏蔽层电缆，其内屏蔽层与信号传输线（即电缆芯线）通过 1∶1 放大器而为等电位，从而消除了芯线与内屏蔽层之间的电容。由于屏蔽线上有随传感器输出信号变化而变化的电压，因此称为“驱动电缆”。采用这种技术可使电缆线长达 10m 也不影响传感器的性能。外屏蔽层接大地（或接传感器地）用来防止外界电场的干扰。内外屏蔽层之间的电容是 1∶1 放大器的负载。1∶1 放大器是一个输入阻抗要求很高、具有容性负载、放大倍数为 1（准确度要求达 1/1000）的同相（要求相移为零）放大器。因此“驱动电缆”技术对 1∶1 放大器要求很高，电路复杂，但能保证电容式传感器的电容值小于 1pF 时，也能正常工作。

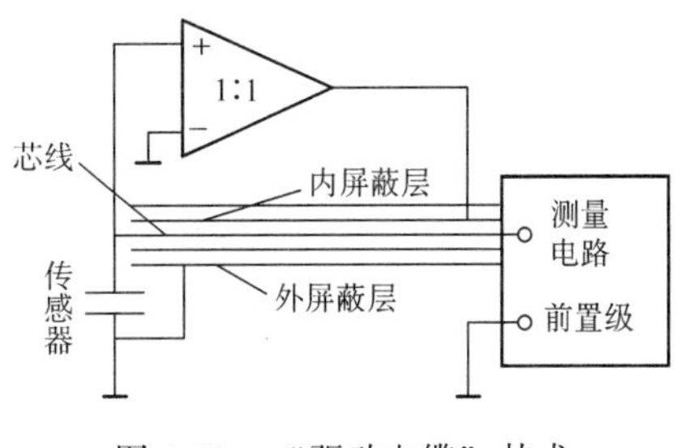

图 4-12 “驱动电缆”技术原理图

（5）采用运算放大器法 它是利用运算放大器的虚地来减小引线电缆寄生电容 C_p 的影响的，其原理如图 4-13 所示。电容式传感器的一个电极经引线电缆芯线接运算放大器的虚地∑点，电缆的屏蔽层接传感器地，这时与传感器电容相并联的为等效电容 $C_p/(1+A)$，因而大大地减小了电缆电容的影响。外界干扰因屏蔽层接传感器地而对芯线不起作用。传感器的另一电极经传感器外壳（最外面的屏蔽层）接大地，以防止外电场的干扰。若采用双屏蔽层电缆，其外屏蔽层接大地，则干扰影响更小。实际上，这是一种不完全的电缆“驱动技术”，其电路要比图 4-13 中电路简单得多。尽管仍存在电缆寄生电容的影响，但选择 A 足够大时，可得到所需的测量准确度。

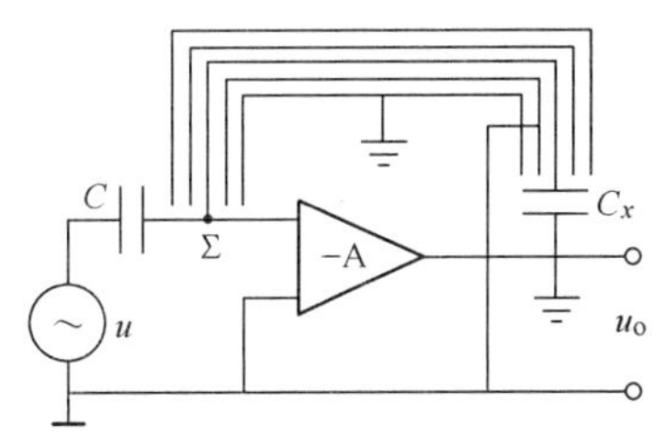

图 4-13 利用运算放大器电路虚地来减小电缆电容原理

（6）整体屏蔽 将电容式传感器和所采用的转换电路、传输电缆等用同一个屏蔽壳屏蔽起来，正确选取接地点可减小寄生电容的影响和防止外界的干扰。图 4-14 所示是差动电容式传感器交流电桥所采用的整体屏蔽系统，屏蔽层接地点选择在两固定辅助阻抗臂 Z_3 和 Z_4 中间，使电缆芯线与其屏蔽层之间的寄生电容 C_{p1} 和 C_{p2} 分别与 Z_3 和 Z_4 相并联。如果 Z_3 和 Z_4 比 C_{p1} 和 C_{p2} 的容抗小得多，则寄生电容 C_{p1} 和 C_{p2} 对电桥的平衡状态的影响就很小。

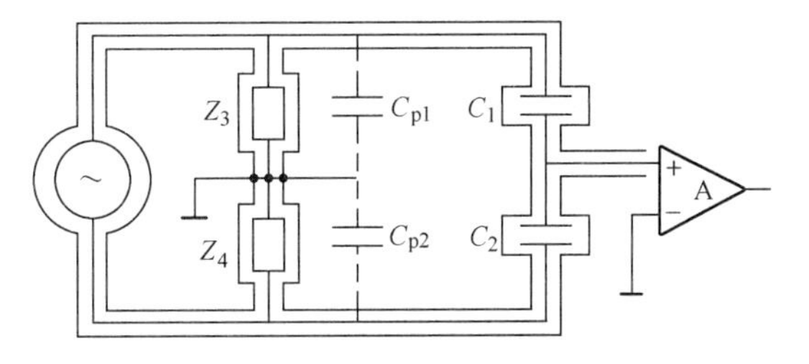

图 4-14 交流电容电桥的屏蔽系统

最易满足上述要求的是变压器电桥，这时 Z_3 和 Z_4 是具有中心抽头并相互紧密耦合的两个电感线圈，流过 Z_3 和 Z_4 的电流大小基本相等但方向相反。因 Z_3 和 Z_4 在结构上完全对称，所以线圈中的合成磁通近于零，Z_3 和 Z_4 仅为其绕组的铜电阻及漏感抗，它们都很小。结果寄生电容 C_{p1} 和 C_{p2} 对 Z_3 和 Z_4 的分路作用即可被削弱到很低的程度而不致影响交流电桥的平衡。

还可以再加一层屏蔽，所加外屏蔽层接地点则选在差动式电容传感器两电容 C_1 和 C_2 之间。这样进一步降低了外界电磁场的干扰，而内外屏蔽层之间的寄生电容等效作用在测量电路前置级，不影响电桥的平衡，因此在电缆线长达10m以上时仍能测出1pF的电容。

当电容式传感器的原始电容值较大（几百皮法）时，只要选择适当的接地点仍可采用一般的同轴屏蔽电缆。电缆长达10m时，传感器也能正常工作。

4. 防止和减小外界干扰

电容式传感器是高阻抗传感器件，易受外界干扰的影响。当外界干扰（如电磁场）在传感器上和导线之间感应出电压并与信号一起输送至测量电路时就会产生误差，甚至使传感器无法正常工作。此外，接地点不同所产生的接地电压差也是一种干扰信号，也会带来误差和故障。防止和减小干扰的某些措施已在上面有所讨论，现归纳如下：

1）屏蔽和接地。用良导体做传感器壳体，将传感元件包围起来，并可靠接地；用金属网套住导线彼此绝缘（即屏蔽电缆），金属网可靠接地；用双层屏蔽线可靠接地；用双层屏蔽罩且可靠接地；传感器与测量电路前置级一起装在良好屏蔽壳体内并可靠接地等。

2）增加原始电容量，降低容抗。

3）导线间的分布电容有静电感应，因此导线和导线之间要离得远，线要尽可能短，最好成直角排列，若必须平行排列时可采用同轴屏蔽电缆线。

4）尽可能一点接地，避免多点接地。地线要用粗的良导体或宽印制线。

尽量采用差动式电容传感器，可减小非线性误差，提高传感器灵敏度，减小寄生电容的影响和温度、湿度等其他环境因素导致的测量误差。

第四节 应用举例

电容式传感器可用来测量直线位移、角位移、振动振幅，尤其适合测量高频振动振幅、精密轴系回转准确度、加速度等机械量。其中，变极距型的适用于较小位移的测量，变面积型的能测量较大的位移。

电容式传感器还可用来测量压力、压差、液位、料面、成分含量（如油、粮食中的含水量），以亚微米准确度测量非金属材料涂层、油膜等的厚度，测量电介质的湿度、密度、厚度等，还经常被用来作为微牛顿范围内的无接触测量高分辨力传感器，在自动检测和控制系统中也常常用来作为位置信号发生器。电容式接近开关不仅能检测金属，而且能检测塑料、木材、纸、液体等其他电介质。静电电容式电平开关是广泛用于检测储存在油罐、料斗等容器中各种物体位置的一种成熟产品。

一、传统变极距型电容式传感器

传统变极距型电容式传感器结构简单，广泛应用于工业现场，测量距离或与距离相关的物理量。非接触电容位移传感器结构形式和测量原理如图4-15所示，传感器测量电极和被测物体电极组成平板电容器的两个电容极板。当交流电源加在传感器测量电极上时，传感器测量电极上产生的交流电压与平板电容器电极之间的距离成正比，该交流电压经检波、放大后，作为模拟信号输出。

该类传感器可测量各种导电材料的间隙、长度、尺寸或位置以及纳米级要求的金属箔、绝缘材料簿膜的厚度，还可以用作金属、非金属零件尺寸精密检验。变极距型电容式传感器的量程可从数微米到数十毫米，分辨力可达0.01mm，线性误差小于0.01%，带宽达到

10kHz，温漂仅为 $50\times10^{-6}/℃$。

图 4-16 是电容式差压传感器结构示意图。这种传感器结构简单，灵敏度高，响应速度快（约 100ms），能测微小压差（0～0.75Pa）。它是由两个玻璃圆盘和一个金属（不锈钢）膜片组成的。两玻璃圆盘上的凹面深约 25μm，其上各镀以金作为电容式传感器的两个固定极板，而夹在两凹圆盘中的膜片则为传感器的可动电极，则形成传感器的两个差动电容 C_1、C_2。当两边压力 p_1、p_2 相等时，膜片处在中间位置与左、右固定电容间距相等，因此两个电容相等；当 $p_1>p_2$ 时，膜片弯向 p_2，那么两个差动电容一个增大、一个减小，且变化量大小相同；当压差反向时，差动电容变化量也反向。这种差压传感器也可以用来测量真空或微小绝对压力，此时只要把膜片的一侧密封并抽成高真空（10^{-5}Pa）即可。电容式差压传感器稳定性可超过 10 年，几乎无需维护，测量精度可高达 0.04%，量程可从 0～0.12kPa 到 0～68900kPa。

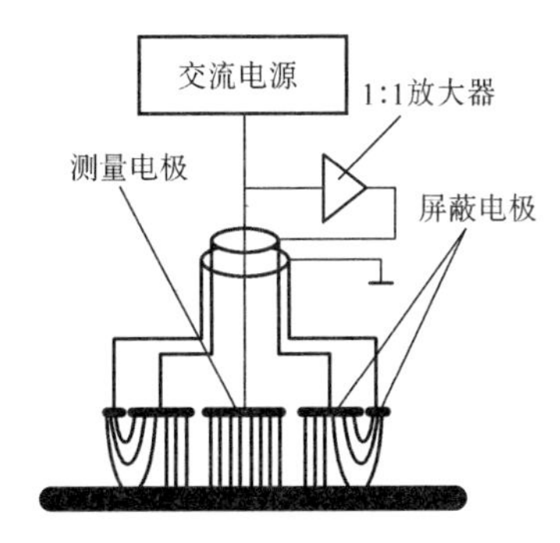

图 4-15　电容式位移传感器测量原理图

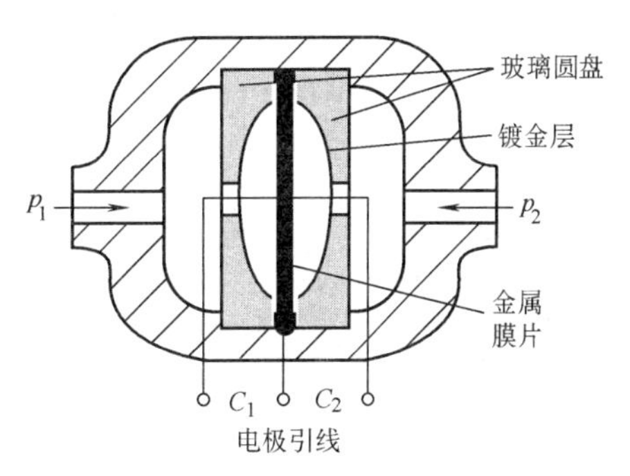

图 4-16　电容式差压传感器结构原理

二、容栅式传感器

容栅式传感器是在变面积型电容式传感器的基础上发展起来的一种传感器。它在具有电容式传感器优点的同时，又具有多极电容带来的平均效应。在大位移（可达 4m）测量方面具有优势，表现为体积小、结构简单、功耗小、成本低、分辨力（可达 0.5μm）和准确度（可达 1μm）高、测量速度快（可达 1.5m/s）、对使用环境要求不高等，广泛应用于测微仪、卡尺和测长机等数显量具。

将电容式传感器中的电容极板刻成一定形状和尺寸的栅片，再配以相应的测量电路就构成了容栅测量系统。正是特定的栅状电容极板和独特的测量电路使其超越了传统的电容式传感器，适宜进行大位移测量。典型容栅结构形式是反射式，其安装示意图如图 4-17 所示。图中动栅上排列一系列尺寸相同、宽度和间隙之和为 l_0 的小发射电极片 1～8，R 为公共接收极；定栅上均匀排列着一系列尺寸相同、宽度和间隙之和各为 $4l_0$ 的反射电极片 M_1、M_2……和屏蔽极片 S。电极片间互相绝缘。动栅和定栅的电极片相对、平行安装。当发射电极片 1～8 分别加以激励电压 U_1～U_8 时，通过电容耦合在反射电极片上产生电荷，再通过电容在公共接收极上产生电荷输出。采用不同的激励电压和相应的测量电路，则可得到幅值或相位与被测位移成比例关系的调幅信号或调相信号，其中普遍采用的调相式测量原理如图 4-18 所示。容栅传感器一个极板 K 由数个发射极片组形成，每个极片组中有 8 个宽度均为 l_0 的发射极片，分别加以 8 个幅值为 U_m、频率为 ω、相位依次相差 $\pi/4$ 的正弦激励电压；

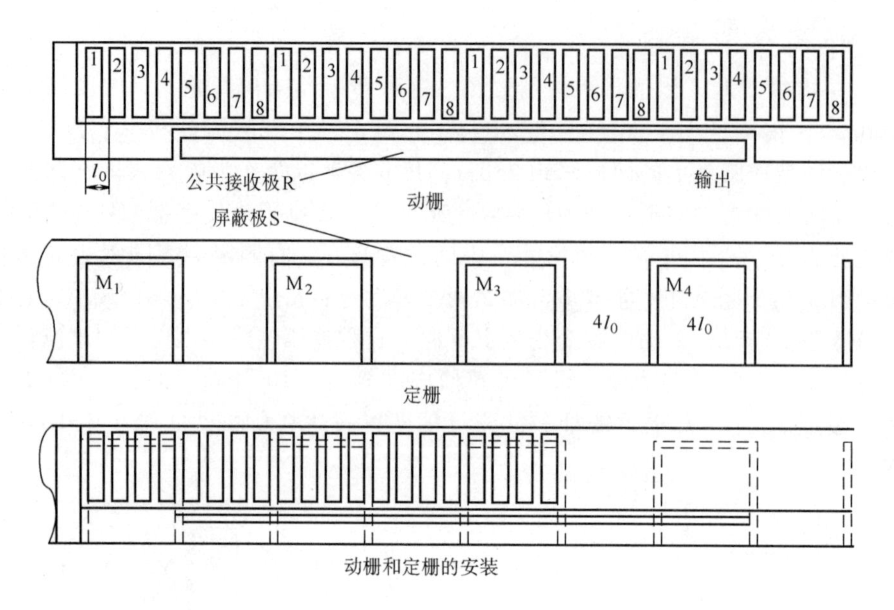

图 4-17　反射式容栅传感器结构和安装示意图

另一个极板由许多反射极片 M 和接地的屏蔽极片 S 形成；还有一个接收极片 R。图中给出其中一组说明测量原理，当两个极板处于相对位置 a 时，每个发射极片与反射极片完全覆盖，所形成的电容均为 C_0。当两个极板相对移动 x（$<l_0$）而处于位置 b 时，若将反射极片的电压记为 $\dot{U}_M$，接收极片的电压记为 $\dot{U}_R$，反射极片与接收极片之间的电容记为 C_{MR}、与地之间的电容记为 C_{MG}，接收极片与地之间的电容记为 C_{RG}，根据基尔霍夫电流定律可推导出

$$\dot{U}_R=\left(\frac{C_{MR}C_0U_m\sqrt{(1+\sqrt{2})^2+(1-2x/l_0)^2}}{C_{MR}C_{RG}+(4C_0+C_{MG})(C_{RG}+C_{MR})}\right)e^{\mathrm{j}\arctan\left(\frac{1-2x/l_0}{1+\sqrt{2}}\right)}=k e^{\mathrm{j}\theta} \tag{4-19}$$

式中　U_m——$\dot{U}_M$ 的幅值。

可见，传感器输出一个与激励同频的正弦波电压，其幅值近似为常数 k，而其相位 θ 则与被测位移 x 近似呈线性关系。通常采用相位跟踪法测出相位角 θ。

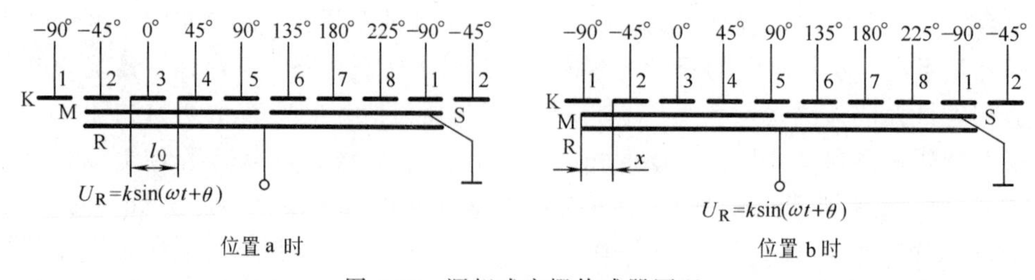

图 4-18　调相式容栅传感器原理

当被测位移 x 超过 l_0 时，则重复上述过程。无需改变发射极片的接线即可实现大位移测量。显然，调相式测量系统具有很强的抗干扰能力，但由式（4-19）可知它在原理上存在非线性误差（$0.01l_0$），而且当用方波电压激励时还存在高次谐波的影响，结果导致测量准确度下降。

三、力平衡式电容传感器

图 4-19 所示为一种零位平衡式电容式加速度传感器结构示意图和原理图，该传感器运用硅微加工技术或 LIGA 技术将电容敏感元件微型化并与测量电路制作在一起，构成了集成式电容传感器。传感器芯片由玻璃-硅-玻璃结构构成，硅悬臂梁的自由端设置有敏感加速度的质量块，并在其上、下两侧面淀积有金属电极，形成电容的活动极板，安装在两固定极板之间，金属电极与中间的掺杂硅片有 2μm 间隙，构成 10pF 的差动电容，差动电容的上下固定极板分别接入信号 U_E 和 $\overline{U}_E$。

当加速度为 0 时，活动极板处于两固定极板的中间位置（零位置），差动电容变化量 ΔC 为 0，此时脉宽调制信号的占空比为 50%，则活动极板受到来自于上下固定极板的静电力合力 F_Y 为 0，同时传感器输出信号 U_C 为 0；当质量为 m 的活动极板感受加速度 a 时，其惯性力 $F=ma$ 导致中间极板产生微小位移，引起的电容变化 ΔC 由开关-电容电路检测出来并控制两路脉宽调制信号 U_E 和 $\overline{U}_E$ 的占空比，则 F_Y 的作用趋向于使活动极板回复零位置。当活动极板回复到零位置时，加速度 a 与传感器输出信号 U_C 有如下关系：

$$ma = \frac{\varepsilon S}{2\delta^2}A_{UE}(2U_C - A_{UE}) \tag{4-20}$$

式中的 ε、S、δ 与式（4-1）中定义相同；A_{UE} 为信号 U_E 的幅值。

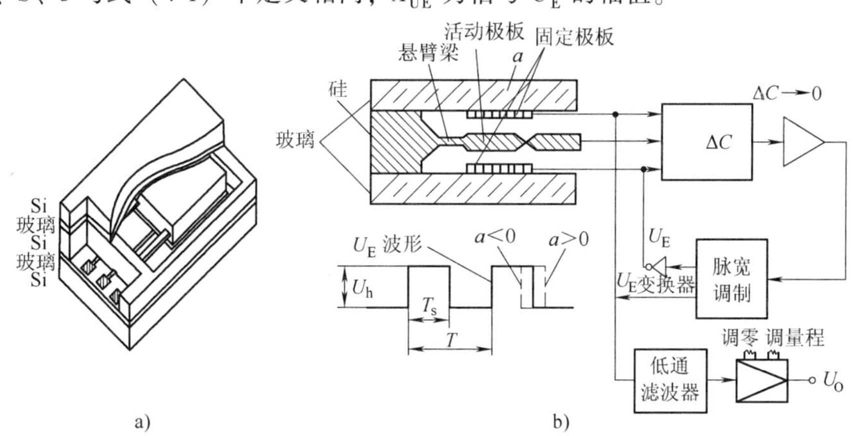

图 4-19　零位平衡式电容式加速度传感器

a）微型硅电容式加速度传感器芯片结构示意图　b）硅电容式加速度传感器原理图

硅电容式加速度传感器是惯性导航系统中最重要的传感器之一，如用于惯性导航平台系统的调平和运动状态参数的测量时，是在导弹的惯性导航平台上，沿 3 个坐标轴安装 3 只力平衡式加速度传感器，分别测出 3 个轴向的加速度。再通过积分器和计算机求出 3 轴方向的速度和位移，从而确定运动物体在空间的坐标位置并提供速度、位置等各种反馈控制信号。电容式集成加速度传感器动态范围为 0. 001～1000g，带宽为 0. 01Hz～50kHz，灵敏度超过 420mV/g，重复性优于 0. 2%，非线性优于 0. 1%，稳定性达到 3. 6μg，最小的单轴向加速度传感器质量仅为 0. 14g。

这类将广泛应用的“反馈”技术引入组成闭环系统的传感器称为平衡式传感器，它采用的比较和平衡方式有力和力矩平衡、电流平衡、电压平衡、电荷平衡、热流量平衡、温度平衡等。闭环式传感器不仅可以大大地改善系统性能，提高测量准确度，而且能解决某些开环测量系统无法解决的问题。闭环传感器原理框图如图4-20所示，一般是把系统输出（通常为电量）通过反馈环节变化成反馈量（通常为非电量），然后与输入进行比较产生一个偏差信号。此偏差信号经前向环节放大后调节反馈量，直至偏差信号为零的平衡状态，此时输出即为测得值。

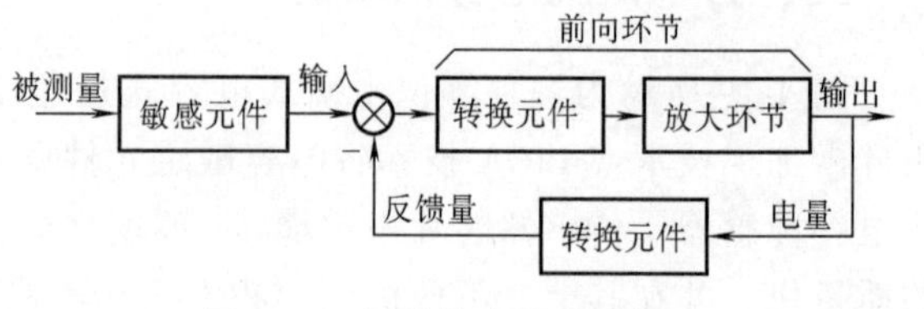

图4-20　闭环传感器原理框图

为保证闭环系统的稳定或满足传感器不同的频响要求，往往需要加入复合反馈环节和在放大环节中加入校正环节等。

闭环传感器的系统框图可简化为图4-21。图中 $W_0(s)$ 为前向环节的传递函数，$W_f(s)$ 为反馈环节的传递函数，则系统的传递函数 $W(s)$ 为

$$W(s)=\frac{W_0(s)}{1+W_f(s)W_0(s)} \tag{4-21}$$

实际中容易保证：$|W_0(s)W_f(s)|\gg 1$，且系统稳定。根据自控理论知，闭环系统静态增益为 $1/|W_f(s)|$，时间常数(一阶系统)是开环系统的 $1/(1+|W_0(s)W_f(s)|)$，固有频率(二阶系统)为开环系统的 $\sqrt{1+|W_0(s)W_f(s)|}$ 倍。因此，闭环传感器具有如下优点：①精度高。传感器的精度和稳定性主要取决于反馈环节，而与前向环节无关。②灵敏度高，线性好，量程大。传感器工作于平衡状态附近，相对初始状态的偏移量很小。③动态特性好。时间常数小，固有频率高。但同时具有复杂、加工要求高、成本高、体积大等缺点。

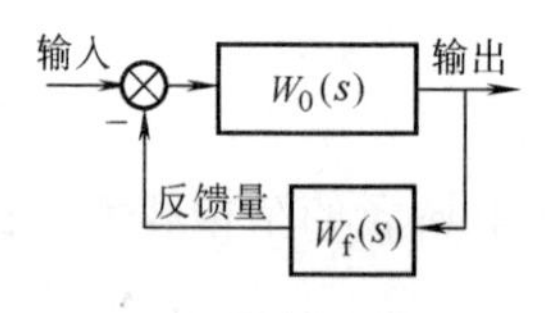

图4-21　闭环传感器系统框图

例如，最为常用的力平衡式传感器就是先将被测量转换成力或力矩，然后用反馈力与该力或力矩平衡的闭环传感器，它广泛应用于测量加速度、角速度、压力、质量、电功率和高电压等。

思考题与习题

1. 如何改善单组式变极距型电容式传感器的非线性？

2. 单组式变面积型平板形线位移电容式传感器，两极板相对覆盖部分的宽度为4mm，两极板的间隙为0.5mm，极板间介质为空气，试求其静态灵敏度？若两极板相对移动2mm，求其电容变化量为多少？

3. 画出并说明电容式传感器的等效电路及其高频和低频时的等效电路。

4. 设计电容式传感器时主要应考虑哪几方面因素？

5. 何谓“电缆驱动技术”？采用它的目的是什么？

第五章

磁电式传感器

磁电式传感器是通过磁电作用将被测量（如振动、位移、转速等）转换成电信号的一种传感器。磁电感应式传感器、霍尔式传感器、磁致伸缩式传感器和磁栅式传感器都属于磁电式传感器。它们的工作原理并不完全相同，各有各的特点和应用范围，下面将分别讨论。

第一节　磁电感应式传感器

磁电感应式传感器简称感应式传感器，是基于法拉第电磁感应定律实现磁电转换的。它以线圈为敏感元件，当线圈和磁场发生相对运动或者磁场发生变化时，线圈输出感应电动势。按照磁场产生方式的不同，感应式传感器可分为电动式传感器和线圈式磁传感器两大类。两者的结构和传感对象都不一样。

一、电动式传感器

电动式传感器由自带的永磁体提供磁场，受外界被测量作用时，线圈和磁场发生相对运动而输出感应电动势。它是一种机-电能量变换型传感器，输出阻抗小，转换电路简单，性能稳定，又具有一定的频率响应范围（一般为10~1000Hz），适用于振动、转速、扭矩等机械量的传感。但这种传感器的尺寸和质量都较大。根据结构原理的不同，电动式传感器又可分为恒定磁通式和变磁通式两类。

（一）恒定磁通式

如图5-1所示，恒定磁通磁电感应式传感器由金属骨架1、弹簧2、线圈3、永久磁铁（磁钢）4和壳体5等组成。磁路系统产生恒定的直流磁场，磁路中的工作气隙是固定不变的，因而气隙中的磁通也是恒定不变的。它们的运动部件可以是线圈也可以是磁铁，因此又分为动圈式和动铁式两种结构类型。在动圈式（见图5-1a）中，永久磁铁4与传感器壳体5固定，线圈3和金属骨架1（合称线圈组件）用柔软弹簧2支承。

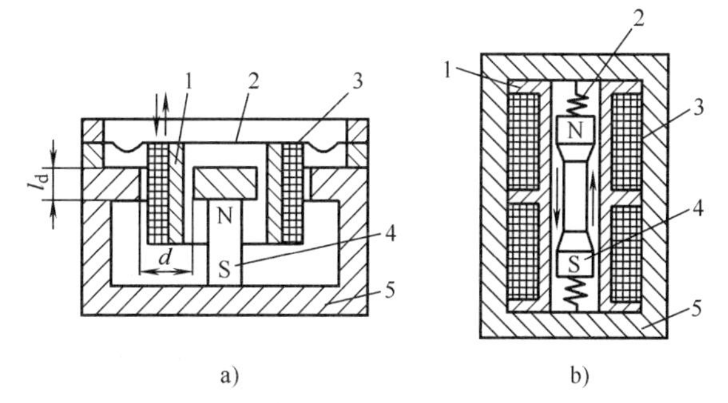

图5-1　恒定磁通磁电感应式传感器结构原理图

a）动圈式　b）动铁式

1—金属骨架　2—弹簧　3—线圈

4—永久磁铁（磁钢）　5—壳体

在动铁式（见图5-1b）中，线圈组件（包括件3和件1）与壳体5固定，永久磁铁4用柔软弹簧2支承。两者的阻尼都是由线圈组件和磁场发生相对运动而产生的电磁阻尼。这里动圈、动铁都是相对于传感器壳体而言。动圈式和动铁式的工作原理是完全相同的，当壳体5随被测振动体一起振动时，由于弹簧2较软，运动部件质量相对较大，因此振动频率足够高(远高于传感器的固有频率）时，运动部件的惯性很大，来不及跟随振动体一起振动，近于静止不动，永久磁铁4与线圈3之间的相对运动速度接近于振动体的振动速度。永久磁铁4与线圈3相对运动使线圈3切割磁力线，产生与运动速度 v 成正比的感应电动势 e 为

$$e=-BlN_0v \tag{5-1}$$

式中 B——工作气隙磁感应强度；

N_0——线圈处于工作气隙磁场中的匝数，称为工作匝数；

l——每匝线圈的平均长度。

由式（5-1）可知，当传感器结构参数确定后，B、l、N_0 均为定值，因此感应电动势 e 与线圈相对磁场的运动速度 v 成正比。

由理论推导可得，当振动频率低于传感器的固有频率时，这种传感器的灵敏度（e/v）是随振动频率变化的；当振动频率远大于固有频率时，传感器的灵敏度基本上不随振动频率而变化，而近似为常数；当振动频率更高时，线圈阻抗增大，传感器灵敏度随振动频率增加而下降。

不同结构的恒定磁通磁电感应式传感器的频率响应特性是有差异的，但一般频响范围为几十赫至几百赫，低的可到10Hz左右，高的可达2kHz左右。

(二) 变磁通式

变磁通式传感器又称为变磁通磁电感应式传感器或变气隙磁电感应式传感器，常用来测量旋转物体的角速度。它的结构原理如图5-2所示。

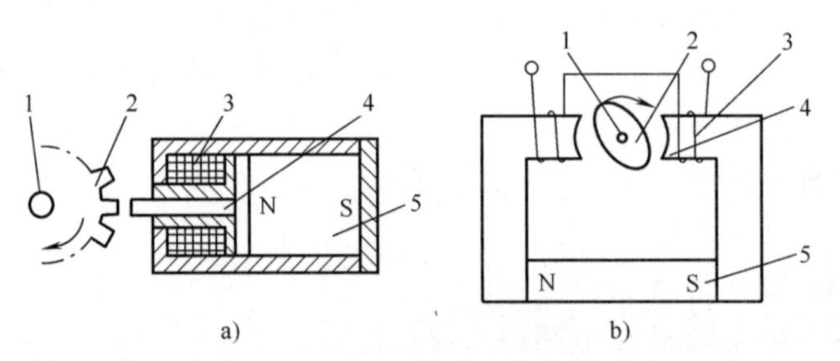

图5-2 变磁通磁电感应式传感器结构原理图

a）开磁路 b）闭磁路

1—被测旋转体 2—测量齿轮 3—线圈 4—软铁 5—永久磁铁

图5-2a为开磁路变磁通式结构原理图，线圈3和永久磁铁5静止不动，测量齿轮2（导磁材料制成）安装在被测旋转体1上，随之一起转动，每转过一个齿，它与软铁4之间构成的磁路磁阻变化一次，磁通也就变化一次，线圈3中产生的感应电动势的变化频率等于测量齿轮2上齿轮的齿数和转速的乘积。这种传感器结构简单，但需要在被测对象上加装齿轮，使用不方便，且因高速轴上加装齿轮会带来不平衡，因此不宜测高转速。

图5-2b为闭磁路变磁通式结构原理图，被测旋转体1带动椭圆形测量齿轮2在磁场气隙中等速转动，使气隙平均长度周期性地变化，因而磁路磁阻也周期性地变化，磁通同样周期性地变化，则在线圈3中产生感应电动势，其频率 f 与测量齿轮2的转速 n(r/min）成正比，即 $f=n/30$。在这种结构中，也可以用齿轮代替椭圆形测量齿轮2，软铁（极掌）4制成

内齿轮形式，这时输出信号频率为$f=nz/60$，其中z为测量齿轮的齿数。

变磁通式传感器对环境条件要求不高，能在$-150\sim+90$℃的温度下工作，不影响测量精度，也能在油、水雾、灰尘等条件下工作。但它的工作频率下限较高，约为50Hz，上限可达100kHz。

由上述工作原理可知，磁电感应式传感器只适用于动态测量，可直接测量振动物体的速度或旋转体的角速度。如果在其测量电路中接入积分电路或微分电路，那么还可以用来测量位移或加速度。

（三）应用实例

图5-3给出了一种变磁通式扭矩传感器。弹性轴1通过轴承支承在传感器壳体3上，外齿轮6固定在弹性轴上，随之一起旋转。线圈和线圈架2、内齿轮4和永久磁铁5随壳体固定。永久磁铁、线圈、内齿轮和外齿轮形成一个闭合磁回路。内齿轮和外齿轮之间有空气间隙，当两者相对转动时，气隙磁阻会周期性变化，磁通也相应发生变化，在线圈内产生感应电动势。

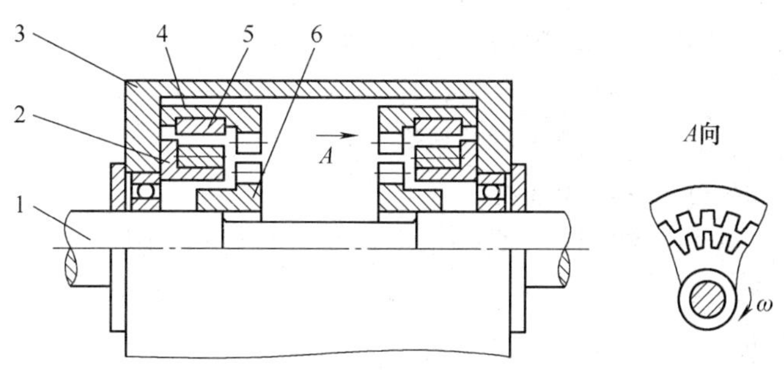

图5-3　磁电感应式扭矩仪结构示意图

1—弹性轴　2—线圈和线圈架　3—壳体　4—内齿轮　5—永久磁铁　6—外齿轮

测量扭矩时，弹性轴左右两端分别安装两套磁感应器。当被测轴无外加扭矩时，扭转角为零。若转轴以一定角速度旋转，则两个传感器输出相位差为0°或180°的两个近似正弦波感应电动势。当被测轴感受扭矩时，轴的两端产生扭转角$\Delta\theta$，因此两个传感器输出的两个感应电动势将因扭矩而有附加相位差$\Delta\varphi$。扭转角$\Delta\theta$、感应电动势相位差$\Delta\varphi$以及被测扭矩T关系为

$$T=\frac{GI_{\mathrm{P}}}{l}\Delta\theta=\frac{GI_{\mathrm{P}}}{lz}\Delta\varphi \tag{5-2}$$

式中　G——弹性轴材料的剪切弹性模量；

I_{P}——弹性轴的极惯性矩；

l——产生扭转角的轴向长度；

z——传感器定子（转子）的齿数。

经测量转换电路，就可测出扭矩。

二、线圈式磁传感器

线圈式磁传感器是一种直接用于磁场传感的磁电感应式传感器。这种传感器可以用来测量交变或脉冲磁场，具有结构简单可靠、使用方便、灵敏度高等优点。它的频率响应范围宽，从零点几赫到几兆赫，分辨力可达$10^{-12}\sim10^{-13}$T，噪声低达fT量级。

如图5-4所示，线圈式磁传感器一般由磁心1、骨架2和线圈3三部分组成。图中l是磁心长度，b是线圈长度，为了避免边缘效应，线圈长度比磁心长度要短，一般占磁

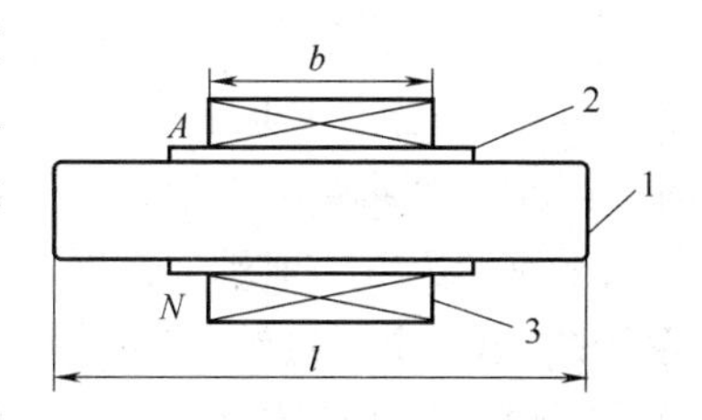

图5-4　线圈式磁传感器结构示意图

1—磁心　2—骨架　3—线圈

心长度的50%~90%。若传感器所在空间的磁感应强度为$B(t)$，则线圈上产生感应电动势为

$$e(t)=-N\frac{\mathrm{d}\Phi(t)}{\mathrm{d}t}=-NA\frac{\mathrm{d}B(t)}{\mathrm{d}t}=-NA\mu_0\mu_r\frac{\mathrm{d}H(t)}{\mathrm{d}t} \tag{5-3}$$

式中 N——线圈匝数；

$\Phi(t)$——线圈磁通；

A——线圈面积；

μ_0——真空磁导率；

μ_r——磁心相对磁导率；

$H(t)$——磁场强度。

直接对线圈输出的感应电动势进行处理，就可以检测磁场大小。

由式（5-3）可以看出，增大线圈匝数和面积可以获得高的灵敏度，但传感器的体积和质量会随之增大。增大磁心材料的磁导率，也是提高灵敏度的一个有效手段。所以，磁心材料一般选用高磁导率、低矫顽力、高磁饱和强度的材料，如坡莫合金、非晶及纳米晶软磁合金等。

第二节 霍尔式传感器

霍尔式传感器是基于霍尔效应原理而将被测量，如电流、磁场、位移、压力、压差、转速等转换成电动势输出的一种传感器。虽然它的转换率较低，温度影响大，要求转换精度较高时必须进行温度补偿，但霍尔式传感器结构简单、体积小、坚固、频率响应宽（从直流到微波）、动态范围（输出电动势的变化）大、无触点、使用寿命长、可靠性高、易于微型化和集成电路化，因此在测量技术、自动化技术和信息处理等方面仍得到广泛的应用。

一、工作原理与特性

（一）霍尔效应

金属或半导体薄片置于磁场中，当有电流流过时，在垂直于电流与磁场的方向上将产生电动势，这种物理现象称为霍尔效应。

假设薄片为N型半导体，磁感应强度为B的磁场方向垂直于薄片，如图5-5所示，在薄片左右两端通以电流I（称为控制电流），那么半导体中的载流子（电子）将沿着与电流I的相反方向运动。由于外磁场B的作用，使电子受到磁场力F_L（洛仑兹力）的作用而发生偏转，结果在半导体的后端面上电子有

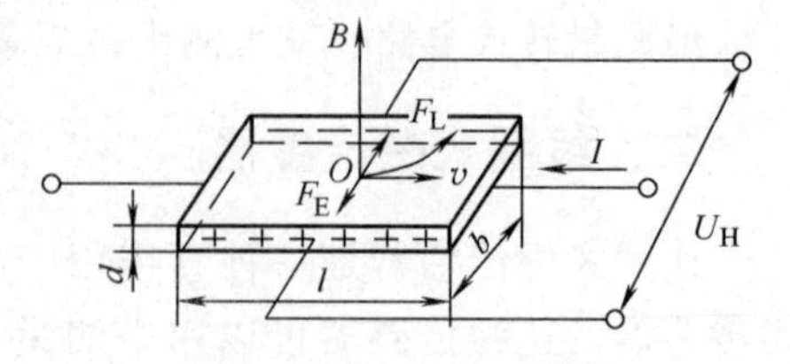

图5-5 霍尔效应原理图

所积累而带负电，前端面则因缺少电子而带正电，在前后端面间形成电场。该电场产生的电场力F_E阻止电子继续偏转。当F_E与F_L相等时，电子积累达到动态平衡。这时，在半导体前后两端面之间（即垂直于电流和磁场的方向）建立电场，称为霍尔电场E_H，相应的电动势就称为霍尔电动势U_H。

若电子都以相同的速度v按图示方向运动，那么在B的作用下所受的力$F_L=evB$，其中e

为电子电荷量，$e=1.602\times10^{-19}$C。同时，电场 E_H 作用于电子的力 $F_E=-eE_H$，式中的负号表示力的方向与电场方向相反。设薄片长、宽、厚分别为 l、b、d，则 $F_E=-eU_H/b$。当电子积累达到动态平衡时，$F_L+F_E=0$，即 $vB=U_H/b$。面电流密度 $j=-nev$，n 为 N 型半导体中的电子浓度，即单位体积中的电子数，负号表示电子运动速度的方向与电流方向相反。所以 $I=jbd=-nevbd$，即 $v=-I/(nebd)$。将 v 代入上述力平衡式，则得

$$U_H=-\frac{IB}{ned}=R_H\frac{IB}{d}=k_HIB \tag{5-4}$$

式中 R_H——霍尔系数，$R_H=-1/(ne)$，由载流材料物理性质所决定；

k_H——灵敏度系数，$k_H=R_H/d$，它与载流材料的物理性质和几何尺寸有关，表示在单位磁感应强度和单位控制电流时的霍尔电动势的大小。

如果磁场和薄片法线有 α 角，那么

$$U_H=k_HIB\cos\alpha \tag{5-5}$$

具有上述霍尔效应的元件称为霍尔元件。霍尔式传感器由霍尔元件所组成。金属材料中自由电子浓度 n 很高，因此 R_H 很小，使输出 U_H 极小，不宜作为霍尔元件。如果是 P 型半导体，载流子是空穴，若空穴浓度为 p，同理可得 $U_H=IB/(ped)$。一般情况下，由于电子迁移率大于空穴迁移率，因此霍尔元件多用 N 型半导体材料。霍尔元件越薄（即 d 越小），k_H 就越大，所以通常霍尔元件都较薄。薄膜霍尔元件厚度只有 1μm 左右。

（二）霍尔元件

霍尔元件的外形如图 5-6a 所示。它由霍尔片、4 根引线和壳体组成，如图 5-6b 所示。霍尔片是一块矩形半导体单晶薄片（一般为 4mm×2mm×0.1mm），在它的长度方向两端面上焊有 a、b 两根引线，称为控制电流端引线。其焊接处称为控制电流极（或称激励电极），要求焊接处接触电阻很小，并呈纯电阻，即欧姆接触（无 PN 结特性）。在薄片的另两侧端面的中间以点的形式对称地焊有 c、d 两根霍尔输出引线。其焊接处称为霍尔电极，要求欧姆接触，且电极宽度与基片长度之比要小于 0.1，否则影响输出。霍尔元件的壳体用非导磁金属、陶瓷或环氧树脂封装。

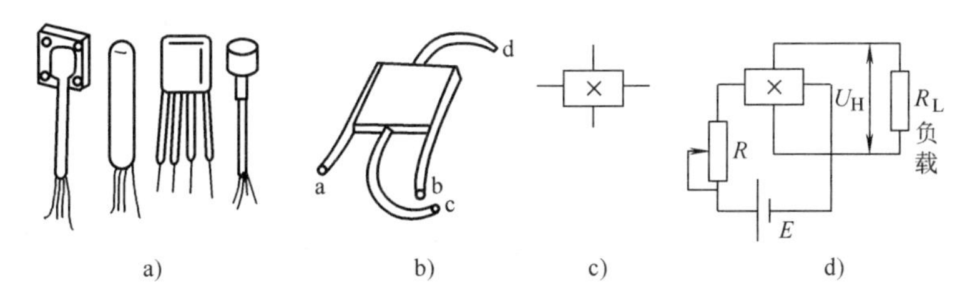

图 5-6 霍尔元件

a）外形 b）结构 c）符号 d）基本电路

目前最常用的霍尔元件材料是锗（Ge）、硅（Si）、锑化铟（InSb）、砷化铟（InAs）和不同比例亚砷酸铟和磷酸铟组成的 In（As_yP_{1-y}）型固熔体（其中 y 表示百分比）等半导体材料。其中 N 型锗容易加工制造，其霍尔系数、温度性能和线性度都较好。P 型硅的线性度最好，其霍尔系数、温度性能同 N 型锗，但其电子迁移率比较低，带负载能力较差，通常不用作单个霍尔元件。锑化铟对温度最敏感，尤其在低温范围内温度系数大，但在室温时其霍尔系数较大。砷化铟的霍尔系数较小，温度系数也较

小，输出特性线性度好。In（As_yP_{1-y}）型固熔体的热稳定性最好。图5-6c为霍尔元件符号，图5-6d是它的基本电路。

（三）霍尔元件的电磁特性

霍尔元件的电磁特性包括霍尔输出电动势与控制电流（直流或交流）之间的关系，即U_H-I特性；霍尔输出与磁场（恒定或交变）之间的关系，即U_H-B特性；元件的输入或输出电阻与磁场之间的关系，即R-B特性。下面分别介绍。

1. U_H-I 特性

磁场恒定，在一定环境温度下，霍尔输出电动势U_H与控制电流I之间呈线性关系，如图5-7a所示。直线的斜率称为控制电流灵敏度，用k_I表示，$k_I=(U_H/I)_{B恒定}$，代入式(5-4)可得$k_I=k_HB$。由此可见，霍尔元件的灵敏度系数k_H越大，其k_I也越大。但k_H大的霍尔元件，其U_H并不一定比k_H小的元件大，因k_H低的元件可在较大I下工作，同样能得到较大的霍尔输出U_H。

当控制电流采用交流时，由于建立霍尔电动势所需时间极短（10^{-14}~10^{-12}s），因此交流电流频率可高达几千兆赫，且信噪比较大。

2. U_H-B 特性

当控制电流恒定时，霍尔元件的开路霍尔输出随磁感应强度增加并不完全呈线性关系，如图5-7b所示。只有当$B<0.5$T（即5000Gs）时，U_H-B才呈较好线性。其中HZ-4型元件线性度高，其非线性一般小于0.2%。

当磁场为交变，电流是直流时，由于交变磁场在导体内产生涡流而输出附加霍尔电动势，因此霍尔元件只能在几千赫频率的交变磁场内工作。

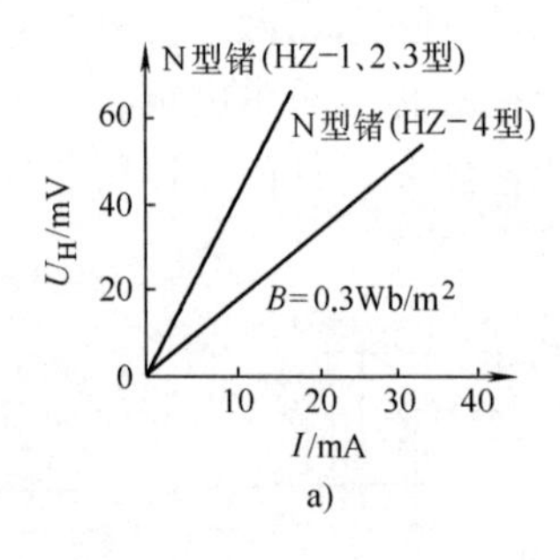

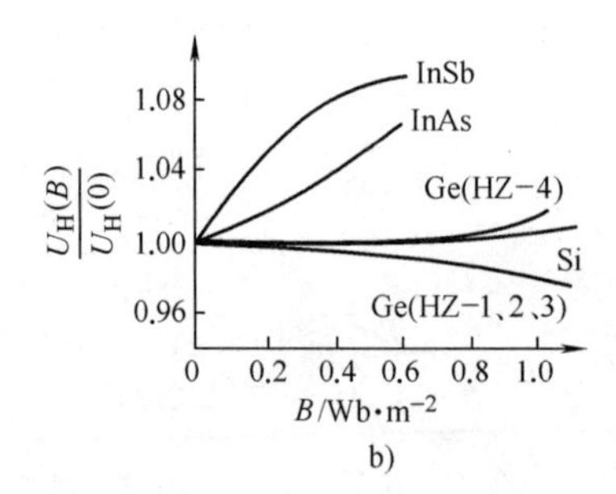

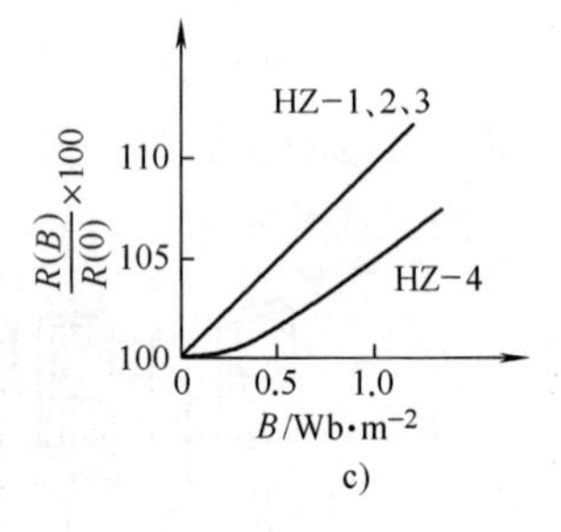

图5-7 霍尔元件的电磁特性曲线

a）U_H-I特性 b）U_H-B特性 c）R-B特性

3. R-B 特性

R-B特性是指霍尔元件的输入（或输出）电阻与磁场之间的关系。实验得出，霍尔元件的内阻随磁场的绝对值增加而增加（见图5-7c），这种现象称为磁阻效应。利用磁阻效应制成的磁阻元件也可用来测量各种机械量。但在霍尔式传感器中，霍尔元件的磁阻效应使霍尔输出降低，尤其在强磁场时，输出降低较多，需采用一些方法予以补偿。对于具有U_H-B非线性为正的霍尔元件，只要选择合适的负载电阻，就可使磁阻效应和U_H-B非线性相补偿。对于具有U_H-B非线性为负的霍尔元件，则可利用置于同一磁场中的磁阻元件与它并联，并采用恒流源进行补偿。

二、霍尔元件的误差及其补偿

由于制造工艺问题以及实际使用时所存在的各种影响霍尔元件性能的因素，如元件安装不合理、环境温度变化等，都会影响霍尔元件的转换精度，带来误差。

(一) 霍尔元件的零位误差及其补偿

霍尔元件的零位误差主要包括不等位电动势、寄生直流电动势等。

1. 不等位电动势 E_0 及其补偿

不等位电动势是零位误差中最主要的一种。当霍尔元件在额定控制电流（在空气中，元件温度升高 10℃所对应的控制电流）作用下，不加外磁场时，霍尔输出端之间的空载电动势，称为不等位电动势 E_0。E_0 产生的原因是由于制造工艺不可能保证将两个霍尔电极对称地焊在霍尔片的两侧，致使两电极点不能完全位于同一等位面上，如图 5-8a 所示。此外，霍尔片电阻率不均匀或片厚薄不均匀或控制电流极接触不良都将使等位面歪斜（见图 5-8b），致使两霍尔电极不在同一等位面上而产生不等位电动势。一般要求 $E_0 < 1\text{mV}$。除了工艺上采取措施降低 E_0 外，还需采用补偿电路加以补偿。由于霍尔元件可等效为一个 4 臂电桥，如图 5-9a 所示，因此可在某一桥臂上并上一定电阻而将 E_0 降到最小，甚至为零。图 5-9b 中给出了几种常用的不等位电动势的补偿电路，其中不对称补偿简单，而对称补偿温度稳定性好。

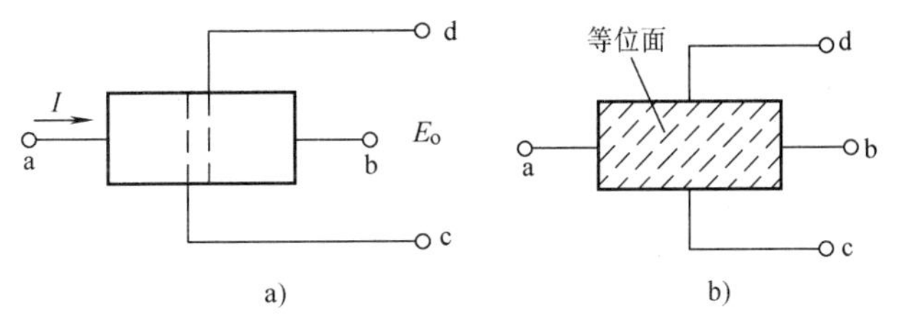

图 5-8　不等位电动势产生示意图

a）两电极点不在同一等位面上　b）等位面歪斜

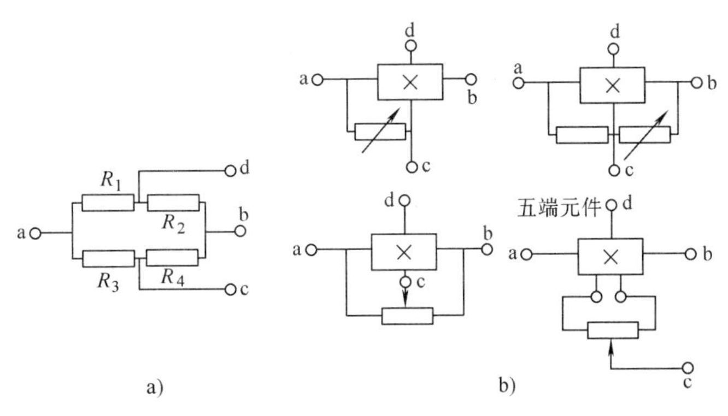

图 5-9　霍尔元件等效电路和不等位电动势补偿电路

a）霍尔元件等效电路　b）几种不等位电动势的补偿电路

2. 寄生直流电动势

当霍尔元件通以交流控制电流而不加外磁场时，霍尔输出除了交流不等位电动势外，还有直流电动势分量，称为寄生直流电动势。该电动势是由于元件的两对电极不是完全欧姆接触而形成整流效应，以及两个霍尔电极的焊点大小不等、热容量不同引起温差所产生的。它随时间而变化，导致输出漂移。因此在元件制作和安装时，应尽量使电极欧姆接触，并做到散热均匀，有良好的散热条件。

另外，霍尔电极和激励电极的引线布置不合理，会产生零位误差，也需予以注意。

(二) 霍尔元件的温度误差及其补偿

一般半导体材料的电阻率、迁移率和载流子浓度等都随温度而变化。霍尔元件由半导体材料制成，因此它的性能参数，如输入和输出电阻、霍尔系数等也随温度而变化，致使霍尔电动势变化，产生温度误差。为了减小温度误差，除选用温度系数较小的材料如砷化铟外，还可以采用适当的补偿电路。下面简单介绍几种温度误差的补偿方法。

1. 采用恒流源供电和输入回路并联电阻

温度变化引起霍尔元件输入电阻变化，在稳压源供电时，使控制电流变化，带来误差。为了减小这种误差，最好采用恒流源（稳定度±0.1%）提供控制电流。但元件的灵敏度系数 k_H 也是温度的函数，因此采用恒流源后仍有温度误差。为了进一步提高 U_H 的温度稳定性，对于具有正温度系数的霍尔元件，可在其输入回路中并联电阻 R_c，如图 5-10 所示。设温度 t_0 时，元件的灵敏度系数为 k_{H0}，输入电阻为 R_{i0}，而温度上升到 t 时，它们分别为 k_{Ht}、R_{it}。$k_{Ht}=k_{H0}[1+\alpha(t-t_0)]$，$R_{it}=R_{i0}[1+\beta(t-t_0)]$，其中 α 为霍尔元件灵敏度温度系数，β 为元件的电阻温度系数。由图可知，$I=I_c+I_H$，$I_cR_c=I_HR_i$，所以 $I_H=R_cI/(R_i+R_c)$。t_0 时 $I_{H0}=R_cI/(R_{i0}+R_c)$，t 时 $I_{Ht}=R_cI/(R_{it}+R_c)$，因此 $I_{Ht}=R_cI/\{R_{i0}[1+\beta(t-t_0)]+R_c\}$。为了使霍尔电动势不随温度而变化，必须保证 t_0 和 t 时的霍尔电动势相等，即 $k_{H0}I_{H0}B=k_{Ht}I_{Ht}B$。将有关公式代入，则可得

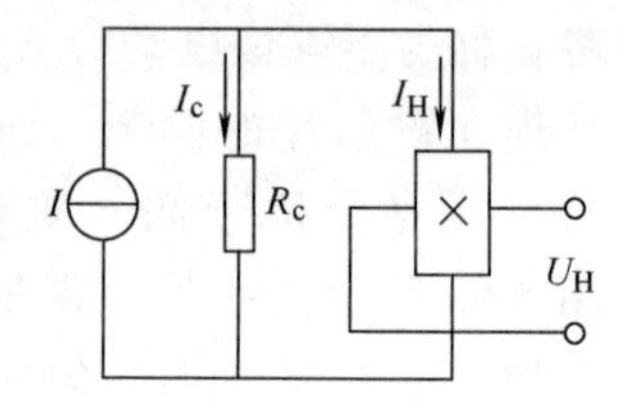

图 5-10 采用恒流源及输入并联电阻的温度补偿电路

$$1+\alpha(t-t_0)=\frac{R_{i0}[1+\beta(t-t_0)]+R_c}{R_{i0}+R_c} \tag{5-6}$$

所以

$$R_c=\frac{(\beta-\alpha)R_{i0}}{\alpha} \tag{5-7}$$

霍尔元件的 R_{i0}、α 和 β 值均可在产品说明书中查到。通常 $\beta\gg\alpha$，所以式（5-7）可简化为

$$R_c=\frac{\beta}{\alpha}R_{i0} \tag{5-8}$$

根据式（5-8）选择输入回路并联电阻 R_c，可使温度误差减到极小而不影响霍尔元件的其他性能。实际上 R_c 也随温度而变化，但因其温度系数远比 β 值小，故可以忽略不计。

2. 合理选取负载电阻 R_L 的阻值

霍尔元件的输出电阻 R_o 和霍尔电动势 U_H 都是温度的函数（设为正温度系数），当霍尔元件接有负载 R_L（如放大器的输入电阻）时，在 R_L 上的电压为

$$U_L=\frac{R_LU_{H0}[1+\alpha(t-t_0)]}{R_L+R_{o0}[1+\beta(t-t_0)]} \tag{5-9}$$

式中 R_{o0}——温度为 t_0 时的霍尔元件输出电阻。其他符号含义同上。

为使负载上的电压不随温度而变化，应使 $\mathrm{d}U_L/\mathrm{d}(t-t_0)=0$，即得

$$R_L=R_{o0}\left(\frac{\beta}{\alpha}-1\right) \tag{5-10}$$

可采用串、并联电阻的方法使式（5-10）成立来补偿温度误差。但霍尔元件的灵敏度将

会降低。

3. 采用恒压源和输入回路串联电阻

当霍尔元件采用稳压电源供电，且霍尔输出开路状态下工作时，可在输入回路中串入适当的电阻来补偿温度误差。其分析过程与结果同式（5-8）。

4. 采用温度补偿元件（如热敏电阻、电阻丝等）

这是一种常用的温度误差的补偿方法，尤其适用于锑化铟材料的霍尔元件，图 5-11 示出了几种不同连接方式的例子。热敏电阻 R_t 具有负温度系数，电阻丝具有正温度系数。图 5-11a、b、c 中霍尔元件材料为锑化铟，其霍尔输出具有负温度系数。图 5-11d 为用 R_t 补偿霍尔输出具有正温度系数的温度误差。使用时要求这些热敏元件尽量靠近霍尔元件，使它们具有相同的温度变化。

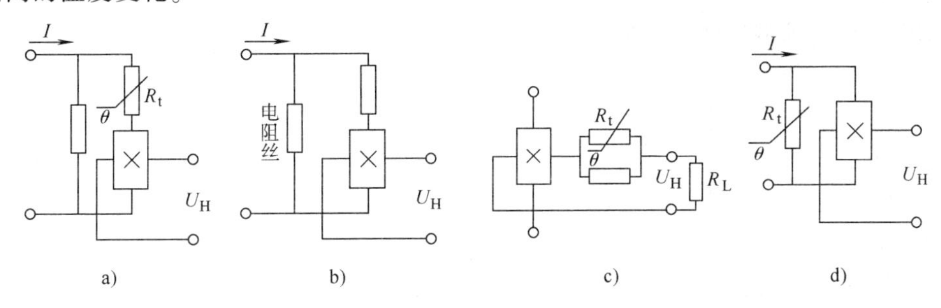

图 5-11　采用热敏元件的温度误差补偿电路

a）输入回路串接热敏电阻　b）输入回路并接电阻丝

c）输出端串接热敏电阻　d）输入端并接热敏电阻

5. 霍尔元件不等位电动势 E_o 的温度补偿

E_o 受温度的影响，可采用如图 5-12 所示的桥路补偿法。图中 RP 用来补偿 E_o。在霍尔输出端串入温度补偿电桥，R_t 是热敏电阻。桥路输出随温度变化的补偿电压与霍尔输出的电压相加作为传感器输出。细心调节，在±40℃范围内补偿效果很好。

应该指出，霍尔元件因通入控制电流 I 而有升温，且 I 变动，温升改变，都会影响元件的内阻和霍尔输出。为使温升不超过所需值，必须对霍尔元件的额定控制电流加以限制，尤其在安装元件时要尽量做到散热情况良好，只要有可能应尽量选用面积较大的元件，以降低其温升。

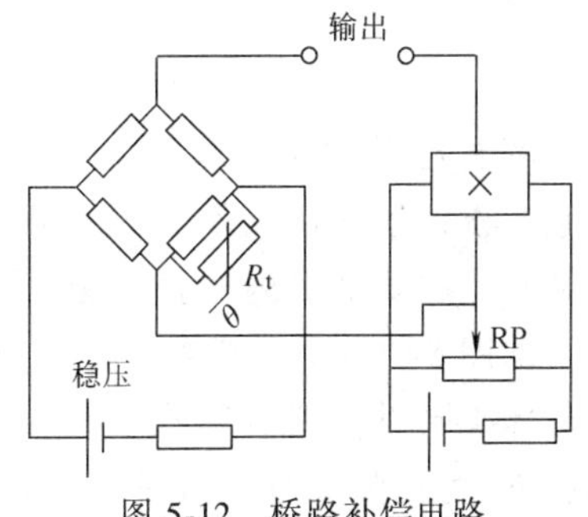

图 5-12　桥路补偿电路

若将硅霍尔元件与放大电路、温度补偿电路等集成在一起制成集成霍尔传感器，则具有性能优良、使用方便、体积小、成本低、输出功率大和输出电压高等优点，因而它是应用最为广泛的集成传感器之一。

三、应用

（一）霍尔式位移传感器

保持霍尔元件的控制电流恒定，而使霍尔元件在一个均匀梯度的磁场中沿 x 方向移动，如图 5-13 所示，则输出的霍尔电动势为

$$U_H = kx \tag{5-11}$$

式中 k——位移传感器的灵敏度。

霍尔电动势的极性表示了元件位移的方向。磁场梯度越大，灵敏度越高；磁场梯度越均匀，输出线性度就越好。为了得到均匀的磁场梯度，往往将磁钢的磁极片设计成特殊形状。这种位移传感器可用来测量±0.5mm的小位移，特别适用于微位移、机械振动等测量。若霍尔元件在均匀磁场内转动，则产生与转角的正弦函数成比例的霍尔电压，因此可用来测量角位移。

（二）霍尔式角度传感器

霍尔式角度传感器测角原理如图5-14所示。永磁体1为径向磁化的圆柱体，与被测旋转轴2同轴安装。工作时，被测旋转轴2带动永磁体1绕它们的公共轴线旋转，产生沿 n 向的调制磁场，旋转角度 α 为待测角度。霍尔线性元件3与永磁体1相对放置，位置固定，输出的霍尔电动势随被测角度 α 不同而改变。

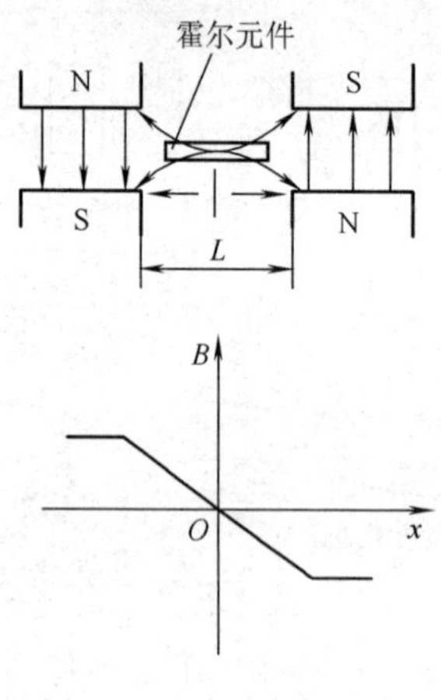

图5-13 霍尔式位移传感器原理图

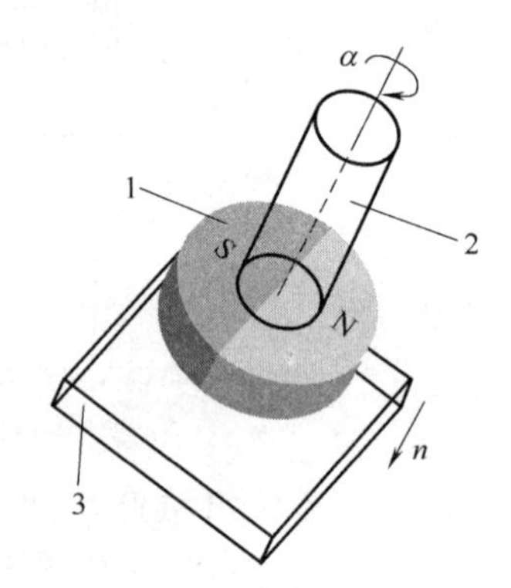

图5-14 霍尔式角度传感器测角原理
1—永磁体 2—被测旋转轴
3—霍尔线性元件

图5-15给出了旋转角度与空间磁场的关系。设霍尔线性元件3的安装平面垂直于 n 向，在此平面内选择一个合适半径的圆，即图5-15a中的虚线。这个虚线圆与永磁体1同心，则沿着该圆的 n 向磁感应强度 B_n 为正弦分布，如图5-15b所示。如果将两个参数一致的霍尔线性元件按正交布置（图中I和Q的位置），则它们输出的霍尔电动势为

$$\left.\begin{aligned} U_{\mathrm{HI}} &= U_{\mathrm{m}}\sin\alpha \\ U_{\mathrm{HQ}} &= U_{\mathrm{m}}\cos\alpha \end{aligned}\right\} \tag{5-12}$$

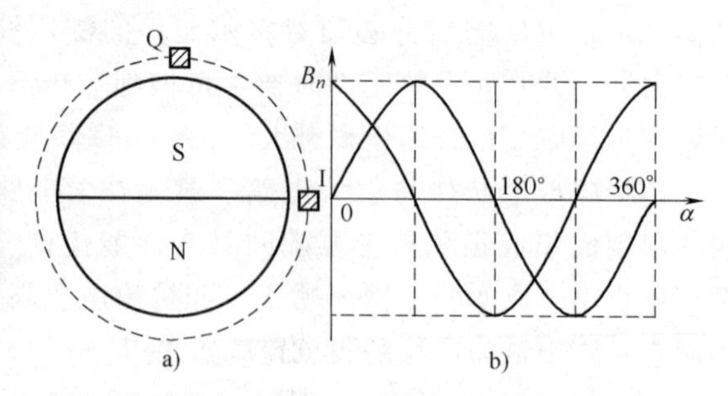

图5-15 旋转角度与空间磁场的关系
a）安装平面 b）法向磁场与角度关系

式中 U_{m}——霍尔电动势的幅值。

将这两个电压值进行处理，就可以获得被测角度 α。霍尔式角度传感器具有非接触式测

量、体积小、可以连续 360°测角等优点，如果采用两路正交输出，还可以通过细分来获得较高的角度分辨力，并能判别旋转方向。

第三节　磁致伸缩式传感器

磁致伸缩式传感器利用磁性材料的磁致伸缩效应，将被测的机械量转换成磁信号，然后通过磁电作用转换成电信号输出。磁致伸缩式传感器具有高准确度、大量程、高可靠性以及无须定期校准等优点，广泛应用于振动、液位、位移等参量的工业现场传感。

一、磁致伸缩效应

磁性材料在磁场中磁化时，长度或体积会发生微小的变化，去掉磁场后，又恢复到原来形状，这种现象称为磁致伸缩效应。该效应是由著名物理学家焦耳（Joule）于 1842 年首先发现的，所以又称为焦耳效应。磁致伸缩效应是可逆的，如果从外部对磁性材料施加力，使之产生机械变形，则磁性材料的磁化状态会发生变化，即逆磁致伸缩效应，也称为维拉利（Villari）效应。

实际上，磁化过程中还会出现其他一些类似的物理现象，都统称为磁致伸缩效应。其主要包括：

（1）魏德曼（Wiedemann）效应　磁性棒材在轴向和圆周方向的磁场磁化过程中，棒材发生扭曲的现象。

（2）逆魏德曼效应　将磁性棒材绕轴扭转，并沿棒材的轴向施加磁场，则棒材在圆周方向上会产生交变磁场的现象。

产生磁致伸缩现象的机制是多方面的，可以从磁化过程中磁畴的运动进行说明。所谓的磁畴，是指磁性材料内部每一个自发磁化的微小区域，如图 5-16 所示。相邻磁畴的交界面称为磁畴壁。无外磁场时，磁畴的磁化方向是随机取向的，磁性材料对外不显示宏观磁性，如图 5-16a 所示。当外磁场作用时，磁性材料内相继发生磁畴壁移动和磁畴转动，磁畴的磁化方向与外磁场方向趋于一致，结果导致磁性材料发生尺寸变化，如图 5-16b 所示。

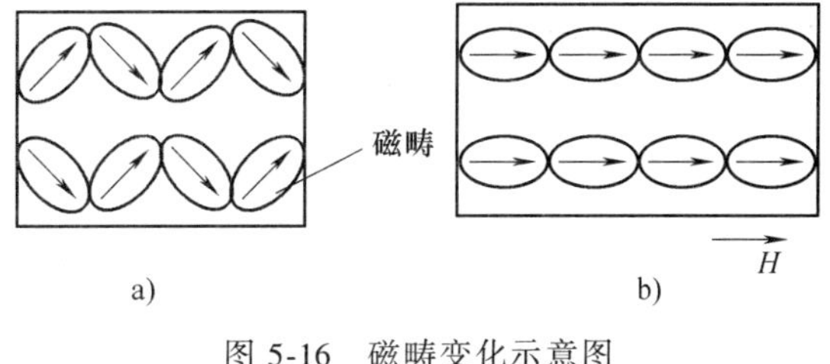

图 5-16　磁畴变化示意图

a）无外磁场　b）有外磁场

二、磁致伸缩材料

具有磁致伸缩效应的材料称为磁致伸缩材料。在磁化过程中，材料沿外磁场方向单位长度发生的长度变化量称为线磁致伸缩系数，用 λ 表示，表达式为

$$\lambda = \Delta l / l_0 \tag{5-13}$$

式中　Δl——长度变化量；

l_0——原始长度。

λ 是磁致伸缩材料重要的属性参数，反映了磁致伸缩效应程度的强弱。磁致伸缩材料具有一个磁性转变温度，称为居里温度，用 T_C 表示，它因材料而异。磁致伸缩材料只在温度 $t<T_C$ 时才具有铁磁性；当 $t>T_C$ 时它们的磁化率很小，呈现顺磁性。可见，T_C 是磁致伸缩材料由铁磁性转变为顺磁性的临界温度。

传统的磁致伸缩材料可以分为两类：一是金属与合金材料，如纯 Ni、Ni-Co、Ni-Co-Cr 等镍和镍基合金，Fe-Ni、Fe-Co-V、Fe-Al 等铁基合金。这类磁致伸缩材料机械强度高，性能比较稳定，但能量转换效率低，金属材料涡流损耗也较大。二是铁氧体材料，如 Ni-Co 铁氧体、Ni-Co-Cu 铁氧体等。铁氧体磁致伸缩材料通过烧结而成，便于直接烧结成所需的几何形状，材料及制作成本低。此外，这类材料能量转换效率高，由于电阻率高而使得涡流损耗和磁滞损失较小，缺点是烧结体的机械强度低，温度稳定性差。

上述两类材料的磁致伸缩系数 λ 很小，数量级为 $10^{-6}\sim10^{-5}$，所以应用范围受到了较大的限制。近些年发展的稀土金属化合物磁致伸缩材料，如合金材料 Tb-Dy-Fe，它的磁致伸缩系数可以达到 10^{-3}，因而称之为超磁致伸缩材料（Giant Magnetostrictive Material，GMM）。GMM 与传统的磁致伸缩材料以及电致伸缩材料（如压电陶瓷）相比，具有以下优点：①室温下的伸缩应变量大，比镍的高两个数量级，比压电陶瓷的高 5~25 倍，如此大的应变量，可以实现很高的输出功率；②产生伸缩的响应速度快，响应时间为 10^{-6}s；③能量转换效率高于 70%，而镍基磁致伸缩材料只有不到 20%，压电陶瓷也只有 40%~60%；④具有较高的居里温度，可达 380~420℃，温度稳定性好；⑤频率响应范围宽，特别适合于低频区工作。它的缺点主要有脆性大，不耐冲击，高频产生的涡流损耗大，材料价格高。GMM 已经广泛应用于超声波发生器和接收器、磁弹性传感器、位置传感器以及微驱动执行器等领域。

三、应用

（一）磁致伸缩位移传感器

磁致伸缩位移传感器工作原理如图 5-17 所示。当传感器工作时，电流脉冲 I_P 被加载到由 GMM 制成的细长波导丝上，该脉冲以电磁波速沿波导丝向前传播，并在波导丝周围产生环向磁场 H_1。永磁体可沿波导丝轴向移动，其位置由被测的位移量 x 来表示。当 H_1 与永磁

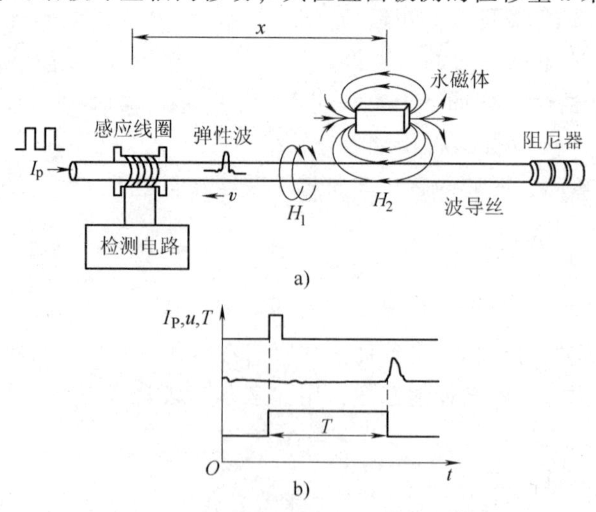

图 5-17 磁致伸缩位移传感器工作原理

a）磁致伸缩位移传感器结构示意图 b）传感器工作波形示意图

铁产生的轴向磁场 H_2 相遇时，会发生魏德曼效应，使波导丝在永磁体位置处产生瞬时扭转形变，形成弹性波。该弹性波以速度 v 沿着波导丝向两端传播。当弹性波传播到波导丝右端时，被阻尼器吸收。向左传播的弹性波在感应线圈处会发生逆魏德曼效应，波导丝的磁化状态发生改变，因而感应线圈两端就有感应电压 u 输出。

图 5-17b 是传感器工作波形示意图，从发射驱动脉冲到感应线圈检测的弹性波脉冲时间间隔为 T。该时间间隔包含两部分：从发射驱动脉冲到传播至永磁体处所需时间 T_1，以及弹性波传播长度 x 所需时间 T_2，即

$$T = T_1 + T_2 \tag{5-14}$$

由于电磁波的速度远大于弹性波的速度，所以 T_1 相对于 T_2 可以忽略不计，则被测位移可表示为

$$x = vT_2 \approx vT \tag{5-15}$$

磁致伸缩位移传感器既可以实现大的测量范围又可以获得很高的位置分辨力，一般测量范围可达 1m 或更大，分辨力可达 1μm。而且这种位移传感器抗干扰能力强，可靠性好，不需要定期维护。

（二）磁致伸缩振动传感器

磁致伸缩振动传感器结构示意图如图 5-18 所示。导杆 1 与 GMM 材料制作的振动杆 5 刚性连接，并由弹簧 4 支承。永久磁铁 2 提供偏置磁场 H_0。设导杆承受的动态力 $F = F_m \sin(\omega t)$，F_m 为动态力幅值，ω 为角频率，则振动杆的应力 $\sigma = F_m \sin\omega t / S$，$S$ 为振动杆横截面积。因而，振动杆会发生维拉利效应，振动杆的磁化强度 M 随其应力状态而变化。磁化强度 M 进一步改变磁感应强度 B，两者关系为

$$B = \mu_0 (M + H_0) \tag{5-16}$$

相应地，线圈 3 因磁通量变化而产生的感应电动势为

$$e_o = NA \frac{\mathrm{d}B}{\mathrm{d}t} \tag{5-17}$$

式中　N——线圈匝数；

A——线圈横截面积。

通过测量电路，就可以测量出被测的振动信号。

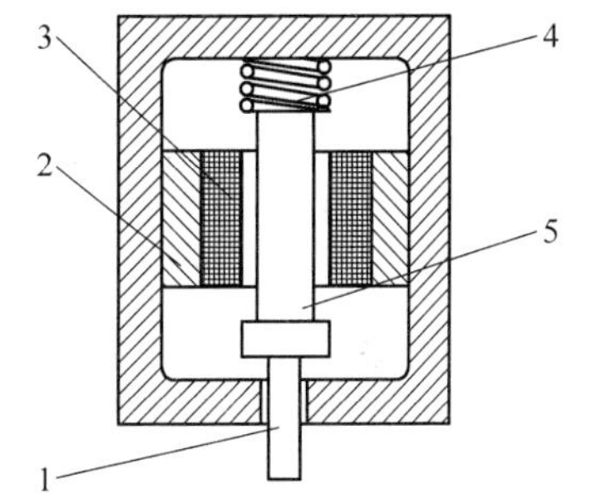

图 5-18　磁致伸缩振动传感器结构示意图

1—导杆　2—永久磁铁　3—线圈　4—弹簧　5—振动杆

第四节　磁栅式传感器

磁栅式传感器主要由磁栅和磁头组成。磁栅上录有等间距的磁信号，它是利用磁带录音的原理将等节距的周期变化的电信号（正弦波或矩形波）用录磁的方法记录在磁性尺子或圆盘上而制成的。装有磁栅传感器的仪器或装置工作时，磁头相对于磁栅有一定的相对位置或相对位移，在这个过程中，磁头把磁栅上的磁信号读出来，这样就把被测位置或位移转换成电信号。

一、磁栅

（一）磁栅的结构

磁栅的结构如图 5-19 所示，磁栅基体 1 是用非导磁材料做成的，上面镀一层均匀的磁性薄膜 2，经过录磁，其磁信号排列情况如图中所示，要求录磁信号幅度均匀，幅度变化应小于 10%，节距均匀。目前长磁栅常用的磁信号节距一般为 0.05mm 和 0.02mm 两种，圆磁栅的角节距一般为几角分至几十角分。

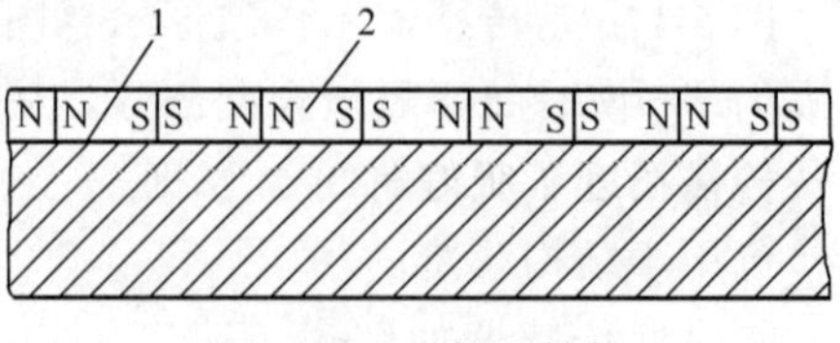

图 5-19　磁栅的结构

1—磁栅基体　2—磁性薄膜

磁栅基体 1 要有良好的加工性能和电镀性能，其线膨胀系数应与被测件接近。基体也常用钢制作，然后用镀铜的方法解决隔磁问题，铜层厚度为 0.15~0.20mm。长磁栅基体工作面平直度误差范围为 0.005~0.01mm/m，圆磁栅工作面圆度范围为 0.005~0.01mm，粗糙度 *Ra* 在 0.16μm 以下。

磁性薄膜 2 的剩余磁感应强度 B_r 要大，矫顽力 H_c 要高，性能稳定，电镀均匀。目前常用的磁性薄膜材料为镍钴磷合金，其 $B_r=0.7\sim0.8\text{T}$，$H_c=6.37\times10^4\text{A}\cdot\text{m}^{-1}$。薄膜厚度为 0.10~0.20mm。

（二）磁栅的类型

磁栅分为长磁栅和圆磁栅两大类，前者用于测量直线位移，后者用于测量角位移。

长磁栅又可分为尺型、带型和同轴型 3 种。在精度要求较高情况下，一般常用尺型磁栅，其外形如图 5-20a 所示。它是在一根非导磁材料（如铜或玻璃）制成的尺基上镀一层 Ni-Co-P 或 Ni-Co 磁性薄膜，然后录制而成的。磁头一般用片簧机构固定在磁头架上，工作中磁头架沿磁尺的基准面运动，磁头不与磁尺接触。尺型磁栅主要用于精度要求较高的场合。

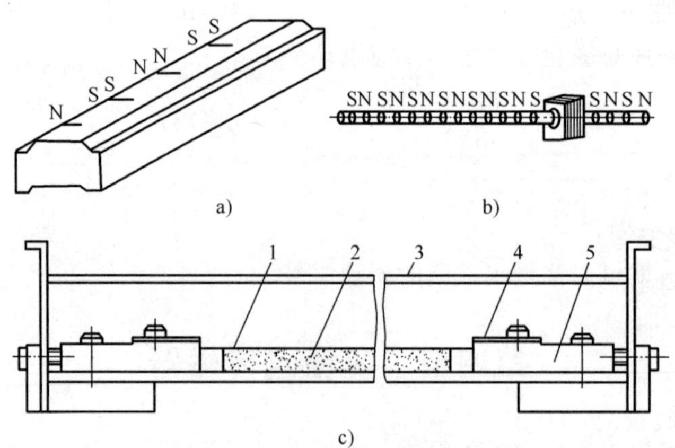

图 5-20　长磁栅

a）尺型　b）同轴型　c）带型

当量程较大或安装面不好安排时，可采用带型磁栅，如图 5-20c 所示。带状磁尺 1 是在一条宽约 20mm、厚约 0.2mm 的铜带上镀一层磁性薄膜，然后录制而成的。图中 2 为软垫

(常用泡沫塑料)，3 为防尘与屏蔽罩，4 为上压板，5 为拉紧块。带状磁尺的录磁与工作均在张紧状态下进行。磁头在接触状态下读取信号，能在振动环境下正常工作。为了防止磁尺磨损，可在磁尺表面涂一层几微米厚的保护层，调节张紧预变形量可在一定程度上补偿带状尺的累积误差与温度误差。

同轴型磁栅是在 ϕ2mm 的青铜棒上电镀一层磁性薄膜，然后录制而成的。磁头套在磁棒上工作，如图 5-20b 所示，两者之间具有微小的间隙。由于磁棒的工作区被磁头围住，对周围的磁场起了很好的屏蔽作用，增强了它的抗干扰能力。这种磁栅式传感器结构特别小巧，可用于结构紧凑的场合或小型测量装置中。

圆磁栅传感器如图 5-21 所示。磁盘 1 的圆柱面上的磁信号由磁头 3 读取，磁头与磁盘之间应有微小的间隙以避免磨损。罩 2 起屏蔽作用。

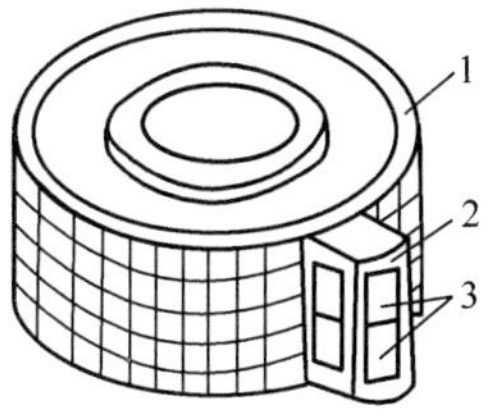

图 5-21　圆磁栅
1—磁盘　2—罩　3—磁头

二、磁头

磁栅上的磁信号由读取磁头读出，有线圈式和霍尔式两种磁头。其中线圈式按读取信号方式的不同，又可分为动态磁头与静态磁头两种。

(一) 动态磁头

动态磁头为非调制式磁头，又称速度响应式磁头，它只有一组线圈。图 5-22a 所示为动态磁头的示例，其铁心由每片厚度为 0.2mm 的铁镍合金（含 Ni80%）片叠成需要的厚度（如 3mm—窄型、18mm—宽型），前端放入 0.01mm 厚度的铜片，后端磨光靠紧。线径 $d=0.05$mm，匝数 $N=2\times1000\sim2\times1200$ 匝，电感量$L\approx4.5$mH。

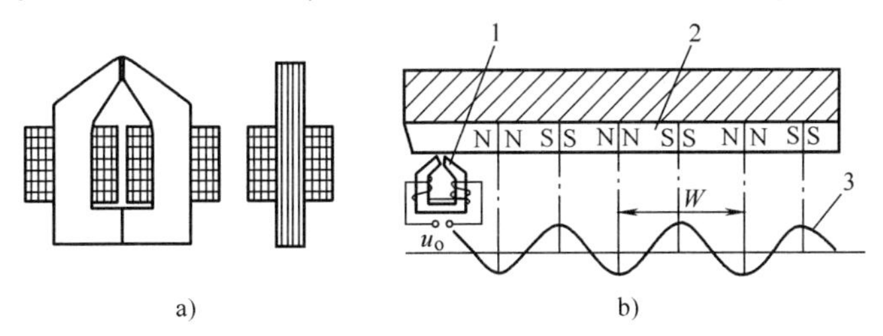

图 5-22　动态磁头结构与读出信号
a）动态磁头结构　b）读出信号

当磁头与磁栅之间以一定的速度相对移动时，由于电磁感应将在磁头线圈中产生感应电动势。当磁头与磁栅之间的相对运动速度不同时，输出感应电动势的大小也不同，静止时，就没有信号输出。因此它不适合用于工件尺寸测量。

用此类磁头读取信号的示意图如图 5-22b 所示。读出信号为正弦信号，在 S 处为正的最强，N 处为负的最强。图中 W 为磁信号节距。

(二) 静态磁头

静态磁头是调制式磁头，又称磁通响应式磁头。它与动态磁头的根本不同之处在于，在磁头与磁栅之间没有相对运动的情况下也有信号输出。

图 5-23 所示为静态磁头对磁栅信号的读出原理。磁栅漏磁通 Φ_0 的一部分 Φ_2 通过磁头铁心，另一部分 Φ_3 通过气隙，则

$$\Phi_2 = \Phi_0 R_\sigma / (R_\sigma + R_T) \tag{5-18}$$

式中　R_σ——气隙磁阻；

R_T——铁心磁阻。

一般情况下，可以认为 R_σ 不变，R_T 则与励磁线圈所产生的励磁磁通 Φ_1 有关。铁心 P、Q 两段的截面很小，在励磁电压 u 变化的一个周期内，铁心被励磁电流所产生的磁通 Φ_1 饱和两次，R_T 变化两个周期。由于铁心饱和时其 R_T 很大，Φ_2 不能通过，因此在 u 的一个周期内，Φ_2 也变化两个周期，可近似认为

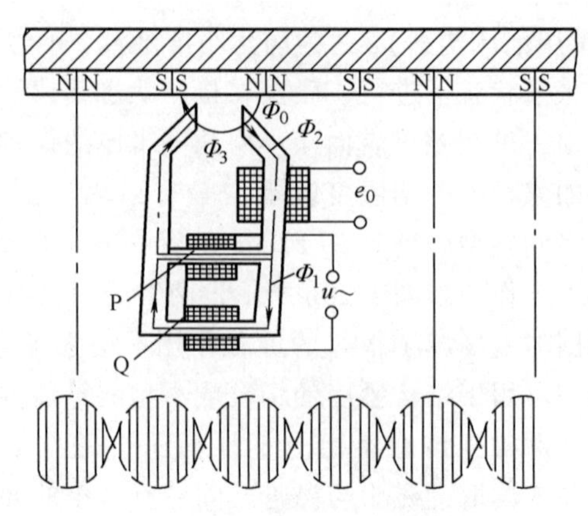

图 5-23　静态磁头读出原理

$$\Phi_2 = \Phi_0 (a_0 + a_2 \sin 2\omega t) \tag{5-19}$$

式中　a_0、a_2——与磁头结构参数有关的常数；

ω——励磁电源的角频率。

在磁栅不动的情况下，Φ_0 为一常量，输出绕组中产生的感应电动势 e_0 为

$$e_0 = N_2 (\mathrm{d}\Phi_2 / \mathrm{d}t) = 2N_2 \Phi_0 a_2 \omega \cos 2\omega t = k\Phi_0 \cos 2\omega t \tag{5-20}$$

式中　N_2——输出绕组匝数；

k——常数，$k = 2N_2 a_2 \omega$。

漏磁通 Φ_0 是磁栅位置的周期函数。当磁栅与磁头相对移动一个节距 W 时，Φ_0 就变化一个周期。因此 Φ_0 可近似为

$$\Phi_0 = \Phi_m \sin(2\pi x / W)$$

于是可得

$$e_0 = k\Phi_m \sin(2\pi x / W) \cos 2\omega t \tag{5-21}$$

式中　x——磁栅与磁头之间的相对位移；

Φ_m——漏磁通的峰值。

由此可见，静态磁头的磁栅是利用它的漏磁通变化来产生感应电动势的。静态磁头输出信号的频率为励磁电源频率的 2 倍，其幅值则与磁栅与磁头之间的相对位移成正弦（或余弦）关系。

（三）霍尔式磁头

采用霍尔线性元件作为磁头，检测磁栅近表面磁场，可以制作出体积小、集成磁场检测和信号处理于一体的芯片式磁头。

图 5-24 给出了一种典型的霍尔式磁头读出原理。该磁头由两个霍尔线性元件组成，分别布置在图中 A、B 两处，A、B 相距 $(n-3/4)W$（其中 n 为正整数，W 为节距）。

当霍尔式磁头沿着磁栅表面移动时，A、B 两处的霍尔线性元件将感应到的磁信号转化成电压信号输出，分别为

$$\left.\begin{aligned} e_A &= E_m \sin(2\pi x / W) \\ e_B &= E_m \sin[2\pi(x + W/4) / W] \end{aligned}\right\} \tag{5-22}$$

式中　E_m——电压幅值；

x——磁头位移。

在一个节距内，根据 e_A 和 e_B 值即可计算出位移 x。

三、磁栅式传感器的特点与误差分析

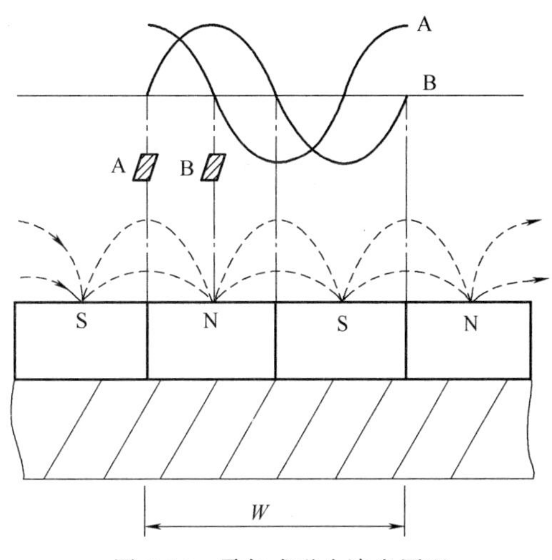

图 5-24　霍尔式磁头读出原理

磁栅式传感器的优缺点及使用范围与感应同步器相似，其准确度略低于感应同步器。除此之外，它还具有下列特点：

1）录制方便，成本低廉。当发现所录磁栅不合适时可抹去重录。

2）使用方便，可在仪器或机床上安装后再录制磁栅，因而可避免安装误差。

3）可方便地录制任意节距的磁栅。例如，检查蜗杆时希望基准量中含有 π 因子，可在节距中考虑。

与感应同步器相似，磁栅式传感器的误差也包括零位误差与细分误差两项。

影响零位误差的主要因素有：①磁栅的节距误差；②磁栅的安装与变形误差；③磁栅剩磁变化所引起的零位漂移；④外界电磁场干扰等。

影响细分误差的主要因素有：①由于磁膜不均匀或录磁过程不完善造成磁栅上信号幅度不相等；②两个磁头间距偏离 1/4 节距较远；③两个磁头参数不对称引起的误差；④磁场高次谐波分量和感应电动势高次谐波分量的影响。

上述两项误差应限制在允许范围内，若发现超差，应找出原因并加以解决。

要注意对磁栅式传感器的屏蔽。磁栅外面应有防尘罩，防止铁屑进入，不要在仪器未接地时插拔磁头引线插头，以防止磁头磁化。

思考题与习题

1. 简述磁电感应式传感器的工作原理。磁电感应式传感器有哪几种类型？

2. 某些磁电式速度传感器中线圈骨架为什么采用铝骨架？

3. 为什么磁电感应式传感器在工作频率较高时的灵敏度会随频率增加而下降？

4. 变磁通式传感器有哪些优缺点？

5. 什么是霍尔效应？霍尔式传感器有哪些特点？

6. 某霍尔元件 l、b、d 尺寸分别为 1.0cm、0.35cm、0.1cm，沿 l 方向通以电流 $I=1.0$mA，在垂直 lb 面方向加有均匀磁场 $B=0.3$T，传感器的灵敏度系数为 22V/(A·T)，试求其输出霍尔电动势及载流子浓度。

7. 试分析霍尔元件输出接有负载 R_L 时，利用恒压源和输入回路串联电阻 R 进行温度补偿的条件。

8. 试说明霍尔式位移传感器的输出 U_H 与位移 x 成正比关系。

9. 磁致伸缩效应有哪些特点？

10. 磁致伸缩位移传感器工作原理中包含了哪些效应？

11. 简述磁栅的结构及类型。

12. 速度响应式和磁通响应式磁栅传感器的不同点有哪些？

13. 磁通响应式磁栅传感器为何能消除磁场偶次谐波的影响？

14. 磁栅式传感器的误差因素主要有哪些？

第六章

压电式传感器

压电式传感器的工作原理是以某些物质的压电效应为基础的，它是一种发电式传感器。压电效应是可逆的。因此，压电式传感器是一种典型的“双向传感器”。由于压电转换元件具有自发电和可逆两种重要性能，加上它的体积小、重量轻、结构简单、工作可靠、固有频率高、灵敏度和信噪比高等优点，因此，几十年来压电式传感器的应用获得飞跃发展。压电转换元件是一种典型的力敏元件，可测量压力、加速度、机械冲击和振动等，广泛应用于声学、力学、医学和宇航领域。利用正压电效应可以制成压电电源和电压发生器；利用逆压电效应可制成超声发生器和电声器件。

压电转换元件的主要缺点是无静态输出，阻抗高，需要低电容的低噪声电缆，很多压电材料的工作温度只有250℃左右。

第一节　压电效应与压电元件

一、压电效应

当沿着一定方向对某些电介质加力而使其变形时，在一定表面上产生电荷，当外力去掉后，又重新回到不带电状态，这一现象称为正压电效应。当在平行或垂直电介质的极化方向施加电场时，这些电介质就在一定方向上产生机械变形或机械压力；当外加电场撤去时，这些变形或应力也随之消失。此即称为逆压电效应。

压电方程是关于压电体中电位移、电场强度、应力和应变张量之间关系的方程组。常表现为：当压电元件受到外力 F 作用时，在相应的表面产生表面电荷 Q，如图6-1所示。其关系为

$$Q = dF \tag{6-1}$$

式中的 d 为压电系数，它是描述压电效应的物理量。对方向一定的作用力和一定的产生电荷的表面，d 是一个常数。式（6-1）仅适用于一定尺寸的压电元件，为了使其适用于一般场合，常用压电应力常数 d_{ij}，则有

$$q = d_{ij}\sigma_j \tag{6-2}$$

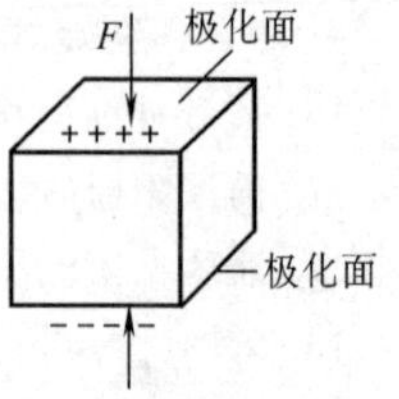

图6-1　正压电效应示意图

两个下角注 i、j 具有一定的含义：i=1、2、3，表示晶体的极化方向；j=1、2、3、4、5和6，分别表示沿 X、Y 和 Z 轴方向作用的单向应力和在垂直于 X、Y 和 Z 轴的平面内作用的剪切力，如图6-2a所示。单向应力的符号规定拉应力为正而压应力为负，剪切应力的符号用右

手螺旋法则确定，图 6-2b 表示了它们的正向。

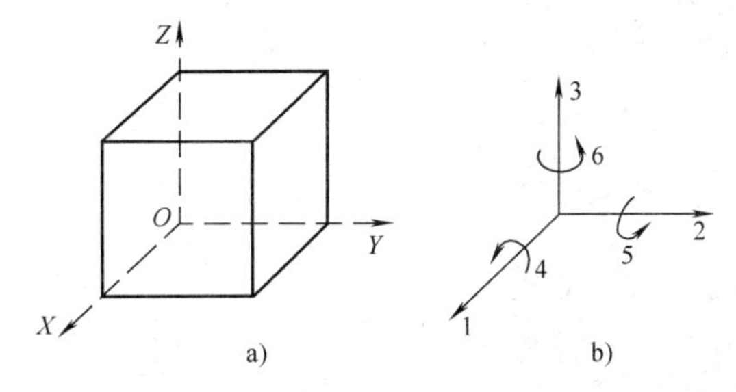

图 6-2 压电元件坐标系

压电材料的压电特性可用矩阵表示，其矩阵形式为

$$\begin{bmatrix} q_1 \\ q_2 \\ q_3 \end{bmatrix} = \begin{bmatrix} d_{11} & d_{12} & d_{13} & d_{14} & d_{15} & d_{16} \\ d_{21} & d_{22} & d_{23} & d_{24} & d_{25} & d_{26} \\ d_{31} & d_{32} & d_{33} & d_{34} & d_{35} & d_{36} \end{bmatrix} \begin{bmatrix} \sigma_1 \\ \sigma_2 \\ \sigma_3 \\ \sigma_4 \\ \sigma_5 \\ \sigma_6 \end{bmatrix} \tag{6-3}$$

式中 q_1、q_2、q_3——平面 S_X、S_Y、S_Z 上的电荷密度；

σ_1、σ_2、σ_3——作用在平面 S_X、S_Y、S_Z 上的应力；

σ_4、σ_5、σ_6——切应力。

以上讨论的压电应力常数 d_{ij} 的物理意义是：在“短路条件”下，单位应力所产生的电荷密度。“短路条件”是指压电元件的表面电荷从一产生就立即被引开，因而在晶体形变上不存在“二次效应”。

二、压电材料

明显呈现压电效应的敏感功能材料叫压电材料。由于它是物性型的，因此选用合适的压电材料是设计高性能传感器的关键。主要应考虑以下几个方面：具有大的压电常数；机械强度高，刚度大，以便获得高的固有振动频率；高电阻率和大介电常数；高的居里点；温度、湿度和时间稳定性好。

1. 单晶体

单晶材料的压电效应是由于这些单晶受外应力时内部晶格结构变形，使原来宏观表现的电中性状态被破坏而产生电极化。典型的代表是石英晶体和铌酸锂晶体。

石英晶体有天然石英和人造石英单晶两种。石英晶体属六方晶系，有右旋和左旋石英晶体之分。图 6-3a 表示右旋石英晶体。石英有 3 个晶轴，如图 6-3b 所示。其中 X 轴称为电轴，垂直于此轴的面上压电效应最强，称为“纵向压电效应”；垂直于六边形对边的轴线 Y 轴称为机械轴，在电场作用下，沿该轴方向的机械变形最明显，沿机械轴（Y 轴）方向的力作用下产生电荷的压电效应称为“横向压电效应”；在垂直于 X、Y 轴的纵轴 Z 轴方向没有压电效应，此轴可用光学方法确定，故称光轴或中性轴。

晶体的许多物理特性取决于晶体的方向。为了利用石英的压电效应进行力-电转换，需将晶体沿一定方向切割成晶片。适于各种不同应用的切割方法很多，最常用的就是 X 切和 Y 切。图6-4即为石英晶体切片的示意图。

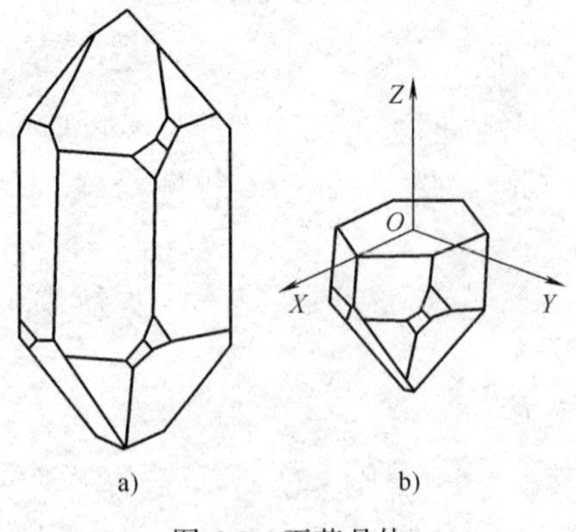

图6-3　石英晶体

a）右旋石英晶体　b）石英晶体晶轴

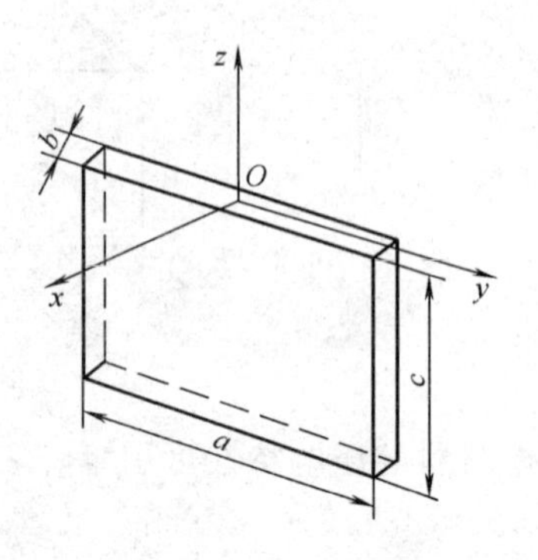

图6-4　石英晶体切片的示意图

石英最明显的优点是它的介电和压电常数的温度稳定性好，适于做工作温度范围很宽的传感器。当温度达到573℃时，石英晶体就失去压电特性，该温度是其居里点或叫倒转温度。石英晶体的机械强度很高，可承受约 10^8Pa 的压力；在冲击力作用下漂移也很小；弹性系数较大。所以可用来测量较大的力和加速度。石英还有一个优点是机械品质因子 Q 值高，可达10000以上，作为谐振型传感器可获得非常高的灵敏度。天然石英的稳定性很好，但资源少，并且大多存在一些缺陷，故一般只有在校准用的标准传感器或精度很高的传感器中选用没有缺陷的天然石英。

铌酸锂晶体是人工拉制的，与石英一样也是单晶体，时间稳定性远比多晶体的压电陶瓷好，居里点高达1200℃，适于做高温传感器。这种材料各向异性很明显，比石英脆，耐冲击性差，故加工和使用时要小心谨慎，避免急冷急热。

2. 多晶体

人工合成的压电陶瓷，其压电常数为石英晶体的几倍，因此灵敏度高。原始的压电陶瓷材料没有压电性，陶瓷烧结后有自发的电偶极矩（称为“电畴”），在原始材料中是无序排列的，经极化处理（一定温度下加以强电场）后，这些小的电畴极性转到接近电场方向，铁电陶瓷便具有压电效应，极化过程如图6-5所示。

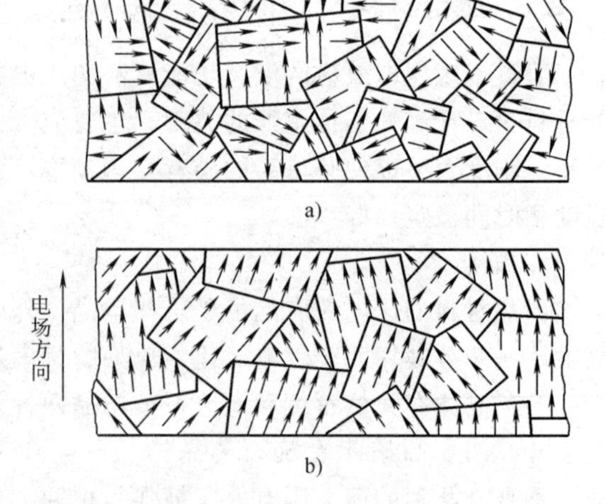

图6-5　压电陶瓷中的电畴

a）未极化　b）电极化

用作压电陶瓷的铁电体都是以钙钛矿型的 $BaTiO_3$、$Pb(Zr, Ti)O_3$、$(NaK)NbO_3$、$PbTiO_3$ 等为基本成分，将原料粉碎、成型，通过1000℃以上的高温烧结得到多晶铁电体。由于它具有制作工艺方便、耐湿、耐高温等优点，因此在检测技术、电子技术和超声等领域中用得最普遍。

压电陶瓷的电极最常见的是一层银，它是通过煅烧与陶瓷表面牢固地结合在一起。电极的附着力极重要，如结合不好便降低有效电容和阻碍极化。

常见压电陶瓷有以下几种：

（1）钛酸钡（$BaTiO_3$）压电陶瓷　钛酸钡压电陶瓷是由碳酸钡和二氧化钛按 1∶1 摩尔分子比例混合经烧结得到的，其 d、ε、ρ 都很高，抗湿性好，价格便宜。但它的居里点只有 120℃，机械强度差，可以通过置换 Ba^{2+} 和 Ti^{4+} 以及添加杂质等方法来改善其特性。现在含 Ca 或者含 Ca 和 Pb 的陶瓷 $BaTiO_3$ 已得到广泛的应用。

（2）锆钛酸铅 Pb（Zr，Ti）O_3 系压电陶瓷（PZT）　锆钛酸铅系压电陶瓷（PZT）是由 $PbTiO_3$ 和 $PbZrO_3$ 按 47∶53 的摩尔分子组成的，居里点在 300℃以上，性能稳定，具有很高的介电常数与压电常数。用加入少量杂质或适当改变组分的方法能明显地改变机电耦合系数 K、介电常数 ε 等特性，得到满足不同使用目的的许多新材料。

（3）铌镁酸铅压电陶瓷（PMN）　铌镁酸铅压电陶瓷（PMN）就是在 $PbTiO_3$-$PbZrO_3$ 中加入一定量的 Pb（$Mg_{1/3}$，$Nb_{2/3}$）O_3，d_{33} 很高，居里点为 260℃，能承受 7×10^7Pa 的压力。

PZT 的出现，增加了许多 $BaTiO_3$ 不可能有的新应用。如果把 $BaTiO_3$ 作为单元系压电陶瓷的代表，则二元系代表就是 PZT，它是 1955 年以来压电陶瓷之王。PMN 属三元系列，我国于 1969 年成功地研制成这种陶瓷，成为具有独特性能的、工艺稳定的压电陶瓷系列，已成功地用在压电晶体速率陀螺仪等仪器中。

还有一类钙钛矿型的铌酸盐和钽酸盐系压电陶瓷，如（K，Na）NbO_3 固溶体、（Na，Cd）NbO_3 等。尚有非钙钛矿型氧化物压电体，发现最早的是 $PbNbO_3$，其突出优点是居里点达 570℃。

3. 压电聚合物 PVDF

PVDF（Polyvinylidene Fluoride）是一种有机高分子物性型敏感材料，其名称为聚偏二氟乙烯。1969 年由日本学者 Kawai 首先发现其具有很强的压电特性。其与微电子技术结合，能够制成多功能传感元件，而与压电陶瓷结合，开拓了复合材料的新领域。

PVDF 最早应用于电声器件中，近年来在压力、加速度、温度、水声探测方面的应用发展很快，尤其在生物医学领域得到广泛的应用。这是由于它与无机的压电材料相比有许多优点：①具有较高的压电灵敏度，压电常数比石英高十多倍；②韧性和加工性能好，容易制成大面积元件和阵列元件；③声阻抗与水和人体肌肉的声阻抗很接近，因此可用作水听器和医用传感元件；④其频响宽，室温下 $10^{-5}\sim5\times10^8$Hz 范围内响应平坦；⑤机械强度高，耐冲击，具有突出的抗紫外线和耐气候老化的特性，化学稳定性能良好，在室温下不被酸、碱、强氧化剂和卤素所腐蚀，并具有良好的热稳定性。

三、压电元件常用结构形式

从压电常数矩阵可以看出，对能量转换有意义的石英晶体变形方式有以下几种：①厚度变形（TE 方式），该方式就是石英晶体的纵向压电效应；②长度变形（LE 方式），这是利用石英晶体的横向压电效应；③面剪切变形（FS 方式）；④厚度剪切变形（TS 方式）；⑤弯曲变形（BS 方式）；⑥体积变形（VE 方式）。图 6-6 示出了压电元件的受力状态及变形方式。

在实际使用中，如仅用单片压电片工作的话，要产生足够的表面电荷就要有较大的作用力。而像用作测量粗糙度和微压差时所能提供的力是很小的，所以常把两片或两片以上的压电片组合在一起。图6-7示出了几种“双压电晶片”机构原理图。

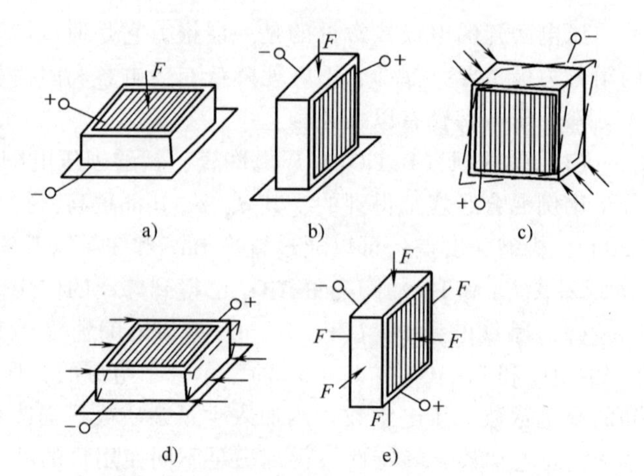

图6-6 压电元件的受力状态及变形方式

a）厚度变形 b）长度变形 c）面剪切变形

d）厚度剪切变形 e）体积变形

图6-7a为双片悬臂元件工作情况。当自由端受力 F 时，晶片弯曲，上片受拉，下片受压，但中性面 OO 的长度不变，如图6-8a所示。每个单片产生的电荷和电压为

$$Q=\frac{3}{8}d_{31}\frac{l^2}{\delta^2}F \tag{6-4}$$

$$U=\frac{Q}{C}=\frac{3}{8}g_{31}\frac{l}{b\delta}F \tag{6-5}$$

式中 l、b、δ——压电元件的长、宽和厚度；

C——压电元件本身的电容量；

$g_{31}=\dfrac{d_{31}}{\varepsilon_r\varepsilon_0}$——压电常数；

ε_r、ε_0——相对介电常数和真空介电常数。

由于压电材料是有极性的，因此存在并联和串联两种接法。

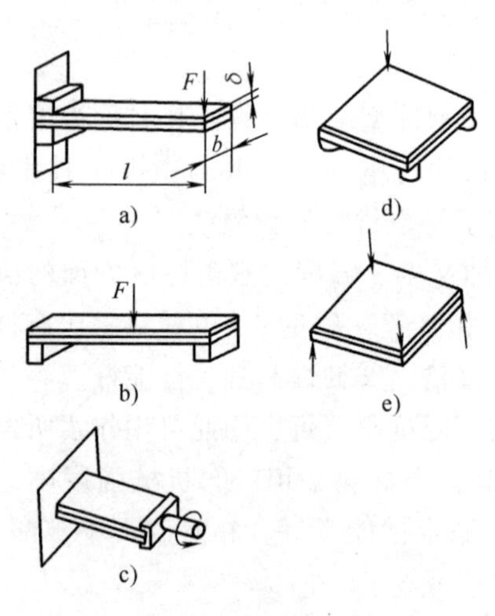

图6-7 叠层式压电组件结构形式图

a）悬臂梁 b）简支梁 c）扭转子

d）三点扭转子 e）四点扭转子

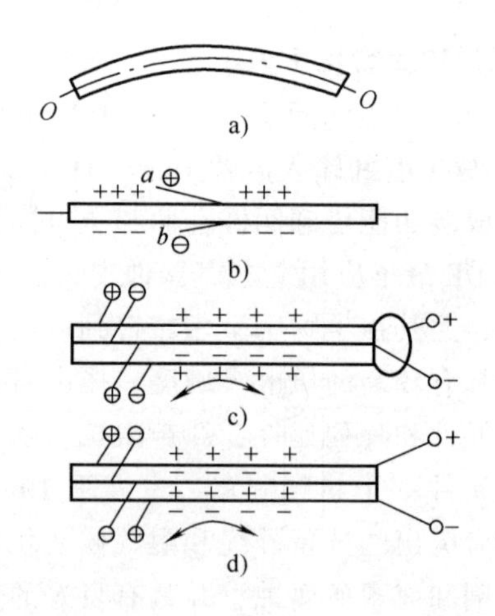

图6-8 双晶片弯曲式压电元件工作原理

如图6-8b所示，设单个晶片受拉力时，上面出现正电荷，下面为负电荷，分别称 a、b 面为⊕面和⊖面；受压力时则反之。图6-8c示出双晶片⊕⊖⊕⊖连接，当受力弯曲时，出现电荷为⊕⊖⊖⊕，负电荷集中在中间电极，正电荷出现在两边电极。相当于两压电片并联，总电容量 C'、总电压 U'、总电荷 Q' 与单片的 C、U、Q 的关系为

$$C'=2C \qquad U'=U \qquad Q'=2Q \tag{6-6}$$

图 6-8d 所示晶片按⊕⊖⊖⊕连接，当受力弯曲时，正、负电荷分别在上、下电极。在中性面上，上片的负电荷和下片的正电荷相消，这就是串联，其关系是

$$C'=C/2 \qquad U'=2U \qquad Q'=Q \tag{6-7}$$

上述两种方法的 C'、U'和 Q'是不同的，可根据测试要求合理选用。

双晶片是多晶片的一种特殊类型，多晶片已广泛应用于测力和加速度传感器中。

为了保证双片悬臂元件粘接后两电极相同，一般用导电胶粘接。并联接法时中间应加入一铜片或银片作为引出电极。

第二节　等效电路与测量电路

压电元件两电极间的压电陶瓷或石英为绝缘体，因此就构成一个电容器，其电容量为

$$C_a=\varepsilon_r\varepsilon_0 S/\delta \tag{6-8}$$

式中　S——极板面积。

ε_r、ε_0 和 δ 分别为相对介电常数、真空介电常数和压电元件厚度。

当压电元件受外力作用时，两表面产生等量的正、负电荷 Q，压电元件的开路电压（认为其负载电阻为无限大）U 为

$$U=Q/C_a \tag{6-9}$$

这样，可以把压电元件等效为一个电荷源 Q 和一个电容器 C_a 并联的等效电路，如图 6-9a 的点画线框所示；同时也可等效为一个电压源 U 和一个电容器 C_a 串联的等效电路，如图 6-9b 的点画线框所示。其中 R_a 为压电元件的漏电阻。压电元件的电容 C_a 具有一定的非线性，即电极上的电量 Q 和电极间的电压 U 之间的关系是非线性的。

工作时，压电元件与二次仪表配套使用必定与测量电路相连接，这就要考虑连接电缆电容 C_c、放大器的输入电阻 R_i 和输入电容 C_i。图 6-9 所示为压电式传感器测试系统完整的等效电路，其中图 a 和图 b 两种电路只是表示方法不同，它们的工作原理是相同的。

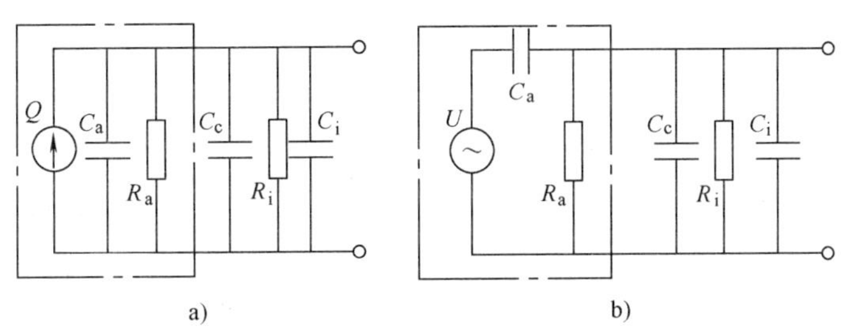

图 6-9　压电式传感器测试系统完整的等效电路

压电式传感器的灵敏度有电压灵敏度 k_u 和电荷灵敏度 k_q 两种，它们分别表示单位力产生的电压和单位力产生的电荷。它们之间的关系为

$$k_u=k_q/C_a$$

为了使压电元件能正常工作，它的负载电阻（即前置放大器的输入电阻 R_i）应有极高的值。因此与压电元件配套的测量电路的前置放大器有两个作用：一是放大压电元件的微弱电信号；二是把高阻抗输出变换为低阻抗输出。根据压电元件的工作原理及在图 6-9 中所示

的两种等效电路，前置放大器也有两种形式：一种是电压放大器，其输出电压与输入电压（压电元件的输出电压）成正比；另一种是电荷放大器，其输出电压与输入电荷成正比。

1. 电压放大器

把图6-9b的电压等效电路接到放大倍数为$-A$的放大器并进行简化便得图6-10。其中，等效电阻$R=R_a//R_i$，等效电容$C=C_c+C_i$。

如果压电元件受到交变力$\widetilde{F}=F_m\sin\omega t$的作用，所用压电元件的材料为压电陶瓷，其压电常数为d_{33}，则根据式（6-9）在力作用下所产生的电压按正弦规律变化：

$$u=U_m\sin\omega t$$

式中 U_m——电压幅值，$U_m=d_{33}F_m/C_a$。

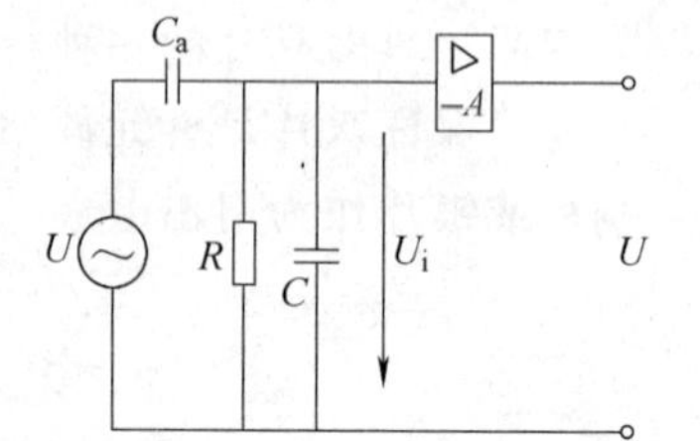

图6-10 简化后的电压等效电路

由图6-10可见，送入放大器输入端的电压为U_i，把它写成复数的形式，则得到

$$\dot{U}_i=d_{33}\dot{F}\frac{j\omega R}{1+j\omega R(C+C_a)} \tag{6-10}$$

由式（6-10）可以看出，电压U_i的幅值以及它与作用力之间的相位差φ可由下列两式表示：

$$U_{im}(\omega)=\frac{d_{33}F_m\omega R}{\sqrt{1+\omega^2R^2(C_a+C_c+C_i)^2}} \tag{6-11}$$

$$\varphi(\omega)=\frac{\pi}{2}-\arctan\omega(C_a+C_c+C_i)R \tag{6-12}$$

由式（6-11）知，当作用在压电元件上的力是静态力（$\omega=0$）时，则前置放大器的输入电压等于零。因为电荷会通过放大器的输入电阻和传感器本身的泄漏电阻漏掉。这也就从原理上决定了压电式传感器不能测量静态物理量。

当ω很大，即$\omega\to\infty$时，则放大器输入端电压的幅值为

$$U_{im}(\infty)=\frac{d_{33}F_m}{C_a+C_c+C_i} \tag{6-13}$$

这时传感器的电压灵敏度为

$$k_u=U_{im}(\infty)/F_m=d_{33}/(C_a+C_c+C_i) \tag{6-14}$$

式（6-13）和式（6-14）说明，由于电缆电容C_c及放大器输入电容的存在，使灵敏度减小。如果更换电缆，电缆电容变化，灵敏度也要随之变化。因此，如果要改变电缆长度，必须重新对灵敏度进行校正。

取式（6-11）和式（6-13）之比，就是相对幅频特性：

$$k_1(\omega)=\frac{\omega R(C_a+C_c+C_i)}{\sqrt{1+\omega^2R^2(C_a+C_c+C_i)^2}} \tag{6-15}$$

取$k_1(\omega)=1/\sqrt{2}$，可求得其频率下限ω_L为

$$\omega_L=1/[R(C_a+C_c+C_i)]=1/\tau \tag{6-16}$$

式中 τ——测量回路的时间常数，$\tau=R(C_a+C_c+C_i)$。

同样，若下限频率已选定，时间常数τ应满足下式：

$$\tau \geqslant 1/\omega_L$$

据此选择与配置各电阻电容值。

由式（6-15）可以看出，压电式传感器的高频响应是很好的，这是其显著的特点。

为了扩展低频端，应使时间常数 τ 增大。但这不能靠增加测量回路的电容量来提高时间常数 τ，因为传感器的电压灵敏度是与电容成反比的，这将导致灵敏度的降低。为此需要提高测量回路的电阻，由于传感器本身的绝缘电阻一般都很大，所以测量回路的电阻主要取决于前置放大器的输入电阻。常配置 R_i 值很大的前置放大器，但是要把放大器的输入电阻 R_i 提高到 $10^9\Omega$ 以上是很困难的。压电元件的绝缘电阻 R_a 取决于材料，也不是轻易就能提高的。还有一点必须指出，由于输入阻抗很高，非常容易通过杂散电容拾取外界的交流 50Hz 干扰和其他干扰，因此引线要进行仔细的屏蔽。

压电式传感器在与电压放大器配合使用时，连接电缆不能太长。电缆长，电缆电容 C_c 就大，电缆电容增大必然使传感器的电压灵敏度降低。电压放大器与电荷放大器相比，电路简单，元件少，价格便宜，工作可靠，但是电缆长度对传感器测量精度的影响较大，在一定程度上限制了压电式传感器在某些场合的应用。解决电缆问题的办法是将放大器装入传感器之中，组成一体化传感器。电压放大器还有一个问题就是非线性，由于 C_a 的非线性，电压放大器输出电压与待测力 F 之间线性度较差。

2. 电荷放大器

电荷放大器实质上是负反馈放大器，它能将高内阻的电荷源转换为低内阻的电压源，而且输出电压正比于输入电荷，因此，电荷放大器同样也起着阻抗变换的作用。它的基本电路如图 6-11a 所示，其中 C_F、R_F 为反馈电路参数。

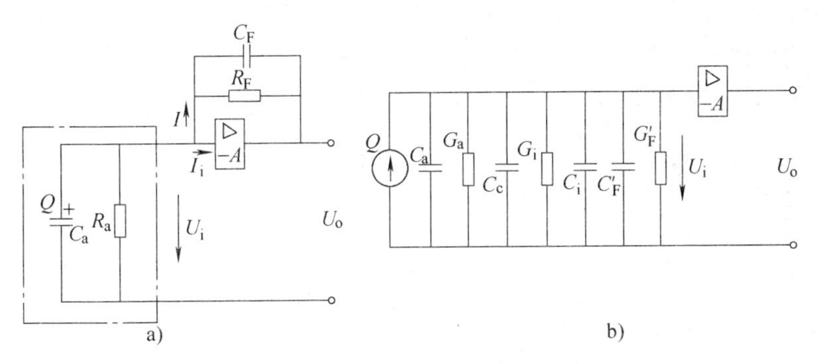

图 6-11 电荷放大器电路原理图

a）基本电路 b）等效电路

这里用导纳来运算。把 C_F、R_F 等效到运放的输入端时，电容 C_F 和电导 G_F 都增大 A 倍，即 $C'_F=C_F(1+A)$，$G'_F=G_F(1+A)$。若考虑 C_c、C_i、R_i 等，电荷放大器的等效电路如图 6-11b 所示。输出电压 $\dot{U}_o=-A\dot{U}_i$ 便得

$$\dot{U}_o=-\frac{-\mathrm{j}\omega A\dot{Q}}{[G_a+G_i+(1+A)G_F]+\mathrm{j}\omega[C_a+C_c+C_i+(1+A)C_F]} \tag{6-17}$$

只要 A 足够大，式（6-17）分母中的 $C_a+C_c+C_i \ll (1+A)C_F$，$(G_a+G_i)\ll(1+A)G_F$。所以压电元件本身的电容大小和电缆长短将不影响或极少影响电荷放大器的输出，这是电荷放大器的突出优点。输出电压只取决于输入电荷 Q 以及反馈电路的参数 C_F、R_F。当工作频率

足够高时，$G_F \ll \omega C_F$，故 G_F 也可略去，便得

$$U_o = -AQ/[(1+A)C_F] \approx -Q/C_F \tag{6-18}$$

可见输出电压 U_o 与 A 也无关，只取决于 Q 和 C_F。因此，为了得到必要的测量精度，要求 C_F 的温度和时间稳定性都很好。在实际电路中，考虑到不同的量程等因素，C_F 的容量做成可选择的，范围一般为 $100 \sim 10^4$pF。

当工作频率很低时，式（6-17）中的 G_F 值与 $j\omega C_F$ 的值相当，$G_F(1+A)$ 就不可忽略，便得不到式（6-18）的结果；A 仍足够大，式（6-17）变为

$$\dot{U}_o = -j\omega\dot{Q}A/[(G_F + j\omega C_F)(1+A)] \approx -j\omega\dot{Q}/(G_F + j\omega C_F)$$

其幅值为

$$U_o = \omega Q/\sqrt{G_F^2 + \omega^2 C_F^2} \tag{6-19}$$

该式说明输出电压 U_o 不仅与表面电荷 Q 有关，并且与参数 C_F、R_F 和 ω 有关，而与开环增益 A 无关。而且信号频率 ω 愈小，G_F 项愈重要，当 $G_F = C_F\omega$ 时，U_o 为

$$U_o = Q/(\sqrt{2}C_F)$$

可见这是截止频率点的输出电压，增益下降3dB时对应的下限截止频率为

$$f_L = 1/(2\pi C_F R_F) \tag{6-20}$$

低频时，电压 U_o 与电荷 Q 之间的相位差为

$$\varphi = \arctan(G_F/(\omega C_F)) = \arctan(1/(\omega R_F C_F)) \tag{6-21}$$

由此可见，低频时电荷放大器的频率响应仅取决于反馈电路参数 R_F 和 C_F，其中 C_F 的大小可由所需的输出电压幅值根据式（6-18）确定。当给定工作频带下限截止频率 f_L 时，反馈电阻 R_F 使用式（6-20）确定。例如，$C_F = 1000$pF，$f_L = 0.16$Hz，则要求 $R_F = 10^9\Omega$。该电阻还提供直流反馈的功能，因为在电荷放大器中采用电容负反馈，对直流工作点相当于开路，故零漂较大而产生误差。为了减小零漂，使放大器工作稳定，应并联电阻 R_F。

若有的电路不接 R_F，则 $G_F = 0$。考虑到 $(1+A)C_F \gg C_a + C_c + C_i$，式（6-17）重写为

$$\dot{U}_o = \frac{-j\omega AR\dot{Q}}{1 + j\omega(1+A)RC_F} \tag{6-22}$$

当 ω 与 A 足够大时，可得

$$U_o = -Q/C_F$$

这个结果同式（6-18）是一样的。

将 $Q = C_a U$ 代入式（6-22），设 $C_a = C_F$，并取 $U_o/U = 1/\sqrt{2}$，可得频率下限为

$$\omega_L = 1/(ARC_F)$$

将此式与式（6-16）相比，如果 R 相同，C_F 与 $C_a + C_c + C_i$ 数量级相近，则电荷放大器的低频截止频率将是电压放大器的 $1/A$，而 A 又比较大，显然是一个很大的优点。

至于电荷放大器工作频带的上限主要与两种因素有关：一是运算放大器的频率响应；二是若电缆很长，杂散电容和电缆电容增加，导线自身的电阻也增加，它们会影响电荷放大器的高频特性，但影响不大。例如，100m 电缆的电阻仅几欧到数十欧，故对频率上限影响可以忽略。

需要指出，电荷放大器虽然允许使用很长的电缆，并且电容变化不影响灵敏度，但它比电压放大器的价格高，电路较复杂，调整也比较困难。电荷放大器的反馈电容 C_F 不仅要求温度和时间稳定性好，还要求好的线性度和精确度，即电容上的电量 Q 与电压 U 保持好的线性关系，可选用聚苯乙烯电容。

3. 差动式电荷放大器

在高温条件下工作的压电式传感器，其本身的绝缘电阻会显著下降，为避免地电场对测试系统的干扰，需要使压电晶体与传感器基座绝缘，这就要求传感器信号线采用双线引出，且电缆外屏蔽线仍与传感器基座相连接。此时单端输入式电荷放大器就无法满足要求，需要采用差动式输入电荷放大器。双点反馈式差动电荷放大器原理图如图 6-12 所示。

双点反馈就是除了负反馈外，还同时用倒相后的输出向正输入端反馈。双反馈的优点是：放大器增益基本不受从每个信号输入线到公共地线电容平衡值或绝对值的影响。

差动式电荷放大器的优点是：①可与地绝缘的差动式对称输出压电传感器联用，增加测试系统的抗干扰能力；②仅感受传感器的差动输入电荷信号并将其转换为电压信号；③具有抑制共模电压干扰的能力，并可把杂散磁场和电缆噪声的影响减至最小。

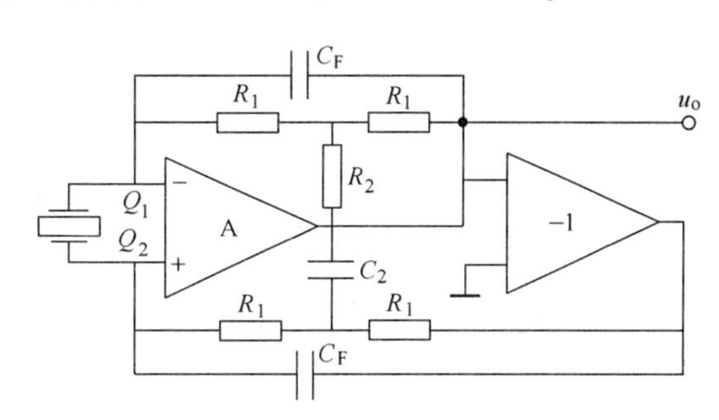

图 6-12　双点反馈式差动电荷放大器原理图

第三节　压电式传感器的应用举例

如前所述，压电式传感器的高频响应好，如配备合适的电荷放大器，低频段可低至 0.3Hz，所以常用来测量动态参数，如振动、加速度等。

一、压电式加速度传感器

压电式加速度传感器具有体积小、重量轻等优点。图 6-13a 为单端中心压缩式加速度传感器结构原理图。其中惯性质量块 1 以一定的预紧力安装在双压电晶片 2 上，后者与引线 3 都用导电胶粘接在底座 4 上。测量时，底部螺钉与被测件刚性固连，传感器感受与试件相同频率的振动，质量块便有正比于加速度的交变力作用在晶片上，由于压电效应，压电晶片便产生正比于加速度的表面电荷。

图 6-13b 为梁式加速度传感器结构原理图。它是用压电晶体弯曲变形的方案测量较小的加速度，具有很高的灵敏度和很低的频率下限，因此能测量地壳和建筑物的振动，在医学上也获得广泛的应用。

图 6-13c 为挑担剪切式加速度传感器原理图。由于压电元件很好地与底座机械隔离，能有效地防止底座弯曲和噪声的影响，压电元件只受剪切力的作用，这就有效地削弱了由瞬变温度引起的热释电效应。它在测量冲击和轻型板、小元件的振动测试中得到广泛的应用。图 6-13d 为一种实际应用的压电式加速度传感器实物图，其量程为 50m/s^2，频率范围为 0.2~1kHz，灵敏度为 $100\text{mV/(m}\cdot\text{s}^{-2})$。

二、压电式测力传感器

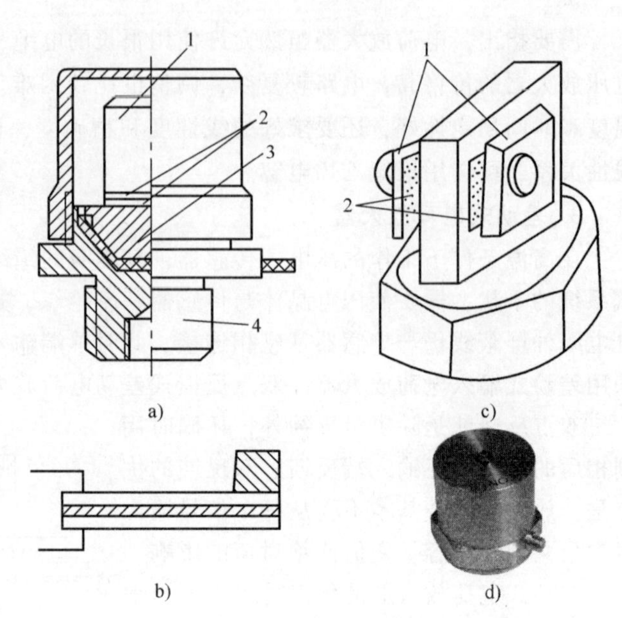

图 6-13　压电式加速度传感器结构原理与实物图

a）单端中心压缩式　b）梁式　c）挑担剪切式　d）实物图

1—质量块　2—晶片　3—引线　4—底座

通常使用的压电测力传感器是荷重垫圈式，它由金属基座、盖板、压电晶片、绝缘环等组成。其分类结构示意图如图 6-14、图 6-15 所示。图 6-14a 中，压电晶片安放在金属基座内，由绝缘环绝缘并定位。图 6-14b 为实际应用的一种压电测力传感器实物图，测力范围为 0~440kN。

0°X 切割石英晶片具有纵向压电效应。在单向测力传感器中，多选用 0°X 切割石英晶片作为力-电转换元件。石英力传感器的晶体片厚度通常为 0.5~1mm，许用压力为 15×10^8Pa，各轴灵敏度可通过适当选择叠加的晶片数加以确定。在量程为几 kN~10^5N 时通常采用双片，同一方晶片可以在电气方面并联而其受力为串联型，从而提高总灵敏度。力传感器装配时必须加较大的预紧力，以保证良好的线性度。

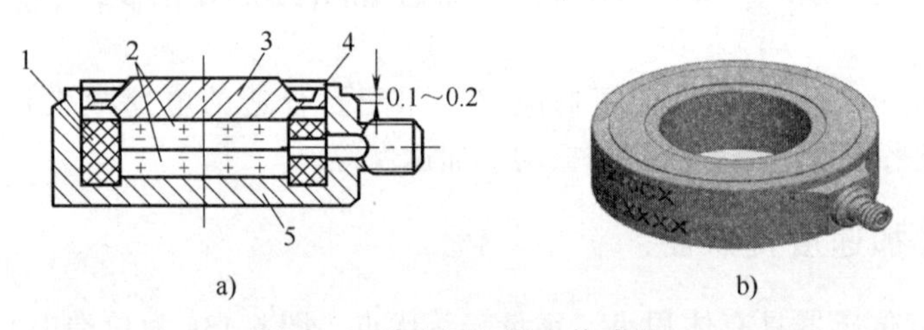

图 6-14　单向压电测力传感器

a）结构示意图　b）实物图

1—绝缘环　2—压电晶片　3—盖板　4—焊缝　5—金属基座

图 6-15 为三向压电测力传感器。三向压电测力传感器可同时测量 F_x、F_y 和 F_z 三个互相垂直的力分量，应用很普遍。在三向测力传感器中，共有三组晶片，其中一组选用 0°X 切割的石英片测垂直方向（Z 向）力，另外两组对水平方向（Y 向、X 向）应力敏感，选择具有切变压电效应的石英晶片。

三、PVDF 压电薄膜

PVDF 压电薄膜的化学性质稳定，灵敏度高，与人体接触安全舒适，且它的声阻抗与人体肌肉的声阻抗很接近，因此是非常合适应用于生物医学工程的传感元件，现在已广泛用作脉搏计、血压计、生理移植和胎儿心音检测器等。图 6-16 为应用 PVDF 制成的血压传感器结构图。整个传感器制成圆柱体的纵切片形状，可以很好地与上腕部动脉沟吻合，使用起来十分方便。这种血压传感器具有结构简单，性能可靠，灵敏度高，抗干扰能力强，易于小型化的特点。

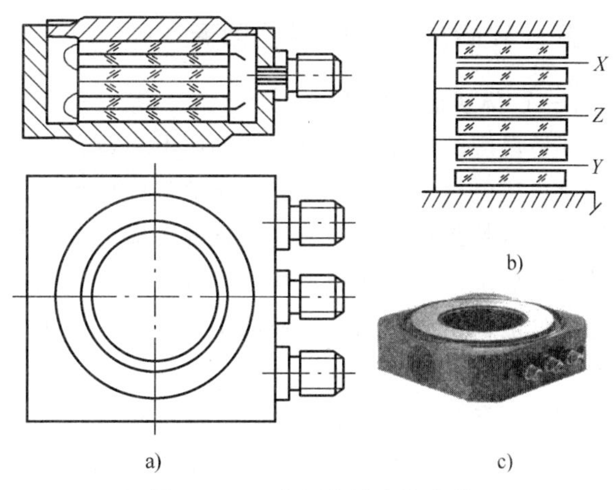

图 6-15　三向压电测力传感器

a）结构示意图　b）连接示意图　c）实物图

因为 PVDF 压电薄膜同时具有压电和热释电效应，薄膜柔软，可以做成大面积的传感阵列器件，所以它是很适合作为机器人的触觉传感器的传感元件。人类之所以能触摸感觉到物体的形状、质感及温度等，是因为人的皮肤能够产生压电效应和热释电效应。目前用 PVDF 压电材料制成的触觉传感器已能感知温度、压力，采用不同模式可以识别边角、棱等几何特征，甚至还可识别盲文。图 6-17 为其结构示意图。在不远的将来，这种传感器在某些功能上将可与人的皮肤相媲美。

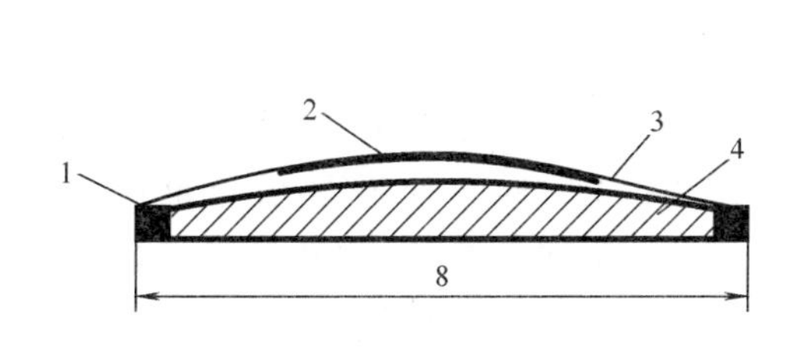

图 6-16　血压传感器结构图

1—PVDF 薄膜　2—塑料骨架　3—硅凝胶弹性体　4—硬质衬底

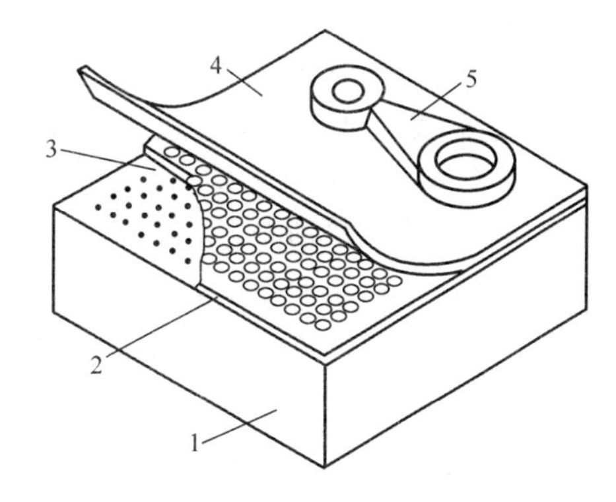

图 6-17　PVDF 触觉传感器

1—底座　2—电路板　3—接线　4—PVDF 膜　5—被识别物

四、集成化压电传感器

随着现代微电子技术的发展，集成化压电传感器已在工程中获得了广泛的应用。集成化压电传感器集高输出阻抗的压电传感器和前置放大器于一身，实现了压电传感器的低阻抗输出。它有一系列优点：①简化了测试系统，可以省去昂贵的电荷放大器，降低测试系统的成本；②可以用普通电缆传输信号，不必采用专用低噪声同轴电缆；③实现了信号的低阻抗输出，大大增强了测试系统的抗干扰能力。

集成化压电传感器，一般供电线路与输出线不能共用。实际上它是一个微型前置放大器和压电传感器的集合体。这类集成化前置放大器功能较全，可以包括前端阻抗变换器、高低通滤波器、积分器、输出放大器、过载保护等多种电路，性能稳定。其缺点是除传输信号外，需另外附设供电线路，使用温度受内装电子线路能承受环境温度极限的局限。

五、实际应用中的误差因素

（一）环境温度的影响

环境温度的变化对压电材料的压电系数和介电常数的影响都很大，它使传感器灵敏度发生变化。压电材料不同，温度影响的程度也不同。如石英，当温度低于400℃时，其压电系数和介电常数都很稳定。人工极化的压电陶瓷受温度的影响比石英要大得多，为提高压电陶瓷的温度稳定性和时间稳定性，应进行人工老化处理。经人工老化处理后的压电陶瓷在常温条件下性能稳定，但在高温环境中使用时，性能仍会变化，为了减少这种影响，在设计传感器时，应采取隔热措施。

为适应在高温环境下工作，除压电材料外，连接电缆也是一个重要的部件。普通电缆一般是不能耐700℃以上高温的。目前，在高温传感器中大多采用无机绝缘电缆和含有无机绝缘材料的柔性电缆。

（二）湿度的影响

环境湿度对压电式传感器性能影响也很大。若传感器长期在高湿环境下工作，其绝缘电阻将会减小，低频响应将会变坏。压电式传感器的一个突出指标是绝缘电阻要高达$10^{14}\Omega$。为了能达到这一指标，采取的必要措施是：合理的结构设计，把转换元件组做成一个密封式的整体，有关部分一定要良好绝缘；严格的清洁处理和装配，电缆两端必须气密焊封，必要时可采用焊接全密封方案。

（三）横向灵敏度和它所引起的误差

压电式单向传感器只能感受一个方向的作用力。一只理想的加速度传感器，只有当振动沿压电传感器的轴向运动时才有输出信号。若在与主轴正交方向的加速度作用下也有信号输出，则此输出信号与横向作用的加速度之比称为传感器的横向灵敏度。产生横向灵敏度的主要原因是：压电材料的不均匀性；晶片切割方向的偏差；压电片表面粗糙或有杂质，或两个表面不平行；基座平面与主轴方向互不垂直；质量块加工精度不够；安装不对称等。其中尤其以安装时传感器的轴线和安装表面不垂直的影响为最大。结果是传感器最大灵敏度方向与其几何主轴不一致，横向作用的加速度在传感器最大灵敏度方向上的分量不为零。

通常，横向灵敏度是以主轴灵敏度的百分数来表示的。最大横向灵敏度应小于主轴灵敏度的5%。横向灵敏度是具有方向的。图6-18表示最大灵敏度在垂直于几何主轴平面上的投影和横向灵敏度在正交平面内的分布情况。其中$\boldsymbol{K}_m$为最大横向灵敏度向量，$\boldsymbol{K}_L$为纵向灵敏度向量，K_r为横向灵敏度最大值且将此方向定为正交平面内的0°。当沿0°或180°方向作用横向加速度时，都将引起最大的误差输出。在其他方向，产生的误差将正比于K_r在此方向的投影值，所以从0°～360°横向灵敏度的分布情况是对称的两个圆环。

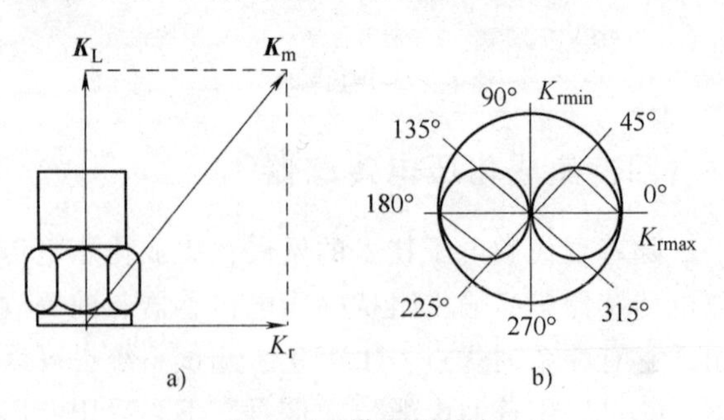

图6-18　横向灵敏度

a）横向灵敏度图解　b）横向灵敏度的坐标曲线

为了减小横向灵敏度，应针对上述产生横向灵敏度的原因逐项克服，其中特别应注意用传感器的最小横向灵敏度 K_{rmin} 置于存在最大横向干扰的方向，从而减小测量不确定度。

（四）电缆噪声

普通的同轴电缆由聚乙烯或者聚四氟乙烯做绝缘保护层的多股绞线组成，外部屏蔽是由编织的多股镀银金属套包在绝缘材料上。工作时电缆受到弯曲或振动时，屏蔽套、绝缘层和电缆芯线之间可能发生相对移动或摩檫而产生静电荷。由于压电式传感器是电容性的，这种静电荷不会很快消失而被直接送到放大器，形成电缆噪声。为减少这种噪声，可使用特制的低噪声电缆，同时将电缆固紧，以免产生相对运动。

（五）接地回路噪声

在测量系统中接有多种测量仪器，若各仪器和传感器分别接地，各接地点又有电位差，这便在测量系统中产生噪声。防止这种噪声的有效办法是整个测量系统在一点接地。

思考题与习题

1. 什么是压电效应？

2. 为什么压电式传感器不能测量静态物理量？

3. 压电式传感器中采用电荷放大器有何优点？为什么电压灵敏度与电缆长度有关，而电荷灵敏度与电缆长度无关？

第七章

光电式传感器

光电式传感器的工作原理是：首先把被测量的变化转换成光信号的变化，然后通过光电器件变换成电信号。图 7-1 为光电式传感器的原理框图。光电式传感器一般由辐射源、光学通路和光电器件 3 部分组成，被测量作用于辐射源或者光学通路，从而将被测信息调制到光波上，使光波的强度、相位、空间分布或频谱分布等发生改变，光电器件将光信号转换为电信号。电信号经后续电路解调分离出被测量信息，从而实现对被测量的测量。

光电式传感器具有频谱宽、不易受电磁干扰的影响、非接触测量、高准确度、高分辨力、高可靠性、反应快等优点。特别是 20 世纪 60 年代以来，随着激光、光纤、CCD 等技术的发展，光电式传感器也得到了飞速发展，广泛应用于生物、化学、物理和工程技术等领域。本章主要介绍光电式传感器的基本知识和一些典型应用。

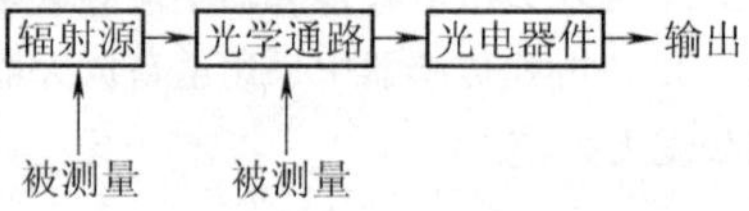

图 7-1　光电式传感器的原理框图

第一节　光　　源

光源是光电式传感器的一个重要组成部分，正确合理地选择光源是成功设计光电式传感器的前提和保证。选择光源时要考虑很多因素，如波长、谱分布、相干性、发光强度、稳定性、体积、造价等。

光电式传感器中所用的光源可简单地分为自然光源和人造光源两类。自然光源对地面辐射通常很不稳定，且无法控制。人造光源按其工作原理不同，可分为热辐射光源、气体放电光源、电致发光光源和激光光源等。

一、热辐射光源

利用物体升温产生光辐射的原理制成的光源称为热辐射光源。物体温升越高，辐射能量越大，辐射光谱的峰值波长也就越短。加热可以借电流沿导体流动时所释放的热量来实现，如钨丝白炽灯和卤钨灯。

1. 白炽灯

白炽灯是一种典型的可见光谱热辐射光源。钨丝密封在玻璃泡内，泡内充以惰性气体或者保持真空，依靠电能将钨丝加热到白炽状态而发光。白炽灯的寿命取决于很多因素，包括供电电压等，在经济成本下寿命可以达到几千小时。

白炽灯虽为可见光源，但它的能量只有 15%左右落在可见光区域，它的峰值波长在近红外区域，为 1～1.5μm，因此可用作近红外光源。

2. 卤钨灯

卤钨灯是一种特殊的白炽灯，灯泡用石英玻璃或硬质玻璃制作，能够耐 3500K 的高温，灯泡内充以卤族元素，通常是碘，卤族元素能够与沉积在灯泡内壁上的钨发生化学反应，形成卤化钨，卤化钨扩散到钨丝附近，由于温度高而分解，钨原子重新沉积到钨丝上，这样弥补了灯丝的蒸发，大大延长了灯泡的寿命，同时也解决了灯泡因钨的沉积而发黑的问题，光通量在整个寿命期中始终能够保持相对稳定。此外，因卤钨灯的灯丝温度较高，紫外线较丰富，而且它的泡壳也能通过紫外辐射，所以可作为紫外辐射源用于光谱辐射测量，发光效率比白炽灯高 2~3 倍。

热辐射光源输出功率大，但对电源的响应速度慢，调制频率一般低于 1kHz，不能用于快速的正弦波和脉冲调制。

二、气体放电光源

电流通过置于气体中的两个电极时，两电极之间会放电发光，利用这种原理制成的光源称为气体放电光源。气体放电光源的光谱不连续，光谱与气体的种类及放电条件有关。改变气体的成分、压力、阴极材料和放电电流的大小，可以得到主要在某一光谱范围的辐射源。

低压汞灯、氢灯、钠灯、镉灯、氦灯是光谱仪器中常用的光源，统称为光谱灯。例如，低压汞灯的辐射波长为 254nm，钠灯的辐射波长约为 589nm，它们经常用作光电检测仪器的单色光源。如果光谱灯涂以荧光剂，由于光线与涂层材料的作用，荧光剂可以将气体放电谱线转化为更长的波长。目前荧光剂的选择范围很广，通过对荧光剂的选择可以使气体放电灯发出某一特定波长或者某一范围的波长，照明荧光灯就是一个典型的例子。

在需要线光源或面光源的情况下，在同样的光通量下，气体放电光源消耗的能量仅为白炽灯的 1/3~1/2。气体放电光源发出的热量少，对检测对象和光电探测器件的温度影响小，对电压恒定的要求也比白炽灯低。

若利用高压或超高压的氙气放电发光，可制成高效率的氙灯，它的光谱与日光非常接近。目前氙灯又可以分为长弧氙灯、短弧氙灯、脉冲氙灯。短弧氙灯的电弧长几毫米，是高亮度的点光源。但氙灯的电源系统复杂，需用高电压触发放电。

三、电致发光光源——发光二极管

固体发光材料在电场激发下产生的发光现象称为电致发光，它是将电能直接转换成光能的过程。利用这种现象制成的器件称为电致发光器件，如发光二极管、半导体激光器和电致发光屏等。

发光二极管简称 LED（Light Emitting Diode），典型结构如图 7-2 所示，在 N 型半导体上扩散或者外延生长一层 P 型半导体，PN 结两边掺杂浓度呈递减分布。当 PN 结接正向电压时，N 区电子向 P 区运动，与 P 区空穴结合时发出一定频率的光，光子频率取决于 PN 结的价带和导带之间的能隙，改变能隙大小可以改变二极管的发光频谱。发光二极管的发光效率很大程度上取决于有多少光能够逸

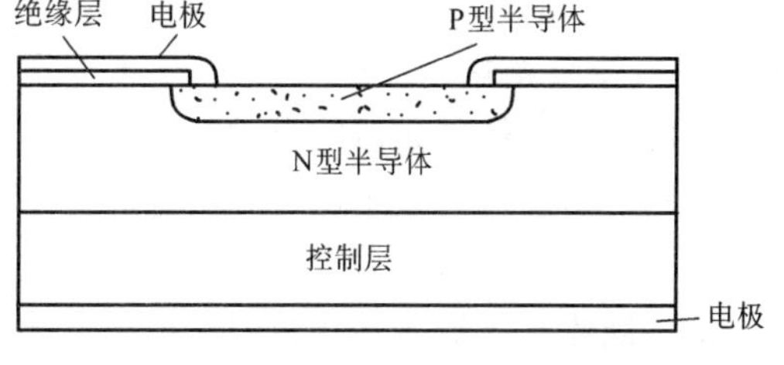

图 7-2　发光二极管典型结构图

出二极管表面，因为大多数半导体材料折射率较高，到达二极管表面的光线大部分将被反射回去。发光二极管的发光强度与电流成正比，这个电流范围约在几十毫安之内，进一步增加会引起发光二极管输出光强饱和直至损坏器件，使用时常串联电阻使发光二极管的电流不会超过允许值。

发光二极管具有体积小、寿命长(10^6~10^9h)、工作电压低（1~2V)、响应速度快（几纳秒至几十纳秒）的优点，广泛应用于飞机、计算机、仪器仪表、自动控制设备和民用电器上，作为显示、指示、照明、光源、光电开关、光电耦合、光电报警、光电遥控等元件使用。

四、激光光源

激光的英文是Laser，它是“光受激辐射放大”（Light Amplification by Stimulated Emission of Radiation）的缩写。某些物质的分子、原子、离子吸收外界特定能量（如特定频率的辐射)，从低能级跃迁到高能级上（受激吸收)，如果处于高能级的粒子数大于低能级上的粒子数，就形成了粒子数反转，在特定频率的光子激发下，高能粒子集中地跃迁到低能级上，发射出与激发光子频率相同的光子（受激辐射)。由于单位时间受激发射光子数远大于激发光子数，因此上述现象称为光的受激辐射放大。具有光的受激辐射放大功能的器件称为激光器。激光具有单色性好、方向性强、亮度高、相干性好等特点，因此广泛应用于工农业生产、国防军事、医学卫生、科学研究等领域。

激光器的种类繁多，按工作物质来分，可以分为固体激光器（如红宝石激光器)、气体激光器（如氦-氖气体激光器、二氧化碳激光器)、半导体激光器（如砷化镓激光器)、液体激光器（如染料激光器）等，它们各有各的特点和应用场合。

1. 固体激光器

固体激光器的典型实例就是红宝石激光器，它是人类发明的第一种激光器，诞生于1960年。红宝石激光器的工作介质是掺0.5%铬的氧化铝（即红宝石)，激光器采用强光灯作为泵浦，红宝石吸收其中的蓝光和绿光，形成粒子数反转，受激发出深红色的激光(波长约694nm)。红宝石激光器除了在遥测和测距外已很少用作光电传感器的光源，而是更多地用在实验室仪器上。Nd：YAG是另一种常见的固体激光器，它以钇铝石榴石作为基质，在其中掺入浓度1%的钕元素。与红宝石激光器相比，对光泵的要求较低，可见光甚至近红外光都可以做其光泵，这种激光器发出的波长为1.06μm的红外光。Nd：YAG是目前应用最广泛的一种固体激光器，在精密测距、加工、医疗和科学研究等方面均有广泛应用。

固体激光器通常工作在脉冲状态下，功率大，在光谱吸收测量方面有一些应用。利用阿波罗登月留下的反射镜，红宝石激光器还曾成功地用于地球到月球的距离测量。

2. 气体激光器

可用来做气体激光器的介质很多，与固体激光介质相比，气体介质的密度低很多，因而单位体积能够实现的粒子反转数目也低得多，为了弥补气体密度低的不足，气体激光器的体积一般都比较大。但是，气体介质均匀，激光稳定性好，另外气体可在腔内循环，有利于散热，这是固体激光器所不具备的。由于气体吸收线宽比较窄，故气体激光器一般不宜采用光泵作为激励，更多的是采用电作为激励。在光电传感器中比较常见的气体激光器主要有氦-

氖激光器、氩离子激光器，氪离子激光器，以及二氧化碳激光器、准分子激光器等，它们的波长覆盖了从紫外到远红外的频谱区域。

氦-氖激光器是实验室常见的激光器，具有连续输出激光的能力。它能输出从红外的 3.3μm 到可见光等一系列谱线，其中 632.8nm 谱线在光电传感器中应用最广，该谱线的相干性和方向性都很好，输出功率通常小于 1mW，可以满足很多光电传感器的要求。氩离子、氪离子激光器的功率比氦-氖激光器大，氩离子发出可见的蓝光和绿光，比较典型的谱线有 488nm 和 514.5nm 等，氪离子发出的是红光（647.1～752.5nm），它们连续输出的功率可以达到几瓦的数量级，适用于对光源的功率要求比较大的场合，如光纤分布式温度传感器等。二氧化碳激光器是目前效率最高的激光器，它的输出波长为 10.6μm，连续输出方式功率可达几瓦，脉冲方式达到几千瓦，是远红外的重要光源。许多气体和有机物在红外区域有吸收谱线，二氧化碳激光器可用作物质分析的光源。在紫外区域，气体激光器更是一枝独秀，其他类型激光器还不能工作于这一区域，比较典型的氮气分子激光器输出波长为 337nm，在脉冲工作方式下功率可达到兆瓦量级，脉冲宽度可达到纳秒量级。能够工作在紫外的还有一些准分子激光器，目前能够提供从 353nm 到 193nm 的激光输出。由于包括污染物在内的许多物质在紫外区域有独特的吸收特征，随着激光器小型化技术的发展，这类激光器在化学分析、环境保护等方面有很好的应用前景。

3. 半导体激光器

半导体激光器是指以半导体材料为工作物质的一类激光器，也称半导体激光二极管（LD）。它除了具有一般激光器的特点外，还具有体积小、效率高、寿命长、成本低、结构简单、易于调制和集成等特点，特别是它对供电电源的要求极其简单，只需要低压供电，可以使用电池，是光纤通信的重要光源，在激光测距、激光准直、光信息处理、光存储、光计算机、自动控制等很多领域得到了非常广泛的应用。

半导体激光器虽然也是固体激光器，但是同红宝石、Nd：YAG 等固体激光器相比，半导体的能级宽得多，更类似于发光二极管，但谱线却比发光二极管窄得多。半导体激光器的特征是通过掺入一定的杂质改变半导体的性质，杂质能够增加导带的电子数目或者增加价带的空穴数目，当半导体接正向电压时，载流子很容易通过 PN 结，多余的载流子参加复合过程，能量被释放发出激光。目前可制成纵模或横模、单模或多模、单管或阵列、波长从 0.4～1.6μm、功率从毫瓦数量级至瓦数量级的各种半导体激光器。

半导体激光器的输出波长和功率是供电电流和温度的函数，其波长稳定性不如气体激光器，这给半导体激光器用于干涉测量带来不少问题，但是改变供电电流或者温度可以实现对波长在一定范围内的调制，使之成为可调谐激光器。

4. 液体激光器

染料激光器是液体激光器中最普遍采用的激光器，它以染料作为工作物质。液体激光器多用光泵激励，有时也用另一个激光器作为激励源。

染料溶解于某种有机溶液中，在特定波长光的激励下，就能发出一定带宽的荧光光谱。某些染料溶液在足够强的光照下，可成为有放大特性的激活介质，在谐振腔内放入色散元件，通过调谐色散元件的色散范围，可获得不同的输出波长，称为可调谐染料激光器。如果采用不同的染料溶液和激发光源，输出的波长范围可达 0.32 ～1μm。

第二节 光电器件

光电器件的作用是将光信号转变为电信号。由于光电式传感器的种类繁多，对光电器件的要求也多种多样。例如，光纤传感器的光信号一般很弱，有的甚至只有纳瓦、微瓦量级，对光电器件的灵敏度有着非常高的要求；双频激光干涉仪的外差信号频率可达几十兆赫，对光电器件的动态响应能力要求很高；光谱分析仪利用物质的频谱特性探测分子结构，要求光电器件具有宽广的频谱接收能力。另外，有些测量则要求用光电器件阵列来接收。多种多样的要求不可能由一种光电器件来完成，这决定了光电器件的多样性。

光电器件按探测原理可分为两类：热探测型和光子探测型。热探测型首先将光信号的能量变化转变为自身的温度变化，然后再依赖于器件某种温度敏感特性将温度变化转变为相应的电信号，探测器对波长没有选择性，只与接收到的总能量有关，在一些特殊场合具有非常重要的应用价值，尤其是远红外区域；光子探测型基于光电效应原理，即利用光子本身能量激发载流子，这类探测器有一定的截止波长，只能探测短于这一波长的光线，但其响应速度快，灵敏度高，使用最为广泛。

一、热探测器

热探测器是基于光辐射与物质相互作用的热效应制成的传感器，它的突出优点是能够接收超低能量的光子，具有宽广和平坦的光谱响应，尤其适用于红外探测。常见的热探测器有测辐射热电偶、测辐射热敏电阻和热释电探测器，这些传感器将光信号转变为温度变化的规律大致相同，但温度转变到电信号的机理却不尽相同。

（一）测辐射热电偶

与常规热电偶相似，测辐射热电偶只是在电偶的一个接头上增加光吸收涂层，当有光线照射到涂层上，电偶接头的温度随之升高，造成温差电动势。热电偶的响应时间受限制于热扩散速度，它的带宽可以达到几千赫，响应灵敏阈为几毫瓦。

（二）测辐射热敏电阻

测辐射热敏电阻与测辐射热电偶不同之处在于用热敏电阻代替了热电偶，当有光线照射到涂层上，首先引起温度的变化，热敏电阻再将温度变化转化为电阻值的变化。测辐射热敏电阻工作在小于30Hz的低频区，用在远红外测量领域。

（三）热释电探测器

热释电探测器的敏感部分是一种铁电材料，它的分子正负电荷的中心并不重合，而呈现电偶极距。在居里点 T_c 以下，部分电偶极距呈现一定的有序排列，铁电材料表现一定的极性，这就是自发极化，可以探测到表面电荷的存在。当光辐射照射到铁电材料上，电偶极矩的有序排列会有所减弱，铁电材料表现为表面电荷的减少，这相当于释放一部分电荷。释放的电荷可用放大器转变成输出电压。

大多数热释电探测器基于陶瓷铁电体材料，如锆酸盐等，居里点 T_c 约为几百摄氏度，铁电材料被加工成薄片，电偶极距垂直于薄片表面，表面为透明电极。材料的电阻率很高，有效负载电阻可达 $10^{10}\sim10^{11}\Omega$，材料的灵敏度与带宽的比值基本为一个常数。热释电探测器的上升时间可做到短至 $1\mu s$，工作波长远至 $100\mu m$ 的远红外区域。

热释电探测器应用广泛，从常见的防火、防盗装置到复杂的光谱仪、红外测温仪、热像仪和红外遥感技术等都有实际的应用。

二、光子探测器

光子探测器的作用原理是基于一些物质的光电效应。物理学界认为光是由分离的能团，即光子组成的，具有波粒二象性。把光看作一个波群，波群可想象为一个频率为f的振荡，光子的能量E和频率f的关系为

$$E = hf \tag{7-1}$$

式中　h——普朗克常数，$h=6.626\times10^{-34}\mathrm{J\cdot s}$。

光照射在物体上可看成是一连串具有能量为E的光子轰击物体，如果光子的能量足够大，物质内部电子在吸收光子后就会摆脱内部力的束缚，成为自由电子，自由电子可能从物质表面逸出，也可能参与物质内部的导电过程，这种现象称为光电效应，电子逸出物质表面的称为外光电效应，电子并不逸出物质表面的称为内光电效应。光子探测器一般都有一定的截止波长，当光的频率低于某一阈值时，光的强度再大也不能激发导电电子。下面介绍几种光电效应及其器件。

（一）光电发射型

在光线作用下能使电子逸出物体表面，这种现象称为光电发射，也称外光电效应。用这种原理制成的光电器件称为光电发射探测器，主要有真空光电管和光电倍增管等，用这种原理制成的辐射计数管仍在普遍使用。

要使一个电子从物质表面逸出，光子具有的能量E必须大于该物质表面的逸出功A_0，不同的材料具有不同的逸出功，因此对某种材料而言便有一个频率限，入射光的频率低于此频率限时，不论光强多大，也不能激发电子；反之，被照射的物质便能激发出电子。此频率限称为“红限”，其临界波长λ_k为

$$\lambda_k = hc/A_0 \tag{7-2}$$

式中　h——普朗克常数；

c——光在真空中的速度。

真空光电管的结构如图7-3a所示。在一个抽成真空的玻璃泡内装有两个电极：光电阴极和光电阳极。光电阴极通常是用逸出功小的光敏材料（如铯）涂敷在玻璃泡内壁上做成，其感光面对准光的照射孔。当光线照射到光敏材料上，便有电子逸出，这些电子被具有正电位的阳极所吸引，在光电管内形成空间电子流，在外电路就产生电流。外电路接线如图7-3b所示，串入一适当阻值的电阻，在该电阻上的电压降或电路中的电流大小都与光强呈函数关系，从而实现了光电转换。

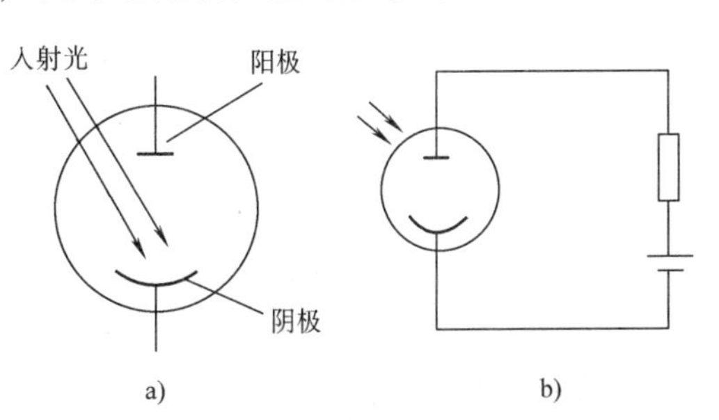

图7-3　真空光电管的结构及外接电路

a）结构　b）外接电路

由于真空光电管的灵敏度较低，人们又研制了光电倍增管。图7-4为光电倍增管的结构原理图。它在光电阴极和阳极之间又增加了若干个光电倍增极，这些倍增极上涂有Sb-Cs或Ag-Mg等光敏材料，并且电位逐级升高。当有入射光照射时，阴极发射电子以

高速射到倍增极上，引起二次电子发射。这样，在阴极和阳极间的电场作用下，逐级产生二次电子发射，电子数量迅速递增。典型的倍增管一般有10个左右的倍增极，相邻极之间加有200～400V的电压，阴极和阳极间的总电压差可达几千伏，电流增益为10^5左右，它的上升沿时间可达2ns，探测光谱为0.2～1.0μm之间。光电倍增管的噪声主要来源于阴极发射和倍增过程中的统计噪声以及热发射产生的暗电流。由于光电倍增管的高增益，它可用于探测单个的光子，也就是所说的光子探测模式。

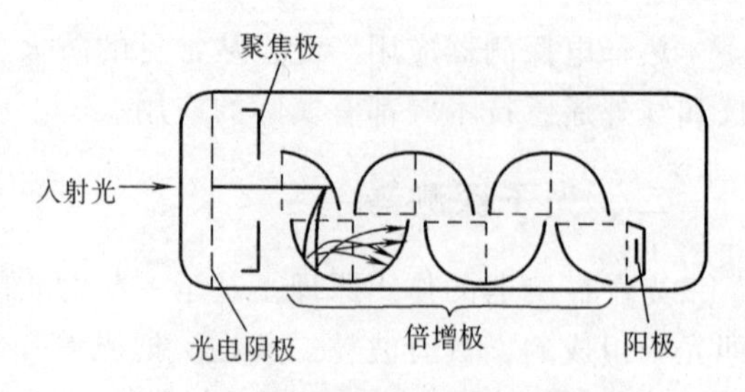

图7-4　光电倍增管的结构原理图

光电管的特性主要包括光电特性、伏安特性、光谱特性，此外还有温度特性、疲劳特性、惯性特性、暗电流和衰老特性等，使用时应根据产品说明书和有关手册合理选用。

1. 光电特性

光电特性表示当阳极电压一定时，阳极电流I与入射在光电阴极上光通量Φ之间的关系。图7-5a为光电倍增管的光电特性曲线，它在相当宽的范围内转换灵敏度为常数。真空光电管的灵敏度比它要低得多。

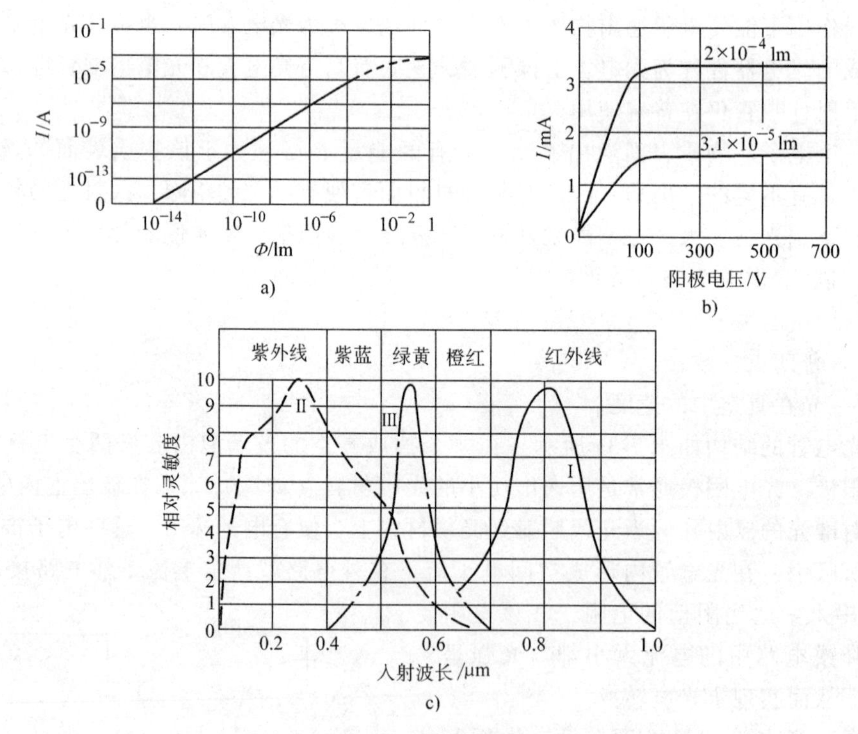

图7-5　光电管的特性

a）光电倍增管的光电特性　b）光电倍增管的伏安特性　c）光电管的光谱特性

Ⅰ—铯氧银阴极　Ⅱ—锑化铯阴极　Ⅲ—人的视觉光谱特性

2. 伏安特性

当入射光的频谱及光通量一定时，阳极电流与阳极电压之间的关系叫伏安特性，如图7-5b所示。当阳极电压比较低时，阴极所发射的电子只有一部分到达阳极，其余部分受光电子在真空中运动时所形成的负电场作用，回到光电阴极。随着阳极电压的增高，光电流随之增大。

当阴极发射的电子全部到达阳极时，阳极电流便很稳定，称为饱和状态。

3. 光谱特性

由于光电阴极对光谱有选择性，因此光电管对光谱也有选择性。保持光通量和阳极电压不变，阳极电流与光波长之间的关系叫光电管的光谱特性。图 7-5c 中曲线Ⅰ、Ⅱ为铯氧银和锑化铯阴极对应不同波长光线的灵敏系数，Ⅲ为人的眼睛视觉特性。

（二）光电导型

半导体材料在光线作用下，其电阻值往往变小，这种现象称为光导效应，它基于某些半导体材料的内光电效应。利用这种原理制成的光电器件称为光敏电阻，也叫光导管。

光敏电阻有很多优点：灵敏度高，体积小，重量轻，光谱响应范围宽，机械强度高，耐冲击和振动，寿命长。但是，光敏电阻是纯电阻器件，使用时需要有外部电源。此外，当有电流通过时，会有产生热的问题。

图 7-6 是光敏电阻的结构原理图。半导体材料在黑暗的环境下，内部电子被原子所束缚，处于价带上，不能自由移动，半导体的电阻值很高。当受到光照且光辐射能量足够大时，价带中的电子受到光子激发，由价带跃迁到导带，使导带的电子和价带的空穴数目增加，半导体材料电导率变大。要使价带上的电子跃迁到导带，入射光子的能量需满足

$$hf>E_g \text{ 或 } \lambda<hc/E_g \tag{7-3}$$

式中　h——普朗克常数；

f、λ——入射光的频率和入射光的波长；

E_g——价带与导带之间的能隙；

c——光在真空中的速度。

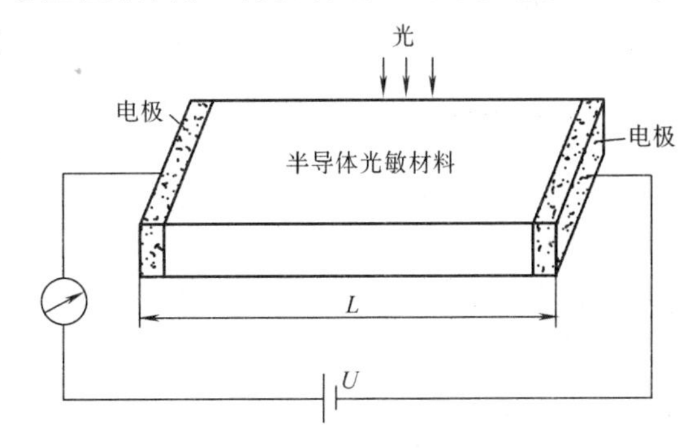

图 7-6　光敏电阻的结构原理图

导带上的电子和价带的空穴在外加电场的作用下，经半导体和外部电路形成电流，直至无光照，电子与空穴重新结合而电流终止。

光敏电阻两端带有金属电极，在电极间加上电压，便有电流通过，若有光线照射，则电流增大。由于光电导效应只限于受光照的表面层，因此光敏电阻通常做得很薄。为了得到高的灵敏度，电极做成梳状，并且将电导体严密封装在壳体中，以免受潮影响灵敏度。在外壳上的入射孔是用一种只允许一定光谱范围的光透过的材料或专用滤光片做成，以避免其他光线的干扰。

光电导探测器主要用于探测波长较长、光电二极管和倍增管无法探测的红外区域。例如，PbS 探测器的探测波长达 3.4μm，灵敏度峰值出现在 2μm，响应时间为 200μs，在液氮的冷却下可测量 4μm 的波长，冷却也同时降低了噪声。InSb 探测器则可以测量 7μm 的波长，响应时间快至 50ns，冷却到 77K（液氮）时噪声降低，但最长可探测波长变为 5μm。HgCdTe 探测器依赖改变 Hg 和 Cd 的含量来改变波长响应范围，最长可探测波长为 5~14μm，通常工作在 77K 低温下。还有一类掺杂质的半导体材料，如掺 Zn 或 B 的 Ge，可以探测 20~100μm 的波长，但为了降低噪声，需工作在 4K 的低温下。

（三）光电结型

光电结型光电器件的工作原理与光电导型相似，其差别只是光照射在半导体结上而已。光电结型探测器主要有光电二极管和光电晶体管两种。其中，光电二极管最为常用，又可分为一般光电二极管和雪崩光电二极管等。

大多数半导体二极管和晶体管都是对光敏感的，即当二极管和晶体管的PN结受到光照射时，通过PN结的电流将增大。因此，常规的二极管和晶体管都用金属壳或其他壳体密封起来，以防光照。而光电结型的光电管则必须使PN结能受到最大的光照射。

图7-7是光电结型光电器件的结构和图示符号。为了便于接受光照，光电二极管的PN结装在管的顶部，上面有一个用透镜制成的窗口，以便使入射光集中在PN结上。光电二极管在电路中往往工作在反向偏置，这时流过的反向电流很小，这是因为P型半导体中的电子和N型半导体中的空穴很少。但是当光照射在PN结上时，在耗尽区内，吸收光子而激发出的电子-空穴对越过结区，使少数载流子的浓度大大增加，因此通过PN结产生稳态光电流。和光电电阻的情况相同，入射光子必须具有足够的能量使电子越过材料价带和导带之间的能隙。光电二极管的光谱带宽与材料有关，硅光电二极管为0.4~1.1μm，峰值出现在0.9μm，锗光电二极管的带宽为0.6~1.8μm，峰值出现在1.5μm。

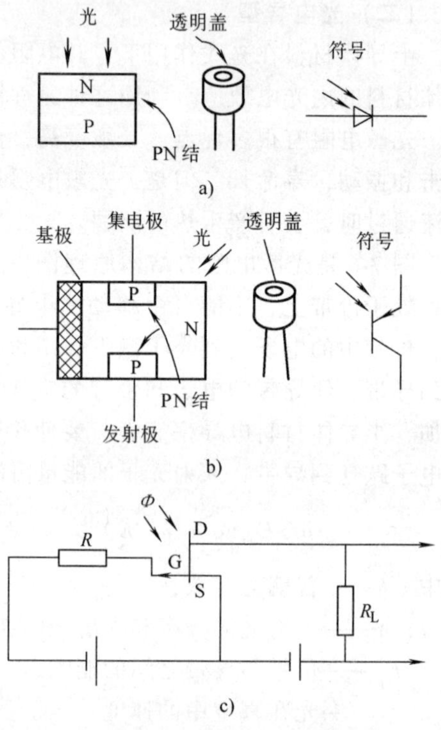

图7-7　光电管结构及其符号
a）光电二极管　b）光电晶体管
c）光电场效应晶体管

此外，还有雪崩光电二极管，通过反向电压击穿，引起电流增大，它类似光电倍增管的工作原理：当反向偏置接近反向击穿电压时，一个入射光子激发出一个电子，电子通过碰撞电离又产生更多的二次电子-空穴对。因此，雪崩光电二极管的功率比上述一般光电二极管的大10^4倍左右。

光电晶体管的结构与光电二极管相似，不过它具有两个PN结，大多数光电晶体管的基极无引出线。当有光照时，一个反向偏置结能给出几μA电流；在同样条件下，晶体管的集电极-基极结能产生几毫安电流，即该结中激发的光电流将放大β倍（晶体管的电流放大系数）。又因为光电晶体管壳体的顶部是用透明材料做成的聚光镜，这样，如图7-7b中示出的PNP型光电管能把光线聚焦在N型材料上，作用面积可达0.1cm^2，从而增大了PN结中流过的电流。

当场效应晶体管的构造能使光线聚焦照射到栅极时，即可当作光电晶体管使用，如图7-7c所示。光照使栅流增大，从而使栅阻R两端电压降增大。这个电压变化又反过来影响从源极到漏极的主电流，从而使负载电阻R_L两端的电压降也增大，这个电压降是输出信号，可用来操纵继电器等控制器件进行工作。

光电二极管和光电晶体管的体积很小，所需偏置电压不大于几十伏。光电二极管有很高的带宽，而雪崩光电二极管的性能可与光电倍增管相媲美。光电二极管在光电耦合隔离器、光学数据传输装置和测试技术中得到广泛应用。一般光电晶体管的光电流比具有相同有效面积的光电二极管的光电流要大几十乃至几百倍，但是响应速度较二极管差，带宽较窄，但作为一种高电流响应器件，应用十分广泛。

（四）光电伏特型

光电伏特型光电器件是自发电式的，即这种半导体器件受到光照射时会产生一定方向的电动势，而不需外部电源。这种因光照而产生电动势的现象称为光生伏特效应。

用可见光作为光源的光电池是最常用的光电伏特型器件。硒和硅是光电池最常用的材料，也可使用锗。图 7-8 表示硅光电池构造原理和符号。硅光电池也称为硅太阳能电池，它是用单晶硅制成的，在一块 N 型硅片上用扩散的方法掺入一些 P 型杂质而形成一个大面积的 PN 结，P 层做得很薄，从而使光线能穿透到 PN 结上。为什么 PN 结会产生光生伏特效应呢？因为 P 型材料具有过剩的空穴，N 型材料具有过剩的电子，它们分别向各自浓度低的一方自由扩散，使空穴和电子分别集结在 PN 结的 N 型和 P 型一边，在过渡区形成一个电场。该电场阻止空穴、电子进一步自由扩散。而当光照到结区时，具有足够能量的光子使电子从价带跳到导带，在结区附近激发出称为光生载流子的电子-空穴对，在结电场作用下，电子被推向 N 区，而空穴被拉向 P 区。这样，使 P 区和 N 区分别带正、负电，两者之间形成电位差，这就是光生伏特效应。

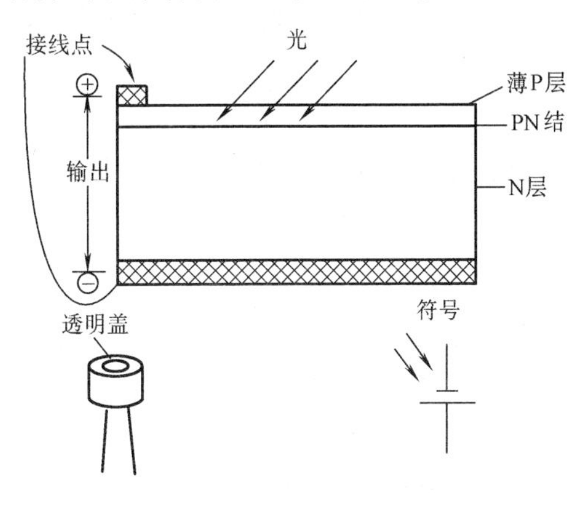

图 7-8　硅光电池构造原理和符号

硅太阳能电池与其他能量转换器件相比具有很多优点：轻便，简单，不会产生气体或热污染，易于适应环境。因此，凡是不宜敷设电缆的地方都可采用太阳能电池，尤其适于为宇宙飞行器的各种仪表提供电源。

图 7-9 所示为硒光电池的构造原理和符号。它是在金属基板上沉积一层硒薄膜，然后加热使硒结晶，再把氧化镉沉积在硒层上形成 PN 结，硒层为 P 区，而氧化镉成了 N 区。

当有光照时，硒光电池也产生光生电动势，接通外电路便有电流通过。虽然它的转换效能没有硅光电池高，但是当光源发出的光接近人眼可见光时，它的效能还是相当高的。

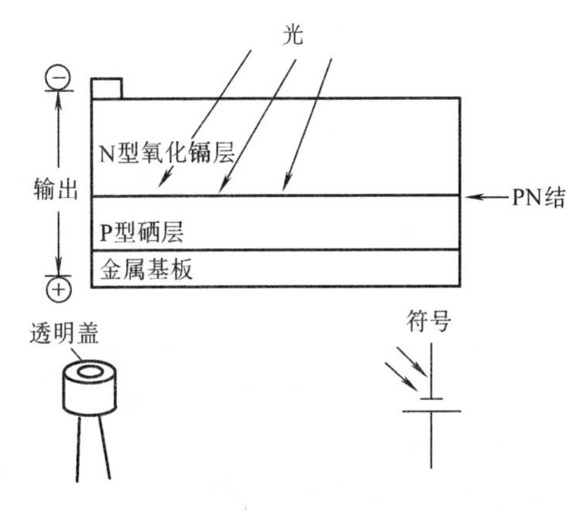

图 7-9　硒光电池构造原理和符号

（五）半导体光电器件的特性

上面讨论的光电导型、光电结型和光生伏特型光电器件都是半导体传感器件。它们各有特点，但又有相似之处，为了便于分析和选用，把它们的特性综合如下：

1. 光电特性

光电特性是指半导体光电器件产生的光电流 I 与光照间的关系：

光敏电阻的光电流与其端电压 U 和入射光通量 Φ 之关系为

$$I = kU^{\alpha}\Phi^{\beta} \tag{7-4}$$

式中，电压指数 α 接近 1，而光通量指数 β 随着光通量的增强而减小，在强光时为 1/2 左右，所以 I-Φ 关系曲线呈非线性。图 7-10 中曲线 I 表示硒光敏电阻的 I-Φ 关系。可见，这种光电器件用作光电导开关元件较合适，而不宜作为检测元件。式（7-4）中 k 为光电导灵敏度，是光敏电阻在单位光通量照射下其光电导率的增量，与工作电压无关，对一定材料是一个常数。

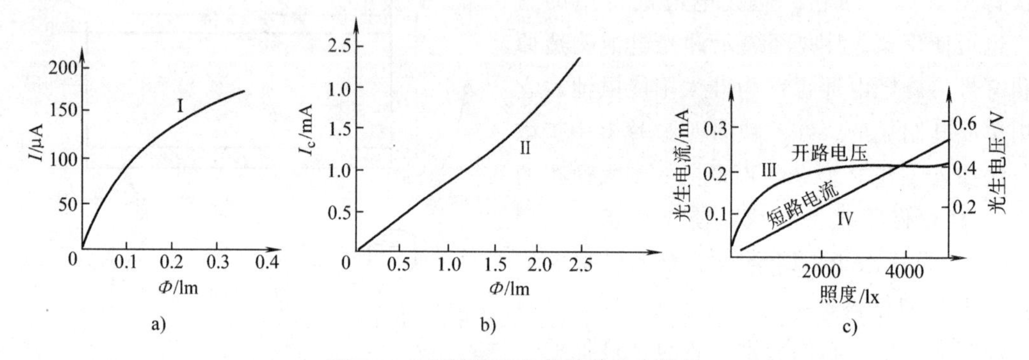

图 7-10　半导体光电器件的光电特性

a）硒光敏电阻的光电特性　b）光电晶体管的光电特性　c）硅光电池的光电特性

图 7-10 中曲线Ⅱ为光电晶体管的光电特性曲线，基本上是线性关系。但当光照足够大时会出现饱和，其值的大小与材料、掺杂浓度及外加电压有关。

图 7-10 中曲线Ⅲ和Ⅳ分别为硅光电池的开路电压与短路电流和光照的关系曲线。可见，短路电流与光照度呈良好的线性关系，而开路电压却不然。因此光电池作为检测元件使用时，应把它当作电流源形式来使用，使其接近短路工作状态。应该指出，随着负载的增加，硅光电池的负载电流与光照间的线性关系变差了。

2. 伏安特性

伏安特性是指当光照一定时，这些光电器件的端电压 U 与电流 I 之间的关系。

图 7-11a 为光敏电阻的伏安特性，它具有良好的线性关系。图中虚线为允许功耗曲线，使用时不应超过该功耗限。

锗光电晶体管的伏安特性曲线示于图 7-11b 中，它与一般晶体管的伏安特性相似，其光电流相当于反向饱和电流，其值取决于光照强度，只要把 PN 结所产生的光电流看作一般的基极电流即可。

图 7-11c 所示为硅光电池的伏安特性。

由伏安特性曲线可以作出光电器件的负载线，并可确定取得最大功率时的负载。

3. 光谱特性

半导体光电器件对不同波长的光，其灵敏度是不同的，因为只有能量大于半导体材料禁带宽度的那些光子才能激发出光生电子-空穴对。光子能量的大小与光的波长有关。

图 7-12a 表示几种光敏电阻的相对光谱特性。其中只有硫化镉的光谱响应峰值处于可见光区，而硫化铅的峰值在红外区域。

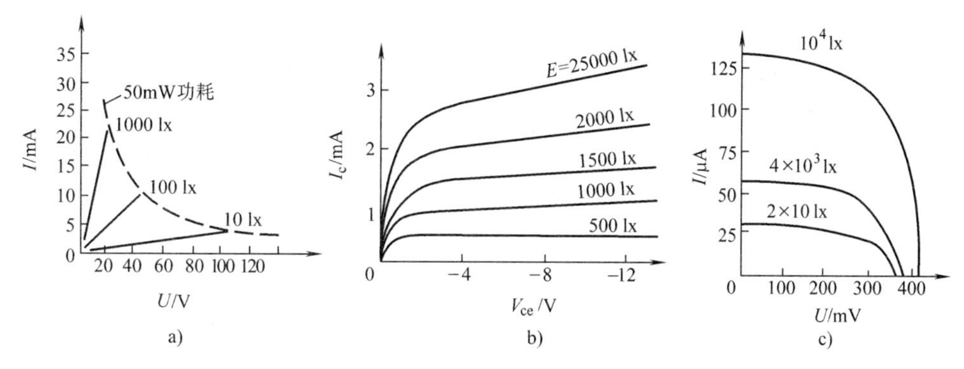

图 7-11　半导体光电器件的伏安特性

a）光敏电阻的伏安特性　b）锗光电晶体管的伏安特性　c）硅光电池的伏安特性

图 7-12b 所示是硅和锗光电晶体管的光谱响应曲线，它们的灵敏峰分别在波长为 0.8μm 和 1.4μm 附近。这是因为波长很大时光子能量太小，但波长太短，光子在半导体表面激发的电子-空穴对不能到达 PN 结，致使相对灵敏度下降。

硒和硅光电池的光谱特性曲线与这两种材料的光电晶体管的光谱特性曲线一致，即图 7-12b 中的硒曲线和硅曲线。由于硒和硅的光谱特性不同，因此在使用光电池时对光源应进行选择，或者根据光源特性选用合适的光电池。

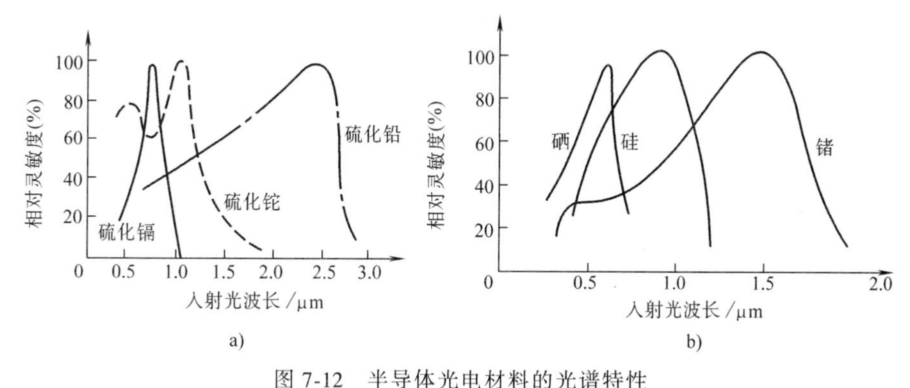

图 7-12　半导体光电材料的光谱特性

a）光敏电阻的光谱特性　b）光电管和光电池的光谱特性

4. 频率特性

半导体光电器件的频率特性是指它们的输出电信号与调制光频率变化的关系。图 7-13a 示出了硫化铅和硫化铊光敏电阻的频率特性。

当光敏电阻受到脉冲光照射时，光电流要经过一段时间才能达到其稳态值，而当光突然消失时光电流也不立刻为零。这说明光敏电阻有时延特性，它与光照的强度有关。

硅光电晶体管的频率特性示于图 7-13b 中。可见，减小负载电阻能提高响应频率，但输出降低。一般说来，光电晶体管的频响比光电二极管低得多。锗光电晶体管的频响比硅管低一个数量级。

光电池作为检测、计算和接收元件时常用调制光输入。图 7-13a 示出了两种光电池的频响曲线，可见硅光电池的频率响应好。

5. 温度特性

半导体材料易受温度的影响，影响光电流的值。因此需要讨论这些光电器件的温度特

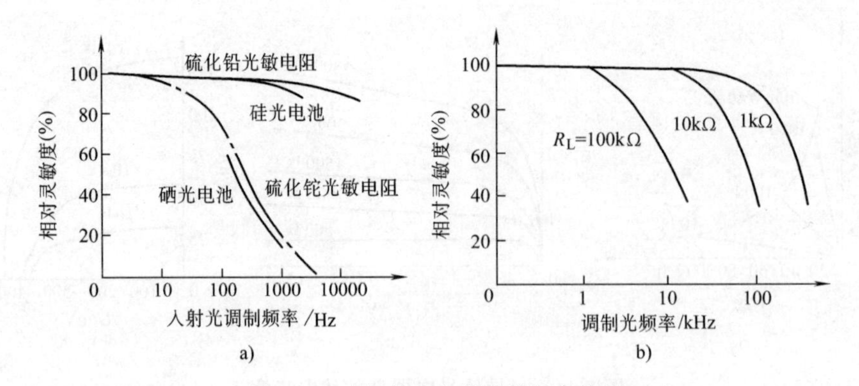

图 7-13 半导体光电器件的频率特性

a）光敏电阻和光电池的频率特性 b）硅光电晶体管的频率特性

性，以便选用合适的工作温度。

随着温度的升高，光敏电阻的暗电阻值和灵敏度都下降，而频谱特性向短波方向移动。这是它的一大缺点，所以有时用温控的方法来调节其灵敏度。

光敏电阻的温度特性用电阻温度系数 α 表示：

$$\alpha=\frac{R_1-R_2}{(T_2-T_1)\ R_2}\times100\% \tag{7-5}$$

式中 R_1、R_2——相对于温度 T_1、T_2 时光敏电阻的阻值，且 $T_2>T_1$。

温度系数 α 值越小越好。

图 7-14a 为锗光电晶体管的温度特性曲线。由图可见，温度变化对输出电流影响很小，而暗电流的变化却很大。由于暗电流在电路中是一种噪声电流，特别是在低照度下工作时，因为光电流小，信噪比就小，因此在使用时应采取温度补偿措施。

光电池的温度特性是指开路电压、短路电流与温度的关系。由于它影响着应用光电池仪器的温度漂移、测量精度等重要指标，因此显得尤其重要。图 7-14b 为硅光电池在 1000lx 光照下的温度特性曲线。可见，开路电压随温度升高而很快下降，而短路电流却升高，它们与温度都呈线性关系。

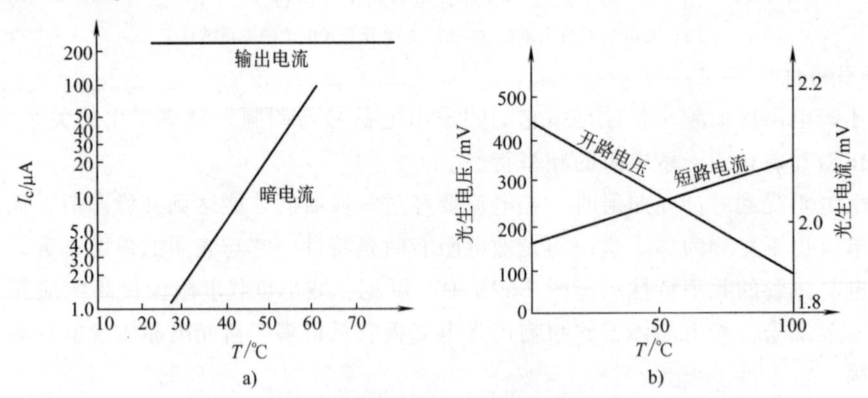

图 7-14 半导体光电器件的温度特性

a）锗光电晶体管的温度特性 b）硅光电池的温度特性

由于温度对光电池的工作影响很大，因此用作检测元件时要有温度补偿措施。

比较结果表明，硅光电池的特性优于硒光电池。而硅光电池的最大特点是转换效率高，可达12%以上，如有1m^{2}的表面积，则可产生100W以上太阳能电力。

第三节　图像传感器和位置敏感器件

一、电荷耦合器件

电荷耦合器件（Charge-Coupled Devices，CCD）是20世纪70年代发展起来的一种新型器件，它将MOS光敏单元阵列和读出移位寄存器集成为一体，构成具有自扫描功能的图像传感器。电荷耦合器件不仅用于广播电视、可视电话和传真，在自动检测和控制等领域也显示出广阔的应用前景。

（一）MOS光敏单元

图7-15是MOS光敏元的结构原理图。它是在半导体基片上（如P型硅）生长一种具有介质作用的氧化物（如二氧化硅），又在其上沉积一层金属电极，形成了金属-氧化物-半导体（MOS）结构单元。

当在金属电极上施加一正电压时，在电场的作用下，电极下的P型硅区域里的空穴被赶尽，从而形成一个耗尽区，也就是说，对带负电的电子而言是一个势能很低的区域，称为势阱。如果此时有光线入射到半导体硅片上，在光子的作用下，半导体硅片上就会产生电子和空穴，光生电子被附近的势阱所俘获，而同时光生空穴则被电场排斥出耗尽区。此时势阱内所吸收的光生电子数量与入射到势阱附近的光强成正比。人们称这样一个MOS结构元为MOS光敏元或叫作一个像素，把一个势阱所收集的若干光生电荷称为一个电荷包。

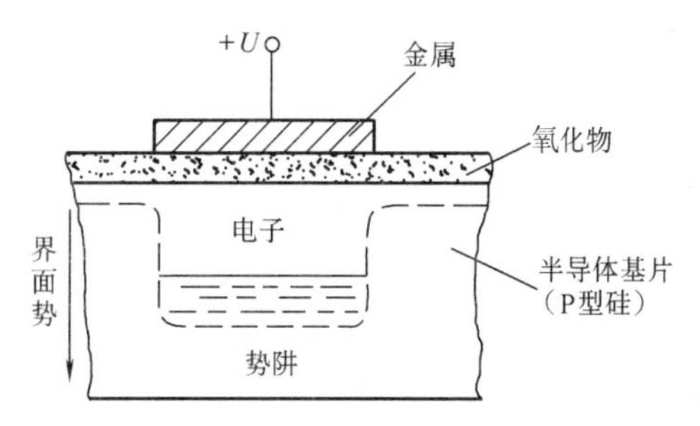

图7-15　MOS光敏元的结构原理图

通常在半导体硅片上制有几百或几千个相互独立的MOS光敏元，若在金属电极上施加一正电压，则在这半导体硅片上就形成几百个或几千个相互独立的势阱。如果照射在这些光敏元上的是一幅明暗起伏的图像，那么这些光敏元就感生出一幅与光照强度相对应的光生电荷图像。

（二）读出移位寄存器

读出移位寄存器是电荷图像的输出电路。图7-16a是读出移位寄存器的结构原理图。它也是MOS结构，由金属电极、氧化物和半导体三部分组成。它与MOS光敏元的区别在于：①在半导体的底部覆盖上一层遮光层，防止外来光线的干扰；②它由三组（也有二组、四组等）邻近的电极组成一个耦合单元（亦即传输单元），在这三个电极上分别施加脉冲波ϕ_1、ϕ_2、ϕ_3，如图7-16b所示。在t_1时刻，第一相时钟ϕ_1处于高电平，ϕ_2、ϕ_3处于低电平。这时第一组电极下形成深势阱，信息电荷存储其中。

在t_2时刻，ϕ_1、ϕ_2处于高电平，ϕ_3处于低电平，电极ϕ_1、ϕ_2下都形成势阱。由于两个电极靠得很近，电荷就从ϕ_1电极下耦合到ϕ_2电极下。t_3时刻，ϕ_1电压减小，ϕ_2仍处于高电平，在第一组电极下的势阱减小，信息电荷从第一组电极下面向第二组转移。直到t_4，ϕ_2为高压，ϕ_1、ϕ_3为低压，信息电荷全部转移到第二组电极下面。至此信息电荷转移了一位。经过同样的过程，t_5 时刻，电荷又耦合到 ϕ_3 电极下，t_6 时刻，电荷就转移到下一位的 ϕ_1 电极下，这样，在三相脉冲的控制下，信息电荷不断向右转移，直到最后位依次不断地向外输出。电荷的输出，通常采用反偏压输出二极管所形成的深势阱把信息电荷收集并送入前置放大器。根据输出先后可以辨别出电荷是从哪位光敏元来的，并根据输出电荷量，可知该光敏元受光的强弱。无光照处则无光生电荷。

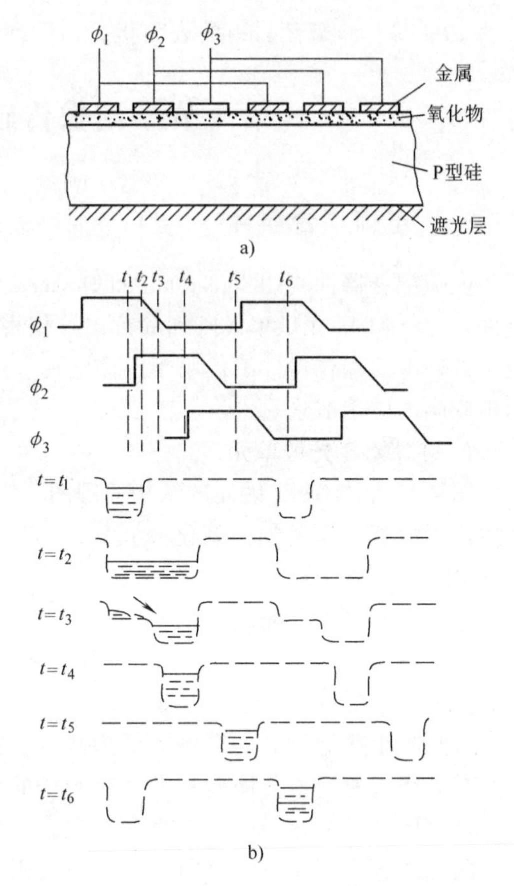

图 7-16　读出移位寄存器与信号电荷的传输

a）读出移位寄存器结构原理图

b）信号电荷传输示意图

（三）线阵电荷耦合器件

线阵电荷耦合器件是光敏元排列成直线的器件，它由 MOS 光敏元阵列、转移栅和读出移位寄存器等部分组成。图 7-17 所示为一个具有 N 个光敏单元的线阵器件，与敏感单元相对应的是 N 位读出移位寄存器，光敏区与移位寄存器之间由一个转移栅隔开。输入二极管 VD_1 与输入栅 G_i 组成电荷注入电路，用来将输入的电信号转换成电荷信号。直流偏置的输出栅 G_o 用于屏蔽时钟脉冲对输出信号的干扰。放大管 V_1、复位管 V_2、输出二极管 VD_2 组成输出电路，完成信号电荷到信号电压的转换。

当光敏元进行曝光（或叫光积分）时，在金属极上施加电压脉冲 ϕ_P，光敏元的势阱吸收附近的光生电荷。在光积分行将结束时，在转移栅上施加转移脉冲 ϕ_t，将转移栅打开，此时每个光敏元所俘获的光生电荷就通过转移栅耦合到各自对应的移位寄存器极下，这是一次并行转移的过程。接着转移栅关闭，ϕ_1、ϕ_2、ϕ_3 三相脉冲开始工作，读出移位寄存器的输出端依次输出各位的信息，直至最后一位的信息为止，这是一次串行输出的过程。ϕ_P、ϕ_t、ϕ_1、ϕ_2、ϕ_3 各脉冲的波形和相位如图 7-18 所示。

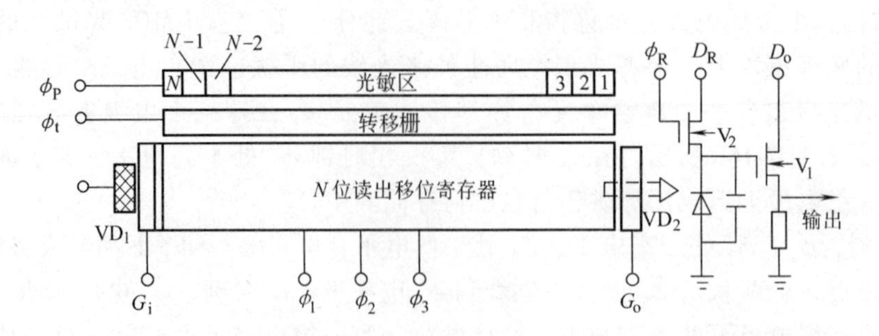

图 7-17　线阵 CCD 结构原理图

从上面的分析可以看出，CCD 器件输出信息是一个个脉冲，脉冲的幅度取决于对应光敏元上所受的光强，而输出脉冲的频率则和驱动脉冲 ϕ_1 等的频率相一致，因此只要改变驱动脉冲的频率就可以改变输出脉冲的频率。工作频率的下限主要受光生电荷的寿命所制约，工作频率的上限主要与界面俘获电荷的时间有关。

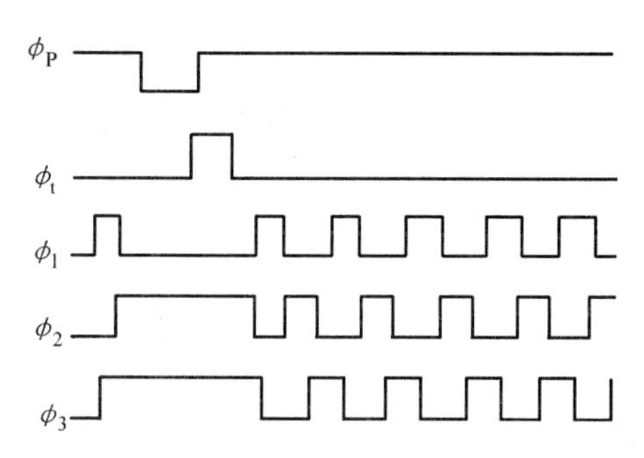

图 7-18　各脉冲波形和相位

（四）面阵电荷耦合器件

面阵电荷耦合器件是把光敏元等排列成矩阵的器件，它有数种结构形式，图 7-19 所示为一种叫“场转移面阵电荷耦合器件”的结构示意图。它由一个光敏元面阵、存储器面阵和读出移位寄存器（线阵）组成。光敏元面阵可视为由若干列线阵电荷耦合器件组成，存储器面阵可视为由若干列线阵读出寄存器组成。

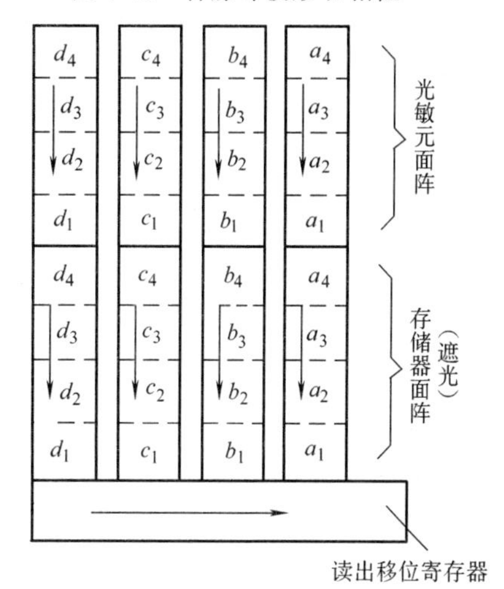

图 7-19　场转移面阵电荷耦合器件

为了对面阵电荷耦合器件的工作原理叙述简单起见，假设它是一个 4×4 的面阵。在光积分时间，各个光敏元曝光，吸收光生电荷。曝光结束时，器件实行场转移，亦即在一个瞬间内将原整场的光电图像迅速地转移到存储器列阵中去，譬如将脚注为 a_1、a_2、a_3、a_4 的光敏元中的光生电荷分别转移到脚注相同的存储单元中去。此时光敏元开始第二次光积分，而存储器列阵则将它里面存储的光生电荷信息一行行地转移到读出移位寄存器，在高速时钟驱动下，读出移位寄存器输出每行中各位的光生电荷信息。如第一次将 a_1、b_1、c_1、d_1 这一行信息转移到读出移位寄存器，读出移位寄存器立即将它们按 a_1、b_1、c_1、d_1 的次序有规则地输出。接着再将 a_2、b_2、c_2、d_2 这一行信息传到读出移位寄存器，直至最后由读出移位寄存器输出 a_4、b_4、c_4、d_4 的信息为止。

二、CMOS 图像传感器

CMOS（Complementary Metal Oxide Semiconductor，互补金属氧化物半导体）图像传感器是一种基于标准 CMOS 集成电路制造工艺实现的图像传感器。近年来，随着 CMOS 工艺水平的发展，尤其是有源像素、相关双采样等技术的引入，CMOS 图像传感器的暗电流和噪声特性得到了极大地改善，综合性能大幅提升。CMOS 图像传感器和 CCD 已经成为当前两大主流图像传感器。

（一）CMOS 图像传感器的基本结构

CMOS 图像传感器集光电传感、信号放大、A/D 转换、数字信号处理以及数字接口等模块于一体，构成一个功能完整的传感器芯片系统。图 7-20 是它的一种典型结构示意图，主要包括像素单元阵列、模拟读出电路、A/D 转换器以及时序逻辑控制电路等。图中像素单元阵列按面阵排列，也可以排列成线阵。它是传感器的最小光电转换单元，将光信号转换成电荷信号。与CCD不同的是，CMOS图像传感器在像素单元内直接把电荷信号转换成电压信号。这个电压信号一般是比较微弱的，需要利用模拟读出电路做进一步的放大、保持和采样等处理，最后进行A/D转换。

图7-20中每列像素单元共享一个模拟读出电路和A/D转换器，图7-21给出了该模式下像素数据的读出原理。其中光电二极管阵列代表$m \times n$个像素。某一时刻，在行译码器控制下，模拟开关$S_{i,j}$（$j=1, 2, \cdots, n$）选通，第i行像素单元内的图像信号连通各自所在列的信号总线。因此，各个像素信号被传输到对应的模拟读出电路RO_j以及A/D转换器A/D_j，最终被并行地转换为数字图像信号。行译码器可以对像素阵列逐行扫描，也可隔行扫描。另外，行译码器、列译码器与数字开关D_j配合使用，可以实现图像的任意窗口提取功能。由于每个列总线共用一个A/D转换器，这种以行为单位进行读出的模式，称为列级读出模式。

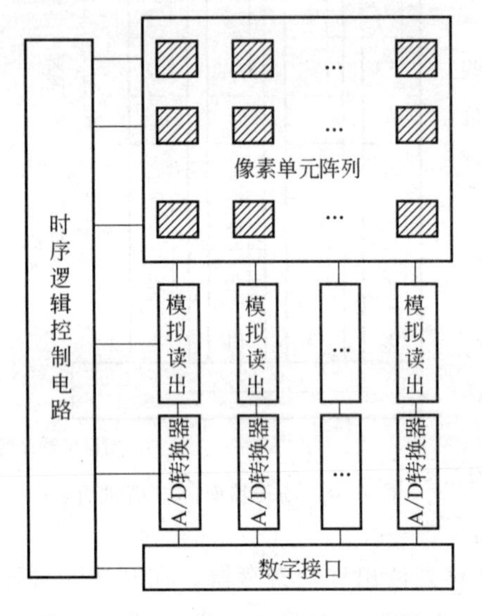

图7-20 CMOS图像传感器典型结构示意图

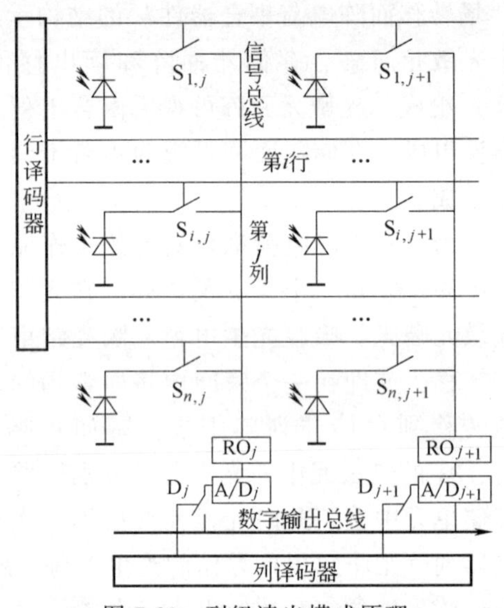

图7-21 列级读出模式原理

除了列级读出模式，传感器还可以设计成芯片级读出模式和像素级读出模式。芯片级读出模式是较早采用的模式，整个像素阵列共用一个A/D转换器。A/D转换器位于传感器信号串行输出级的末端，依次将每一像素的模拟信号转换为数字信号。在像素级读出模式中，图像传感器的每个像素或每几个像素共用一个A/D转换器，采用完全并行的工作方式。

此外，CMOS图像传感器还可以集成其他数字信号处理电路，如黑电平校正、镜头阴影校正、插值、降噪以及压缩等。

（二）像素单元结构

为了提高信噪比，CMOS图像传感器将光电转换电路和信号处理电路制作在一起，构成像素单元结构。像素单元结构分为无源像素单元结构（PPS）和有源像素单元结构（APS）。

早期的传感器采用PPS，像素单元中只包含光电转换元件和地址选通开关。地址选通开关导通时，光电转换元件与所在列的信号总线相连，信号电荷被送到列处理电路，通过积分放大器转换成电压后输出。由于各个地址选通开关的压降差异以及暗电流，PPS存在固定模式噪声大、信噪比低的缺点。APS是在PPS的基础上产生的，在像素单元内部引入了有源放大器，直接以电压的形式输出。APS不仅提高了灵敏度，也降低了图像传感器的噪声，

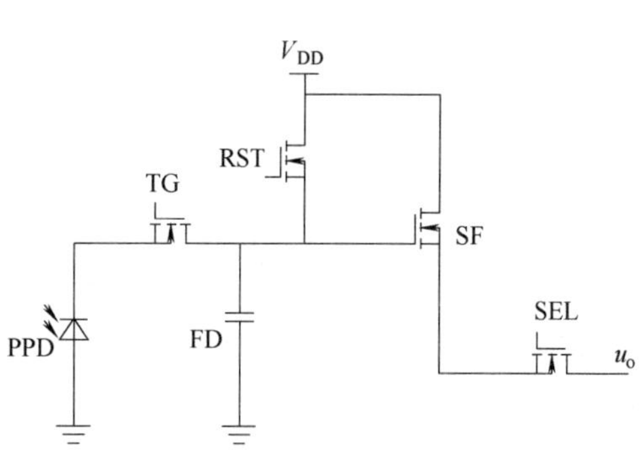

图像质量得到明显改善。

按照采用的光电转换元件不同，APS 可以分为 PN 结光电二极管型（PD-APS）、光门型（PG-APS）和钳位光电二极管型（PPD-APS）等。图 7-22 给出了一种包含 4 个 MOS 管的钳位光电二极管型结构，称为 4T-PPD 结构。一个 APS 中包含的 MOS 管数量也可以是 3 个、5 个甚至更多。

图 7-22　4T-PPD 像素单元结构原理图

图 7-22 中 PPD 为钳位光电二极管，相对于传统的光电二极管而言，大大降低了像素的表面暗电流。源级放大器 SF 相当于一个积分放大器。浮置扩散点 FD 用来存储电荷，可以等效为一个电容器。借助于传输栅 TG 和浮置扩散点 FD，不仅可以将信号电荷与复位信号分开存储，还能让 PPD 信号电荷转移结束后立即开始下一个周期的电荷收集。工作时，PPD 首先开始接受光照，产生并收集光生电荷。此时传输栅 TG 截止，复位管 RST 导通，浮置扩散点 FD 被复位到高电平。随后，行选通管 SEL 导通，通过列信号总线对输出电压 u_{o1} 进行采样。光生电荷收集结束后，传输栅 TG 导通，信号电荷从 PPD 向浮置扩散点 FD 中转移。待信号稳定后，传输栅 TG 截止，行选通管 SEL 再次导通，对输出电压 u_{o2} 进行采样。这就完成了一个周期的工作循环。

在上述工作循环中，将像素的两次采样值之差（$u_{o1}-u_{o2}$）作为有效输出，可以减小复位噪声的影响，从而抑制固定模式噪声。这是一种模拟的相关双采样技术。

（三）CMOS 图像传感器与 CCD 比较

虽然 CCD 和 CMOS 图像传感器都是利用硅的光电效应工作的，但是两者在系统结构和电荷读出方式上完全不同，导致它们的性能存在较大的差别。

CCD 像素单元本质上是一种无源结构，信号保持电荷形式，不会被放大。这些电荷通过一系列耦合栅转移，直到末级的悬浮存储节点，完成电荷-电压转换，最终直接输出模拟电压。在竖直和水平电荷转移中，需要使用大电压驱动，功耗比 CMOS 图像传感器高得多。为了保证具有足够高的电荷转移效率，CCD 还采用了诸如耦合多晶硅栅 CCD 和埋沟道 CCD 等一些特殊结构。CCD 制作工艺与 CMOS 图像传感器不同，无法集成逻辑控制电路和信号处理电路，通常需要其他芯片来提供。

相对而言，目前 CCD 量子效率高，读出噪声低，暗电流非常小，动态范围大，图像质量优于 CMOS 图像传感器。但 CMOS 图像传感器集成度高、功耗低，图像读出速度高于串行的 CCD，可以实现图像的任意窗口提取功能。

三、图像传感器应用举例

1. 工件尺寸检测

利用 CCD 进行工件尺寸检测时，测量系统往往由光学系统、图像传感器和微处理器等组成，如图 7-23 所示，物体成像在 CCD 图像传感器的光敏阵列上。视频处理器对输出的视频信号进行存储和数字处理，并将测量的数据加以显示或打印，从而实现对微小工件形状和尺寸的非接触自动精确测量。测量原理是：根据工件成像轮廓覆盖的光敏单元数量来计算工件尺寸数据。例如，在光学系统放大率为 $1/M$（M 为整数）的装置中，便有

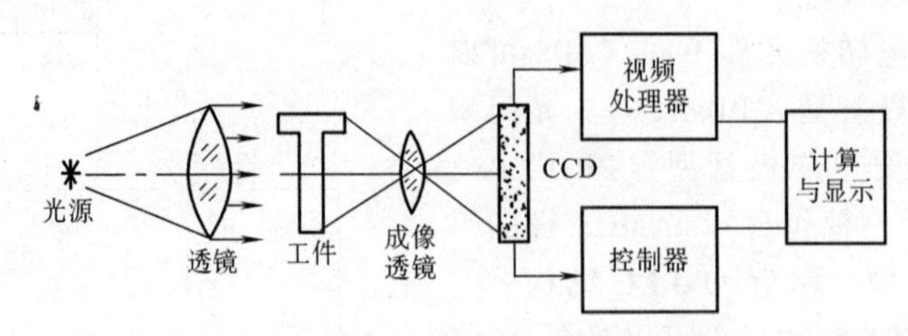

图 7-23 工件尺寸测量系统

$$L=(Nd\pm 2d)M$$

式中 L——工件尺寸；

N——覆盖的光敏单元数；

d——相邻光敏单元中心距离。

式中 $\pm 2d$ 为图像末端两个光敏单元之间可能的最大误差。

应当指出，由于被测件往往是不平的，故必须自动调焦，这是由计算机控制的。它通过分析图像输出的信号，使之有最大的边缘对比度。另外在测量系统中，照明是重要的因素，要求有恒定的亮度。在用白炽灯作为光源时，可用直流稳压电源供电加上光敏元件的电流反馈回路来达到恒定的照度。用电子测光法时，照明的稳定就变得更为关键。

2. 物体缺陷检查

当不透明物体表面存在缺陷或透明物体的体内存在缺陷（或杂质）时，可以用 CMOS 图像传感器来检测。当光照到有缺陷的物体时，只要缺陷与材料背景相比有足够的反差，并且缺陷面积大于两个光敏单元时，图像传感器就能够发现它们。这种检测方法能适用多种情况，如检查磁带时，磁带上的小孔就能被发现；也可检查透射光，检查玻璃中的针孔、气泡和夹杂物。

图 7-24 所示为钞票检查系统的原理图。两列被检物分别通过两个图像传感器的视场，并使其成像，从而输出两列视频信号，把这两列视频信号送到比较器进行处理。如果其中一张有缺陷，则两列视频信号将有显著不同的特征，经过比较器就会发现这一特征而证实缺陷的存在。

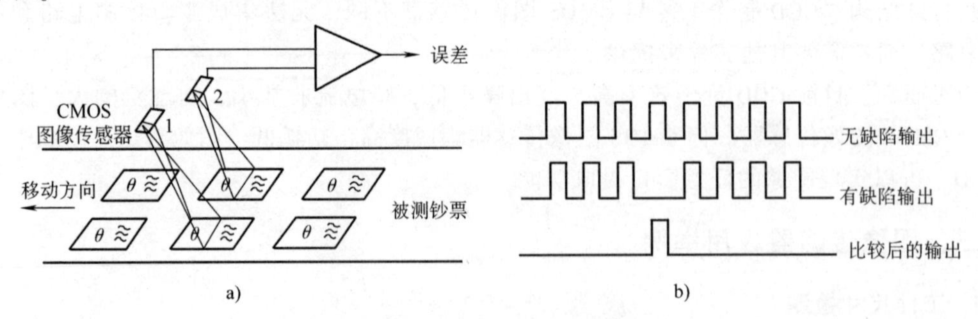

图 7-24 钞票检查系统原理图

四、位置敏感器件

位置敏感器件（Position Sensitive Detector，PSD）是一种对其感光面上入射光点位置敏感的器件，也称为坐标光电池。PSD 有两种：一维 PSD 和二维 PSD。一维 PSD 用于测定光点的一维坐标位置，二维 PSD 用于测定光点的二维坐标位置，工作原理与一维 PSD 相似。

PSD 的基本结构如图 7-25 所示。PSD 一般为 PIN 结构。在硅板的底层表面上以胶合方式制成两片均匀的 P 和 N 电阻层，在 P 和 N 电阻层之间注入离子而产生 I 层，即本征层。在 P 层表面电阻层的两端各设置一输出极。当一束具有一定强度的光点从垂直于 P 的方向照射到 PSD 的 I 层时，光点附近就会产生电子-空穴对，在 PN 结电场的作用下，空穴进入 P 区，电子进入 N 区。由于 P 区杂质浓度相对较高，空穴迅速沿 P 区表面向两侧扩散，最终导致 P 层空穴横向（X 方向）浓度呈梯度变化，这时同一层面上的不同位置呈现一定的电位差，这种现象称为横向光电效应。

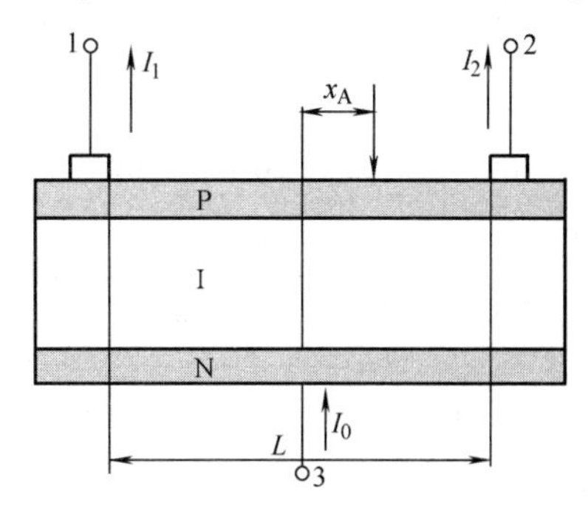

图 7-25　PSD 的基本结构

PSD 通常工作在反向偏压状态，即 PSD 的公用极 3 接正电压，输出极 1 和 2 分别接地，这时流经电极 3 的电流 I_0 与入射光的强度成正比，流经电极 1、2 的电流 I_1、I_2 与入射光的强度和入射光点的位置有关，由于 P 层为均匀的电阻层，因此 I_1、I_2 与光点到相应电极的距离成反比，并且 $I_0=I_1+I_2$。如果将坐标原点设在器件的中心点，I_1、I_2 与 I_0 具有如下关系：

$$I_1=\frac{1}{2}\left(1-\frac{2}{L}x_A\right)I_0 \tag{7-6}$$

$$I_2=\frac{1}{2}\left(1+\frac{2}{L}x_A\right)I_0 \tag{7-7}$$

式中　L——PSD 的长度；

x_A——入射光点的位置。

由式（7-6）和式（7-7）得

$$x_A=\frac{1}{2}\frac{I_2-I_1}{I_2+I_1}L \tag{7-8}$$

由式（7-8）可知，PSD 测量结果 x_A 与 I_1、I_2 比值有关，入射光强的变化不影响测量结果，这给测量带来了极大的方便。

PSD 具有高灵敏度、高分辨力、响应速度快和配置电路简单等优点，在位置坐标的精确测量、兵器制导和跟踪、工业自动控制、位置变化检测等技术领域得到了越来越广泛的应用。

用一维 PSD 作为距离传感器检测距离时，可利用三角测距的原理，如图 7-26 所示。设测距范围为 L_2(mm)~L_1(mm)，投光透镜与聚光透镜的光轴间距离为 B(mm)，聚光透镜与 PSD 受光面间距离为 f(mm)。根据式（7-8）以及图 7-26 中的几何关系，就可以计算出被测距离。

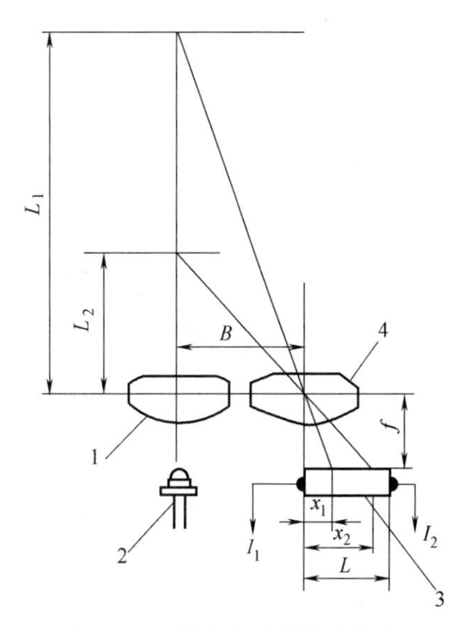

图 7-26　距离传感器构成原理
1—投光透镜　2—红外 LED
3—一维 PSD　4—聚光透镜

第四节 光纤传感器

光纤传感器是20世纪70年代中期发展起来的新型传感器，与常规的各类传感器相比，有很多优点：

1）抗电磁干扰能力强。光纤主要由电绝缘材料做成，工作时利用光子传输信息，因而不易受电磁场干扰；此外，光波易于屏蔽，外界光的干扰也很难进入光纤。

2）柔软性好。光纤直径只有几微米到几百微米，体积小，重量轻，可挠曲，可以深入到机器内部或人体弯曲的内脏等常规传感器不宜到达的部位进行检测。

3）光纤集传感与信号传输于一体，利用它很容易构成分布式传感测量。

此外，光纤传感器还具有灵敏度高、耐腐蚀、便于遥测、结构简单、耗电少等优点。由于光纤传感器的优点突出，因此发展极快。自1977年以来，已研制出多种光纤传感器，被测量遍及位移、速度、加速度、液位、应变、力、流量、振动、水声、温度、电流、电压、磁场和化学物质等。新的传感原理及应用正在不断涌现和扩大。

一、光纤传感器的基本知识

光纤是一种传输光的细丝，它能够将进入光纤一端的光线传到光纤的另一端。通常光纤由两层光学性质不同的材料组成，如图7-27所示。光纤的中间部分是导光的纤芯，纤芯的周围是包层。包层的折射率 n_2 略小于纤芯的折射率 n_1，它们的相对折射率差 Δ（$\Delta=1-n_2/n_1$）一般为0.005~0.140。通常在包层外面还有一层起支撑保护作用的套层。

光纤传光的基础是光的全内反射。当光线以入射角 θ 进入光纤的端面时，在端面处发生折射，设折射角为 θ'，然后光线以 ϕ 角入射至纤芯与包层的界面。当 ϕ 角大于纤芯与包层间的临界角 ϕ_c 时，即

$$\phi \geqslant \phi_c=\arcsin(n_2/n_1) \tag{7-9}$$

则射入的光线在光纤的界面上发生全反射，并在光纤内部以同样的角度反复逐次反射，直至传播到另一端面。实际工作时光纤可能弯曲，只要仍满足全反射定律，光线仍继续前进。由于光纤具有一定柔软性，很容易使光线“转弯”，这给传感器的设计带来了极大的方便。

根据斯乃尔折射定律，有

$$n_0\sin\theta=n_1\sin\theta'=n_1\cos\phi=n_1(1-\sin^2\phi)^{1/2} \tag{7-10}$$

设当 ϕ 达到临界角 ϕ_c 时的入射角为 θ_c，由式（7-9）和式（7-10）可得

$$n_0\sin\theta_c=(n_1^2-n_2^2)^{1/2} \tag{7-11}$$

式中的 $n_0\sin\theta_c$ 称为光纤的数值孔径，用NA表示。它表示当入射光从折射率为 n_0 的外部介质进入光纤时，只有入射角小于 θ_c 的光才能在光纤中传播。否则，光线会从包层中逸出而产生漏光。NA是光纤的一个重要参数，NA值越大，光源到光纤的耦合效率越高。光纤的数值孔径仅取决于光纤的折射率，与光纤的几何尺寸无关。

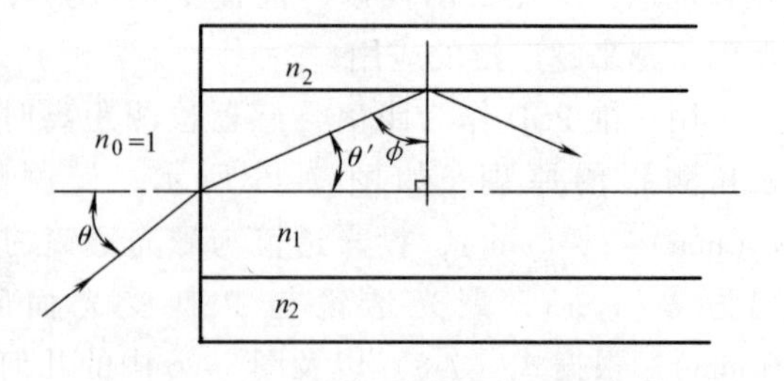

图7-27 光纤的结构及传光原理

光纤按其传输的模式分为单模光纤和多模光纤两类。简单地说，光在纤芯中传播就是交变的电场和磁场在光纤中向前传输，可分解为沿轴向和径向传播的平面波。沿径向传播的平面波在纤芯和包层的界面上产生反射，如果此波在一个往复（相邻两次反射）中相位变化 2π 的整数倍，就能形成驻波。只有形成驻波的光才能在光纤中传播，一个驻波就是一个模。在光纤中只能传输有限个模。

光纤按其中的折射率分布可分为阶跃型光纤和梯度型光纤。阶跃型是指纤芯和包层的折射率不连续的光纤，如图 7-28a 所示。梯度型光纤如图 7-28b 所示，在中心轴上折射率最大，沿径向逐渐变小，界面处 $n_1 = n_2$。n_1 的分布大多按抛物线规律，其关系式为

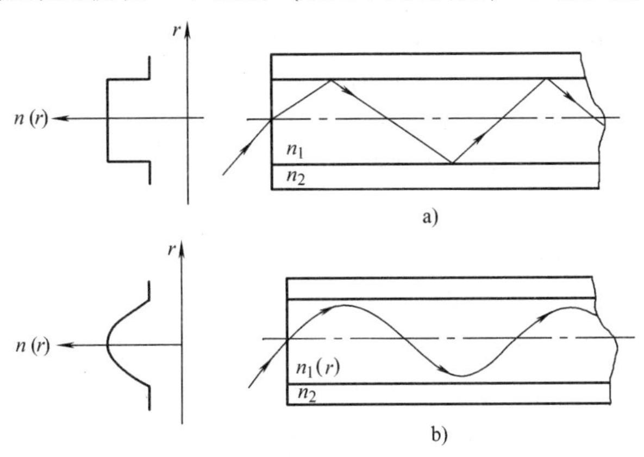

图 7-28　光纤折射率的形式

a）阶跃型光纤　b）梯度型光纤

$$n_1 = n(1 - Ar^2/2) \qquad (7\text{-}12)$$

式中　n——纤芯中心折射率，如为 1.525；

A——常数，如 $A = 0.5\text{mm}^{-2}$；

r——径向坐标。

采用梯度型光纤时，光射入光纤后会自动地从界面向轴心会聚，故也称为自聚焦光纤。这种光纤频带宽，信号畸变小，工作时极易达到全反射，但制造较难。

常用光纤类型及参数如表 7-1 所示。

表 7-1　常用光纤类型及参数

类型	折射率分布	纤芯直径/μm	包层直径/μm	数值孔径
单模		2～8	80～125	0.10～0.15
多模阶跃光纤（玻璃）		80～200	100～250	0.1～0.3
多模阶跃光纤（玻璃/塑料）		200～1000	230～1250	0.18～0.50
多模梯度光纤		50～100	125～150	0.1～0.2

二、光纤传感器的类型

按工作原理，光纤传感器分为功能型和非功能型两大类。

（一）功能型（或称物性型、传感型）光纤传感器

光纤在功能型光纤传感器中不仅作为光传播的波导而且具有测量的功能。因为光纤既是电光材料又是磁光材料，所以可以利用克尔效应、法拉第效应等，制成测量强电流、高电压等的传感器；其次可利用光纤的传输特性把输入量变为调制的光信号。因为表征光波特性的

参量，如振幅（光强）、相位和偏振态会随着光纤的环境（如应变、压力、温度、电场、射线等）而改变，故利用这些特性便可实现传感测量。

1. 光强度调制型

光强度调制是光纤传感器最基本的调制形式。被测量通过影响光纤的全内反射实现对输出光强度的调制。从几何光学的角度讲，调制的条件是

$$\phi \leqslant \arcsin(n_2/n_1) \tag{7-13}$$

式中 ϕ——光线从纤芯到包层的入射角；

n_1、n_2——纤芯和包层的折射率。

调制的具体途径又可分为两大类：①改变光纤的几何形状，从而改变光线的传播入射角 ϕ；②改变光纤纤芯或者包层的折射率。

图7-29a为光纤弯曲时传光特性示意图。可见，在纤芯中传输的光有一部分耦合到包层中，原来光束以大于临界角的角度在纤芯中传播为全内反射，但在弯曲处，光束以小于临界角 arcsin(n_2/n_1) 的角度入射到界面，部分光逸出散射到包层。这种检测原理可以实现对力、位移和压强等物理量的测量。

改变光纤折射率实现调制的方法也很常用，对于不同的测量对象可以采用不同的材料做包层，如电光材料、磁光材料、光弹材料等，图7-29b所示为光纤中光强被油滴所调制的情况。

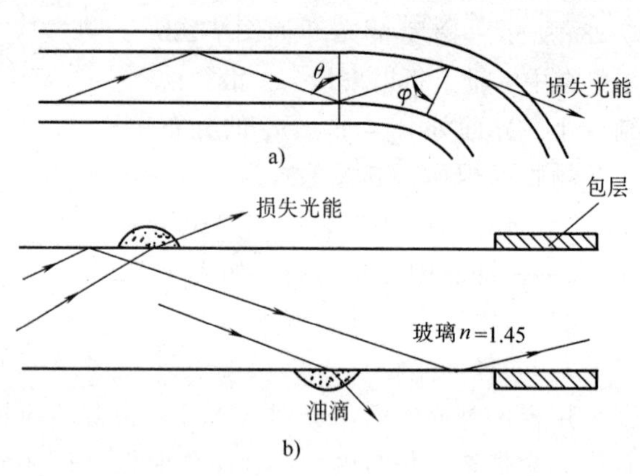

图7-29 光强度调制型光纤传感器原理图
a）光纤弯曲 b）折射率变化

2. 光相位调制型

光相位调制是光纤比较容易实现的调制形式，所有能够影响光纤长度、折射率和内部应力的被测量都会引起相位变化，如压力、应变、温度和磁场等。相位调制型光纤传感器比强度型复杂一些，一般采用干涉仪检测相位的变化，因此，这类传感器灵敏度非常高。常用的干涉仪有4种：迈克尔逊（Michalson）、马赫-琴特（Mach-Zehnder）、萨古纳克（Sagnac）、法布里-珀罗（Fabry-perot）。它们的共同点是：光源发出的光都要分成两束或更多束的光，沿不同的路径传播后，分离的光束又组合在一起，产生干涉现象。

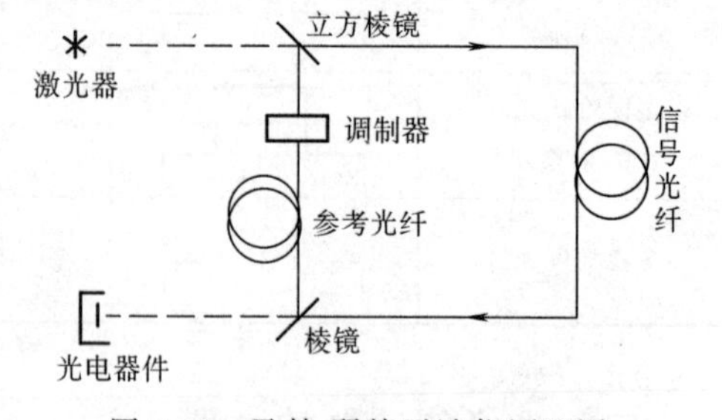

图7-30 马赫-琴特干涉仪原理图

图7-30所示为马赫-琴特干涉仪原理图。立方棱镜把激光束一分为二，一束经参考臂用布拉格调制器产生频移，另一束用暴露于被测场中的信号光纤（或叫传感光纤）来传输，两束光在棱镜处重新汇合，被光电器件接收。

当信号光纤周围的温度发生变化时，信号光纤会产生一定量的相移 $\Delta\varphi$，相移 $\Delta\varphi$ 的大小与信号光纤的长度 L、折射率 n 和横截面的变化有关，由于光纤直径受温度变化影响很小，可忽略，相移可表示为

$$\Delta\varphi/\varphi=\Delta L/L+\Delta n/n \tag{7-14}$$

式中的 $\Delta L=(\partial L/\partial T)\Delta T$，$\Delta n=(\partial n/\partial T)\Delta T$。对于玻璃光纤，$(1/L)\partial L/\partial T=5\times10^{-7}/℃$，$\partial n/\partial T=10^{-5}/℃$，可见 Δn 在此起主要作用，测量别的参数时可能 ΔL 较大。

3. 光偏振态调制型

外界因素使光纤中偏振态发生变化，并能加以检测的光纤传感器属于偏振态调制型。比较典型的应用是根据磁致旋光效应做成的高压传输线用的光纤电流传感器。

图 7-31 为光纤大电流传感器原理图。从激光器发出的偏振光进入单模光纤中，单模光纤绕大电流（电流为 I）导体 N 圈，在电流产生的磁场作用下，处在磁场（设磁场强度为 H）中的光纤中传播的光会发生偏振面的旋转，其旋转角度 θ 与磁场沿 N 圈光纤的线积分成正比，可表示为

$$\theta=K_{\mathrm{V}}N\oint H\mathrm{d}l \tag{7-15}$$

式中　K_{V}——光纤材料的 Verdet 常数，也称磁光常数。

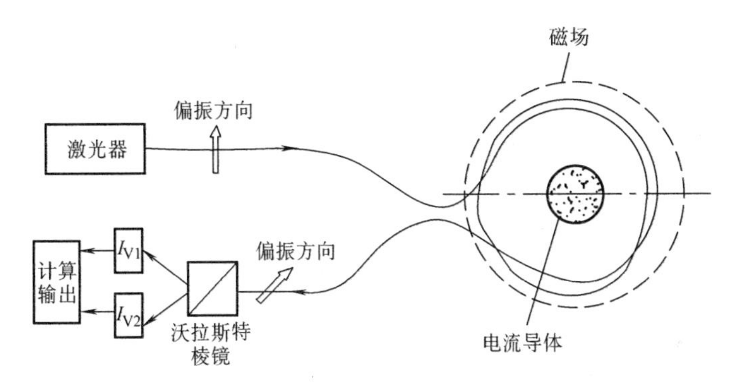

图 7-31　光纤大电流传感器原理图

根据安培环路定律，有

$$\oint H\mathrm{d}l=I \tag{7-16}$$

因此

$$\theta=K_{\mathrm{V}}NI \tag{7-17}$$

很明显，当 N 确定后，旋光角度 θ 只与导体中的电流 I 成正比，而与光纤绕圈的大小和形状无关，与导体在光纤圈中的位置无关。

出射光经沃拉斯特棱镜将光束分成振动方向互相垂直的两束偏振光，将它们分别送入两个光电接收器，设接收光信号的强度分别为 A_{V1}、A_{V2}。将 A_{V1}、A_{V2} 之差和它们的和进行标准化，就得到一个与旋光角度 θ 成正比的参数：

$$P=\frac{A_{\mathrm{V1}}-A_{\mathrm{V2}}}{A_{\mathrm{V1}}+A_{\mathrm{V2}}}=K\theta \tag{7-18}$$

式中　K——与光纤本身特性有关的参数。

根据式（7-17）和式（7-18）可求出流过导线的电流 I，由于进行了标准化处理，测量结果不受绝对光强、激光器漂移、光纤衰减的影响。如果采用硅光纤，$K_{\mathrm{V}}=3.3\times10^{-4}$（°）/（安·匝），沃拉斯特棱镜有 0.1°的分辨力，则传感器的分辨力为 300A/匝，可测电流达 10kA。可

见，这种方法的优点是量程大、灵敏度高，并且输出与输入端实现电绝缘。

光偏振调制除了利用磁致旋光效应外，尚有光旋效应、光弹效应、电光效应和电旋效应等，所以它是应用很广、开发潜力很大的一类传感器。

（二）非功能型（或称结构型、传光型）**光纤传感器**

光纤在非功能型光纤传感器中只作为传光的介质，还需加上其他敏感器件才能组成传感器。非功能型传感器的特点是结构比较简单，能够充分利用其他敏感器件和光纤本身的优点，因此发展很快。

1. 光纤位移传感器

图 7-32a 为反射式光纤位移传感器原理图。从发射光纤出射的光经被测物表面直接或间接反射后，由接收光纤传到光电器件上，光量随反射面相对光纤端面的位移 $\delta(x)$ 而变化，其关系如图 7-32b 所示。当 $\delta(x)$ 很小时，反射到接收光纤的光量很少，因为这时两光纤的光锥角重叠部分很小。随着 $\delta(x)$ 的增加，接收光量增大并达到最大值，这段曲线灵敏度高，线性好，其线性段适于测微小位移，峰值处适于测表面粗糙度等。$\delta(x)$ 继续加大，曲线从峰值开始下降。

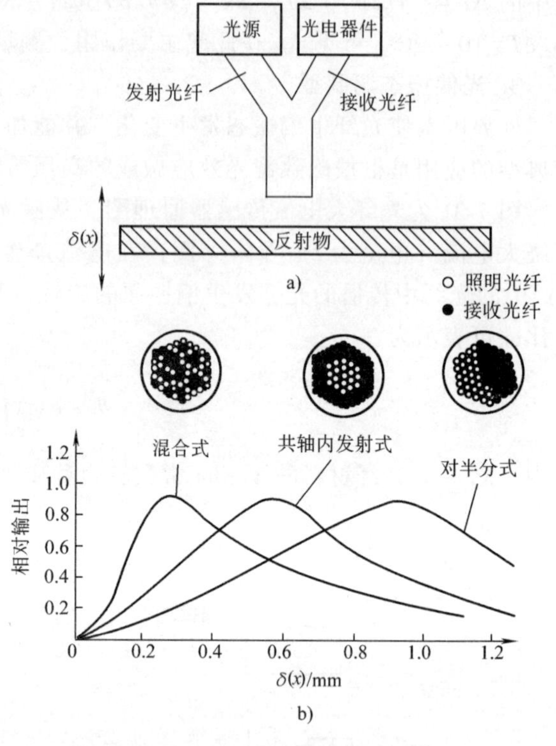

图 7-32　反射式光纤位移传感器

实际上，这种光纤传感器是由许多根光纤组成的光缆。发射和接收光纤的常见组合方式有混合式、对半分式、共轴内发射式三种。混合式的灵敏最高，对半分式测量范围最大。

另一种非常有价值的多模光纤位移传感器如图 7-33a 所示，两光纤端面斜切，端面对光纤轴线有相同的角度，斜切面抛光，以便光线在接收光纤头内形成全反射。当两光纤距离较远时，没有光透过斜切面耦合到接收光纤。但是，当两斜切面非常接近时，情况将发生变化。由于光是一种电磁波，全内反射时虽然没有光能进入相邻介质，但是电磁波却能进入相邻介质一定深度，这个深度大约为波长量级，进入相邻介质的电磁波称为瞬逝波。当两切面距离小于光波波长时，将有部分光透过间隙耦合到接收光纤，距离越近，耦合能量越大，如图 7-33b 所示。根据这个原理，可以制成光纤位移传感器。这种传感器的测量范围为光波波长量级，灵敏度可达到纳米量级。

2. 光纤温度传感器

光纤测温技术有很多方法，其中一种结构是把半导体材料夹持在发射光纤和接收光纤之间，当温度变化时半导体的透光率随之变化，接收光纤接收到的光量也变化。当前常用的半导体材料是 GaAs，其透光率达 30%以上，厚度为 150μm，工作面积约为 0.7mm^2，其工作面和光纤的端面都要抛光并相互平行。

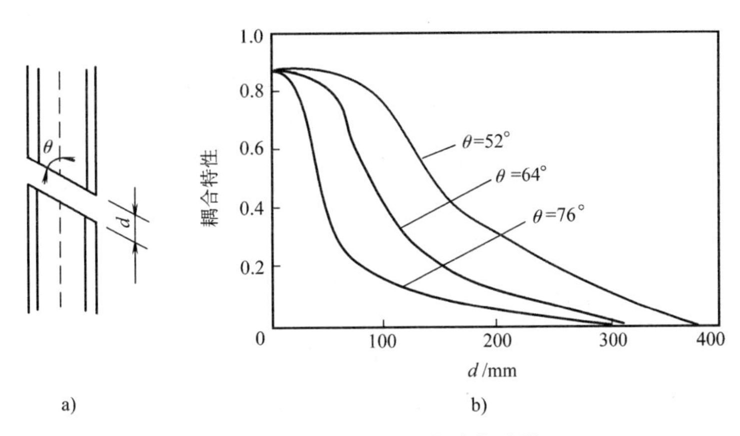

图 7-33　瞬逝波光纤位移传感器

a）原理图　b）位移与输出的关系

三、光纤光栅传感器

由于光纤材料的光敏性，当外界入射光子和纤芯内锗离子相互作用时，会引起纤芯内折射率的永久性变化，进而在纤芯内形成空间相位光栅，即产生光纤光栅。该作用实质上是在纤芯内形成一个窄带的（透射或反射）滤波器或反射镜。相比于光纤传感器，光纤光栅传感器作为新型光纤传感器，除具有重量轻、抗电磁干扰、耐腐蚀、耐高温等光纤传感器的特点外，还具有许多独特的优点：

1）光纤光栅是自参考型传感器，可以实现绝对测量。

2）具有更强的抗干扰能力。这一方面是因为普通传输光纤不会影响光波的频率特性（忽略光纤的非线性效应）；另一方面光纤光栅传感系统从本质上排除了各种光强起伏引起的干扰。

3）易于组建各种形式的传感网络，尤其是采用密集波分复用（Dense Wavelength Division Multiplexing，DWDM）技术构成准分布式光纤光栅传感器阵列，可进行大面积的多点测量。

光纤光栅的种类很多，可以按光纤光栅的周期、折射率分布特性等方面进行分类。其中，按光纤光栅的周期分类，可以分为短周期光纤光栅和长周期光纤光栅。通常将周期小于1μm 的光纤光栅称为短周期光纤光栅，又称为光纤布拉格光栅（Fiber Bragg Grating，FBG）或发射光栅。该类型光栅的特点是传输方向相反的模式之间发生耦合，属于反射型带通滤波器。而把周期为几十到几百微米的光纤光栅称为长周期光纤光栅，又称为透射光栅。该类型光纤光栅的特点是同向传输的纤芯基模和包层模之间的耦合，无后向反射，属于透射型带阻滤波器。

光纤 Bragg 光栅是最早发展起来的一种光纤光栅，也是应用最广的一种光纤光栅，工作原理如图 7-34 所示。当入射光 I_I 通过 FBG 时，满足一定条件的光被反射回来，因此，入射光被分为反射光 I_B 和透射光 I_T。反射光的中心波长 λ_B 称为 Bragg 波长，满足关系式：

$$\lambda_B = 2n_{eff}\Lambda \tag{7-19}$$

式中的 n_{eff} 为 FBG 的有效折射率，Λ 为 FBG 的周期。式（7-19）也称为 FBG 的 Bragg 条件，由此可见，改变 n_{eff} 或 Λ 都会使 λ_B 发生漂移。

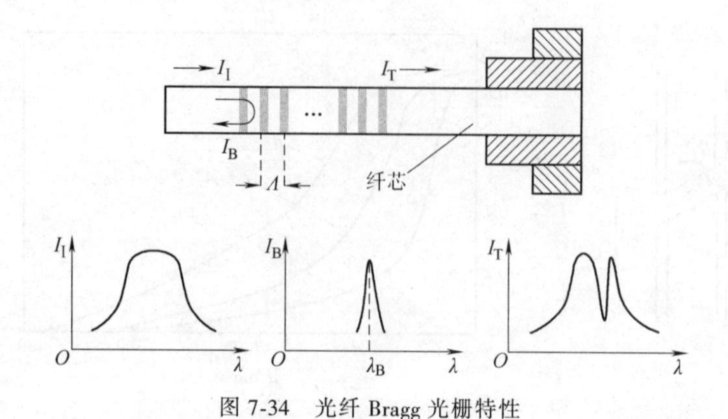

图 7-34 光纤 Bragg 光栅特性

FBG 的 n_{eff} 和 Λ 主要受应变和温度的影响，即

$$\lambda_B = 2n_{eff}\Lambda = 2n_{eff}(\varepsilon, T)\Lambda(\varepsilon, T) \tag{7-20}$$

ε 为 FBG 承受的应变，T 为环境温度。对式（7-20）进行全微分运算，整理得到

$$\frac{\Delta\lambda_B}{\lambda_B} = \left(\frac{1}{n_{eff}}\frac{\partial n_{eff}}{\partial \varepsilon} + \frac{1}{\Lambda}\frac{\partial \Lambda}{\partial \varepsilon}\right)\Delta\varepsilon + \left(\frac{1}{n_{eff}}\frac{\partial n_{eff}}{\partial T} + \frac{1}{\Lambda}\frac{\partial \Lambda}{\partial T}\right)\Delta T \tag{7-21}$$

式（7-21）是 FBG 的基本传感模型，它说明应变和温度作用于光栅时，可以引起 Bragg 波长 λ_B 的变化。根据这个原理，FBG 已经广泛用于应变传感和温度传感。

第五节 光栅式传感器

在玻璃（或金属）尺或玻璃（或金属）盘上类似于刻线标尺或度盘那样，进行长刻线（一般为 10~12mm）的密集刻划，得到如图 7-35 所示的黑白相间、间隔细小的条纹，没有刻划的白的地方透光，刻划的发黑处不透光，这种具有周期性的刻线分布的光学元件称为光栅。

光栅式传感器有如下特点：

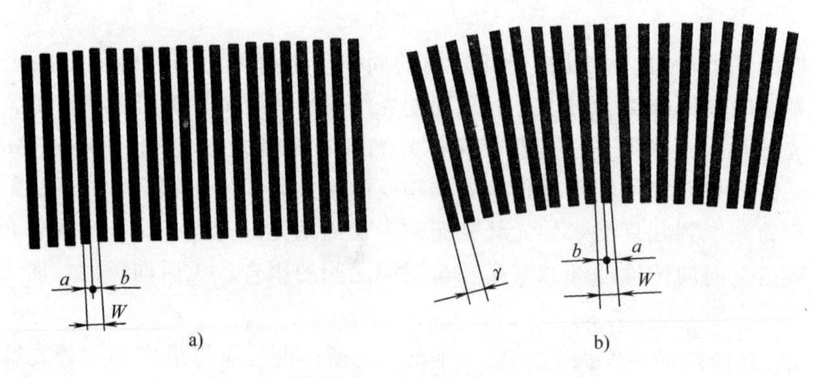

图 7-35 栅线放大图

1）精度高。光栅式传感器在大量程测量长度或直线位移方面仅仅低于激光干涉传感器。在圆分度和角位移连续测量方面，光栅式传感器也有非常高的精度。

2）大量程测量兼有高分辨力。感应同步器和磁栅式传感器也具有大量程测量的特点，但分辨力和精度都不如光栅式传感器。

3）可实现动态测量，易于实现测量及数据处理的自动化。

4）具有较强的抗干扰能力，对环境条件的要求不像激光干涉传感器那样严格，但不如感应同步器和磁栅式传感器的适应性强，油污和灰尘会影响它的可靠性，主要适用于实验室条件下工作，也可在环境较好的车间中使用。

光栅式传感器在几何量测量领域中有着广泛的应用。与长度（或直线位移）和角度（或角位移）测量有关的精密仪器都经常使用光栅式传感器。此外，在测量振动、速度、应力、应变等机械量测量中也有应用。

一、计量光栅的种类

利用光栅的莫尔条纹现象进行精密测量的光栅称为计量光栅。计量光栅种类很多，按基体材料的不同主要可分为金属光栅和玻璃光栅；按刻线的形式不同可分为振幅光栅和相位光栅；按光线的走向又可分为透射光栅和反射光栅；按其用途可分为长光栅和圆光栅。下面按用途对计量光栅进行介绍。

（一）长光栅

刻划在玻璃尺或金属尺上的光栅称为长光栅，也称光栅尺，用于测量长度或直线位移，它的刻线相互平行，图 7-36 所示为一种玻璃长光栅。长光栅栅线的疏密（即栅距 W 的大小）常用每毫米长度内的栅线数（也称栅线密度）来表示，如栅线间距 $W=0.02$mm 时，其栅线密度为 50 线/mm。

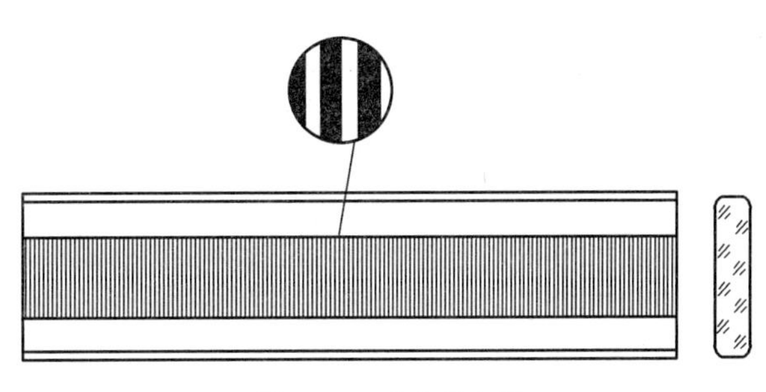

图 7-36 玻璃长光栅

根据栅线型式的不同，长光栅分为振幅光栅和相位光栅。振幅光栅是指对入射光波的振幅或光强进行调制的光栅，也称为黑白光栅，它又可分为透射光栅和反射光栅两种。在玻璃的表面上制作透明与不透明间隔相等的线纹，可制成透射光栅；在金属的镜面上或玻璃镀膜（如铝膜）上制成全反射或漫反射相间，二者间还有吸收的线纹，可制成反射光栅。相位光栅是指对入射光波的相位进行调制的光栅，也称为闪耀光栅，它也有透射光栅和反射光栅两种。透射光栅是在玻璃上直接刻划具有一定断面形状的线条，图 7-37 所示为一种对称形刻线的相位光栅。反射式相位光栅通常是在金属材料上用机械的方法压出一道道线槽，这些线槽就是相位光栅的刻线。振幅光栅的栅线密度一般为 20~125 线/mm，相位光栅的栅线密度常在 600 线/mm 以上。振幅光栅与相位光栅相比，突出的特点是容易复制，成本低廉，这也是大部分光栅式传感器都采用振幅光栅的一个主要原因。

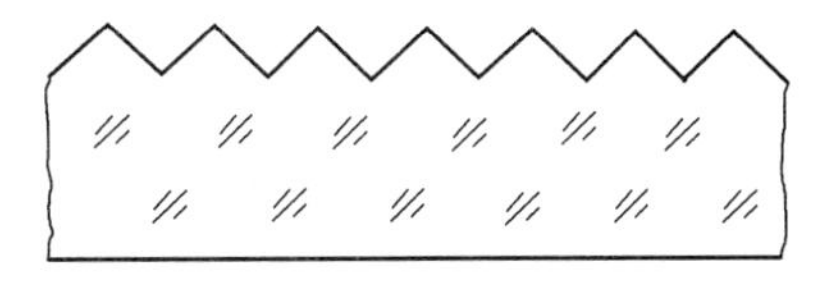

图 7-37 玻璃相位光栅的断面

（二）圆光栅

刻划在玻璃或金属圆盘上的光栅称为圆光栅，也称光栅盘，用来测量角度或角位移。圆光栅的参数多使用整圆上刻线数或栅距角（也称节距角）δ 来表示，δ 是指圆光栅上相邻两条栅线之间的夹角。

根据栅线刻划的方向，圆光栅可分两种：一种是径向光栅，其栅线的延长线全部通过光栅盘的圆心，如图 7-38a 所示；另一种是切向光栅，其全部栅线与一个和光栅盘同心的直径只有零点几到几毫米的小圆相切，如图 7-38b 所示。切向光栅适用于精度要求较高的场合。

二、莫尔条纹

莫尔条纹是光栅式传感器工作的基础。

（一）形成莫尔条纹的光学原理

莫尔条纹通常是由两块光栅叠加形成的，为了避免摩擦，光栅之间留有间隙，对于栅距较大的振幅光栅，可以忽略光的衍射，莫尔条纹的形成可以近似地看作是两块光栅栅线相互挡光作用的结果。图 7-39 为两光栅以很近的距离重叠的情况。在 *a-a* 线上，两光栅的栅线透光部分与透光部分叠加，光线透过透光部分形成亮带；在 *b-b* 线上，一光栅的透光部分与另一光栅的不透光部分叠加，互相遮挡，光线透不过形成暗带。这种由光栅重叠形成的光学图案称为莫尔条纹。长光栅莫尔条纹的宽度为

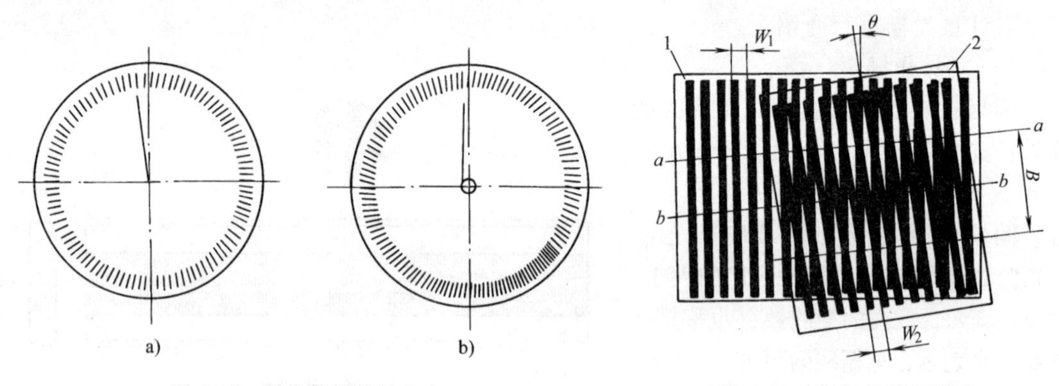

图 7-38 圆光栅栅线的方向

a）径向光栅 b）切向光栅

图 7-39 莫尔条纹的形成

$$B=\frac{W_1W_2}{\sqrt{W_1^2+W_2^2-2W_1W_2\cos\theta}} \tag{7-22}$$

式中 W_1——标尺光栅（也称主光栅）1 的光栅常数；

W_2——指示光栅 2 的光栅常数；

θ——两光栅栅线的夹角。

对于栅距很小（如 $W<0.005\text{mm}$）的光栅，特别是有的相位光栅处处透光，这时莫尔条纹的形成必须用光的衍射理论加以解释。根据物理光学理论，平行光束透过光栅后，将发生衍射现象，如图 7-40 所示。设光栅 G_1 产生了 0，±1，±2，…N 级衍射光，光栅 G_1 的衍射光束到达光栅 G_2 时将进一步被衍射，G_1 的 N 级衍射光中每一级的衍射光束对光栅 G_2 来说都是一组入射光束，并由光栅 G_2 又衍射成 N 级衍射光（因为两光栅的 W 相同，又是单色光），所以从光栅副出射的衍射光束的数

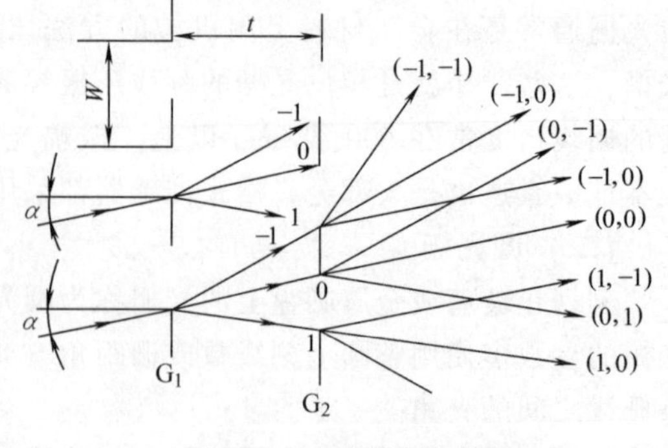

图 7-40 双光栅的衍射

目为 N^2 个。每支衍射光束都用它在两个光栅上衍射的级次序号来表示，如经光栅 G_1 衍射的 0 级光束，经过光栅 G_2 后衍射成 0 级、±1 级、…衍射光束就用（0，0）、（0，1）、（0，-1）、…表示。因此，由光栅 G_1 产生的第 p 级衍射光又经光栅 G_2 产生的第 q 级衍射光束就可以用（p，q）表示。$p+q$ 相等的光束，用其 $p+q$ 值来称作该组光束为某级组，如 0 级组，1 级组，-1 级组，…。理论推导可以证明，每一级组中的光束是相互平行的，即光束方向相同。每一级组中的诸光束相互干涉，就形成了莫尔条纹。其中，$p+q=1$ 和 $p+q=-1$ 级组光束强度变化幅度最大，它们形成莫尔条纹的基波条纹。其他各光束级组形成莫尔条纹的高次谐波。

上述讨论是假设两光栅的栅线平行时双光栅的衍射现象。

（二）莫尔条纹的特性

莫尔条纹有如下重要特性：

1. 运动对应关系

莫尔条纹的移动量和移动方向与两光栅的相对位移量和位移方向有着严格的对应关系。在图 7-39 中，当主光栅 1 向右运动一个栅距 W_1 时，莫尔条纹向下移动一个条纹间距 B；如果主光栅 1 向左运动，莫尔条纹则向上移动。光栅传感器在测量时，可以根据莫尔条纹的移动量和移动方向判定主光栅（或指示光栅）的位移量和位移方向。

2. 位移放大作用

由于两光栅的栅线夹角 θ 很小，若两光栅的光栅常数相等，设为 W，由式（7-22）可得到如下近似关系：

$$B \approx \frac{W}{\theta} \tag{7-23}$$

明显看出，莫尔条纹有放大作用，其放大倍数为 $1/\theta$。所以尽管栅距很小，难以观察到，但莫尔条纹却清晰可见。这非常有利于布置接收莫尔条纹信号的光电器件。由式（7-23）可以看出，调整夹角 θ，可以改变莫尔条纹宽度，得到所需要的 B 值。

3. 误差平均效应

莫尔条纹是由光栅的大量栅线（常为数百条）共同形成的，对光栅的刻划误差有平均作用，在很大程度上消除了栅线的局部缺陷和短周期误差的影响，个别栅线的栅距误差或断线及疵病对莫尔条纹的影响很微小，使得莫尔条纹位置的可靠性大为提高，从而提高了光栅传感器的测量精度。

（三）莫尔条纹的种类

1. 长光栅的莫尔条纹

当取不同的光栅常数 W_1、W_2 和栅线夹角 θ 时，根据式（7-22）可以得到不同的莫尔条纹图案。

（1）横向莫尔条纹　当两光栅栅距相等 $W_1=W_2=W$ 时，以夹角 θ 相交形成的莫尔条纹称为横向莫尔条纹。图 7-39 所示就是横向莫尔条纹。莫尔条纹的宽度可由式（7-22）近似求得。

（2）光闸莫尔条纹　当 $W_1=W_2=W$，且 $\theta=0$ 时，由式（7-22）可知，莫尔条纹的宽度趋于无穷大，两光栅相对移动时，对入射光就像闸门一样时启时闭，故称为光闸莫尔条纹。两光栅相对移过一个栅距，视场上的亮度明暗变化一次。图 7-41 为两光栅在不同的相对位置时视场变化情况。

上述两种莫尔条纹在长光栅中应用最多。此外，在 $W_1 \neq W_2$ 的条件下，若 $\theta=0$，则得到纵向莫尔条纹；若 $\theta \neq 0$，则得到斜向莫尔条纹。这二者极少应用。

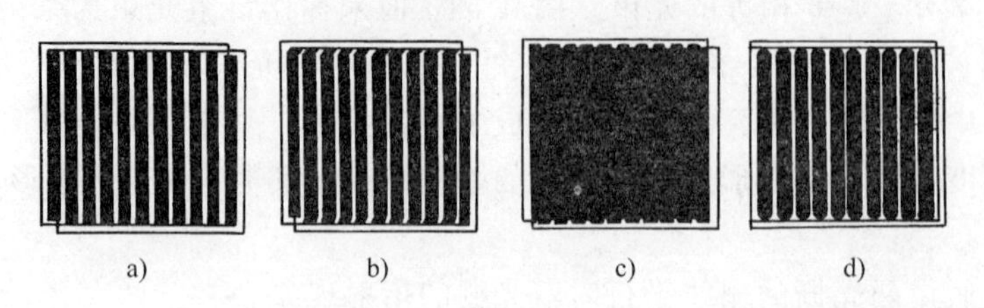

图 7-41　光闸莫尔条纹

a）刻线对齐　b）错开 $W/4$　c）错开 $W/2$　d）错开 $3W/4$

2. 圆光栅的莫尔条纹

圆光栅的莫尔条纹种类繁多，而且有的形状复杂。

（1）径向光栅的莫尔条纹　在几何量测量中，径向光栅主要使用两种莫尔条纹：圆弧形莫尔条纹和光闸莫尔条纹。

1）圆弧形莫尔条纹。两块栅距角 δ 相同的径向光栅以不大的偏心叠合，如图 7-42 所示。在光栅的各部分，栅线的交角 θ 不同，便形成了不同曲率半径的圆弧形莫尔条纹。可以证明，这种莫尔条纹是对称的两簇圆形条纹，它们的圆心排列在两光栅中心连线的垂直平分线上。

这种莫尔条纹的宽度不是定值，它随条纹位置的不同而不同。位于偏心方向垂直位置上的条纹近似垂直于栅线，称这部分为横向莫尔条纹。沿着偏心方向的条纹近似平行于栅线，称为纵向莫尔条纹。在实际使用中，主要应用横向莫尔条纹部分。

2）光闸莫尔条纹。将栅距角 δ 相同的两块圆光栅同心叠合时，得到与长光栅中相类似的光闸莫尔条纹。主光栅转过一个栅距角 δ，透光的亮度变化一个周期。

（2）切向光栅的莫尔条纹　两块切向相同、栅距角 δ 相同的切向光栅栅线面相对同心叠合时，形成的莫尔条纹是以光栅中心为圆心的同心圆簇，称为环形莫尔条纹，如图 7-43 所示。

环形莫尔条纹的突出优点是具有全光栅的平均效应，因而可用于高精度的圆光栅传感器。

用两个圆光栅组成角度或角位移传感器时，一般让其中一块随主轴转动，称为标尺光栅；另一块光栅固定不动，称为指示光栅。指示光栅通常并不是一个圆盘，而是若干小块，安放在主光栅圆周的几个特定位置上。

三、零位光栅

若光栅上没有零位标志，测量时可以让它的任意一个位置处在光学系统读取信号的状态下，然后将电路系统置零，这就是它的零位。因为没有固定的零位，这给测量工作带来了一定的方便。但是，如果遇到停电、停机或中断运行等情况，会使前面的测量结果全部丢失。此外，有的测量工作需要寻找坐标原点，消除误差积累，进行误差修正，如果没有固定的零位就不能进行。这些情况都要求光栅具有绝对的零位。

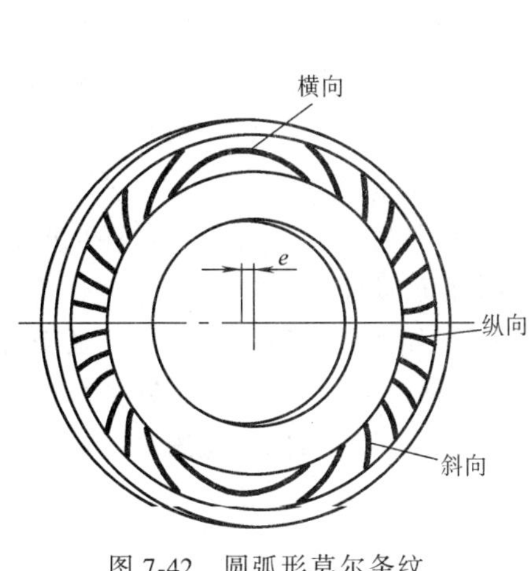

图 7-42　圆弧形莫尔条纹

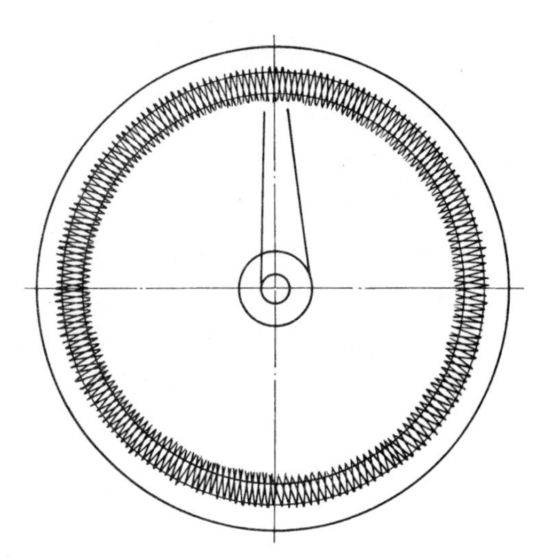
图 7-43　环形莫尔条纹

零位光栅一般是在主光栅和指示光栅的原有栅线之外，另刻一组透光狭缝，用单独的光电器件和电子线路来给出计数器的置零信号。一般零位光栅不采用单缝而采用一组非等宽的黑白条纹，如图 7-44 所示。图中，N 表示主光栅与指示光栅相对移过的亮线宽度数，S_N 表示在 N 位置时透光的亮线数。$N=0$ 的位置，表示两光栅相对位移为零，其亮线完全重合，透过狭缝的光通量最大，获得的电压信号 u 最强；$N=\pm1$，表示两光栅相对移过一个亮线宽度，透光的亮线数 $S_N=1$；以此类推。N 与 S_N 之间的关系曲线如图 7-45 所示。

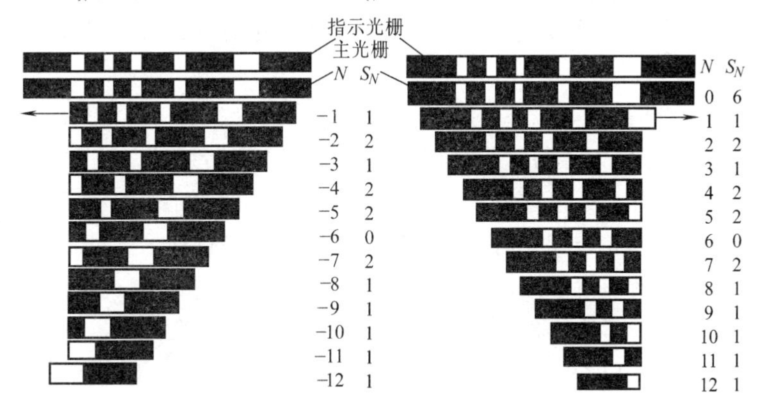

图 7-44　零位光栅刻线规律示意图

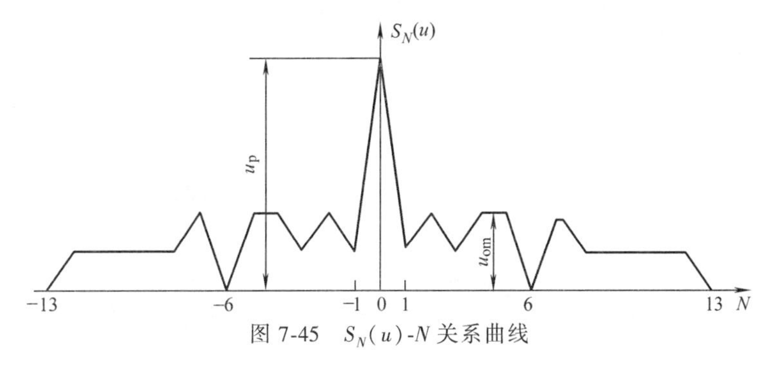

图 7-45　$S_N(u)$-N 关系曲线

四、光栅式传感器的类型

光栅式传感器的基本工作原理是利用光栅的莫尔条纹现象进行测量。光栅式传感器一般由光源、标尺光栅、指示光栅和光电器件组成，如图7-46所示。取两块光栅常数相同的光栅，其中光栅3类似于长刻线尺，称为标尺光栅（也称主光栅），它可以移动（或固定不动），另一块光栅4只取一小块，称为指示光栅，它固定不动（或可以移动），这二者刻线面相对，中间留有很小的间隙相叠合，便组成了光栅副。将其置于由光源1和透镜2形成的平行光束光路中，若两光栅栅线之间有很小的夹角 θ，则在近似垂直于栅线的方向上显现出比栅距 W 宽得多的明暗相间的莫尔条纹6，其信号光强分布如曲线7所示。当标尺光栅沿垂直于栅线的 x 方向每移过一个栅距 W 时，莫尔条纹近似沿栅线方向移过一个条纹间距。用光电器件5接收莫尔条纹信号，经电路处理后用计数器计数，可得到标尺光栅移过的距离。

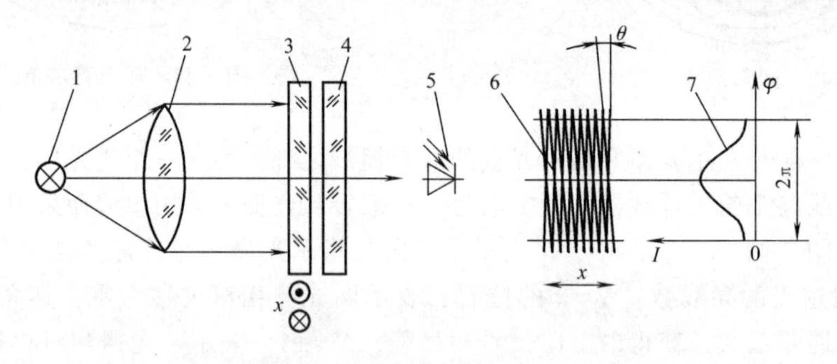

图7-46　光栅式传感器原理图

光栅式传感器有多种不同的光学系统，其中比较常见的有透射式光栅传感器和反射式光栅传感器。

（一）透射式光栅传感器

图7-47和图7-48分别为透射式长光栅传感器和圆光栅传感器。这里采用的光源是发光二极管，有的发光二极管本身将透镜集成在一起，光线平行性比较好，不需要外加透镜；有的发光二极管本身没有集成透镜，需外加透镜改善光线的平行性。另外白炽灯也常用作光栅传感器的光源。标尺光栅和指示光栅形成莫尔条纹，这里采用的指示光栅是一种裂相光栅，一般由4部分组成，每一部分的刻线间距与对应的标尺光栅完全相同，但各个部分之间在空间上依次错开 $nW+W/4$（n 为整数，W 为长光栅的栅距或者圆光栅的栅距角）的距离，指示光栅与标尺光栅刻线平行放置，它们之间形成光闸莫尔条纹（也可采用指示光栅与标尺光栅刻线间有很小的夹角，形成横向莫尔条纹），用光电器件分别接收裂相光栅4个部分的透射光，可以得到相位差依次为 $\pi/2$ 的4路信号：

$$u_1=U_0+U_m\sin\frac{2\pi x}{W} \tag{7-24}$$

$$u_2=U_0+U_m\sin\left(\frac{2\pi x}{W}+\frac{\pi}{2}\right)=U_0+U_m\cos\left(\frac{2\pi x}{W}\right) \tag{7-25}$$

$$u_3=U_0+U_m\sin\left(\frac{2\pi x}{W}+\pi\right)=U_0-U_m\sin\left(\frac{2\pi x}{W}\right) \tag{7-26}$$

$$u_4=U_0+U_m\sin\left(\frac{2\pi x}{W}+\frac{3\pi}{2}\right)=U_0-U_m\cos\left(\frac{2\pi x}{W}\right) \tag{7-27}$$

式中　U_0——电信号的直流电平，对应于莫尔条纹的平均光强；

U_m——电信号的幅值，对应于莫尔条纹明暗的最大变化。

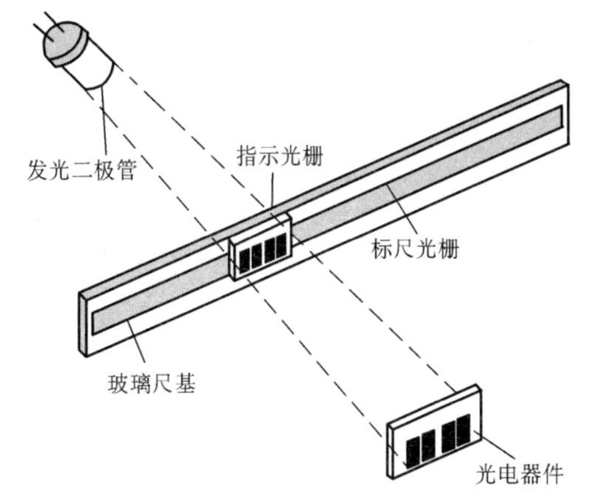

图 7-47　透射式长光栅传感器

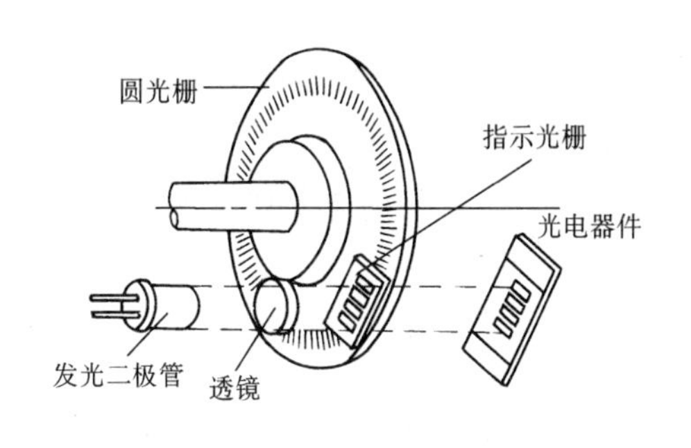

图 7-48　透射式圆光栅传感器

这四相电信号的后续处理过程是：首先将 u_1、u_3 和 u_2、u_4 分别两两相减，消除信号中的直流电平，得到两路相位差为 90°的信号，然后将它们送入专门的电子细分和辨向电路，可以实现对位移的测量。需要说明的是，相位差为 90°的两路信号是辨向电路所需的，单独一路信号无法实现辨向。

（二）反射式光栅传感器

典型的反射式光栅传感器原理如图 7-49 所示。发光二极管经聚光透镜形成平行光，平行光以一定角度射向裂相指示光栅，莫尔条纹是由标尺光栅的反射光与指示光栅作用形成的，光电器件接收莫尔条纹的光强。

这种光路的传感器一般用在数控机床、测量机等测长仪器上，主光栅常为金属光栅，它坚固耐用，而且线膨胀系数与机床基体的线膨胀系数接近，能减小温度误差。

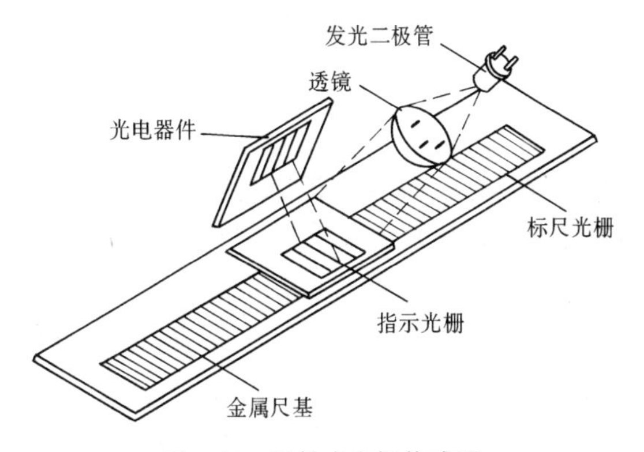

图 7-49　反射式光栅传感器

图 7-50 所示为反射分光式光栅传感器。该传感器只用一只闪耀光栅（即反射式相位光栅）。

光源 1 发出的光经准直透镜 2 变成平行光束垂直入射到分光棱镜 3，经过半透分光面时被分成 *CD*、*CE* 两束光线射到闪耀光栅 4 的 *A*、*B* 两点。闪耀光栅具有等腰三角形线槽。使光栅在自准状态下工作，即光束垂直投射于线槽面时，最大强度的衍射光将沿原路反射回分光棱镜 3。这样，由 *A*、*B* 两处返回的两路衍射光经分光棱镜 3 都投向透镜 5。这两路衍射光是相干的，相遇后发生干涉，产生的条纹图像经透镜 5 由光电器件 6 接收。

栅线的刻划面与光栅平面的夹角 φ 称为闪耀角。控制 φ 角可以使要求的光谱级次 m 发生在最大光强方向上。图7-50的自准系统，产生主闪耀的条件为

$$m\lambda = 2W\sin\varphi \tag{7-28}$$

式中　m——具有最大光强的光谱级次；

λ——入射光波长；

W——光栅的栅距。

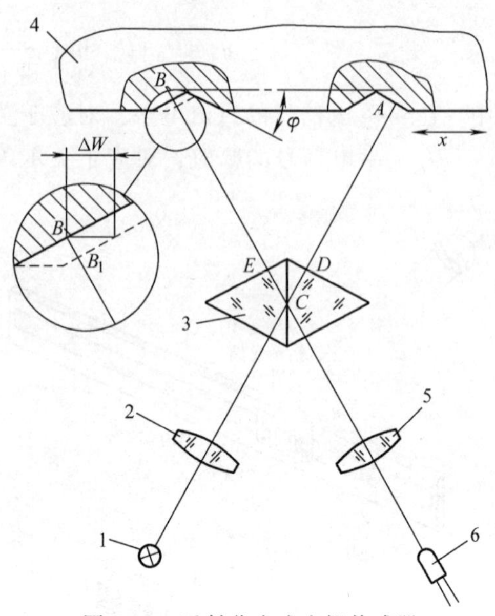

图7-50　反射分光式光栅传感器

工作时，光栅4沿 x 方向移动 ΔW，入射光 EB 的光程将变化 $2BB_1$：

$$2BB_1 = 2\Delta W\sin\varphi$$

相应的相位变化为

$$\Delta\varphi_1 = \frac{2\pi}{\lambda}2BB_1 = \frac{2\pi}{\lambda}2\Delta W\sin\varphi = m_1\frac{\Delta W}{W}2\pi$$

同理，另一束射到 A 处的光线相位的变化为

$$\Delta\varphi_2 = m_2\frac{\Delta W}{W}2\pi$$

因此，在光栅移动 ΔW 时，这两束相干光相位差的变化为

$$\Delta\varphi = (m_1+m_2)\frac{\Delta W}{W}2\pi$$

若要求光谱级次 $m_1=m_2=2$ 有最大光强，则 $\Delta\varphi = 4\times2\pi\frac{\Delta W}{W}$。这说明，当光栅移过一个栅距 W 时，相干光束的相位差将变化 $4\times2\pi$，即干涉条纹变化4次。可见，该光学系统具有光学四细分的作用。

实际使用中，当闪耀光栅的栅线数为600线/mm时，移过一个干涉条纹相当于光栅移动 $\Delta W=\frac{1}{4}\times\frac{1}{600}\text{mm}=0.42\mu\text{m}$ 的距离，只需再进行四细分就可以得到 $0.1\mu\text{m}$ 的分辨力。由于这种系统具有较高的分辨力，目前在一些光栅刻划机上常作精密定位用。但高精度细栅距的闪耀光栅制造比较困难。

第六节　激光式传感器

激光是在20世纪60年代初问世的。由于激光具有方向性强、亮度高、单色性好、相干性好等特点，使其不仅作为一种新颖光源而且还发展成一种新技术——激光技术，广泛应用于工农业生产、国防军事、医学卫生、科学研究等各个方面，如用来测距、通信、准直、定向、打孔、切割、焊接，用来精密检测、定位等，还用作长度基准。

激光器是发射激光的装置。由激光器、光学零件和光电器件所构成的激光测量装置能将被测量（如长度、流量、速度等）转换成电信号，因此广义上也可将激光测量装置称为激

光式传感器。激光式传感器内容繁多，本节只介绍几个典型的例子。

一、激光干涉传感器

激光干涉传感器以激光为光源，测量准确度高，测量不确定度可达 $1\mathrm{LSB}+10^{-8}L$，其中 L 为量程，量程大，可达几十米；便于实现自动测量。激光干涉传感器可用作普通干涉系统（迈克尔逊干涉系统）来测长，也可用作全息干涉系统，用来检测复杂表面等。

（一）基本工作原理

激光干涉传感器的基本工作原理就是光的干涉原理。在实际测量中应用最广泛的是迈克尔逊双光束干涉系统。如图 7-51 所示，光源 S 发出的光线经分光镜 B 分成两路，这两路光束分别由参考镜 M_1 和可移动的测量反射镜 M_2 反射，在观察屏 P 处汇合产生干涉。被测量的变化引起 M_2 发生平移，干涉条纹便发生移动。每当反射镜 M_2 移动半个光波波长时，干涉条纹明暗变化一次，因此测量位移 x 的基本公式为

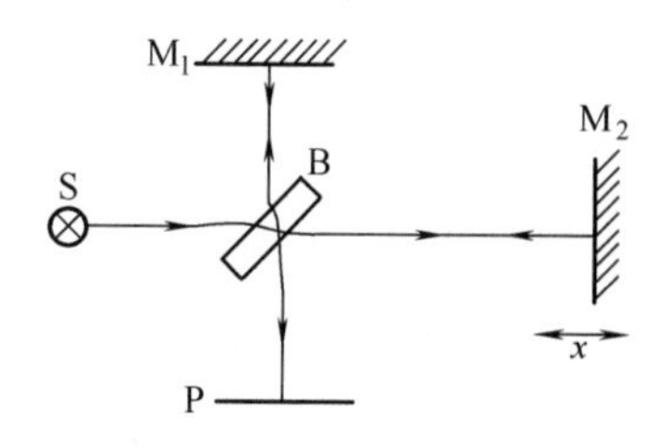

图 7-51　迈克尔逊双光束干涉系统

$$x=N\lambda_0/(2n) \tag{7-29}$$

式中　n——空气折射率；

λ_0——真空中光波波长；

N——干涉条纹亮暗变化的数目。

干涉条纹由光电器件接收，经电路处理由计数器计数，则可得被测位移 x。当光源为激光时就成为激光干涉系统。因此，激光干涉传感器是以激光波长为基准，用对干涉条纹计数的方法进行测量的。这种干涉传感器用于位移测量的不足之处是只能输出一路信号，不能辨别 M_2 的移动方向。这种干涉传感器更多的是用来测量直线度、平面度等形位误差以及粗糙度，这时以被测表面取代 M_2，根据干涉条纹的弯曲变形进行计算和测量。

（二）单频激光干涉仪

图 7-52 所示为采用单频氦氖激光器作为光源的单频激光干涉仪典型光路，常采用偏振干涉仪的形式。He-Ne 激光器发出线偏振光，经 1/4 波片 1 后变成圆偏振光，圆偏振光经偏振分光镜 2 分成两束偏振方向相互垂直的线偏振光，分别射向参考角锥棱镜 3 和测量角锥棱镜 4，两束光被反射后在偏振分光镜处重新汇合，这时两束光偏振方向仍相互垂直并不能产生干涉现象。为了产生干涉，在光路中放置一个 1/4 波片 5，它将相互垂直的两路偏振光转变为旋转方向相反的圆偏振光，然后用分光镜 6 将光束分成两路，两路光分别经过偏振片 8 和 9，被光电器件 10、11 所接收。偏振片 8、9 的偏振方向成 45°，因此接收到的两路信号具有 90°的相位差，它们可用于后续电路的细分和辨向。

单频激光干涉仪精度高，但对环境条件要求高，抗干扰（如空气湍流、热波动等）能力差，因此主要用于条件较好的实验室以及被测距离不太大的情况下。

（三）双频激光干涉仪

双频激光干涉仪采用双频氦氖激光器作为光源。通常将单频氦氖激光器置于轴向磁场中，由于塞曼效应（外磁场使粒子获得附加能量而引起能级分裂和谱线分裂）使激光的谱线在磁场中分裂成两个旋转方向相反的圆偏振光，从而得到两种频率的双频激光。设它们的

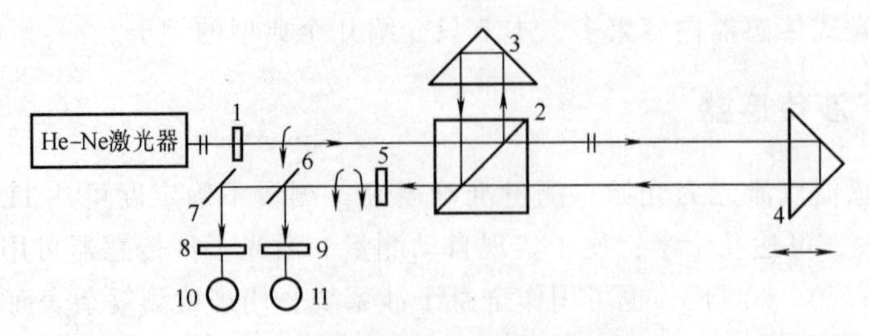

图 7-52 单频激光干涉仪的光路原理图

1、5—1/4 波片 2—偏振分光镜 3、4—角锥棱镜 6—分光镜

7—反射镜 8、9—偏振片 10、11—光电器件

振幅相同为 A，频率分别为 f_1、f_2，相应初相角为 φ_1、φ_2，则振动方程为

$$y_1(t)=A\cos(2\pi f_1 t+\varphi_1) \tag{7-30}$$

$$y_2(t)=A\cos(2\pi f_2 t+\varphi_2) \tag{7-31}$$

f_1 与 f_2 的频率差与磁场强度及激光器增益有关，一般磁场强度为 0.2~0.35T，频差为 1.2~1.8MHz。由于激光时间相干性和空间相干性都很好，因此两种波长（或频率）稍有差异的激光也能相干，这种特殊的干涉称作“拍”。若两光波在垂直方向合成，按叠加原理，则由式（7-30）和式（7-31）可得合成振动为

$$y(t)=2A\cos\left(\pi\Delta ft+\frac{\Delta\varphi}{2}\right)\cos(2\pi ft+\varphi) \tag{7-32}$$

式中的 $\Delta\varphi=\varphi_1-\varphi_2,\varphi=(\varphi_1+\varphi_2)/2,f=(f_1+f_2)/2,\Delta f=f_1-f_2$。由式（7-32）可知，合成振动仍可看作频率为 f 的高频简谐振动，其振幅 $2A\cos$（$\pi\Delta ft+\Delta\varphi/2$）是随时间 t 做缓慢周期变化的，变化频率为 $\Delta f=f_1-f_2$，这种现象就称为“拍”，幅值变化的频率 Δf 称为拍频。

合成振动的光强 I 可用振幅的二次方表示为

$$I=4A^2\cos^2\left(\pi\Delta ft+\frac{\Delta\varphi}{2}\right)=2A^2[1+\cos(2\pi\Delta ft+\varphi)] \tag{7-33}$$

可知光强也是随时间 t 从 0 到 $4A^2$ 周期地变化，变化频率就是拍频 $\Delta f=f_1-f_2$。光强变化用光电器件接收，则可得到频率为拍频 Δf 的正弦电信号。

双频激光干涉仪的光路原理图如图 7-53 所示。两个旋向相反的圆偏振光首先由分光镜 1 分成两路，反射的一路光（4% ~ 10%）经检偏器（只让一个特定方向的线偏振光通过）8

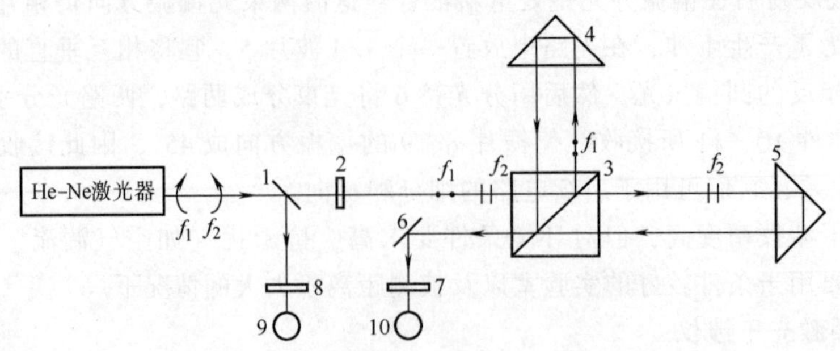

图 7-53 双频激光干涉仪的光路原理图

1—分光镜 2—1/4 波片 3—偏振分光镜 4、5—角锥棱镜

6—反射镜 7、8—检偏器 9、10—光电器件

在光电器件 9 上取得频率为 f_1-f_2 的拍频信号作为参考信号 $\cos 2\pi(f_1-f_2)t$，其余大部分光透过分光镜 1 进入干涉系统。旋向相反的圆偏振光经 1/4 波片 2（其光轴与水平方向成 45°放置）后变成垂直和水平方向的两个线偏振光，偏振分光镜 3 对偏振面垂直于入射面频率为 f_1 的线偏振光产生全反射，使之进入固定角锥棱镜 4。同时，偏振分光镜 3 使偏振面在入射面内频率为 f_2 的线偏振光全透过，进入可移动角锥棱镜 5。f_1 和 f_2 分别经角锥棱镜 4、5 反射后，返回到偏振分光镜 3 的分光面的同一点上。当角锥棱镜 5 随被测物以速度 v 移动时，根据多普勒效应，频率 f_2 将产生偏移，变成 $f_2\pm\Delta f_2$：

$$f_2\pm\Delta f_2=f_2\sqrt{\frac{c\pm 2v}{c\mp 2v}}$$

式中　c——光速。

当角锥棱镜 5 移近偏振分光镜 3 时，上式分子取 $(c+2v)$，分母取 $(c-2v)$；移动方向相反，符号也相反。由于 $c\gg 2v$，上式可近似为

$$f_2\pm\Delta f_2=f_2\left(1\pm\frac{2v}{c}\right) \tag{7-34}$$

因此，汇合到偏振分光镜 3 的两束光频率分别为 f_1、$f_2\pm\Delta f_2$，并且偏振方向互相垂直。它们在 45°方向上的投影经检偏器 7 检出，在光电器件 10 上获得频率为 $f_1-(f_2\pm\Delta f_2)$ 的测量信号 $\cos 2\pi[f_1-(f_2\pm\Delta f_2)]t$。参考信号和测量信号分别经放大、整形后输入差动计数器，差动计数器的输出就是多普勒频差 Δf_2 在时间 t 上的积分，即

$$N=\int_0^t \Delta f_2 \mathrm{d}t=\int_0^t \frac{2v}{c}f_2\mathrm{d}t=\int_0^l \frac{2}{c}f_2\mathrm{d}l=\int_0^l \frac{2}{\lambda_2}\mathrm{d}l=\frac{2l}{\lambda_2} \tag{7-35}$$

式中　λ_2——频率 f_2 的光波波长；

　　l——角锥棱镜 5 在时间 t 内的位移，即被测位移，可由 N 求得。

由上述分析可知，双频激光干涉仪处理的信号是频率为 Δf 及 $\Delta f\pm\Delta f_2$ 的交流电信号，因此可用交流放大电路，克服了直流漂移的影响，在光强衰减 90%的情况下仍能正常工作。所以，双频激光干涉仪抗干扰能力强，空气湍流、热波动等影响甚微，降低了对环境条件的要求，可在车间条件下进行大距离测量。

单频和双频激光干涉技术目前都比较成熟，在精密长度计量中得到了广泛地应用，如线纹尺、光栅的检定，量块自动测量，精密丝杆动态测量，工件尺寸、坐标尺寸的精密测量等。激光干涉仪还应用于精密定位，如感应同步器的刻划、集成电路制作等的定位。

二、激光测微测头

激光测微测头是一种绝对距离传感器，它利用了激光方向性好的特点，利用透镜将激光聚焦成很小的斑点，使传感器不仅具有很高的纵向灵敏度，也具有非常高的横向分辨力，这种测头常用作扫描测头。较常见的激光测微测头主要有三角法测头和离焦法测头。下面以三角法测头为例进行讲解。

三角法测头是一种利用几何三角关系实现位移测量的传感器。图 7-54 为三角法测头的基本装置。半导体激光器发出的激光被聚焦镜聚集成很小的光斑，光斑打在被测物体表面上，经成像透镜成像在光电探测器上，其中投影光轴与成像光轴的夹角为 θ。当被测位移 x

变化不大时，根据图 7-54 中的几何关系近似有

$$x=\frac{d_0\delta}{d_1\sin\theta} \tag{7-36}$$

式中 d_0——被测点到成像物镜的距离；

d_1——光电探测器到成像物镜的距离。

因此，只要能够求得像点偏移 δ 即可实现对位移 x 的测量。如果选用线阵电荷耦合器件（CCD）或位置敏感器件（PSD）作为光电器件，δ 可直接测得。

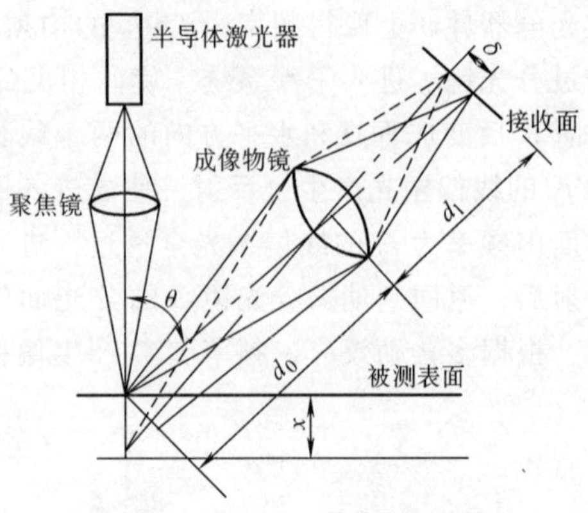

图 7-54 激光三角法测头原理图

三、激光扫描传感器

激光束以恒定的速度扫描被测物体（如圆棒），由于激光方向性好、亮度高，因此光束在物体边缘形成强对比度的光强分布，经光电器件转换成脉冲电信号，脉冲宽度与被测尺寸（如圆棒直径）成正比，从而实现了物体尺寸非接触自动测量。激光扫描传感器经常用于加工中（即在线）非接触主动测量，如热轧圆棒直径的测量、拉制粗导线线径的测量等。激光扫描传感器的精度可达 0.01%~0.1%数量级。

（一）基本工作原理

图 7-55a 是激光扫描测长的原理图。氦氖激光器发出的激光细束经扫描装置以恒定速度 v 对直径为 D 的被测物体进行扫描，并由光电器件接收，转换成图 7-55b 所示的电脉冲。由于扫描速度恒定，所以测出 Δt 即可求得被测直径 D。

$$D=v\Delta t \tag{7-37}$$

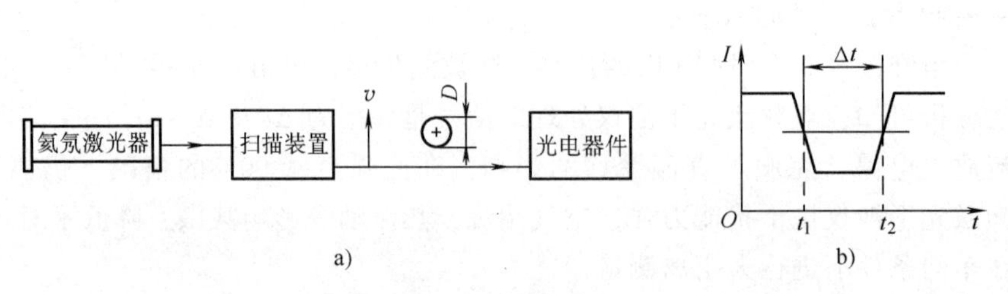

图 7-55 激光扫描测长原理图及传感器输出波形

a）原理图 b）输出信号波形

激光扫描测长是非接触测量，适用于柔软的不允许有测量力的物体、不允许测头接触的高温物体以及不允许表面划伤的物体等的在线测量。由于扫描速度可高达 95m/s，因此允许测量快速运动或振幅不大、频率不高振动着的物体的尺寸。每秒能测 150 次，一般采用多次测量求平均可以提高测量精度。激光扫描测长的测量范围为 1~1000mm，允许物体在光轴方向的尺寸小于 1m，测量精度为±0.3~±7μm，扫描宽度越小精度越高。为了保证测量精度，要求激光扫描束要细、平行性要好，要防止周围空气的扰动。被测件在扫描区内纵向位置变化会因光束平行性不够好而带来一定的测量误差。

（二）应用举例

图 7-56 是激光扫描测径仪原理图。同步电动机 1 带动位于透镜 3 焦平面上的多面反射镜 2 旋转，使激光束扫描被测物体 4，扫描光束由光电器件 5 接收转换成电信号并被放大。

为了确定被测物轮廓边缘在光电信号中所对应的位置，采用了两次微分电路，其输出波形如图 7-57 所示。由于物体轮廓的光强分布因激光衍射影响而形成缓慢的过渡区，见图 7-57a，因此不能准确形成边缘脉冲。为此要尽量减小衍射图样，除了选取短焦距透镜外，还采用了电路处理方法。在一般的信号处理中，取最大输出的半功率点（即 $I_o/2$）作为边缘信号。这种方法受激光光强波动、放大器漂移等影响而不易得到高的准确度。为了得到较高的测量准确度，可对光电信号通过电路二次微分，并根据二次微分的过零点作为轮廓的边缘位置。这种方法在激光光束直径为 0.8mm 情况下，可得到 1μm 的分辨力和±3μm 的测量精度。用二次微分电路的输出控制门电路（见图 7-56），即在表征轮廓边缘的电脉冲之间让时钟脉冲通过，经电路运算处理，最后以数字形式显示出被测直径。

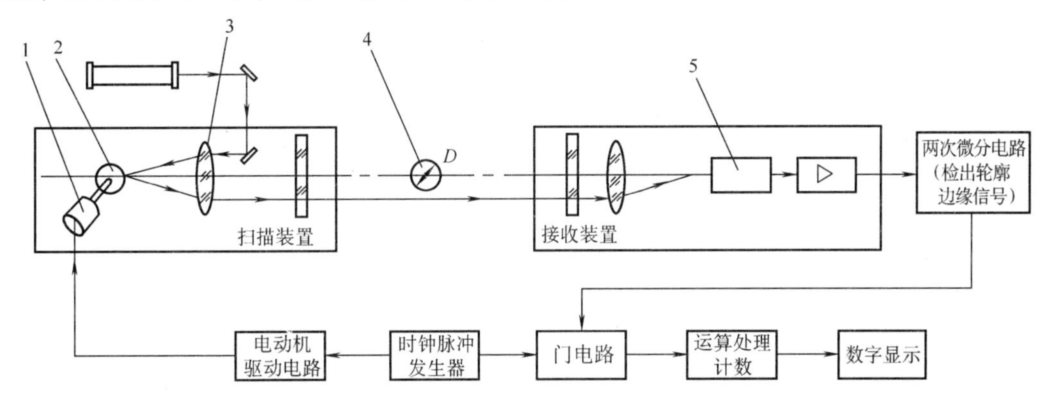

图 7-56 激光扫描测径仪原理图

1—同步电动机 2—多面反射镜 3—透镜 4—被测物体 5—光电器件

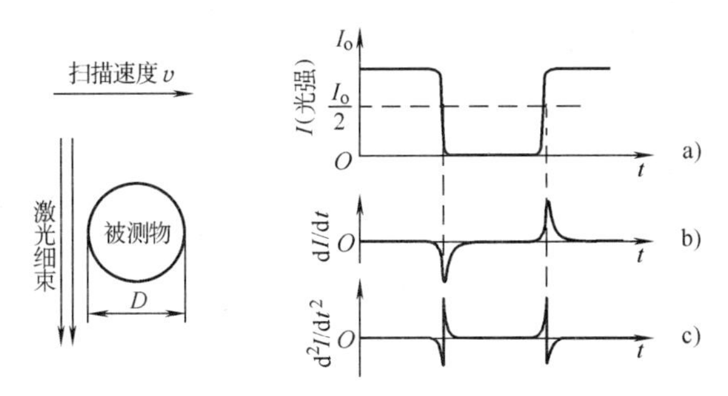

图 7-57 检出被测物轮廓边缘两次微分输出波形

当被测直径较小时，如金属丝或光导纤维，直径在 0.5mm 以下，若采用激光扫描法测量，由于线径小，扫描区间窄，扫描镜不需要大幅度的转动，因此可以采用音叉等作为镜偏转驱动装置。其测量范围为 60~200μm，测量准确度为 1%。

当被测直径较大（大于 50mm）时，可采用双光路激光扫描传感器，分别检测工件的上下边缘，工作原理同上，只是需将两个光路的光电信号合成，经电路处理则可测得被测直径。

四、其他应用

除了上述长度等测量中的一些应用外，激光还可用来测量物体或微粒的运动速度，测量流速、振动、转速、加速度、流量等，并具有较高的测量准确度。图 7-58 所示为激光多普勒测速示意图，当激光作为光源照射运动物体或流体时，由于多普勒效应被物体或流体反射或散射的光的频率将发生变化，将频率发生变化的光与入射光（作为参考光束）拍频，经光电转换得到与物体或流体运动速度成比例的电信号，由此测出速度。由于激光频率高，而频率的测量又可达到极高的准确度，因此激光多普勒测速可用于高准确度、宽范围（1cm/h的超低速~超音速的高速）非接触的测量中。

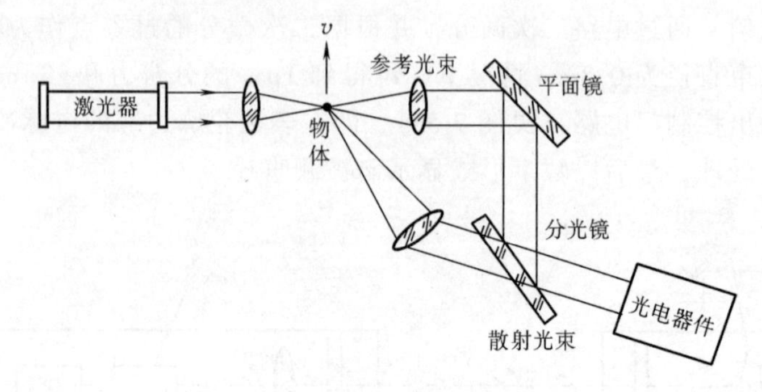

图 7-58 激光多普勒测速示意图

思考题与习题

1. 光电式传感器常用光源有哪几种？哪些光源可用作红外光源？

2. 光电式传感器常用接收器件有哪几种？各基于什么原理？各有什么特点？

3. 电荷耦合器件有哪几种？各由哪几部分组成？

4. 电荷耦合器件中的信号电荷是如何传输的？

5. 简述利用 CCD 进行工件尺寸测量的原理及测量系统的组成。

6. 试述用一维 PSD 进行距离测量的原理。

7. 利用由斯乃尔定律推导出的临界角 θ_c 表达式，计算水（$n=1.33$）与空气（$n\approx1$）分界面的 θ_c 的值。

8. 求 $n_1=1.46$、$n_2=1.45$ 的光纤的 NA 值；若外部的 $n_0=1$，求最大入射角 $\theta_m=$？

9. 光纤传感器有哪几种调制方式？

10. 利用光纤传感器进行位移测量的方法有哪些？简述其工作原理。

11. 试述光栅式传感器的基本工作原理。

12. 莫尔条纹是如何形成的？它有哪些特性？

13. 试分析为什么光栅式传感器有较高的测量准确度？

14. 长、圆光栅各有哪些种莫尔条纹？哪些是常用的？

15. 用 4 只光电二极管接收长光栅的莫尔条纹信号，如果光电二极管的响应时间为 10^{-6}s，光栅的栅线密度为 50 线/mm，试计算长光栅所允许的运动速度。

16. 与单频激光干涉仪相比较，说明双频激光干涉仪有哪些特点？

17. 激光测微测头为什么采用激光二极管作为光源？

18. 简述激光扫描测长的基本原理。

19. 简述激光多普勒测速的基本原理。

第八章

热电式传感器

热电式传感器是利用其敏感元件的特征参数随温度变化的特性，对温度及与温度有关的参量进行测量的装置。目前，工业生产和控制中应用最为普遍的方法是将温度量转换为电动势和电阻。将温度变化转换为热电动势变化的主要有热电偶；将温度变化转换为电阻变化的主要有热电阻和热敏电阻。除此之外，集成温度传感器及利用热释电效应制成的感温元件在测温领域中也得到越来越多的应用。

第一节　热电偶传感器

一、热电偶的工作原理

1. 热电效应

将两种不同性质的导体 A、B 串接成一个闭合回路，如图 8-1 所示，如果两结合点处的温度不同（$T_0 \neq T$），则在两导体间就会产生热电动势，并在回路中有一定大小的电流，这种现象称为热电效应。在此闭合回路中两种导体叫热电极；两个结点中，一个叫工作端或热端（T），另一个叫参比端或冷端（T_0）。由这两种导体的组合并将温度转换成热电动势的传感器叫作热电偶。

热电动势是由两种导体的接触电动势和单一导体的温差电动势所组成的。热电动势的大小与两种导体材料的性质及结点温度有关。

（1）接触电动势　由于不同的金属材料所具有的自由电子密度不同，当两种不同的金属导体接触时，在接触面上就会发生电子扩散。电子的扩散速率与两导体的电子密度有关并和接触区的温度成正比。设导体 A 和 B 的自由电子密度为 N_A 和 N_B，且有 $N_A > N_B$，电子扩散的结果使导体 A 失去电子而带正电，导体 B 则因获得电子而带负电，在接触面形成电场。这个电场阻碍了电子继续扩散，达到动态平衡时，在接触区形成一个稳定的电位差，即接触电动势，其大小可表示为

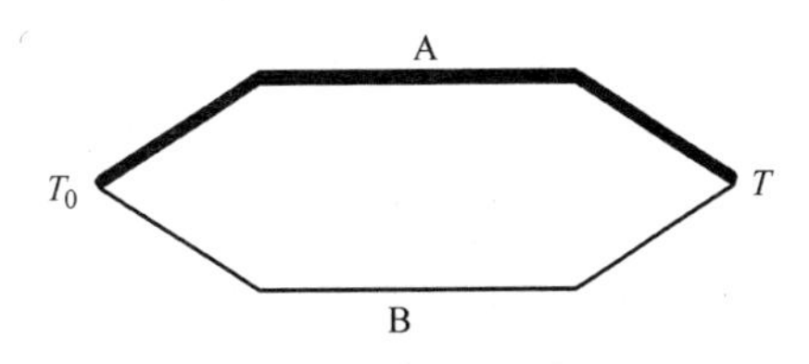

图 8-1　热电效应

$$e_{AB}(T) = \frac{kT}{e}\ln\frac{N_A}{N_B} \tag{8-1}$$

式中　$e_{AB}(T)$——A、B 的结点在温度 T 时形成的接触电动势；

e——电子电荷，$e=1.6\times10^{-19}$C；

k——玻耳兹曼常数，$k=1.38\times10^{-23}$J/K；

N_A、N_B——导体A、B的自由电子密度。

（2）单一导体中的温差电动势　对于单一导体，如果两端温度不同，在两端间会产生电动势，即单一导体的温差电动势，这是由于导体内自由电子在高温端具有较大的动能，而向低温端扩散的结果。高温端因失去电子而带正电，低温端由于获得电子而带负电，在高低温端之间形成一个电位差。温差电动势的大小与导体的性质和两端的温差有关，可表示为

$$e_A(T,T_0)=\int_{T_0}^{T}\sigma_A\mathrm{d}T \tag{8-2}$$

式中　$e_A(T,T_0)$——导体A两端温度为T、T_0时形成的温差电动势；

T、T_0——高、低端的热力学温度；

σ_A——汤姆逊系数，表示导体A两端的温度差为1℃时所产生的温差电动势，如在0℃时，铜的$\sigma=2\mu$V/℃。

对于图8-2中导体A、B组成的热电偶回路，当温度$T>T_0$时，回路总的热电动势可表示为

$$\begin{aligned}E_{AB}(T,T_0)&=e_{AB}(T)-e_{AB}(T_0)-e_A(T,T_0)+e_B(T,T_0)\\&=\frac{kT}{e}\ln\frac{N_{AT}}{N_{BT}}-\frac{kT_0}{e}\ln\frac{N_{AT_0}}{N_{BT_0}}+\int_{T_0}^{T}(-\sigma_A+\sigma_B)\mathrm{d}T\end{aligned} \tag{8-3}$$

式中　N_{AT}、N_{AT_0}——导体A在结点温度为T和T_0时的电子密度；

N_{BT}、N_{BT_0}——导体B在结点温度为T和T_0时的电子密度；

σ_A、σ_B——导体A和B的汤姆逊系数。

由此可得出有关热电偶回路的几点结论：

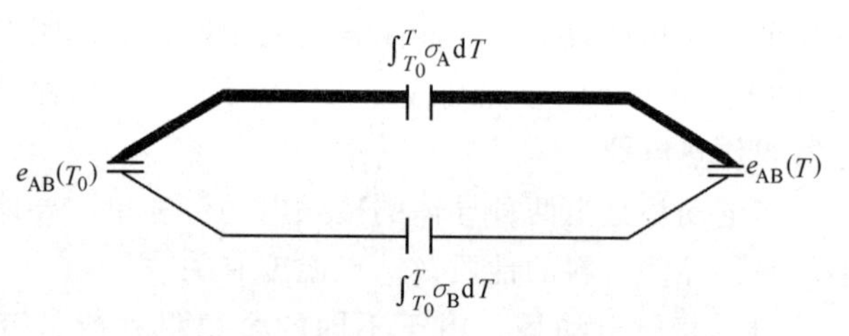

图8-2　闭合回路温差电动势

1）如果构成热电偶的两个热电极为材料相同的均质导体，即$\sigma_A=\sigma_B$，$N_A=N_B$，则无论两结点温度如何，热电偶回路内的总热电动势始终为零。因此，热电偶必须采用两种不同的材料作为热电极。

2）如果热电偶两结点温度相等，即$T=T_0$，则尽管导体A、B的材料不同，热电偶回路内的总电动势亦为零。

3）热电偶AB的热电动势与A、B材料的中间温度无关，只与结点温度有关。

2. 热电偶基本定律

（1）中间导体定律　若在图8-1的T_0处断开，接入第三导体C，如图8-3所示，当A、B结点温度为T，其余结点温度为T_0，且$T>T_0$时，则回路中总热电动势为

$$E_{ABC}(T,T_0)=E_{AB}(T)+E_{BC}(T_0)+E_{CA}(T_0) \tag{8-4}$$

由于在$T=T_0$的情况下回路中总热电动势为零，即

$$E_{ABC}(T_0)=E_{AB}(T_0)+E_{BC}(T_0)+E_{CA}(T_0)=0 \tag{8-5}$$

将式（8-5）代入式（8-4）可得

$$E_{ABC}(T,T_0)=E_{AB}(T)-E_{AB}(T_0)=E_{AB}(T,T_0) \tag{8-6}$$

由此可得出结论：在热电偶回路中接入第三种材料的导线时，只要这段导体两端的温度相等，第三导线的引入不会影响热电偶的热电动势。这个规律称为中间导体定律。根据这个定律，可以将第三导线换成测试仪表或连接导线，只要保持两结点温度相同，就可以对热电动势进行测量而不影响原热电动势的数值。

（2）参考电极定律　图 8-4 为参考电极定律示意图，图中导体 C 接在 A、B 之间，形成三个热电偶组成的回路。当结点温度为 T、T_0 时，用导体 A、B 组成的热电偶的热电动势等于 AC 热电偶和 CB 热电偶的热电动势的代数和，即

$$E_{AB}(T,T_0)=E_{AC}(T,T_0)+E_{CB}(T,T_0) \tag{8-7}$$

导体 C 称为标准电极（一般由铂制成）。这一规律称为参考电极定律。

对于 AC 热电偶，热电动势为

$$E_{AC}(T,T_0)=e_{AC}(T)-e_{AC}(T_0)-\int_{T_0}^{T}(\sigma_A-\sigma_C)\mathrm{d}T \tag{8-8}$$

对于 BC 热电偶，热电动势为

$$E_{BC}(T,T_0)=e_{BC}(T)-e_{BC}(T_0)-\int_{T_0}^{T}(\sigma_B-\sigma_C)\mathrm{d}T \tag{8-9}$$

于是

$$\begin{aligned}&E_{AC}(T,T_0)-E_{BC}(T,T_0)=E_{AC}(T,T_0)+E_{CB}(T,T_0)\\&=e_{AC}(T)-e_{AC}(T_0)-e_{BC}(T)+e_{BC}(T_0)-\int_{T_0}^{T}(\sigma_A-\sigma_C)\mathrm{d}T+\int_{T_0}^{T}(\sigma_B-\sigma_C)\mathrm{d}T\end{aligned} \tag{8-10}$$

利用式（8-1）可得

$$e_{AC}(T)-e_{BC}(T)=e_{AB}(T),-e_{AC}(T_0)+e_{BC}(T_0)=-e_{AB}(T_0)$$

因此，式（8-10）可写为

$$E_{AC}(T,T_0)+E_{CB}(T,T_0)=e_{AB}(T)-e_{AB}(T_0)+\int_{T_0}^{T}(-\sigma_A+\sigma_B)\mathrm{d}T=E_{AB}(T,T_0) \tag{8-11}$$

这就是参考电极定律。由于纯铂丝的物理化学性能稳定、熔点较高、易提纯，所以目前常用纯铂丝做参考电极。如果已求出各种热电极对铂极的热电特性，可大大简化热电偶的选配工作。

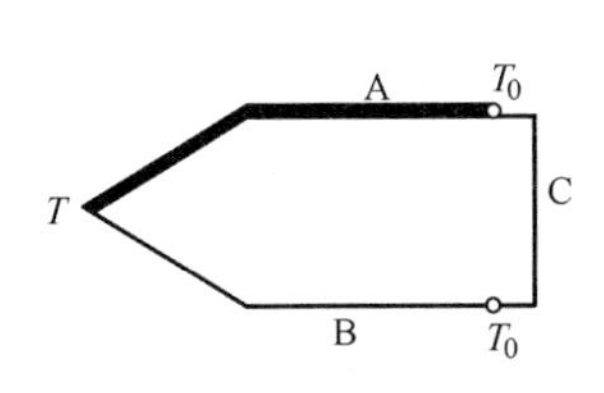

图 8-3　具有第三导体的热电偶回路

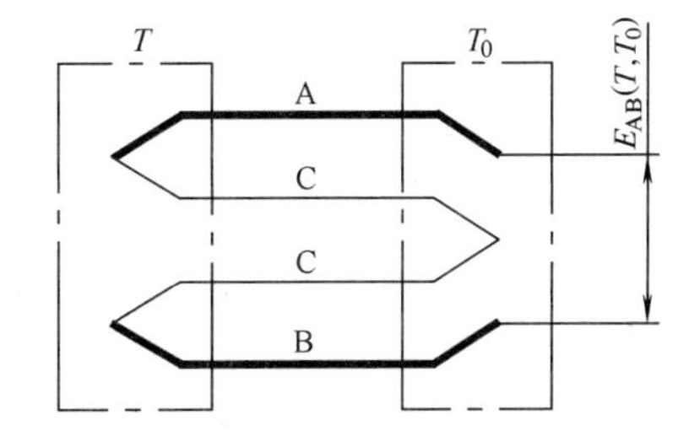

图 8-4　参考电极定律示意图

（3）中间温度定律　如图 8-5 所示，当热电偶的两个结点温度为 T、T_1 时，热电动势为 $E_{AB}(T,\ T_1)$；当热电偶的两个结点温度为 T_1、T_0 时，热电动势为 E_{AB}（T_1，T_0）；当热电偶

的两个结点温度为 T、T_0 时，热电动势为

$$E_{AB}(T,T_1)+E_{AB}(T_1,T_0)=E_{AB}(T,T_0) \tag{8-12}$$

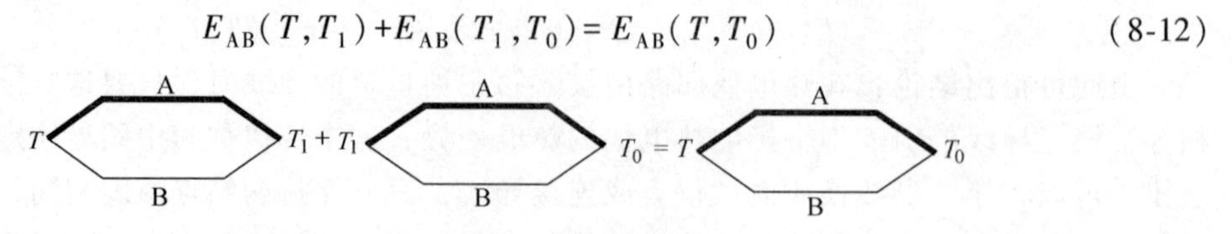

图 8-5 用连接导线的热电偶回路

同一种热电偶，当两结点温度 T、T_0 不同时，产生的热电动势也不同。要将对应各种（T，T_0）温度的热电动势-温度关系都列成图表是不能实现的。中间温度定律为热电偶制定分度表提供了理论依据。根据这一定律，只要列出参考温度为 0℃ 的热电动势-温度关系，那么参考温度不等于 0℃ 时的热电动势都可以由式（8-12）求出。

二、常用热电偶

根据热电偶的工作原理，只要是两种不同金属材料都可以形成热电偶。但为了保证工程技术中的可靠性和测量精度，一般来说，要求热电偶材料具有热电性质稳定、不易氧化或腐蚀、电阻温度系数小、电导率高、测温时能产生较大电动势等特点，且该电动势随温度呈线性或接近线性变化。适于制作热电偶的材料有 300 多种，到目前为止。国际电工委员会（IEC）推荐了 8 种类型的热电偶作为标准化热电偶，它们分别为 S 型、B 型、R 型、K 型、E 型、N 型、T 型和 J 型。我国的国家标准也将这 8 种类型的热电偶定为标准化热电偶。工业标准化热电偶的工艺成熟、性能稳定、能批量生产，同一型号可以互换，统一分度，并有配套的显示仪表，使用广泛。标准化热电偶的名称、分度号、材料成分、测温范围如表 8-1 所示。

表 8-1 标准化热电偶的名称、分度号、材料成分、测温范围

名称	分度号	材料主要成分	测温范围/℃
铂铑$_{10}$-铂	S	(+)90%Pt,10%Rh (-)100%Pt	-40~1600
铂铑$_{30}$-铂铑$_6$	B	(+)70%Pt,30%Rh (-)94%Pt,6% Rh	0~1800
铂铑$_{13}$-铂	R	(+)87%Pt,13%Rh (-)100%Pt	0~1600
镍铬-镍硅(镍铝)	K	(+)90%Ni,10%Cr (-)97.5%Ni,2.5% Si(Al)	-200~1300
镍铬-康铜	E	(+)90%Ni,10%Cr (-)55%Cu,45% Ni	-200~800
镍铬硅-镍硅	N	(+)84.4%Ni,14.2%Cr,1.4% Si (-)94.5%Ni,4.5% Si	-200~1300
铜-康铜	T	(+)99.95%Cu (-)55%Cu,45% Ni	-200~300
铁-康铜	J	(+)100% Fe (-)55%Cu,45% Ni	-40~750

下面介绍几种广泛使用的热电偶。

1. 铂铑$_{10}$-铂热电偶

铂铑$_{10}$-铂热电偶由直径为 5mm 的纯铂丝和相同直径的铂铑丝（90%的铂和 10%的铑）制成，用符号 LB 表示。铂铑丝为正极，纯铂丝为负极。这种热电偶可在 1300℃以下范围内长期使用，短期可测 1600℃高温。由于容易得到高纯度的铂和铂铑，故 LB 热电偶的复现精度和测量准确性高，常用于精密的温度测量和做标准热电偶。其主要缺点是：灵敏度低，热电特性的非线性严重。铂铑丝中的铑分子在长期使用后，因受高温作用而产生挥发现象，使铂丝受到污染而变质，从而引起热电特性的改变，因此必须定期进行校准。LB 热电偶的材料属贵金属，价格昂贵。

2. 镍铬-镍硅热电偶

镍铬-镍硅热电偶中的镍铬为正极，镍硅为负极，热偶丝直径一般为 1.2~2.5mm，符号用 EU 表示。EU 热电偶化学稳定性较高，测量范围为-200~+1300℃。其复制性好、产生热电动势大、线性好、价格便宜，是工业生产中最常用的一种热电偶。其缺点是：在还原性及硫化物介质中腐蚀，必须加保护套管，精度不如 LB 热电偶高。

3. 钨铼$_5$-钨铼$_{20}$ 热电偶

钨铼$_5$-钨铼$_{20}$ 热电偶是非标准化热电偶，钨铼$_5$ 为正极，钨铼$_{20}$ 为负极，一般使用在超高温场合。国产钨铼$_5$-钨铼$_{20}$ 热电偶使用温度范围为 300~2000℃，精度达±1%，可在氢气中连续使用 100h，在真空中使用 8h，性能稳定在±1%以内。钨铼系热电偶是一种较好的超高温热电偶，其最高使用温度受绝缘材料的限制，一般可达 2400℃，在真空中用裸丝测量时可用到更高的温度。

三、热电偶温度补偿

热电偶输出的电动势是两结点温度差的函数。为了使输出的电动势是被测温度的单一函数，一般将 T 作为被测温度端，T_0 作为参比温度端（冷端）。通常要求 T_0 保持为 0℃，但在实际中做到这一点很难，于是产生了热电偶冷端补偿问题。在工业使用时，解决冷端补偿问题有多种方法，一般根据使用条件和测量精度的要求来确定所使用的具体方法。比较常用的是电位补偿法。电位补偿法是在热电偶回路中串入一个自动补偿的电动势，利用不平衡电桥产生的电动势来补偿热电偶因冷端温度变化而引起的热电动势变化值。如图 8-6 所示，电桥的供电端 a、c 通过一可调电阻 R_g 接直流电源 E；桥臂电阻 R_1、R_2、R_3 为锰铜绕组电阻，阻值可视为不随温度变化的固定电阻；R_t 为阻值随温度剧烈变化的测温热电阻，用来测量冷端温度，测温热电阻 R_t 必须和热电偶的冷端处于同一温度下。当电桥处于平衡状态时，电桥输出电压为零，对仪表的测量值无影响。当冷端温度超过 0℃时，热电偶电动势将降低，测温热电阻 R_t 增大，电

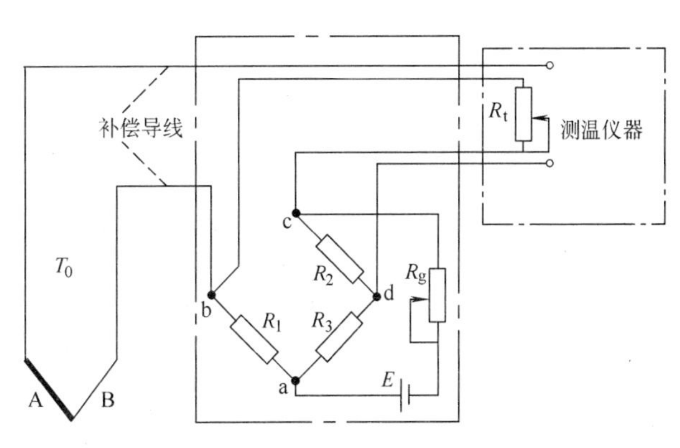

图 8-6　电位补偿法原理

桥不平衡，这部分不平衡电压正好补偿由于冷端温度升高所降低的热电动势，完成了热电偶的冷端补偿。在用补偿导线连接的测温系统中，热电偶冷端温度为 T_0。另外还有其他一些补偿方法，在此不一一列举。

第二节　热电阻传感器

一、概述

金属热电阻传感器（简称热电阻传感器）是利用导体的电阻随温度变化的特性，对温度和与温度有关的参数进行检测的装置。实验证明，大多数电阻在温度升高1℃时电阻值将增加0.4%~0.6%。热电阻传感器的主要优点是：①测量精度高；②有较大的测量范围，尤其在低温方面；③易于使用在自动测量和远距离测量中；④与热电偶相比，它没有参比端误差问题。热电阻传感器之所以有较高的测量精度，主要是一些材料的电阻温度特性稳定，复现性好。

热电阻传感器常用于-200~600℃的温度测量，随着技术的发展，热电阻传感器的测温范围也在不断地扩展，低温方面已成功地应用于-272~-270℃的温度测量中，高温方面也出现了多种用于1000~1300℃的热电阻传感器。

二、热电阻材料和常用热电阻

作为测量温度用的热电阻材料必须具有以下特点：①高且稳定的温度系数和大的电阻率，以便提高灵敏度和保证测量精度；②良好的输出特性，即电阻温度的变化接近于线性关系；③在使用范围内，其化学、物理性能应保持稳定；④良好的工艺性，以便于批量生产，降低成本。

根据上述要求，纯金属是制造热电阻的主要材料。目前，广泛应用的热电阻材料有铂、铜、镍、铁等。这些材料的电阻率与温度的关系一般都可近似用一个二次方程描述，即

$$\rho = a + bT + cT^2 \tag{8-13}$$

式中　ρ——电阻率；

T——温度；

a、b、c——由实验确定的常量。

下面介绍目前常用的几种热电阻材料和它们的特性。

1. 铂热电阻

铂是一种贵金属，其主要优点是物理化学性能极为稳定，并且有良好的工艺性，易于提纯，可以制成极细的铂丝（直径可达到0.02mm或更细）或极薄的铂箔。它的缺点是电阻温度系数较小。

我国已采用IEC标准制作工业铂电阻温度计。按IEC标准，铂的使用温度范围为-200~850℃。铂电阻温度计除做温度标准外，还广泛用于高精度的工业测量。由于铂为贵金属，在测量精度要求不高的场合下，均采用铜电阻。

铂电阻阻值与温度变化之间的关系可近似用下式表示：

在-200~0℃范围内

$$R_t = R_0[1 + AT + BT^2 + C(T-100)T^3]$$

在 0~850℃范围内

$$R_t = R_0(1+AT+BT^2) \tag{8-14}$$

式中　R_0、R_t——0℃和 t(℃) 时的电阻值。

对于常用的工业铂电阻，$A=3.90802\times10^{-3}$℃$^{-1}$，$B=-5.802\times10^{-7}$℃$^{-2}$，$C=-4.27350\times10^{-12}$℃$^{-4}$。

2. 铜热电阻

铜热电阻以金属铜为感温元件。它的特点是：电阻温度系数较大、价格便宜、互换性好、固有电阻小、体积大。使用温度范围是-50~150℃，在此温度范围内铜热电阻阻值与温度的关系可以用下式表示：

$$R_t = R_0(1+AT+BT^2+CT^3) \tag{8-15}$$

式中　R_0、R_t——0℃和 t(℃) 时的电阻值。

对于常用的工业铜热电阻，$A=4.28899\times10^{-3}$℃$^{-1}$，$B=-2.133\times10^{-7}$℃$^{-2}$，$C=1.233\times10^{-9}$℃$^{-3}$。

3. 其他热电阻

镍和铁电阻的温度系数都较大，电阻率也较高，因此也适合于做热电阻。镍和铁热电阻的使用温度范围分别是-50~100℃和-50~150℃。但这两种热电阻目前应用较少，主要是由于它们有以下缺点：铁很容易氧化，化学性能不好；而镍非线性严重，材料提取也困难。但由于铁的线性、电阻率和灵敏度都较高，所以在加以适当保护后，也可作为热电阻元件。镍电阻在稳定性方面优于铁，在自动恒温和温度补偿方面的应用较多。

近年来，一些新颖的、测量低温领域的热电阻材料相继出现。铟电阻适宜在-269~-258℃温度范围内使用，测温精度高，灵敏度是铂电阻的 10 倍，但复现性差。锰电阻适宜在-271~-210℃温度范围内使用，灵敏度高，但质脆易损坏。碳电阻适宜在-273~-268.5℃温度范围内使用，热容量小、灵敏度高、价格低廉，但热稳定性较差。

第三节　热敏电阻传感器

一、热敏电阻的工作原理

半导体热敏电阻（以下简称热敏电阻）是利用半导体的电阻值随温度变化这一特性制成的一种热敏元件。它同金属热电阻一样，也是利用电阻随温度变化的特性测量温度的。所不同的是热敏电阻用半导体材料作为感温元件。热敏电阻的优点是：灵敏度高、体积小、响应快、功耗低、价格低廉；缺点是：电阻值随温度呈非线性变化，元件的稳定性及互换性差。

热敏电阻是由某些金属氧化物按不同的配方比例烧结制成的。不同的热敏电阻材料，具有不同的电阻-温度特性，按温度系数的正负，将其分为正温度系数热敏电阻、负温度系数热敏电阻和临界温度系数热敏电阻。各种热敏电阻的温度特性曲线如图 8-7 所示。

（1）负温度系数热敏电阻（NTC）　其电阻随温度升高而降低，具有负的温度系数，通常将 NTC 称为热敏电阻。负温度系数热敏电阻器的电阻-温度特性，可用如下经验公式描述：

$$R_T = R_{T_0}\exp\left[B_N\left(\frac{1}{T}-\frac{1}{T_0}\right)\right] \tag{8-16}$$

式中 R_T——热力学温度为 T 时热敏电阻的阻值；

R_{T_0}——热力学温度为 T_0 时热敏电阻的阻值；

B_N——负温度系数热敏电阻的热敏指数。

(2) 正温度系数热敏电阻（PTC） 其电阻随温度增加而增加，它的电阻与温度的关系可近似表示为

$$R_T = R_{T_0}\exp[B_P(T-T_0)] \tag{8-17}$$

式中 R_T——热力学温度为 T 时热敏电阻的阻值；

R_{T_0}——热力学温度为 T_0 时热敏电阻的阻值；

B_P——正温度系数热敏电阻的热敏指数。

(3) 临界温度系数热敏电阻（CTR） 其特点是在某一温度时，电阻急剧降低，因此可作为温度开关。

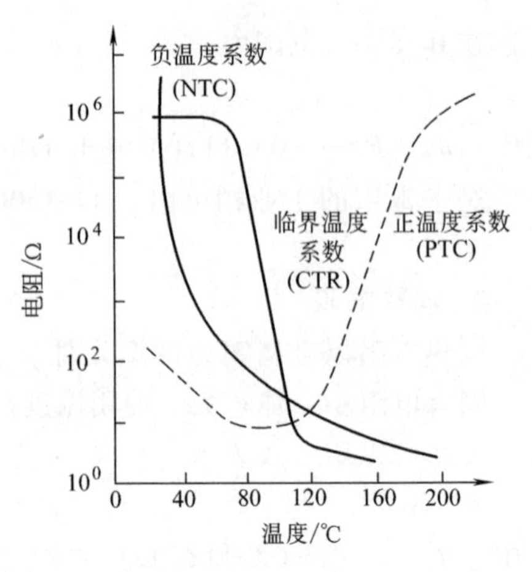

图 8-7 各种热敏电阻的温度特性曲线

二、热敏电阻的结构

热敏电阻是由某些金属氧化物如氧化铜、氧化铝、氧化镍、氧化铼等按照一定比例混合研磨、成型、煅烧而成的半导体，然后采用不同封装形式制成珠状、片状、杆状、垫圈状等各种形状的温敏元件，其引出线一般是银线。改变这些混合物的配比成分就可以改变热敏电阻的温度范围、阻值及温度系数。

通常，热敏电阻主要由热敏探头、引线、壳体构成，如图 8-8 所示。热敏电阻一般做成二端器件，但也有构成三端或四端的。二端和三端器件为直热式，即直接由电路中获得功率。四端器件则是旁热式的。根据不同的要求，可以把热电阻做成不同的形状结构，其典型结构如图 8-9 所示。

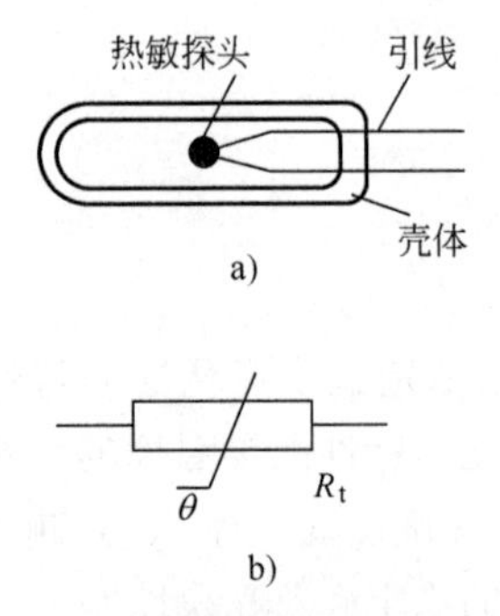

图 8-8 热敏电阻的结构及符号

a）结构 b）符号

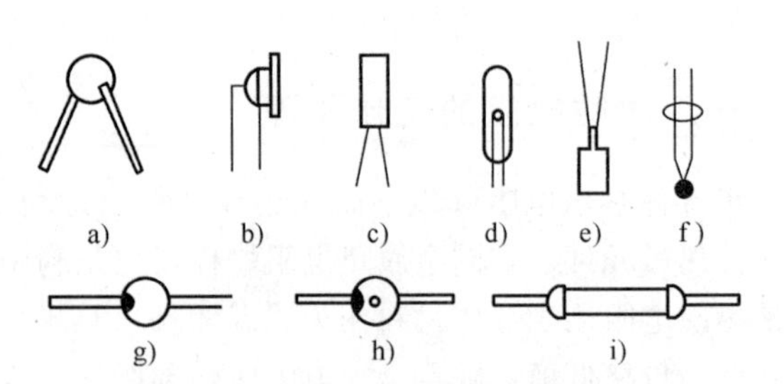

图 8-9 热敏电阻的结构形式

a）圆片形 b）薄膜形 c）柱形 d）管形 e）平板形 f）珠形 g）扁形 h）垫圈形 i）杆形

三、热敏电阻的应用

热敏电阻的应用很广泛，在家用电器、汽车、测量仪器、农业等方面都有广泛的应用。表 8-2 给出了一些应用热敏电阻的常见设备。例如，水箱温度是汽车等车辆正常行驶所必测的参数，可以用 PTC 型热敏元件固定在铜质感温塞内，感温塞插入冷却水箱内。汽车运行

时，冷却水的水温发生变化引起 PTC 阻值变化，导致仪表中的加热线圈的电流发生变化，指针就可指示出不同的水温。

表 8-2　热敏电阻的主要用途

家用电器设备	电熨斗、电冰箱、电饭锅、洗衣机、电子炉灶、电暖壶、烘干机、电烤箱
住房设备	空调器、电热褥、电热地毯、太阳能系统、风取暖器、快速煮水器
汽车	电子喷油嘴、发动机防热装置、液位计、汽车空调器
测量仪器	流量计、风速表、真空计、浓度计、湿度计、环境污染监测仪
办公设备	复印机、传真机、打印机
农业、园艺	暖房培育、育苗、饲养、烟草干燥
医疗	体温计、人工透析、检查诊断

第四节　集成温度传感器

一、概述

近年来，随着半导体技术的发展，人们发现在一定的电流模式下，PN 结的正向电压与温度之间具有很好的线性关系。集成温度传感器是将温敏晶体管及其辅助电路集成在同一芯片的集成化温度传感器，其最大的优点是直接给出正比于绝对温度的线性输出，因此越来越多地应用于各种温度计量、温度控制领域。

按照输出信号的形式，集成温度传感器可分为电流、电压和数字三类。电流输出型具有输出阻抗高的特点，因此可以配合双绞线进行数百米远的精密温度遥感与遥测，而不必考虑长馈线上引起的信号损失和噪声问题；也可用在多点温度测量系统中，而不必考虑选择开关或多路转换器引入的接触电阻造成的误差。电压输出型的优点是直接输出电压且输出阻抗低，易于读出或控制电路接口。数字输出型的优点是抗干扰能力强，可直接与单片机或 DSP 测试系统接口。

集成温度传感器同热电偶、热电阻等传统传感器相比，其主要特点有：①灵敏度高，电压型集成温度传感器通常为 10mV/℃，而热电偶则为微伏级，灵敏度较低；②线性较好，一般不必再进行非线性补偿；③重复性好，通常集成温度传感器的重复性好于热电偶及热电阻；④温度范围较窄，通常为-50~150℃之间，而热电偶范围为-200~1600℃，热电阻范围为-200~500℃；⑤精度较低，一般来说，低于热电阻和贵金属热电偶，与廉价金属热电偶相当或略低。

二、集成温度传感器的应用

集成温度传感器集传感部分、放大电路、驱动电路、信号处理电路等于一个芯片上，具有体积小、使用方便的优点。随着集成温度传感器生产成本的降低，将会在许多领域中得到越来越广泛的应用。

下面简要介绍常用的 AD590 型集成温度传感器。

AD590 是单片集成温度传感器，测温范围为-55~+150℃。半导体晶体管的基极与发射极之间的电压大约具有-2.2mV/℃的温度系数，该集成温度传感器就是利用这一特性实现温度检测的。AD590 是电流型集成温度传感器的代表产品，除具有一般集成温度传感器的共同特点（灵敏度高、准确度高、体积小、电路接口方便、价格低廉、使用简单等）外，还具有自身所特有的一些性能特点，主要表现在：测温不需要参考点；工作电压在 4~30V 时都能获得稳定的输出信号，其线性电流输出为 1μA/℃；以热力学温标零点作为零输出点，在 25℃时的输出电流为 298.2μA；因为对芯片进行了激光微调修正，其具有良好的互换性，且校准准确度可达±0.5℃；使用时接口简单；输出阻抗高达 10MΩ 以上，适用于远距离温度测量和计算机远距离控制。

在被测温度一定时，AD590 相当于一个恒流源，把它和 5~30V 的直流电源相连，并在输出端串接一个 1kΩ 的恒值电阻，那么，此电阻上流过的电流将和被测温度成正比。其基本电路如图 8-10 所示。

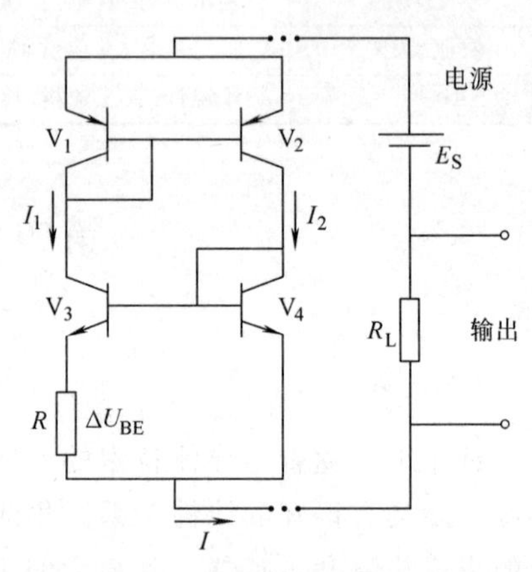

图 8-10　感温部分的核心电路

图 8-10 是利用 ΔU_{BE} 特性的集成 PN 结传感器的感温部分核心电路。其中，V_1、V_2 起恒流作用，可用于使左右两支路的集电极电流 I_1 和 I_2 相等；V_3、V_4 是感温用的晶体管，两个管的材质和工艺完全相同，但 V_3 实质上是由 n 个晶体管并联而成的，因而其结面积是 V_4 的 n 倍。V_3 和 V_4 的发射结电压 U_{BE3} 和 U_{BE4} 经反极性串联后加在电阻 R 上，所以 R 上端电压为 ΔU_{BE}。因此，电流 I_1 为

$$I_1=\frac{\Delta U_{BE}}{R}=\frac{kT}{q}(\ln n)/R \tag{8-18}$$

式中　k——波耳兹曼常数；

　　q——电子电量。

对于 AD590，$n=8$，这样，电路的总电流将与热力学温度 T 成正比，将此电流引至负载电阻 R_L 上便可得到与 T 成正比的输出电压。由于利用了恒流特性，所以输出信号不受电源电压和导线电阻的影响。图 8-10 中的电阻 R 是在硅板上形成的薄膜电阻，该电阻已用激光修正了其电阻值，因而在基准温度下可得到 1μA/℃的电流值。

AD590 型集成温度传感器用途相当广泛，除了可做温度计外，还可用于加热器、恒流器、空调器及一些家用电器上测温。

思考题与习题

1. 将一灵敏度为 0.08mV/℃的热电偶与电压表相连接，电压表冷端是 50℃，若电位计上读数是 60mV，热电偶的热端温度是多少？

2. 参考电极定律有何实际意义？已知在某特定条件下材料 A 与铂配对的热电动势为 13.967mV，材料 B 与铂配对的热电动势为 8.345mV，求出在此特定条件下材料 A 与材料 B 配对后的热电动势。

3. 欲测量变化迅速的 200℃以内的温度应选用何种传感器？测量 2000℃的高温度又应选用何种传感器？

4. 为什么在实际应用中要对热电偶进行温度补偿？

第九章 气电式传感器

气电式传感器是利用通常的气动测量原理，将被测量（如尺寸大小等）转换成气压变化或气流量变化信号，再进一步转换成电信号的一种传感器。因此它一般包括气动测头和气电转换部件两部分，即通用的气动量仪加上电信号转换，常用的方法有电触式、光电式、电感式、电容式和压阻式等。气电式传感器具有非接触测量，测量准确度高，抗干扰能力强，可以进行两个尺寸差值、平均值以及复杂形状综合参数测量等优点，因此在机械制造业和其他行业有广泛的应用，主要用在大批量、高精度工件几何尺寸的检测。其缺点是需要净化的恒压气源，且稳压气源较难获得；动态响应时间比较长（0.2~1s），限制了检测速度。

第一节 气动测量的原理

气动测量原理是把被测尺寸量的变化转换为气室中压力的变化或管路中流量的变化，因此原理上气动测量分为压力式气动测量和流量式气动测量。

一、压力式气动测量原理

压力式气动测量的测量原理如图 9-1 所示，气流经过净化和稳压后以工作压力 p_g 送入管路，通过进气喷嘴、气室和测量喷嘴后喷入大气。测量喷嘴与它前面的挡板或工件之间的间隙变化时，代表了工件尺寸或位置的变化，z 越小，气室内压力 p_c 越大。

根据流体力学理论，可知气室内的测量压力为

$$p_c=\frac{p_g}{1+\left(\frac{4ad}{d_1^2}z\right)^2} \tag{9-1}$$

式中 a——流量系数，$a=c_1/c_2$，c_1 为进气喷嘴的流量系数，c_2 为喷嘴挡板的流量系数；

d——测量喷嘴直径；

d_1——进气喷嘴直径。

式（9-1）为低气压量仪背压 p_c，其与测量间隙的二次方（z^2）成反比，因此气动测量系统是非线性系统。测量时应该利用特性曲线中间近似线性的部分。一般在 $z=\left(0.144\frac{d_1^2}{ad}\right)$ 为中心的一段范围内变化，或使 $p_c=0.75p_g$ 的左右范围内变动，近似线性度较好。不同的进气喷嘴直径 d_1，可以得不同的 p_c-z 曲线，如图 9-2 所示，可见 d_1 越大，灵敏

度越小，但测量范围越大。

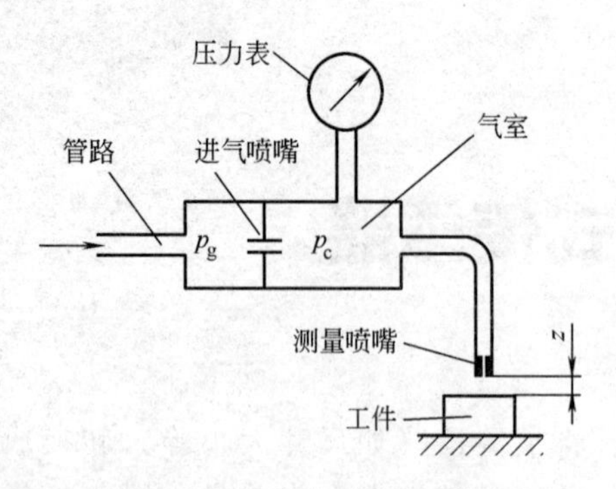

图 9-1 压力式气动测量原理图

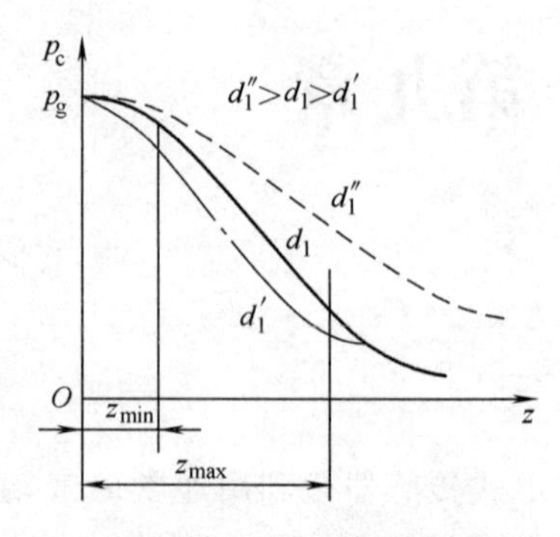

图 9-2 压力式气动测量特性曲线

在设计中，d_1 的大小由 d 的大小确定之后，参考 p_c-z 曲线簇，根据所要求的测量范围，初步选定，并通过试验确定。

测压计可有各种形式，如弹性元件式、液柱式和电气式等。弹性元件有膜片、膜盒、波纹管和包端管等。液柱可为水柱和水银柱。电气式一般采用压阻力敏元件。

中高压背压式气动量仪的工作压力 p_g>0.02MPa，超高压的工作压力可达 0.2MPa 以上。由于气体通过喷嘴孔的流速增大，工作状态有所改变，但 p_c-z 曲线仍然如图 9-2 所示。

二、流量式气动测量原理

流量式气动测量是由流量计作为显示器。浮标式气动测量是最常用的流量式气动量仪，原理如图 9-3 所示。

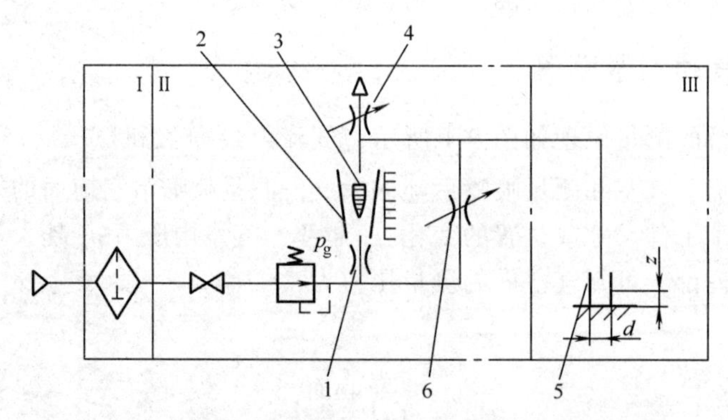

图 9-3 浮标式气动测量原理

压缩空气经净化、稳压后，工作压力为 p_g，分成两路：一路经进气喷嘴 1；另一路经并联倍率调节阀 6。经进气喷嘴 1 的一路流入锥度玻璃管 2，从玻璃管内壁与浮子 3 形成的环形间隙流出玻璃管之后，又分成两路：一路经可调零位阀 4 流入大气；另一路和经并联倍率调节阀 6 的一路一起流向测量喷嘴 5，通过喷嘴挡板之间的间隙 z 流向大气。浮子、锥度管、倍率调节阀构成放大部件，浮子与刻尺构成指示部件，测量喷嘴 5 与挡板（或被测工件）组成测量部件。喷嘴挡板式测头是气动测量中最常用的形式。因为用浮子来指示气体流量变化，所以称为浮标式气动量仪。

当喷嘴挡板之间的间隙变化 Δz 时，引起流过此间隙的空气流量变化 ΔQ_1。具有恒定压力的压缩空气从锥度玻璃管下端流入锥度玻璃管，通过浮子外圆与锥度玻璃管内壁之间的环形间隙流出后，其流量 Q_2 与环形间隙大小成正比，也就是与浮子所处上下位置成比例。

因此可得 $\Delta z \to \Delta Q_1 \to$ 环形间隙大小变化→浮子上下位置变化。根据流量不变原理可以推得

$$\Delta H=\frac{Kd}{c\frac{\pi}{2}(1+K_1)\sqrt{2g\frac{W}{f}K_2(D_1+K_2H)}}\Delta z \tag{9-2}$$

式中　ΔH——浮子移动量；

K_1——系数，$K_1=v_2\pi$，v_2 为流过喷嘴挡板的气流的速度；

d——圆喷嘴孔直径；

c——流量系数；

K——倍率阀开度；

g——重力加速度；

W——浮子质量；

f——浮子上端面面积；

K_2、D_1——玻璃管内腔锥度、玻璃管小端面直径；

H——浮子上端面距玻璃管下端面的距离；

Δz——测量间隙的变化量。

由式(9-2)可以看出，浮标式气动量仪的变换倍率取决于玻璃管内腔的锥度 K_2、小端内径 D_1 以及浮子的质量 W 和上端面面积 f，且与喷嘴孔径成正比。倍率调节环节是由锥度玻璃管与流量阀并联回路组成的，此流量阀称倍率调节阀。由式(9-2)可知，调节比为 $1/(1+K)$，是与阀的开度 K 成反比例的。

图 9-3 中的 4 是零位调节阀，流出锥度玻璃管的空气可以直接经此阀流入大气，改变此阀的开口度，在不改变通过测量间隙流量 Q_1 的情况下，可改变通过玻璃管的流量 Q_2，意味着可任意调节浮子的位置，即量仪的指示值。因为仪器的倍率只与流过玻璃管的流量增量 ΔQ_2 和喷头处流入大气的空气流量的增量 ΔQ 之比有关，而与从零位阀流入大气的空气流量无关。

空气流量 Q_1 与测量间隙 z 之间的关系曲线如图 9-4 所示。利用特性曲线中间呈线性的一段，流量大小即浮子的位置就可以代表工件尺寸的偏差。浮子位置信号可以通过光电(挡光效应)变换，转换成电信号。

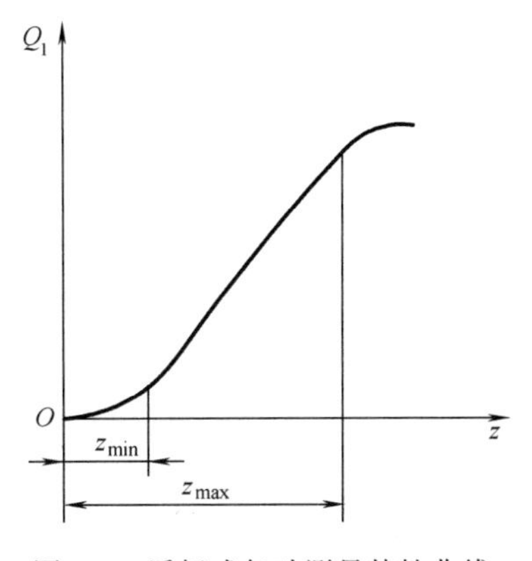

图 9-4　浮标式气动测量特性曲线

第二节　气动测头

使用气电式传感器测量时，必须要根据被测对象的形状、测量参数、测量范围等设计成一定结构和尺寸的气动测头，通常所说的测头包括测量喷嘴，就是在测量时感受被测几何量

变化的机构。

气动测头按测量方式不同，分为非接触式和接触式两类。非接触式测头测量喷嘴不与被测件接触，故磨损少，寿命长；接触式测头在测量时测端与工件接触并施以一定的测力，而测杆与测量喷嘴之间也是非接触的，所以其气动测量的原理是相同的。

气动测头按其结构原理来分，有喷嘴挡板和阀式两种结构。

一、喷嘴挡板结构

喷嘴挡板机构是最常用测头，尤以平行式和不平行式挡板应用最多。图 9-5 所示为喷嘴挡板机构原理图。平行式喷嘴挡板的喷嘴为平端面，挡板就是被测构件的平面。当喷嘴固定，被测构件尺寸变化时，喷气口气体流入大气的面积不是喷嘴孔的截面积，而是以喷嘴孔截平面为底，间隙 z 为高的圆柱体侧面，流出面积 $F=\pi dz$，流出流量 $Q=v\pi dz$。式中 d 为喷嘴直径，v 为气体流速。不平行挡板式如图 9-5b 所示，其喷嘴孔的截面积可根据几何关系，等效为平行挡板的流出流量 Q。它常用在气动塞规和卡规中测量轴和孔的尺寸。

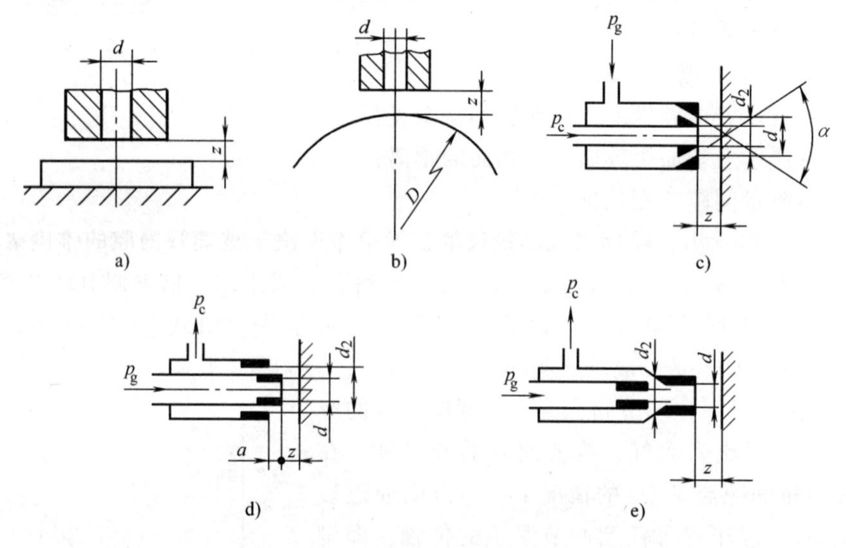

图 9-5 喷嘴挡板机构原理图

a) 平行式 b) 不平行式 c) 发射式 d) 负压式 e) 喷射式

图 9-5c、d、e 为另外几种形式的喷嘴挡板机构。反射式喷嘴的原理是 p_g 经喷嘴喷出的气流，由挡板反射，使 p_c 随挡板位置 z 变化。其输出压力比较低，但测量间隙较大，一般可达 3~4mm，可在大间隙情况下测量。负压式喷嘴中压缩空气 p_g 直接从进气喷嘴 d 与工件之间的间隙 z 流入大气，由于高速气流的抽吸作用，把喷嘴 d_2 内的空气抽吸出去，因而在测量气室内形成负压区。它可用于切换射流元件，但线性范围不大，一般不大于 0.12mm。喷射式喷嘴的特点是压缩空气 p_g 不经测量气室而直接从进气喷嘴射出，并经测量喷嘴与工件之间的间隙流入大气。由于高速气流的抽吸作用，使测量气室压强 p_c 随测量间隙 z 改变而改变，所以 p_c 可以为正值、负值或零。因而其有较宽的线性范围，可达 0.8~0.9mm，可用在测量间隙较大，并需对被测表面喷射较高压力的情况。

图 9-6a 为气动塞规，用它测量孔径既方便效率又高。在塞规体 1 上直接加工成两个直

径为 d 的喷嘴孔，用管嘴 2 经管路与测量气室相通。在塞规体上有排气槽，喷嘴端面有下沉量 δ。喷嘴直径 d 的大小与灵敏度和测量范围有关，排气槽、下沉量和仪器稳定性有很大关系，因此该三参数是测量喷嘴设计的主要参数。直径 D_3 部分是导向头，它略小于塞规外径，使塞规测量时便于插入被测孔。气动塞规除了测量孔径外，根据不同测量对象，还可以设计成测量孔的圆度、圆柱度，内孔母线的直线度，两孔中心线的平行度，孔对端面的垂直度等。

图 9-6b 为气动卡规，用于测量外径尺寸，在测头上有 V 字形定位面，使测量时位置误差较小，喷嘴孔下沉量、排气槽与塞规设计相似。其除可测外径外，也可以设计成测厚度和其他参数。

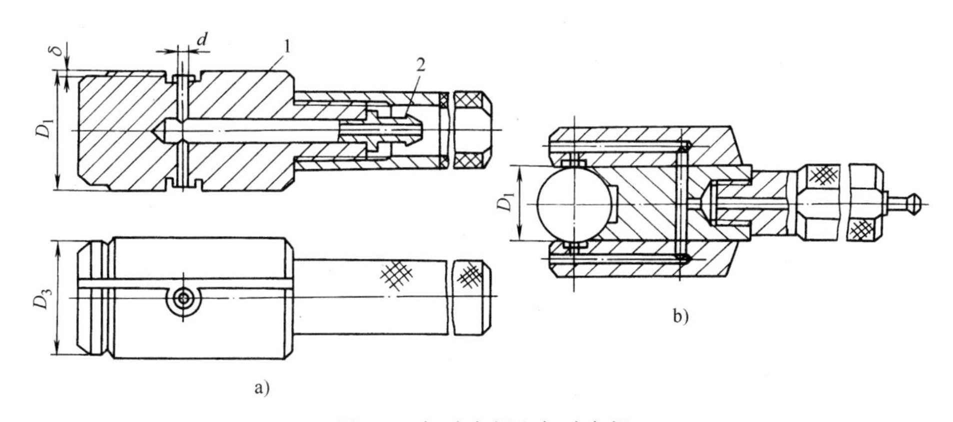

图 9-6　气动塞规和气动卡规

需要指出，由于气动测量是比较测量，所以气动塞规和卡规都要配以相应的校对规，亦称标准件，用以调整气电式传感器的零位和倍率，才能实现测量。因此校对规与气动测头是配套使用的。气动测头的参数设计，是按被测工件的形状、尺寸、公差大小等单独设计的，对不同尺寸的被测件不能互换。

二、阀式结构

图 9-7 为阀式机构原理图，主要用在接触式气动测头中，其中直杆式也用于非接触测量，如测量细丝的直径。

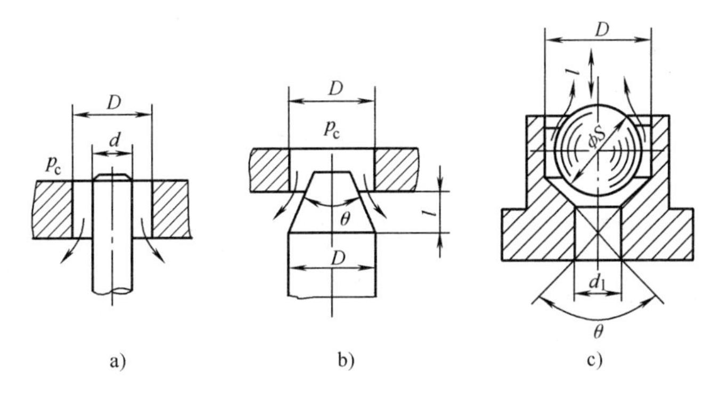

图 9-7　阀式机构原理图

a) 直杆式　b) 推杆式　c) 球阀式

第三节　压力式气电传感器

压力式气电传感器是利用气电转换元件将测量气室中压力转换为电信号输出。常用的转换形式有液柱式、膜片式、膜盒式和波纹管式等。膜片、波纹管可将气压变化转换为位移量，因为结构简单，目前应用较多。由于微电子技术的发展，越来越多地采用硅微型压敏元件来实现气电转换，大大减小了传感器的体积，提高了传感器的精度。

一、膜片式气电传感器

1. 工作原理

在膜片式气电传感器中，是以金属膜片(如铍青铜)或非金属膜片(如尼龙、耐油橡胶)作为感受压力变化的敏感元件，而实现压力-位移之间的转换的。图9-8所示为膜片式气电传感器的工作原理，压缩空气经过滤稳压器1净化稳压后，以恒定的工作压力由进气喷嘴2和11分别进入上下气室。下喷嘴11、下气室和测量喷嘴9、工件10组成气动测量系统；上喷嘴2、上气室、锥杆3与出气环7之间的环形出气间隙组成平衡气路系统。当测量间隙z改变时，引起下气室压力的变化，于是金属膜片8失去原来的平衡状态，使膜片位移带动锥杆3移动，使环形气隙7变化，直到上下气室的压力重新平衡为止。测量间隙z的微小变化可以引起锥杆3较大位移，并传到指示表5，由指示表指示出工件尺寸的变化值，同时电触点副6可以发生相应的电信号。弹簧4产生指示表的测力，使表头和锥杆3可靠地接触。

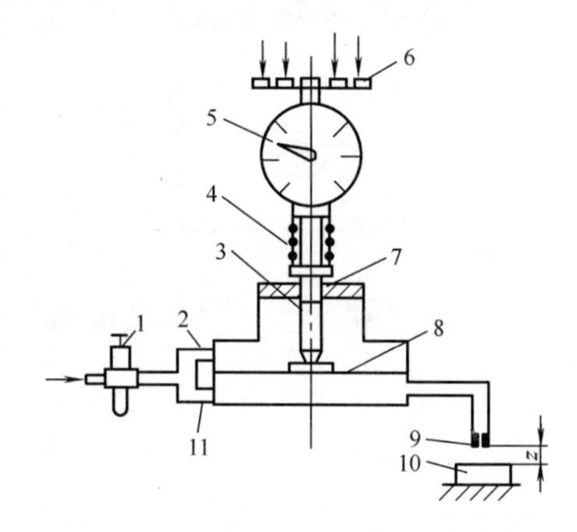

图9-8　膜片式气电传感器工作原理图

这种原理传感器的静特性方程为

$$ld_3\sin\theta-l^2\sin^2\theta\cos\theta=ad_2d_1'^2z/d_1^2 \tag{9-3}$$

式中　l——锥杆位移量；

d_3——出气环内径；

θ——锥杆的半锥角；

a——系统的流量系数；

d_2——测量喷嘴直径，常取$d_2=2\text{mm}$或1.5mm；

d_1——下进气喷嘴直径，常取$d_1=0.8\sim1\text{mm}$；

d'_1——上进气喷嘴直径，常取$d'_1=0.8\sim1\text{mm}$；

z——测量间隙。

式(9-3)是抛物线方程，为了改善它的线性，可将锥杆3的锥面做成抛物线形，以增大测量范围。对式(9-3)微分，可近似地得到系统的放大倍数为

$$k\approx\frac{Ad_2d_1'^2}{d_1^2\sin\theta} \tag{9-4}$$

式中　A——比例常数。

由式(9-4)看出，改变 d_1、d'_1、d_2 和 θ 值可适应不同的测量范围和得到不同的放大倍数。

2. 传感器结构

图 9-9 所示为金属膜片式气电传感器的结构图。它使用的气源为压力大于 $4.5\times10^5\mathrm{N/m^2}$ 的高压空气，经过过滤稳压后的工作压力 $p_g=4\times10^5\mathrm{N/m^2}$，因此也称为高压薄膜气动量仪。它带有 4 对电触点副 5，并有相应的信号灯 7 显示出触点所发出信号的状态，信号的重复误差≤0.5μm。触点副的间隙可用调节螺钉调节和控制。指示表 6 可指示出工件尺寸的变化。该传感器机械部分放大 100 倍，若气动部分放大 10 倍，则总放大倍数为 1000，分度值为 0.001mm。由于它工作压强高，可吹净被测工件表面，有利于提高精确度，尤其适用于加工过程中的工件尺寸的自动测量。

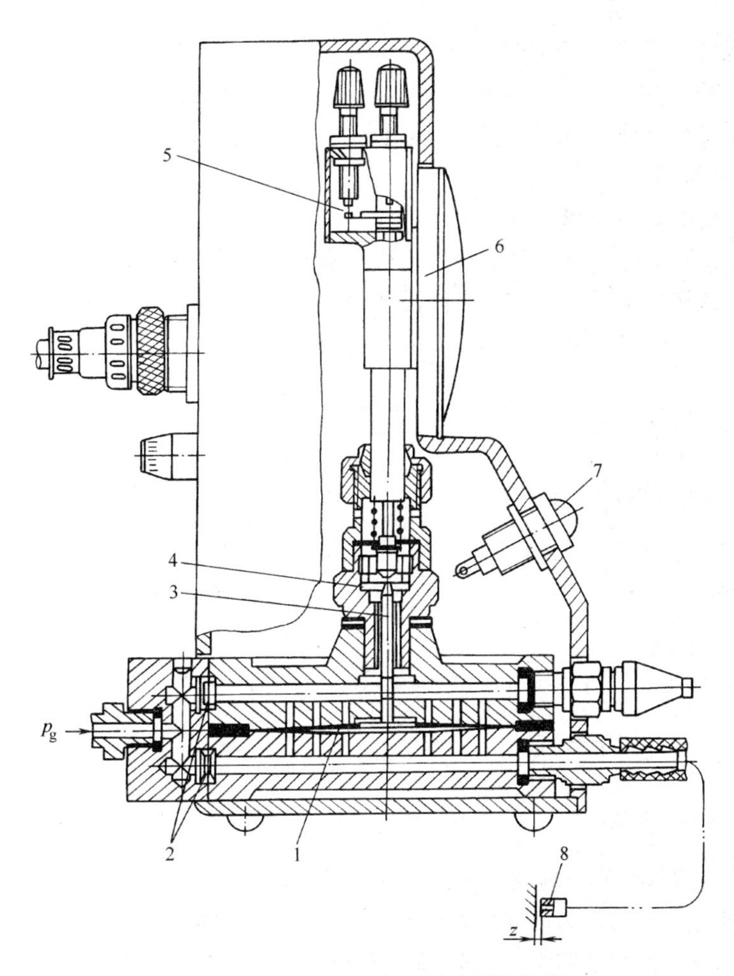

图 9-9　金属膜片式气电传感器结构图

1—金属膜片　2—进气喷嘴　3—锥杆　4—出气环　5—电触点副　6—指示表　7—信号灯　8—测量喷嘴

3. 测量电路

图 9-10 所示是膜片式气电传感器的测量电路，其基本部分是晶体管继电器电路，S_g 是

传感器的动触点，S_a、S_b、S_c 和 S_d 是4个可调整的定触点，S_2 是测量开关，在测量时将其闭合。当用在加工中测量工件的尺寸时，它可以根据工件尺寸的变化相继地发出4个信号，以控制机床改变加工规范。当 S_g 与 S_d 接触发出信号时，可代表工件尺寸超出公差下限而成为废品。

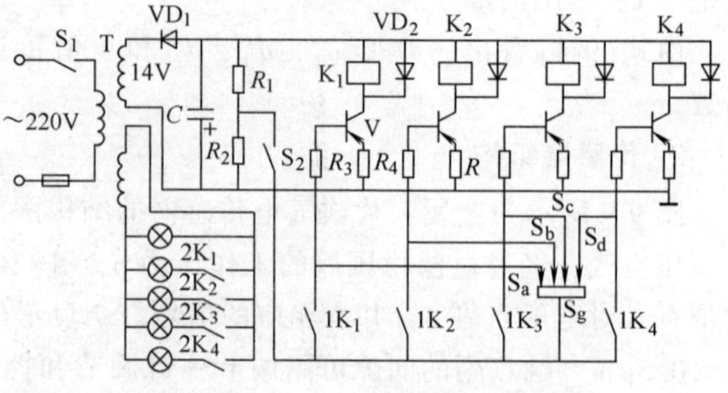

图 9-10 膜片式气电传感器测量电路

二、波纹管式气电传感器

波纹管式气电传感器的测量气路有背压式和差压式两种形式。背压式测量气路如图9-11所示。经过净化和稳压后的工作压力为 p_g 的压缩空气由管路1送来，进气喷嘴2和测量喷嘴6组成背压式测量系统。被测工件尺寸改变引起测量间隙 z 变化，测量压力 p_c 随之变化，因而使波纹管3伸缩变形并带动磁心5在电感线圈4中移动。这样就把被测尺寸的变化转换成电感线圈中的电感量的变化。最后经电路处理并指示出被测尺寸的变化值和发出控制信号。

差压式测量气路如图9-12所示。工作压力为 p_g 的压缩空气进来后分为两路：一路经进气喷嘴1进入波纹管3的内腔，并由可调排气喷嘴5排向大气；另一路经进气喷嘴2进到波纹管3的外腔，经测量喷嘴4喷出。工件尺寸的变化引起测量间隙 z 变化，改变了波纹管内外腔原来的压力差，使波纹管伸缩变形而带动磁心位移。

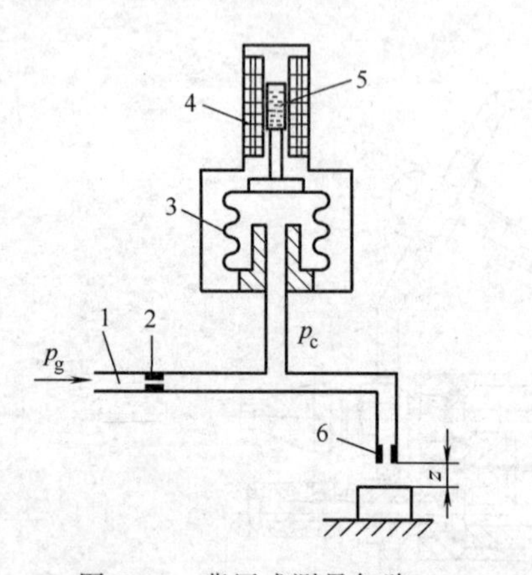

图 9-11 背压式测量气路

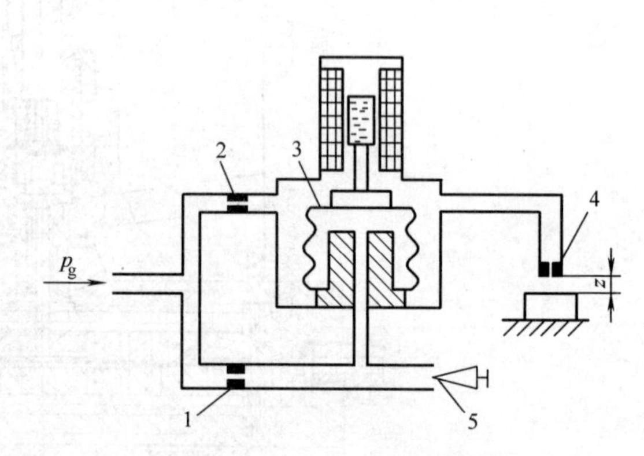

图 9-12 差压式测量气路

这两种测量气路的测量准确度是相同的，但差压式的比背压式的测量范围大一倍。

图9-13所示是将差压式测量气路与传感器制成一体的波纹管气电式传感器结构图。工作压力为 $1.5\times10^5\mathrm{N/m^2}$ 的压缩空气从管嘴1进来，一路经喷嘴2进入波纹管5的内腔，并由排气喷嘴6与大气相通；另一路由喷嘴3进入波纹管5的外气室，由管嘴4出来与测量喷嘴相通。调节排气喷嘴6，可改变磁心在电感线圈中的位置，进行机械调零。这种传感器与电感测量电路及标准轴向气动测头配套使用时，示值误差为 $\pm0.5\mu\mathrm{m}$，示值稳定性误差 $\leqslant0.3\mu\mathrm{m}$，重复误差 $\leqslant0.3\mu\mathrm{m}$。

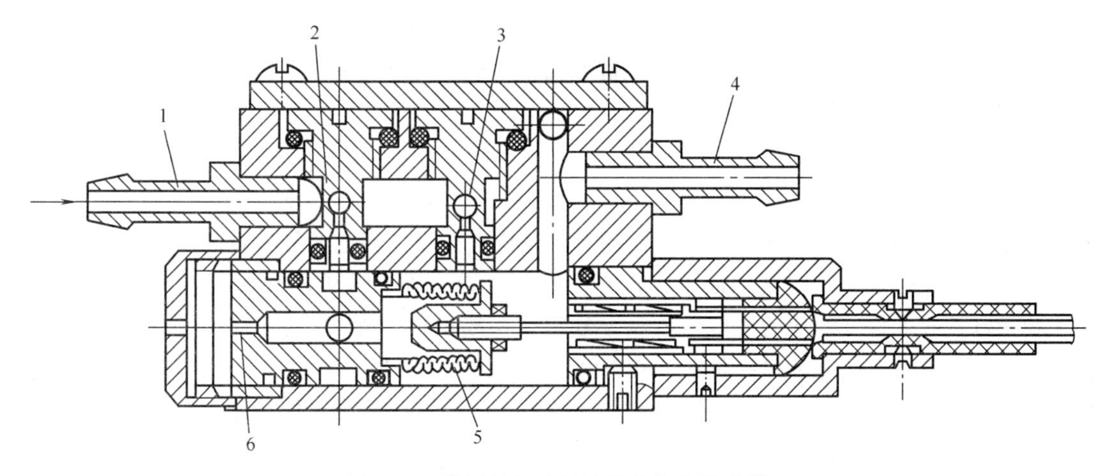

图 9-13 带测量气路的波纹管气电传感器

此外带有电触点副的波纹管气动量仪也属于气电式传感器，图 9-14 所示是其原理图。工作压力为 p_g 的压缩空气进入气动量仪后分为两路：一路经进气喷嘴 8 进入波纹管 1 的内腔，其压力由可调喷嘴 9 调节，相当于调整零位；另一路经进气喷嘴 7 进入波纹管 5 的内腔，并由测量喷嘴 6 喷出。工件尺寸的变化通过测量间隙 z 使波纹管 5 内腔的压力变化，即改变了两波纹管内的压力差，推动框架 3 移动，通过齿轮传动由指针 4 指示出来，同时电触点 2 发出控制信号。

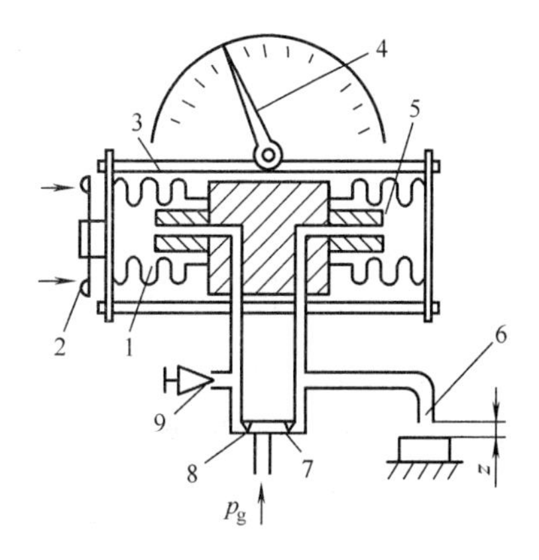

图 9-14 波纹管气动量仪原理图

三、压阻式气电传感器

压阻式气电传感器的基本原理，是将压阻式压力传感器用在压力式气动测量系统中，由压阻力敏器件感受测量气室中测量压力的变化。与应用弹性元件的气电式传感器相类似，压阻式气电传感器也有背压式测量气路和差压式测量气路两种，如图 9-15 所示。压阻式气电传感器是近些年出现的新型传感器，其结构简单、小巧、线性范围宽，特别是动态特性好，响应时间只有 0. 1～0. 2s，是弹性元件气电传感器的 1/5～1/3，并兼有气、电双重优点，是气动测量中很有发展前途的传感器。

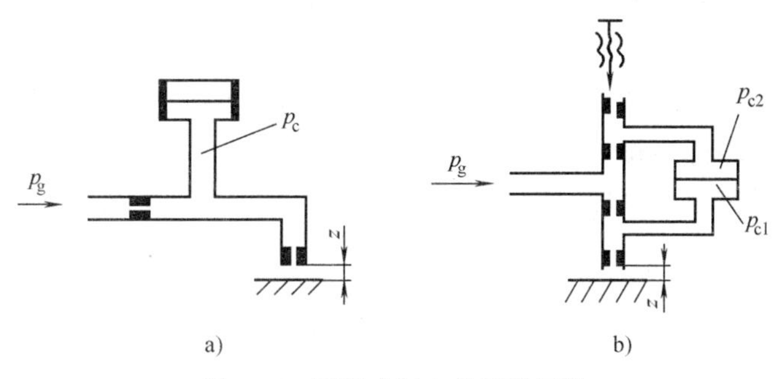

图 9-15 压阻式气电传感器气路

a）背压式 b）差压式

第四节　流量式气电传感器

一、工作原理

流量式气电传感器主要是在浮标式气动量仪基础上，装设光电信号装置构成的浮标信号气动量仪，利用光电信号装置判别浮子位置，构成气电传感器。图9-16所示是其原理图。由光源4和光电接收元件6组成的光电信号装置分别装在玻璃锥度管2两侧的一定高度的位置上。当被测工件尺寸变化引起测量喷嘴7处测量间隙z变化时，由于空气流量变化使浮子3从原来的位置上升或下降。浮子到达光束通过的位置时，挡住光束，光电接收元件6发出信号。可调喷嘴5用来调整浮子3的位置（即零位调整），可调喷嘴8用以调整仪器的放大比。

二、浮标信号气动量仪举例

图9-17所示是最常用的一种浮标信号气动量仪。气源稳压后的工作压力$p_g=0.7\times10^5$Pa。

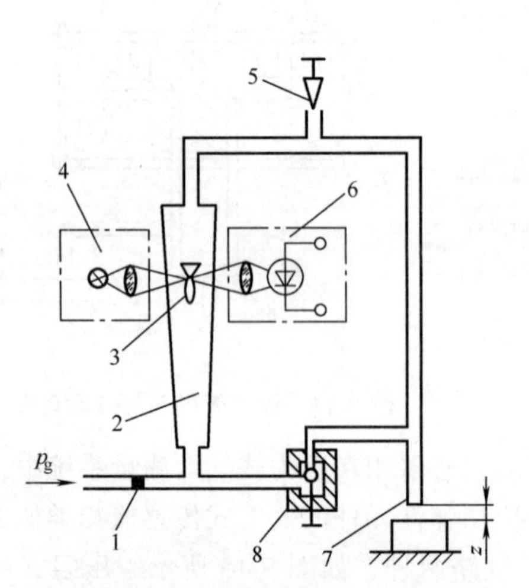

图9-16　浮标信号气动量仪原理图

1—进气喷嘴　2—玻璃锥度管　3—浮子　4—光源　5、8—可调喷嘴　6—光电接收元件　7—测量喷嘴

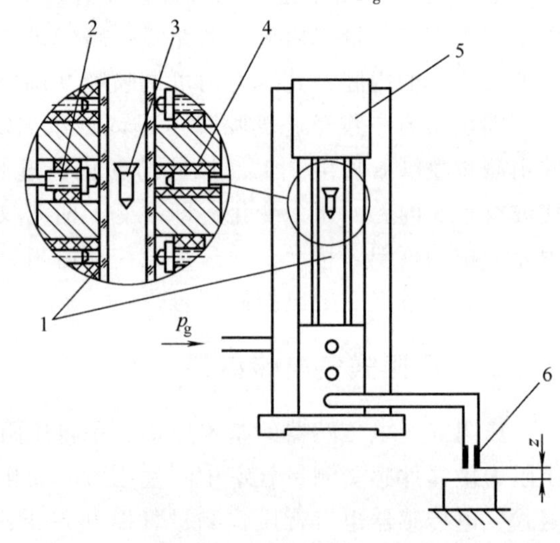

图9-17　浮标信号气动量仪

1—玻璃锥度管　2—发光二极管　3—浮子　4—光电晶体管　5—浮标气动量仪　6—测量喷嘴

光电信号装置中，光源采用红外发光二极管，接收元件为硅光电晶体管。该仪器可用于主动测量和自动分选。用于主动测量时，只需要3对光电信号元件；而用于自动分选时，则按工件的分组数决定所需光电信号元件的对数。它最多可装20对光电信号元件，能发出20个分组信号，最小分组间隔可达0.5μm，分组误差为0.25μm。

浮标信号气动量仪在工作过程中，由于浮子有较大的越位现象，要求电路具有相应的记忆功能。

思考题与习题

1. 压力式测量原理与流量式测量原理有何不同？
2. 在压力式测量原理中，试比较一下差压式和背压式有何异同？

第十章

谐振式传感器

谐振式传感器是直接将被测量转换为物体谐振频率变化的装置，故也属于频率式传感器。

谐振式传感器因输出为频率信号而具有高准确度、高分辨力、高抗干扰能力、适于长距离传输、能直接与数字设备相连接的优点；又因无活动部件而具有高稳定性和高可靠性，并可能制造出精度很高的传感器（目前可以做到相对不确定度小于万分之一）。它的缺点是要求材料质量较高、加工工艺复杂、所以生产周期长、成本较高；另外，其输出频率与被测量往往是非线性关系，需进行线性化处理才能保证良好的准确度。

谐振式传感器的种类很多，按照它们谐振的原理可分为电的、机械的和原子的三类。本章只讨论机械式谐振传感器，这类传感器可以测量力、压力、位移、加速度、扭矩、密度、液位等。它主要用于航空、航天、计量、气象、地质、石油等行业中。

第一节　原理与类型

机械式谐振传感器将被测量转换为物体的机械谐振频率，其中振动部分称为振子。振子的谐振频率 f 可近似用下式表示：

$$f=\frac{1}{2\pi}\sqrt{\frac{k}{m_e}} \tag{10-1}$$

式中　k——振子材料的刚度（N·m）；

m_e——振子的等效振动质量（kg）。

可见，振子的谐振频率 f 与其刚度 k 和等效振动质量 m_e 有关。设其初始谐振频率为 f_0，那么，如果振子受力或其中的介质质量等发生变化，则导致振子的等效刚度或等效振动质量发生变化，从而使其谐振频率发生变化。这就是机械式谐振传感器的基本工作原理。但应注意，变化之间的关系一般是非线性的。

要使振子产生振动，就要外加激振力（激振元件），要测量振子的振动频率则需要拾振元件，它们之间的关系如图10-1 所示。由激振元件激发振子振动，由拾振元件检测振子的振动频率，另外将此信号经放大后输送到激振元件中形成闭环系统，以维持振子持续等幅振动。

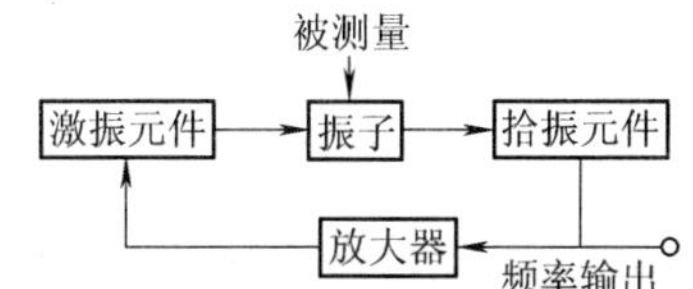

图 10-1　谐振式传感器的组成

振子可以有不同的结构形式，图 10-2 所示为常见的张丝状（见图 10-2a）、膜片状（见图 10-2b）、筒状（见图 10-2c）、梁状（见图 10-2d）等，因此相应的有振动弦式、振动膜式、振动筒式、振动梁式等谐振传感器之分。

通常振子的材料采用诸如铁镍恒弹合金等具有恒弹性模量的所谓恒模材料。但这种材料较易受外界磁场和周围环境温度的影响。而石英晶体在一般应力下具有很好的重复性和最小的迟滞，更主要的是其品质因数 Q 值极高，并且不受环境温度影响，性能长期稳定。因此利用石英晶体具有稳定的固有振动频率，当强迫振动频率等于其固有振动频率时，便产生谐振这一特性，采用石英晶体作为振子可制成性能更加优良的压电式谐振传感器。其振子通常采用振膜或振梁形状，但按振子上下表面形状又分为扁平形（见图 10-2e）、平凸形（见图 10-2f）和双凸形（见图 10-2g）三种。其中，双凸形振子品质因数最高，可达 $10^6 \sim 10^7$，因而较多被采用。

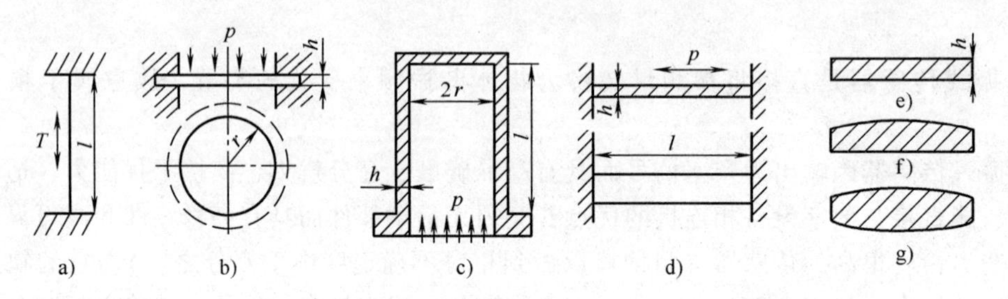

图 10-2 机械振子的基本类型

a）张丝状 b）膜片状 c）筒状 d）梁状 e）扁平形 f）平凸形 g）双凸形

根据机械振子的不同类型，谐振传感器主要包括：

一、振弦式谐振传感器

对于图 10-2a 所示的振弦式传感器，当振弦受张力 T 作用时，其等效刚度发生变化，振弦的谐振频率 f 为

$$f=\frac{1}{2l}\sqrt{\frac{T}{\rho_l}} \tag{10-2}$$

式中 ρ_l——振弦的线密度（tex）（1tex = 1g/km）；

l——振弦的有效振动长度（m）。

当弦的张力增加 ΔT 时，由式（10-2）可得弦的振动频率 f 为

$$f=\frac{1}{2l}\sqrt{\frac{T+\Delta T}{\rho_l}}=\frac{1}{2l}\sqrt{\frac{T}{\rho_l}}\left(\sqrt{1+\frac{\Delta T}{T}}\right)$$

因为 $\Delta T/T \ll 1$，所以可将上式中括号里的项展开为幂级数，则上式变为

$$\begin{aligned} f &= f_0\left[1+\frac{1}{2}\frac{\Delta T}{T}-\frac{1}{8}\left(\frac{\Delta T}{T}\right)^2+\frac{1}{16}\left(\frac{\Delta T}{T}\right)^3+\cdots\right] \\ &\approx f_0\left[1+\frac{1}{2}\frac{\Delta T}{T}-\frac{1}{8}\left(\frac{\Delta T}{T}\right)^2\right] \end{aligned} \tag{10-3}$$

式中 f_0——振弦的初始振动频率。

单根振弦测压力时的非线性误差 δ 为

$$\delta \approx \frac{-f_0\frac{1}{8}\left(\frac{\Delta T}{T}\right)^2}{f_0\frac{1}{2}\left(\frac{\Delta T}{T}\right)}=-\frac{1}{4}\frac{\Delta T}{T} \tag{10-4}$$

为了得到良好的线性，常采用差动式结构，如图 10-3 所示。上下两弦对称，初始张力相等，当被测量作用在膜片上时，两个弦张力变化大小相等、方向相反。通过差频电路测得两弦的频率差，则式（10-3）中的偶次幂项相抵消，使非线性误差大为减小，同时提高了灵敏度，减小了温度的影响。

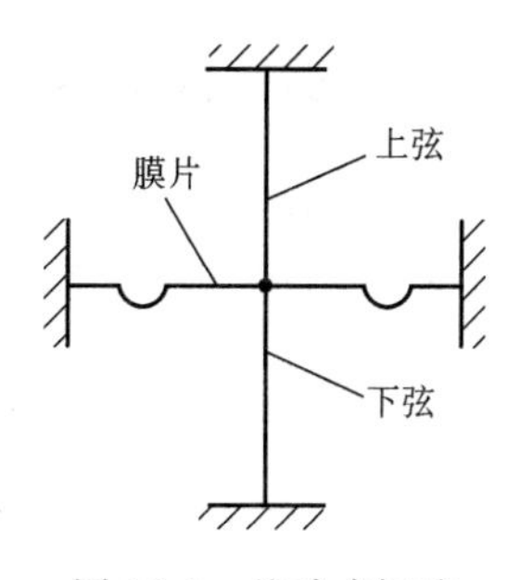

图 10-3　差动式振弦传感器原理

通过对式（10-2）两边求导，可得单根振弦测压力时的灵敏度 k 为

$$k=\frac{\mathrm{d}f}{\mathrm{d}T}=\frac{1}{8\rho_l l^2 f} \tag{10-5}$$

二、振膜式谐振传感器

对于图 10-2b 所示的振膜式传感器，当膜片受压力 p 作用而产生变形时，其等效刚度发生变化，膜片的谐振频率 f 变化。

膜片受力而产生静挠度，其谐振频率 f 与膜片的中心静挠度 W_p 的关系可表示为

$$f=f_0[1+c_1(W_\mathrm{p}/h)]^{\frac{1}{2}} \tag{10-6}$$

而膜片的中心静挠度 W_p 与均布压力 p 的关系可表示为

$$W_\mathrm{p}/h+c(W_\mathrm{p}/h)^3=\frac{3(1-\mu^2)}{16}\frac{r^4}{Eh^4}p \tag{10-7}$$

式中　c_1、c——与膜片尺寸、材料有关的常数；

r、h、μ——膜片的半径（m）、厚度（m）、泊松比（mm/mm）。

由式（10-6）和式（10-7）可以得出振膜式压力传感器谐振频率 f 与压力 p 的关系，如图 10-4 所示。可见，其输入输出特性是近似抛物线的非线性关系。

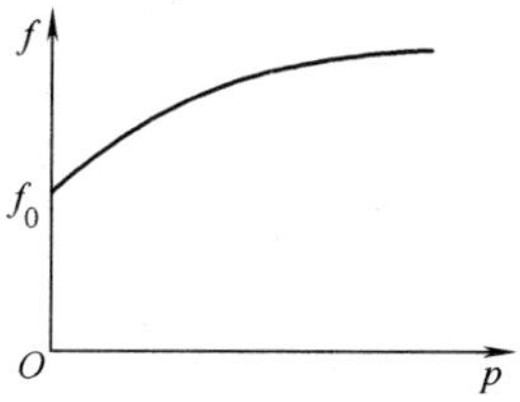

图 10-4　振膜式压力传感器输入输出特性

令 $\Delta f=f-f_0$，将式（10-6）两边二次方之后整理得

$$\frac{2\Delta f}{f_0}+\left(\frac{\Delta f}{f_0}\right)^2=c_1(W_\mathrm{p}/h)$$

通常 $\Delta f/f_0\ll1$，所以上式中的二次项可以忽略。实际中（W_p/h）$\ll1$，而 c 的值又不大，所以式（10-7）中的 $c(W_\mathrm{p}/h)^3$ 项可以忽略，然后将 W_p/h 代入上式，可得忽略高次项后的线性输入输出关系：

$$\Delta f=\frac{3f_0c_1(1-\mu^2)r^4}{32Eh^4}p \tag{10-8}$$

这时，它的非线性误差 δ 为

$$\delta\approx\frac{1}{2}\frac{\Delta f}{f_0} \tag{10-9}$$

灵敏度 k 为

$$k=\frac{\mathrm{d}f}{\mathrm{d}p}=\frac{3f_0c_1(1-\mu^2)r^4}{32Eh^4} \tag{10-10}$$

三、振筒式谐振传感器

对于图10-2c所示的振筒式传感器，当筒受压力差p作用而引起筒上的应力发生变化时，其等效刚度发生变化，振筒的谐振频率f变化。根据材料力学可知，振动频率与压力的关系一般可以表示成下式：

$$p=a(f-f_0)+b(f-f_0)^2+c(f-f_0)^3 \tag{10-11}$$

式中　a、b、c——与振子材料物理性质和结构参数有关的常量，可由实验求得，一般c很小，故$c(f-f_0)^3$项可忽略。

当系数a和b满足条件$a=2/(Bf_0)$和$b=1/(Bf_0^2)$时，由式(10-11)可得

$$f=f_0\sqrt{1+Bp} \tag{10-12}$$

式中　B——压差灵敏度系数，$B\approx\dfrac{3(1-\mu^2)}{4E}\left(\dfrac{r}{h}\right)^3$，与振筒的材料性质及尺寸有关，$r$、$h$、$\mu$、$E$分别为振筒的内半径(m)、厚度(m)、泊松比(mm/mm)和弹性模量(Pa)。

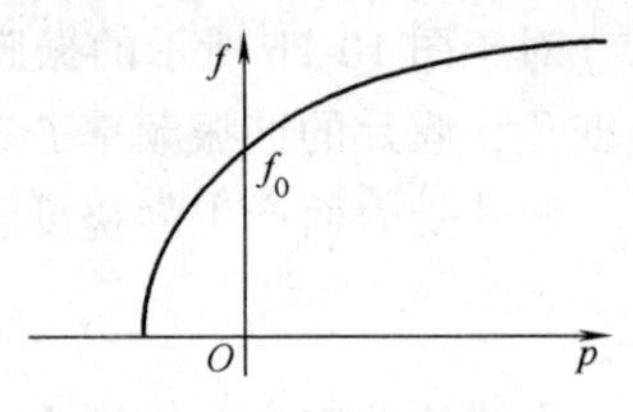

图10-5　压差-频率关系曲线

可见，振筒式压力传感器的输入压差与输出频率之间近似抛物线关系，如图10-5所示。

由式(10-12)可得

$$\frac{2\Delta f}{f_0}+\left(\frac{\Delta f}{f_0}\right)^2=Bp \tag{10-13}$$

因为$\Delta f/f_0\ll1$，故相比之下$(\Delta f/f_0)^2$可忽略，所以该传感器的输入输出特性可近似成如下线性关系：

$$\Delta f=\frac{f_0B}{2}p \tag{10-14}$$

这时，它的非线性误差δ为

$$\delta\approx\frac{1}{2}\frac{\Delta f}{f_0} \tag{10-15}$$

灵敏度k为

$$k=\frac{\mathrm{d}f}{\mathrm{d}p}=\frac{f_0B}{2} \tag{10-16}$$

四、振梁式谐振传感器

对于图10-2d所示的振梁式传感器，当梁受压力p作用而引起梁上的应力发生变化时，其等效刚度发生变化，使振梁的谐振频率f变化。谐振频率f与压力p的关系可表示为

$$p=a\left(\frac{f}{f_0}-1\right)-b\left(\frac{f}{f_0}-1\right)^2=a\frac{\Delta f}{f_0}-b\left(\frac{\Delta f}{f_0}\right)^2 \tag{10-17}$$

式中　a、b——由振子材料物理特性和结构尺寸决定的常量。

可见，振梁式谐振传感器的输入输出特性与图10-5所示的抛物线相同。

忽略了高次项 $(\Delta f/f_0)^2$ 之后，近似得到线性输入输出特性：

$$\Delta f=\frac{f_0}{a}p \tag{10-18}$$

这时，它的非线性误差 δ 为

$$\delta\approx\frac{b}{a}\frac{\Delta f}{f_0} \tag{10-19}$$

灵敏度 k 为

$$k=\frac{\mathrm{d}f}{\mathrm{d}p}=\frac{f_0}{a} \tag{10-20}$$

五、压电式谐振传感器

图 10-6 为压力传感器所用的石英振子的结构原理图。它采用厚度切变振动模式 AT 切型石英晶体制成，用一整块石英加工出振子和圆筒，空腔被抽成真空，振子两边有一对电极与外电路连接组成振荡电路，由端盖密封的石英圆筒有效地传递振子周围的压力。

石英振子固有谐振频率 f_0 为

$$f_0=\frac{1}{2h}\sqrt{\frac{E_{66}}{\rho}} \tag{10-21}$$

式中 ρ、E_{66}——石英振子的密度（kg/m^3）和切变模量（Pa）。

其中，E_{66} 对频率的影响起主导作用。当石英振子受静态压力 p 作用时，引起振子上应力发生变化而使振子的谐振频率 f 变化，而频率 f 的变化与所加压力 p 呈线性关系，这种静应力-频移效应主要是 E_{66} 随压力 p 线性变化而产生的。

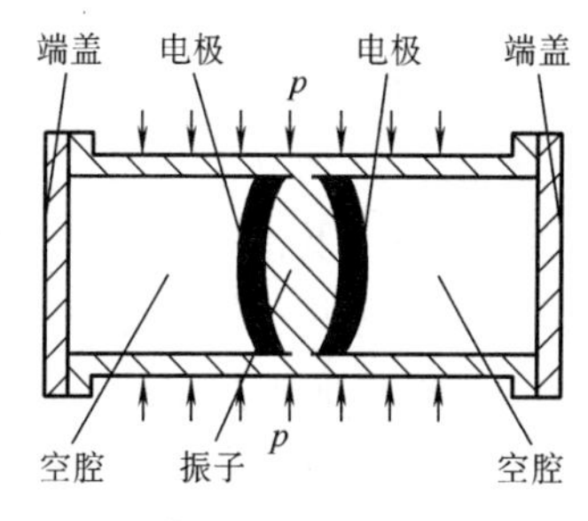

图 10-6 压敏石英振子结构原理图

第二节 应用举例

一、典型的谐振式传感器

（一）振弦式力传感器

振弦式传感器的应用范围相当广泛，它可以对包括测力在内的多种物理量进行测量，如建筑物、建筑物基础、大坝等水利设施、高等级公路的受力、位移、微裂缝等的测量，也可以应用于各种电子秤、皮带秤、汽车秤中。

振弦式传感器是目前在测力应用方面最为常用的传感器之一，其优点包括：①具有优良的重复性和稳定性；②对于微小的被测力变化可产生较大的频率变化，从而具有很高的灵敏度；③输出的是一频率信号，所以处理过程中无须再进行 A/D 及 D/A 转换，因而抗干扰能力强、信号能够远距离传输；④寿命长，稳定性好。它的缺点是对传感器的材料和加工工艺要求很高。

普通的振弦式传感器的线性度小于全量程的±0.5%，分辨力为全量程的 0.1%或者更好。高质量的传感器的指标可以达到线性度为全量程的±0.1%及分辨力为全量程的±0.01%。

在建筑行业中，常采用锚索测力计对锚索/锚杆的加载及其在时间作用下的应力变化情况进行监测。振弦式锚索测力计结构原理如图10-7所示，由高强度合金钢制成的中空承压筒将其上承受的荷载转换成承压筒体的应变，中空承压筒周边上沿均匀布置有多个振弦式传感器，直接测出承压筒体应变，从而得到承压筒上的荷载。采用多个传感器可以减小或消除不均匀或偏心荷载的影响。筒体内另外设置了热敏温度计用于测量锚索测力计及现场环境温度。为了适应现场的恶劣条件，采用了整体密封技术，从而可以确保锚索测力计在2MPa水压下正常工作。该类型传感器分辨力为0.05% F.S.，准确度为0.1% F. S.，年漂移小于0.1%。

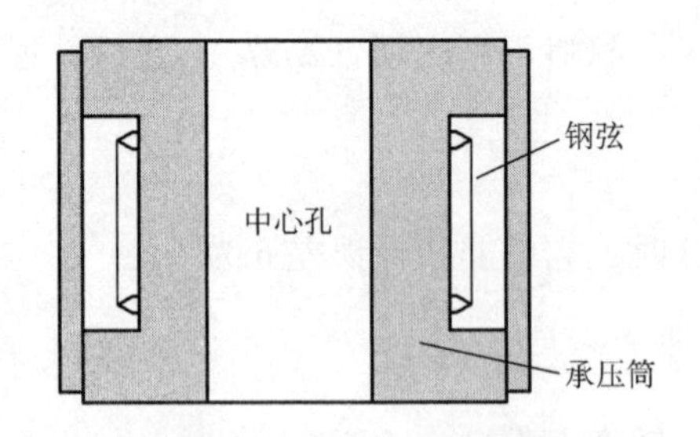

图10-7 振弦式锚索测力计结构原理

该类型传感器可用于钢索斜拉桥、大坝、岩土工程边坡、大型地基基础、隧道等处，对锚索或锚杆安装时的预拉力进行检测，及对日后的应力变化进行长期监测；还可用于预应力混凝土桥梁钢筋拉力的检测和波纹管摩阻的测定，以及用于检测中心对钢绞线锚夹具组合进行性能测试。

（二）振膜式压力传感器

振膜式压力传感器具有很好的稳定性、重复性和较高的灵敏度（一般可达0.3~0.5kPa/Hz）。其准确度可达0.005%，重复性可达十万分之几的数量级，长期稳定性可达每年0.01%，这些优异性能是一般模拟输出的压力传感器所不能比拟的。因此振膜式压力传感器用于航空航天技术中来测量大气参数（静压及动压），并通过计算机可测出飞行速度、飞行高度等飞行参数。它还常用来做标准计量仪器标定其他压力传感器或压力仪表。此外，它也可以测液体密度、液位等参数。

图10-8所示为振膜式压力传感器原理结构。平膜片（振子）2与环状壳体4做成整体结构，它与基座7焊接形成密封压力室。被测压力p通过导管8进入压力室5内。6为参考压力腔（可以抽成真空以测绝对压力或通大气以测表压力）。装于基座7顶部的电磁线圈3给膜片以激振力。微型应变片1粘贴在膜片2上，它随膜片一起振动并输出一个与膜片谐振频率相同的信号，则该频率即代表了被测压力p。

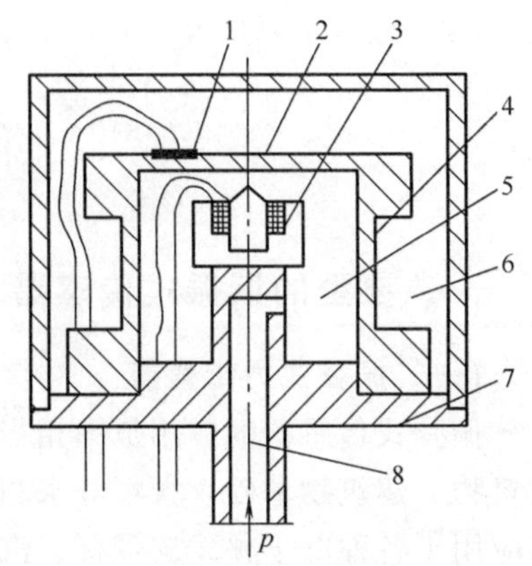

图10-8 振膜式压力传感器原理结构

（三）振筒式密度传感器

振筒式传感器的优点是迟滞误差和漂移误差小，稳定性好，分辨力高，以及轻便、成本低。它主要用于测量气体的压力和密度等。

振筒式传感器的一种典型应用就是振管式密度传感器。图10-9所示是单管式密度传感器结构。励磁线圈3使磁性材料制成的振筒2（能够构成闭合磁回路）振动时，管中的被测介质随之振动，介质质量必然附加在筒的质量上，结果系统谐振频率被改变并由拾振线圈4检测。介质密度不同使系统谐振频率不同，由此可确定介质密度值，这就是它的工作原理。由于管子被固定的两端对固定块1有一反作用力，将引起固定块的运动，结果改变了系统的谐振频率，导致测量误差。采用图 10-10 所示的双管式结构可以改变这种状况。它工作时，两根管子的振动频率相同但方向相反，因此它们对固定基座的作用相互抵消，不会引起基座的运动，从而提高了振动管振动频率的稳定性。被测介质流过传感器的两根平行的振动管，管子的端部固定在一起，形成一个振动单元。振动管与外部管道采用软性连接（如波纹管），以防止外部管道的应力和热膨胀对管子振动频率的影响。激振线圈和拾振线圈放在两根管子中间，管子以横向模式振动，通常是二次振型，如图 10-10 中虚线所示。便携式双管密度计分辨力可达 0.005%F. S.，准确度可达 0.025%F. S.，广泛应用于石油化工、机械电子、食品药品和质检环保等行业中快速测量液体的密度和浓度。

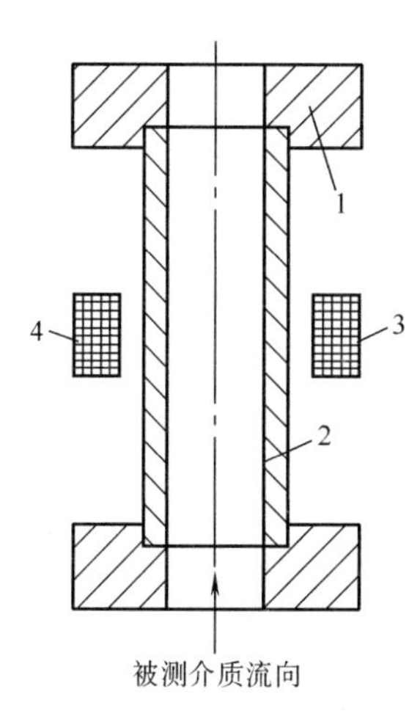

图 10-9　单管式密度传感器

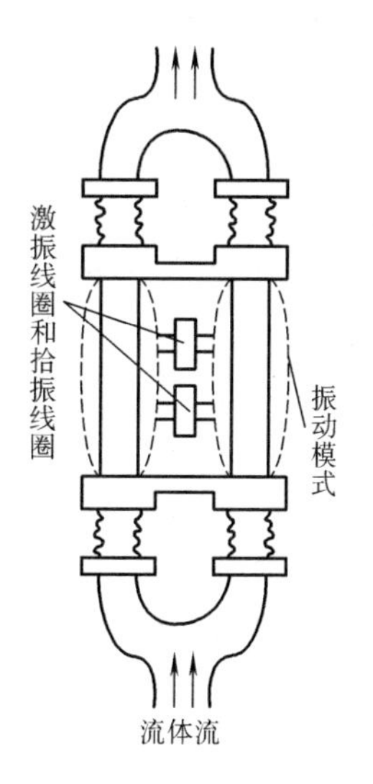

图 10-10　双管式密度传感器

（四）振梁式力传感器

一种用弹性圆环作为敏感元件的振梁式力传感器的结构示于图 10-11 中。它的测力范围为 10^7N，频率动态范围为 50Hz，可测静态力和准静态力。这种传感器有两个振动系统：一个是由振梁 3、激振器 2、拾振器 4 和放大振荡电路 5 组成，用来测量力 F。当力 F 使弹性圆环受压时，振梁被拉伸使张力增加，固有振荡频率增高。另一个振动系统是由振杆 8、激振器 9、拾振器 7 和放大振荡电路 6 组成。圆环 1 受压时振杆的张力没有变化，故其振动频率也没有变化。它只是起温度补偿作用。由于这种传感器只有单根振梁，因此非线性误差较大，当频率变化 10%时，就有 3%～5%的非线性误差。

（五）压电谐振式压力传感器

压电式谐振传感器的石英晶体的振动模式有长度伸缩、弯曲、面切变和厚度切变等。其中厚度切变是石英晶体谐振式压力传感器应用的主要振动模式。

图 10-12 所示是由石英晶体谐振器构成的压电谐振式压差传感器。两个相对的波纹管 1 用来实现压力差的传递，采用杠杆 3 形成绕支点 4 的力矩并传递给力敏石英振子 7，它受拉伸或压缩力作用后改变了晶体的谐振频率。通过改变杠杆臂比以及波纹管的截面积和配重 6 来选择合适的压力-频率转换关系。壳体 2 所包围的空间 5 抽成真空。

力敏石英谐振器的结构如图 10-13 所示。贴有电极 4 的振梁 3 居振子中央。振梁不直接固定在产生输出力的构件上，以防止基座的能量损失和振子的 Q 值降低，有利于提高稳定性。为避免振梁和机械系统直接连接，在振梁3和固定表面6之间采用了机械隔振器，它由弯曲去载区1、隔离器弹性体2及隔离器质量块5组成。隔振系统的固有频率很低，故可消除对振梁谐振频率的影响，同时弯曲去载区还可消除横向力的影响。

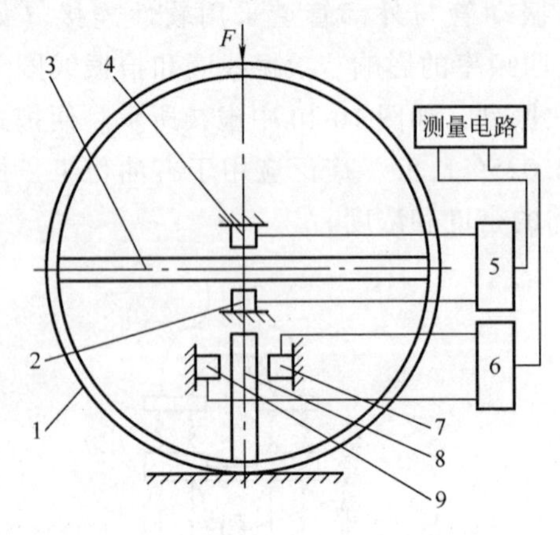

图10-11 振梁式力传感器

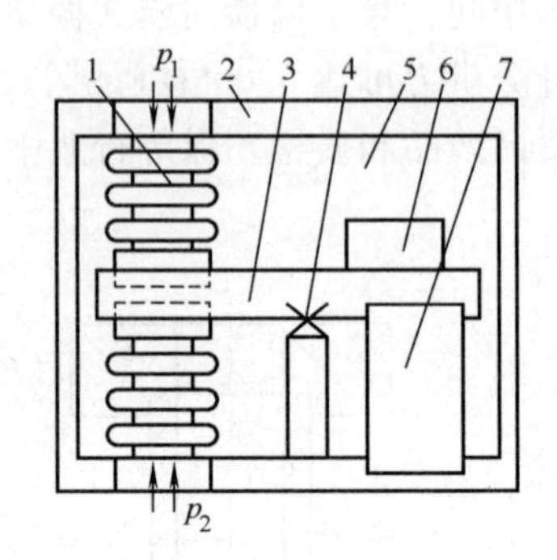

图10-12 压电谐振式压差传感器

用金属蒸发沉积的方法在振梁上下两表面对称地设置4个电极，如图10-14所示，利用压电效应的可逆性，组成自激振荡电路。当4个电极被加上电场后，梁在一阶弯曲状态下起振。当某一方向的电场加到石英晶体上时，由于产生厚度切变，矩形梁变成平行四边形，电场反向，平行四边形的倾斜也随之反向。当斜对着的一对电极与另一对电极的极性相反时，梁就呈一阶弯曲状态；变换这两对电极极性方向后，梁向相反方向弯曲。

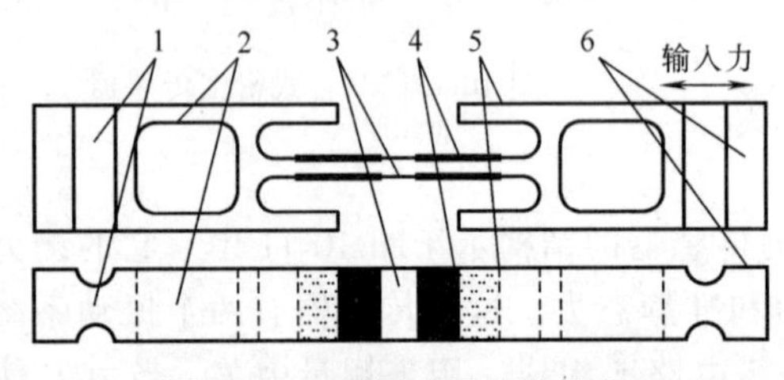

图10-13 振梁式石英谐振器

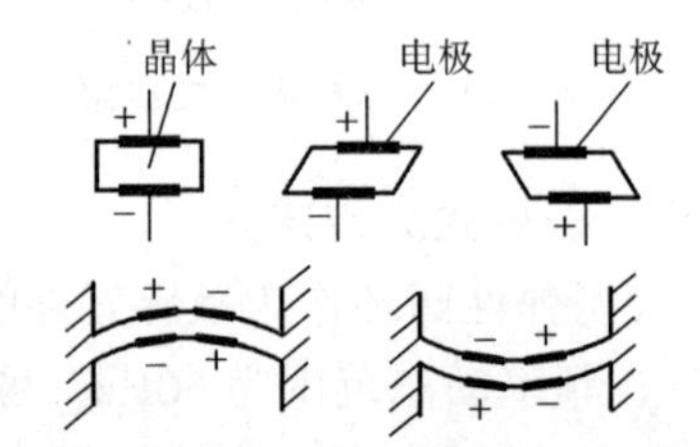

图10-14 逆压电效应激振示意图

这种传感器行程小，没有摩擦与间隙，没有克服波纹管弹性阻力的损耗，弯曲型石英振子的力灵敏度很高，保证了小的迟滞、小的零点时漂和温漂以及高的静态精度。数字式石英谐振压力传感器准确度可达0.01%，稳定性优于0.01%年，量程可达250MPa，工作温度范围为25~175℃。

二、典型的激振方式

振子起振需要足够的激励力。空气阻尼等影响致使振子振动是衰减的，则需要一定的激励力来维持振子振动。因此，转换电路中首先应有激振环节。激励信号产生的方式可分为开环式和闭环式两种。前者是由一单独的信号发生器产生激励信号，后者是由测量信号通过反馈环节产生激励信号。

(一) 开环激振

开环激振也称为间歇激励，常用于振弦式传感器，其原理如图10-15所示。当张弛振荡

器给出激励脉冲 U_e 时，继电器吸合，电流通过磁铁线圈，使磁铁吸住振弦。脉冲停止后松开振弦，振弦便自由振动，与磁铁线圈的间隙就周期性地变化，在线圈中产生感应电动势 U_o 并经继电器常闭触点输出。感应电动势的频率即为振弦的固有频率。由此可见，线圈兼有激励和拾振两种作用。当然，也可同时放置两个线圈，一个只是用于激励，另一个只是用来拾振，但使传感器体积增大。

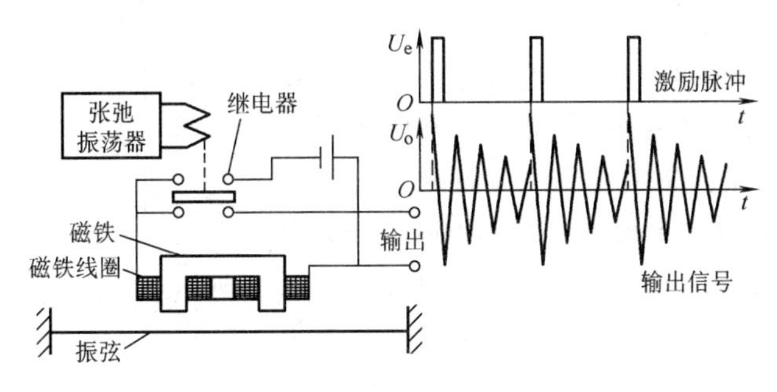

图 10-15 间歇激励式电路原理图

需要指出，振弦式传感器输出频率 f 与被测力 T 之间是由式（10-2）所描述的非线性关系，即使取特性曲线较直的一段作为工作范围，其非线性误差也会高达 5%~6%。为提高测量精度，采用图 10-16 所示的以 f^2 为传感器输出的电路，其线性度可达 0.5%~2.5%。频率为 f（$f=1/T_f$）的拾振线圈输出电压经放大整形后，触发定时定宽电路，则输出一频率仍为 f、宽度固定为 T' 的方波，同时控制两个 f-V 转换电路，使它们在每个周期 T_f 里输出宽度为 T_f'、幅值分别为 U_{o1} 和 U_{o2} 的方波 u_1 和 u_2，再经过低通滤波成为直流电压 U_{o2} 和 U_o。那么，$U_{o2}=(U_{o1}T_f')/T_f$，$U_o=(U_{o2}T_f')/T_f$，将这两式联立求解，有

$$U_o=U_{o1}\frac{T_f^{2}{}'}{T_f^2}=U_{o1}T_f^{2}{}'f^2 \tag{10-22}$$

式中，U_{o1} 为基准电压值；T_f' 为取决于图 10-16 中电路元件值的常数。所以该电路的输出电压 U_o 与振弦谐振频率 f 的二次方成正比，进而与被测力 T 成正比。

（二）闭环激振

闭环激振电路也称作连续激励方式，它是如图 10-16 所示的自激振荡闭环正反馈系统。为使传感器稳定工作，在设计和选择各环节的传递函数和参数时，应保证振子在激振力作用下能由起振到等幅振荡，其频率即为振子谐振频率。

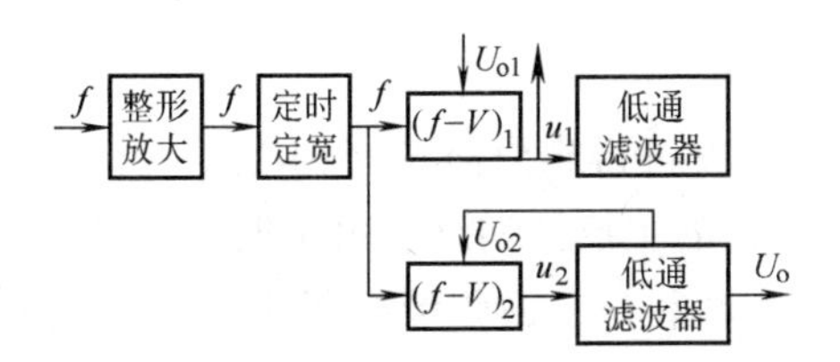

图 10-16 振弦式谐振传感器原理框图

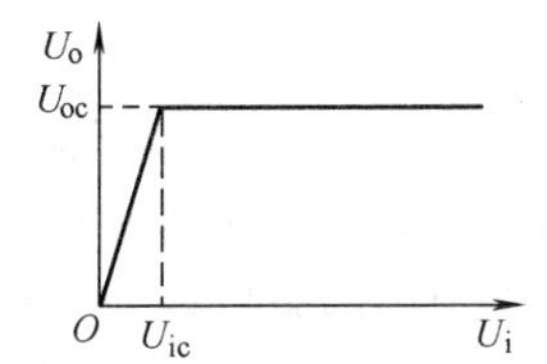

图 10-17 放大环节的输入输出特性

在振子结构尺寸参数已确定，以及激振、拾振元件类型已定的情况下，放大环节设计应满足闭环正反馈系统的幅值及相位条件，即在起振和稳定振动时，系统开环传递函数的幅频与相频特性应满足：幅频特性 $A(\omega)\geqslant 1$，相频特性 $\gamma(\omega)=2n\pi(n=0、1、2、\cdots)$。这样，放大

环节必须设计成要求的非线性特性，其输入输出特性如图10-17所示。当输入信号 $U_i<U_{ic}$ 时，放大环节的倍数是一个常数；而当 $U_i>U_{ic}$ 时，放大环节处于饱和状态，输入增加而输出 U_o 为 U_{oc} 保持不变。

连续激励方式又可分为电流法、电磁法、电荷法三种。

1. 电流法

电流法是由流过振弦的电流产生激振力，其电路如图10-18所示。设振弦在磁感应强度为 B 的磁场中的有效长度为 l_B，当振弦上有电流 i 流过时，它受电磁力 $F=Bl_Bi$ 作用而振动。电磁力可看作由两个分力合成：一个分力 F_1 用来克服振弦质量 m 的惯性，使它得到相应的加速度 dv/dt；另一个分力 F_2 用来克服振弦的横向刚度所产生的弹性恢复力。当然，电流也可相应地分解成两部分 i_1 和 i_2，则有 $F_1=Bl_Bi_1=m\ (dv/dt)$，$F_2=i_2Bl_B$，所以

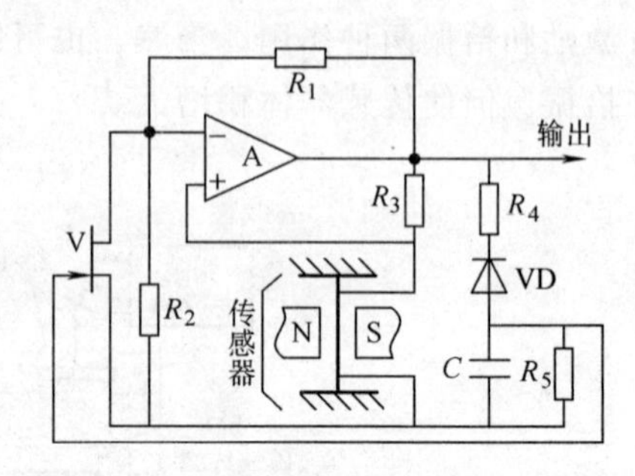

图10-18　谐振式传感器的电流法电路

$$v=\frac{Bl_B}{m}\int i_1\,dt$$

在磁场中以速度 v 运动的导线便产生感生电动势：

$$e_1=Bl_Bv=\frac{B^2l_B^2}{m}\int i_1\,dt=\frac{1}{m/(B^2l_B^2)}\int i_1\,dt$$

上式与电容充电时的电压电流关系相比较，可以看出，在磁场中运动的振弦相当于一个电容的作用，其等效电容值 $C=m/(B^2l_B^2)$。

当横向刚度系数为 c_t 的振弦偏离初始平衡位置，有一个横向位移 x 时，其弹性力 $F_2=-c_tx$。由于 $v=dx/dt$，$e_2=vBl_B$，则由此产生感生电动势为

$$e_2=Bl_B\frac{dx}{dt}=-\frac{Bl_B}{c_t}\frac{dF_2}{dt}=-\frac{B^2l_B^2}{c_t}\frac{di_2}{dt}$$

上式与电感的电压电流关系相比较，可以看出，横向振动的振弦相当于一个电感的作用，其等效电感值 $L=(B^2l_B^2)/c_t$。

显然，磁场中的通电振弦可等效成电路中的一个 LC 回路，其谐振频率为

$$f=\frac{1}{2\pi\sqrt{LC}}=\frac{1}{2\pi}\sqrt{\frac{c_t}{m}}\tag{10-23}$$

由材料力学可知 $c_t=\pi^2T/l$，将其代入式（10-23）就可得到前面式（10-2）。

电路中，振弦等效谐振回路作为整个振荡电路的正反馈网络，由于振弦对于它的谐振频率有着非常尖锐的阻抗特性，故电路只在其信号频率等于振弦谐振频率时才能达到振荡条件。R_1、R_2 和场效应晶体管V组成负反馈网络，起着控制起振条件和振荡幅度的作用，而 R_4、R_5、二极管VD和电容 C 支路控制场效应晶体管的栅极电压，起稳定输出信号幅度的作用，并为起振创造条件。当电路停振时，输出信号等于零，场效应晶体管处于零偏压状态，其漏源极对 R_2 的并联作用使反馈电压近似等于零，从而大大削弱了电路负反馈回路的作用，使回路的正增益大大提高，有利于起振。

2. 电磁法

电磁法是由带有磁钢的电磁线圈产生激励力，可用于振弦式、振膜式、振筒式和振梁式传感器。电磁式激振器将周期变化的电流输入电磁铁线圈，在被激件与电磁铁之间便产生周期变化的激励力。当向线圈输入交流电，或交流电加直流电，或半波整流后的脉动电流时，便可产生周期变化的激励力，这种激振器通常是直接作用于振子上的。

3. 电荷法

电荷法利用晶体逆压电效应产生激振力，石英振子上下表面各覆盖金属层作为电极引入系统反馈环节的输出信号，则振子既是振动体又是激励环节。

压电式谐振传感器常采用差频检测电路，图 10-19 所示为一实际电路的原理框图。传感器工作在 5MHz 的初始频率上，经倍频器乘以 40，并用差频检测器减去来自作为基准的相同 5MHz 振荡器（也乘以 40）的频率数后送入计数器。

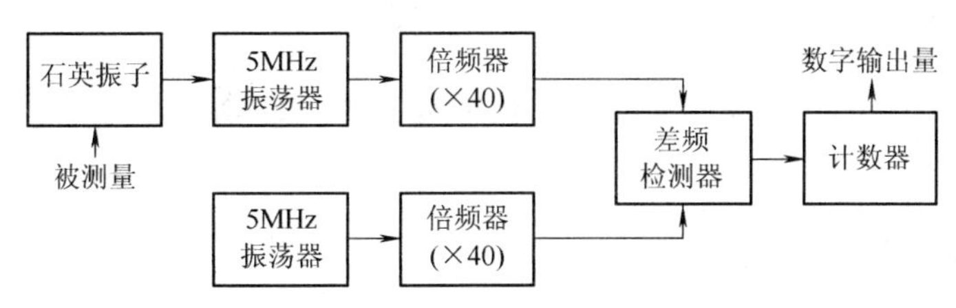

图 10-19　压电式谐振传感器电路框图

思考题与习题

1. 机械式谐振传感器的基本原理和主要特点是什么？
2. 指出机械式谐振传感器振子的主要结构形式，并给出它们的示意图。
3. 指出减小振弦式传感器非线性的措施。
4. 画图说明单振动管式密度传感器的工作原理，说明为什么常采用双管结构形式。

第十一章 波式和射线式传感器

近年来，超声波、微波、核辐射等新兴检测技术获得飞速的发展，并在工农业生产、科学研究、国防、生物医学、空间技术等领域得到越来越多的应用。本章介绍超声波式传感器、微波式传感器和射线式传感器的基本原理和应用。

第一节 超声波式传感器

一、超声波及其物理性质

1. 概述

振动在弹性介质内的传播称为波动，简称波。频率在 $16\sim2\times10^4$Hz 之间的机械波，能为人耳所闻，称为声波；低于 16Hz 的机械波称为次声波；高于 2×10^4Hz 的机械波称为超声波，如图 11-1 所示。

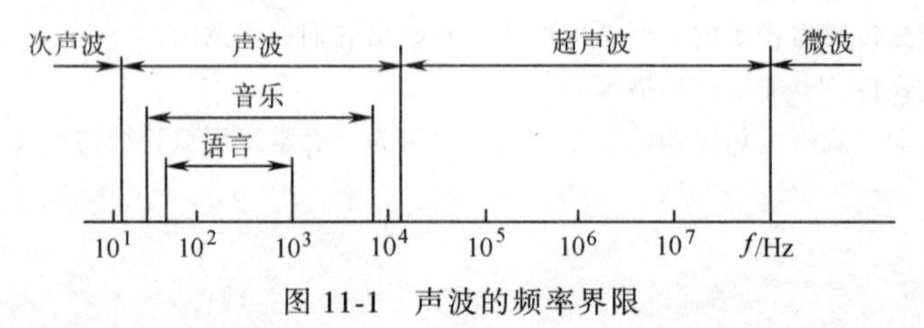

图 11-1 声波的频率界限

超声波在液体、固体中衰减很小，穿透能力强，特别是对不透光的固体，超声波能穿透几十米的厚度。当超声波从一种介质入射到另一种介质时，由于在两种介质中的传播速度不同，在介质面上会产生反射、折射和波型转换等现象。利用超声波检测有如下主要特点：

1）能以各式各样的传播模式在气体、液体、固体或它们的混合物等各种媒质中传播，也可在光不能通过的金属、生物体中传播，是探测物质内部的有效手段。

2）由于超声波的传播速度远比电磁波慢，故在频率相近情况下，超声波的波长短，容易提高测量的分辨力。

3）由于传播时受介质音响特性（由弹性常数或密度决定的声速、音响阻抗和由吸收、散射决定的衰减常数）的影响大，所以，反过来可由超声波传播的情况测量物质的状态。

超声波的这些特性使它在检测技术中获得了广泛的应用，如超声波无损探伤、厚度测量、流速测量、超声显微镜及超声成像等。

2. 声波的波型及其转换

由于声源在介质中施力方向与波在介质中传播方向的不同，声波的波型也不同，通常有：①纵波。质点振动方向与波的传播方向一致的波，称为纵波。它能够在固体、液体和气体中传播。②横波。质点振动方向垂直于传播方向的波，称为横波。它只能在固体中传播。③表面波。质点的振动介于纵波和横波之间，沿着表面传播，振幅随深度增加而迅速衰减的波，称为表面波。表面波质点振动的轨迹是椭圆形，质点位移的长轴垂直于传播方向，质点位移的短轴平行于传播方向。表面波只在固体的表面传播。

当纵波以某一角度入射到第二介质（固体）的界面上时，除有纵波的反射、折射以外，还发生横波的反射及折射。在某种情况下，还能产生表面波。各种波型都符合反射及折射定律。纵波、横波及表面波的传播速度，取决于介质的弹性常数及介质的密度。由于气体和液体的剪切模量为零，所以超声波在气体和液体中没有横波，只能传播纵波。气体中的声速为344m/s，液体中声速在900~1900m/s。在固体中，纵波、横波和表面波三者的声速有一定的关系，通常可认为横波声速为纵波声速的一半，表面波声速约为横波声速的90%。

3. 声波的反射和折射

声波从一种介质传播到另一介质，在两介质的分界面上将发生反射和折射，如图11-2所示。

（1）反射定律　入射角 α 的正弦与反射角 α' 的正弦之比等于波速之比。当入射波和反射波的波型相同、波速相等时，入射角 α 等于反射角 α'。

（2）折射定律　入射角 α 的正弦与折射角 β 的正弦之比等于入射波中介质的波速 c_1 与折射波中介质的波速 c_2 之比，即

$$\frac{\sin\alpha}{\sin\beta}=\frac{c_1}{c_2} \tag{11-1}$$

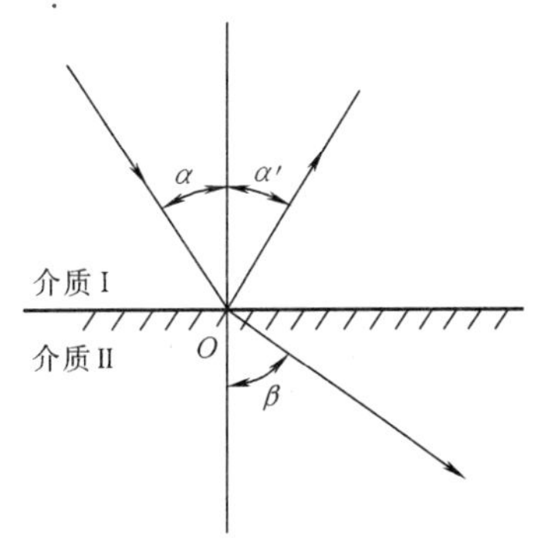

图11-2　波的反射和折射

4. 声波的衰减

声波在介质中传播时，随着传播距离的增加，能量逐渐衰减。其声压和声强的衰减规律如下：

$$\left.\begin{aligned} p_x &= p_0 \mathrm{e}^{-\alpha x} \\ I_x &= I_0 \mathrm{e}^{-2\alpha x} \end{aligned}\right\} \tag{11-2}$$

式中　p_x、I_x——平面波在 x 处的声压和声强；

p_0、I_0——平面波在 $x=0$ 处的声压和声强；

α——衰减系数。

声波在介质中传播时，能量的衰减，取决于声波的扩散、散射和吸收。在理想介质中，声波的衰减仅来自于声波的扩散，就是随着声波传播距离的增加，在单位面积内声能将要减弱。散射衰减就是声波在固体介质中颗粒界面上散射，或在流体介质中有悬浮粒子使超声波散射。而声波的吸收是由介质的导热性、粘滞性及弹性滞后等造成的。吸收随声波频率的升高而增高。α 因介质材料的性质而异，但晶粒越粗，频率越高，则衰减越大。最大探测厚度往往受衰减系数的限制。经常以dB/cm或 10^{-3}dB/mm为单位来表示衰减系数。在一般探测频率上，材料的衰减系数在一到几百之间。例如，衰减系数为1dB/mm的材料，则声波穿透1mm衰减1dB；声波穿透20mm时，衰减20dB。

二、超声波传感器概述

在超声波检测技术中，超声波仪器首先将超声波发射出去，然后再将接收回来的超声波变换成电信号，完成这种功能的装置称为超声波传感器。习惯上把发射部分和接收部分均称为超声波换能器，或超声波探头。

超声波探头可以按照几种不同方式进行分类：

(1) 按发声原理分类 按照工作原理可分为压电式、磁致伸缩式、电磁式等，其中以压电式最为常用。

(2) 按波型分类 按照在被探工件中产生的波型不同可分为纵波探头、横波探头、板波(兰姆波) 探头和表面波探头。

(3) 按入射波束方向分类 按入射波束方向可分为直探头和斜探头。前者入射波束与被探工件表面垂直，后者入射波束与被探工件表面成一定的角度。

(4) 按耦合方式分类 按照探头与被探工件表面的耦合方式可分为直接接触式探头和液浸式探头。前者通过薄层耦合剂与工件表面直接接触，后者与工件表面之间有一定厚度的液层。

(5) 按声束形状分类 按照超声波声束的集聚与否可分为聚焦探头和非聚焦探头。

(6) 按频谱分类 按照超声波频谱可分为宽频带探头和窄频带探头。

(7) 特殊探头 除一般探头外，还有一些在特殊条件下和用于特殊目的的探头，如机械扫描切换探头、电子扫描阵列探头、高温探头、瓷瓶探伤专用扁平探头（纵波）及S形探头（横波）等。

超声波发射探头发出的超声波脉冲在介质中传到相界面经过反射后，再返回到接收探头，这就是超声波测距原理。超声波探头常用的材料是压电晶体和压电陶瓷，这种探头统称为压电式超声波探头。它是利用压电材料的逆压电效应来工作的。逆压电效应将高频电振动转换成高频机械振动，以产生超声波，可作为发射探头。而利用正压电效应则将接收的超声振动转换成压电信号，可作为接收探头。超声波探头的具体结构如图11-3所示。

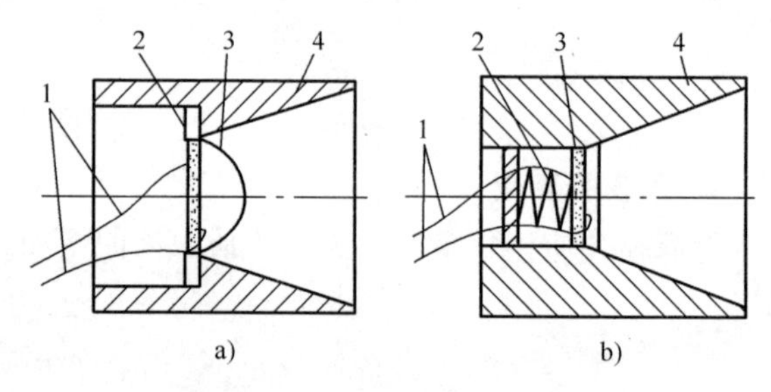

图11-3 超声波探头结构

a) 发射探头

1—导线 2—压电晶片 3—音膜 4—锥形罩

b) 接收探头

1—导线 2—弹簧 3—压电晶片 4—锥形罩

压电式超声波探头多为圆板形，超声波频率 f 与其厚度 δ 成反比：

$$f=\frac{1}{2\delta}\sqrt{\frac{E_{11}}{\rho}} \tag{11-3}$$

式中 E_{11}——晶片沿 x 轴方向的弹性模量；

ρ——晶片的密度。

由式 (11-3) 可知，压电晶片在基频上做厚度振动时，晶片厚度 δ 相当于晶片振动的半波长，可依此规律选择晶片厚度。石英晶体的频率常数是2.87MHz · mm，锆钛酸铅陶瓷(PZT) 频率常数是1.89MHz · mm，表示石英片厚1mm时，其振动频率为2.87MHz，PZT

片厚 1mm 时振动频率为 1.89MHz。

三、超声波传感器的应用实例

利用超声波传感器可以实现对液位、流量、流速、浓度、厚度等测量，还可以进行材料的无损探伤、医学检测等。

以超声波测厚为例：超声波测量金属零件的厚度，具有测量精度高，测试仪器轻便，操作安全简单，易于读数及实行连续自动检测等优点。但是对于声衰减很大的材料，以及表面凹凸不平或形状很不规则的零件，利用超声波测厚比较困难。超声波测厚常用脉冲回波法。图 11-4 所示为脉冲回波法检测厚度的工作原理。超声波探头与被测物体表面接触。主控制器产生一定频率的脉冲信号，送往发射电路，经电流放大后激励压电式探头，以产生重复的超声波脉冲。脉冲波传到被测工件另一面被反射回来，被同一探头接收。如果超声波在工件中的声速 v 是已知的，设工件厚度为 δ，脉冲波从发射到接收的时间间隔 T 可以测量，因此可求出工件厚度为

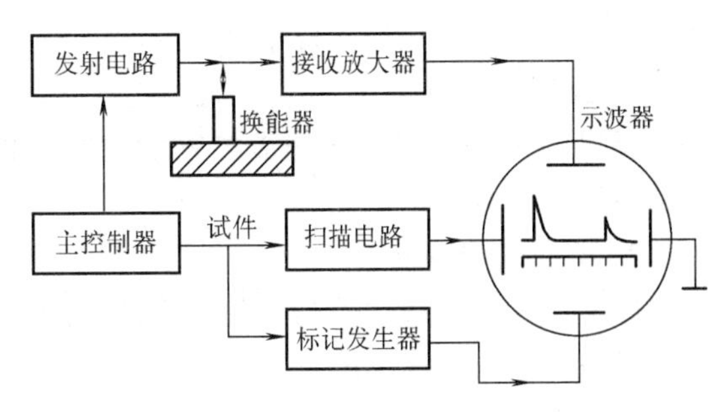

图 11-4 脉冲回波法检测厚度的工作原理图

$$\delta=\frac{vT}{2} \tag{11-4}$$

为测量时间间隔 T，可用图 11-4 的方法，将发射和回波反射脉冲加至示波器垂直偏转板上。标记发生器输出已知时间间隔的脉冲，也加在示波器垂直偏转板上。线性扫描电压加在水平偏转板上。因此可以从显示器上直接观察发射和回波反射脉冲，并求出时间间隔 T。当然也可用稳频晶振产生的时间标准信号来测量时间间隔 T，从而做成厚度数字显示仪表。

第二节 微波式传感器

一、微波的基础知识

微波是波长为 1m~1mm 的电磁波，既具有电磁波的性质，又不同于普通的无线电波和光波。微波相对于波长较长的电磁波具有下列特点：①空间辐射的装置容易制造；②遇到各种障碍物易于反射；③绕射能力较差；④传输特性良好，传输过程中受烟、灰尘、强光等的影响很小；⑤介质对微波的吸收与介质的介电常数成比例，水对微波的吸收作用最强。

微波振荡器和微波天线是微波传感器的重要组成部分。微波振荡器是产生微波的装置。由于微波很短，频率很高（300MHz~300GHz），要求振荡回路有非常小的电感与电容，因此不能用普通晶体管构成微波振荡器。构成微波振荡器的器件有速调管、磁控管和某些固体元件。小型微波振荡器也可以采用场效应晶体管。

由微波振荡器产生的振荡信号需要用波导管（波长在 10cm 以上可用同轴线）传输，并通过天线发射出去。为了使发射的微波具有一致的方向性，天线应具有特殊的构造和形状。

常用的天线有喇叭形天线和抛物面天线等。

二、微波传感器概述

由发射天线发出的微波，遇到被测物体时将被吸收或反射，使功率发生变化。若利用接收天线接收通过被测物或由被测物反射回来的微波，并将它转换成电信号，再由测量电路处理，就实现了微波检测。根据这一原理，微波传感器可分为反射式与遮断式两种。

1. 反射式传感器

反射式传感器通过检测被测物反射回来的微波功率或经过时间间隔来表达被测物的位置、厚度等参数。

2. 遮断式传感器

遮断式传感器通过检测接收天线接收到的微波功率的大小，来判断发射天线与接收天线间有无被测物或被测物的位置等参数。

三、微波传感器的应用

1. 微波液位计

图 11-5 为微波液位计示意图，相距为 s 的发射天线和接收天线间构成一定的角度。波长为 λ 的微波从被测液面反射后进入接收天线。接收天线接收到的功率将随被测液面高低的不同而异。接收天线接收的功率 P_r 可表示为

$$P_r=\left(\frac{\lambda}{4\pi}\right)^2\frac{P_tG_tG_r}{s^2+4d^2} \tag{11-5}$$

式中 d——两天线与被测液面间的垂直距离；

s——两天线间的水平距离；

P_t、G_t——发射天线发射的功率和增益；

G_r——接收天线的增益。

当发射功率、波长、增益均恒定时，只要测得接收功率 P_r 就可获得被测液面的高度 d。

2. 微波物位计

图 11-6 为微波开关式物位计示意图。当被测物位较低时，发射天线发出的微波束全部

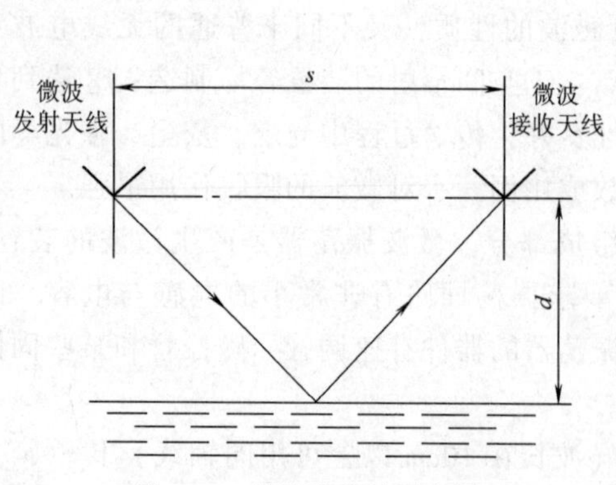

图 11-5 微波液位计示意图

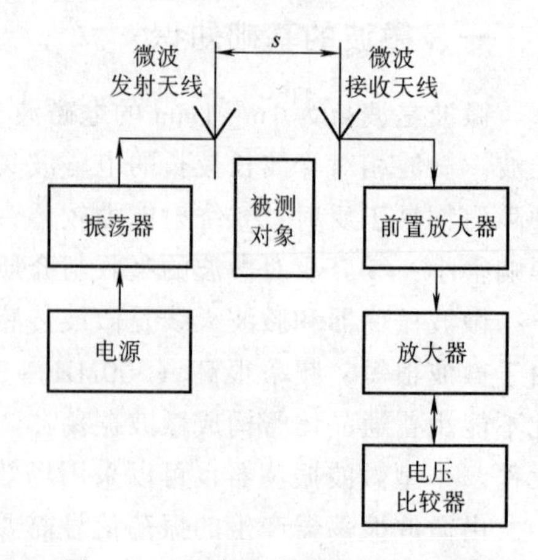

图 11-6 微波开关式物位计示意图

由接收天线接收，经放大器、比较器后发出正常工作信号。当被测物位升高到天线所在的高度时，微波束部分被吸收，部分被反射，接收天线接收到的功率相应减弱，经放大器、比较器就可给出被测物位高出设定物位的信号。

第三节　射线式传感器

一、核辐射的物理基础

1. 放射性同位素

凡原子序数相同而原子质量不同的元素，在元素周期表中占同一位置故称为同位素。原子如果不是由于外来的原因，而自发地产生核结构变化称为核衰变，具有核衰变性质的同位素叫作放射性同位素。根据实验可得出放射性衰变规律为

$$I=I_0\exp(-\lambda t) \tag{11-6}$$

式中　I_0——开始时（$t=0$）的放射源强度；

I——t 时的放射源强度；

λ——放射性衰变常数。

元素衰变的速度取决于 λ 的量值，λ 愈大则衰变愈快。习惯上常用和 λ 有关的另一个常数即半衰期 τ 来表示衰变的快慢。放射性元素从 N_0 个原子衰变到 $N_0/2$ 个原子所经历的时间称为半衰期，可以求出

$$\tau=\frac{\ln 2}{\lambda}=\frac{0.693}{\lambda}$$

τ 和 λ 一样都是不受任何外界作用影响而且和时间无关的恒量，不同放射性元素的半衰期 τ 是不同的。

2. 核辐射

放射性同位素在衰变过程中放出一种特殊的带有一定能量的粒子或射线，这种现象称为放射性或核辐射。其放出的粒子或射线有以下几种：

（1）α 粒子　其质量为 4.002775 原子质量单位并带有两个正电荷。α 粒子主要用于气体分析，测量气体压力、流量等。

（2）β 粒子　它实际上是高速运动的电子，其质量为 0.000549 原子质量单位，放射速度接近光速。β 衰变是原子核中的一个中子转变成一个质子而放出一个电子的结果。β 粒子用于测量材料厚度、密度等。

（3）γ 射线　它是一种电磁辐射。处于受激态的原子核常在极短的时间内（10^{-14}s）将自己多余能量以电磁辐射（光子）形式放射出来，而使其回到基态。γ 射线的波长较短（为 $10^{-10}\sim10^{-8}$cm），不带电。γ 射线在物质中的穿透能力很强，能穿透几十厘米厚的固体物质，在气体中射程达数百米。γ 射线广泛应用于金属探伤、测量大厚度等。

3. 核辐射与物质的相互作用

核辐射与物质的相互作用主要是电离、吸收和反射。

具有一定能量的带电粒子，如 α、β 粒子它们在穿过物质时，由于电离作用，在其路径上生成许多离子对。电离是带电粒子与物质相互作用的主要形式。一个粒子在每厘米路径上

生成离子对的数目称为比电离。带电粒子在物质中穿行，其能量逐渐耗尽而停止，其穿行的一段直线距离叫粒子的射程。α 粒子由于质量较大，电荷量也大，因而在物质中引起的比电离也大，射程较短。β 粒子的能量是连续谱，质量很轻，运动速度比 α 粒子快得多，而比电离远小于同样能量的 α 粒子。γ 光子的电离能力就更小了。

β 和 γ 射线比 α 射线的穿透能力强。当它们穿过物质时，由于物质的吸收作用而损失一部分能量。辐射在穿过物质层后，其能量强度按指数规律衰减，可表示为

$$I=I_0\exp(-\mu h) \tag{11-7}$$

式中 I_0——入射到吸收体的辐射通量的强度；

I——穿过厚度为 h（单位为 cm）的吸收层后的辐射通量强度；

μ——线性吸收系数。

实验证明，比值 μ/ρ（ρ 是密度）几乎与吸收体的化学成分无关。这个比值叫作质量吸收系数，常用 μ_ρ 表示。此时式（11-9）可改写成

$$I=I_0\exp(-\mu_\rho \rho h) \tag{11-8}$$

设质量厚度 $x=h\rho$，则吸收公式可写成

$$I=I_0\exp(-\mu_\rho x) \tag{11-9}$$

这些公式是设计核辐射测量仪器的基础。

β 射线在物质中穿行时容易改变运动方向而产生散射现象，向相反方向的散射就是反射，有时称为反散射。反散射的大小与 β 粒子的能量、物质的原子序数及厚度有关。利用这一性质可以测量材料的涂层厚度。

二、射线式传感器概述

射线式传感器也称核辐射检测装置，它是利用放射性同位素，根据被测物质对放射线的吸收、反散射或射线对被测物质的电离激发作用而进行工作的。射线式传感器主要由放射源和探测器组成。

1. 放射源

利用射线式传感器进行测量时，都要有可发射出 α、β 粒子或 γ 射线的放射源（也称辐射源）。选择放射源应以尽量提高检测灵敏度和减小统计误差为原则。为避免经常更换放射源，要求采用的同位素有较长的半衰期及合适的放射强度。因此尽管放射性同位素种类很多，但能用于测量的目前只有 20 种左右，最常用的有^{80}Co、^{137}Cs、^{241}Am 及^{90}Sr 等。

放射源的结构应使射线从测量方向射出，而其他方向则必须使射线的剂量尽可能小，以减少对人体的危害。β 放射源一般为圆盘状，γ 射线辐射源一般为丝状、圆柱状或圆片状。图 11-7 所示为 β 厚度计放射源容器，射线出口处装有耐辐射薄膜，以防灰尘侵入，并能防止放射源受到意外损伤而造成污染。

2. 探测器

探测器就是核辐射的接收器，常用的有电离室、闪烁计数器和盖革计数管。

（1）电离室 图 11-8 为电离室工作原理图，它是在空气中设置一个平行极板电容器，对其加上几百伏的极化电压，在极板间产生电场。当有粒子或射线射向二极板之间的空气时，它们在电场的作用下，正离子趋向负极，而电子趋向正极，便产生电离电流，并在外接电阻 R 上形成电压降。测量此电压降就能得到核辐射的强度。这就是电离室的基本工作原

理。电离室主要用于探测 α、β 粒子，它具有成本低、寿命长等优点，但输出电流较小，而且探测 α、β 粒子和 γ 射线的电离室互不通用。

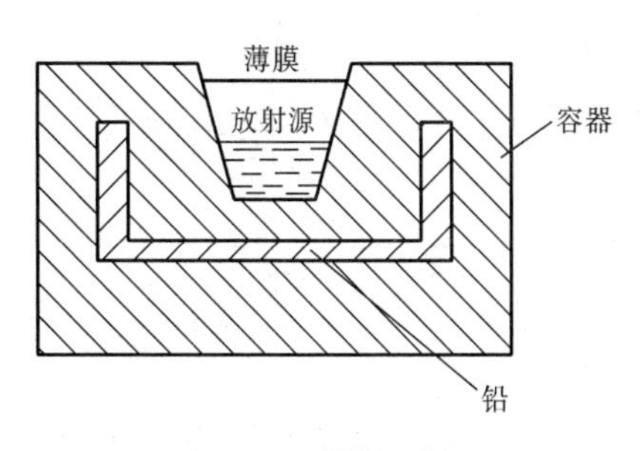

图 11-7　放射源容器

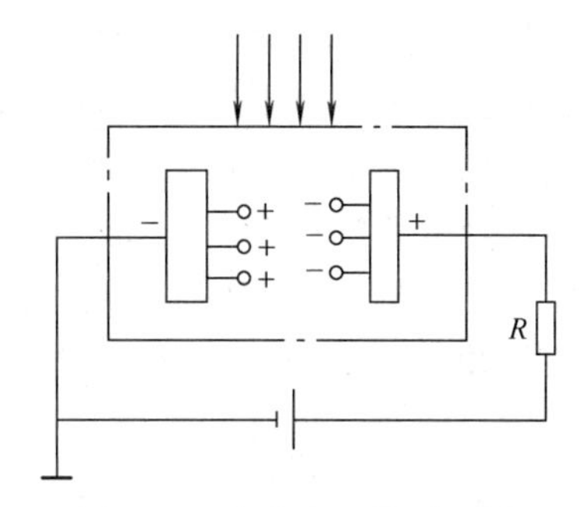

图 11-8　电离室工作原理图

(2) 闪烁计数器　图 11-9 所示为闪烁计数器结构示意图。它由闪烁晶体（简称闪烁体）和光电倍增管组成。当核辐射进入闪烁晶体时，使闪烁晶体的原子受激发光，光透过闪烁晶体射到光电倍增管用的光阴极上打出光电子并在倍增管中倍增，在阳极上形成电流脉冲，最后被电子仪器记录下来，这就是闪烁计数器记录粒子的基本过程。闪烁晶体是一种受激发光物质，形态有固、液、气态三种，可分为无机和有机两大类。无机闪烁晶体的特点是对入射粒子的阻止能力强，发光效率也高，因此探测效率高。例如，铊激活的碘化钠［NaI］用来探测 γ 射线的效率高达 20%～30%。有机闪烁体的特点是发光时间很短，只有配用分辨性能较高的光电倍增管才能获得 10^{-10}s 的分辨时间，而且容易制成较大的体积，常用于探测 β 粒子。

(3) 盖革计数管　盖革计数管结构示意图如图 11-10 所示。它是一个密封玻璃管 1，中间一条钨丝 2 为工作阳极，在玻璃管内壁涂上一层导电物质或另放一金属圆筒 3 作为阴极。管内抽空后充气，充入气体由两部分组成，主要是惰性气体如氩、氖等，另一部分是加入有机物（如乙醚、乙醇等）。充进有机物的叫有机物计数管；充入卤素的叫卤素计数管。由于卤素计数管寿命长，工作电压低，因而应用较广泛。

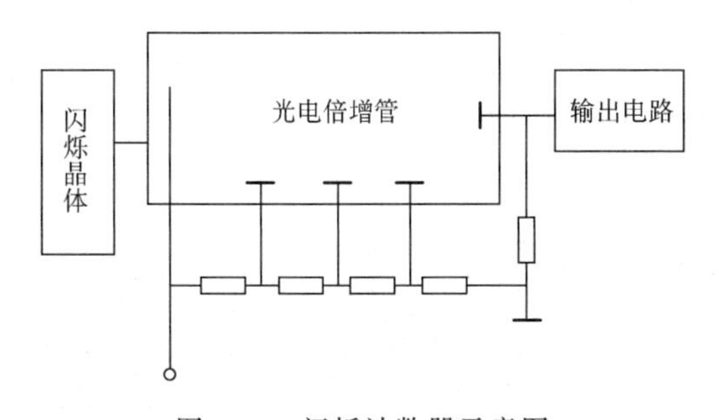

图 11-9　闪烁计数器示意图

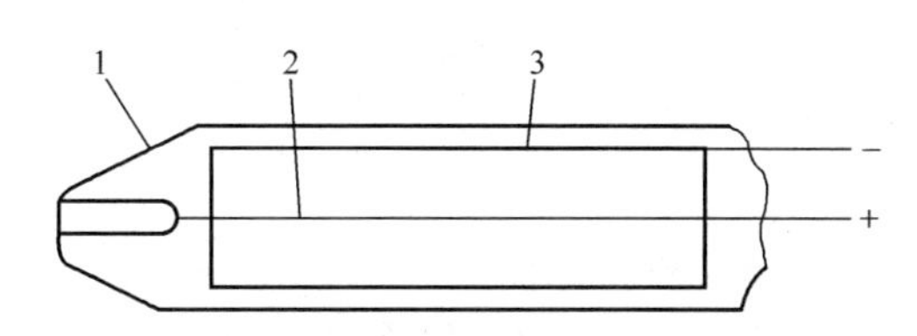

图 11-10　盖革计数管结构示意图

当射线进入盖革计数管后，管内的气体被电离。当一个负离子被阳极所吸引而走向阳极时，因与其他的气体分子碰撞而产生多个次级电子，当它们快到阳极时，次级电子急剧倍增，产生所谓“雪崩”现象。这个“雪崩”马上引起沿着阳极整条线上的“雪崩”，此时阳极马上发生放电，放电后阳极周围的空间由于“雪崩”所产生的电子都已被中和，剩下的只是许多正离子包围着阳极。这样的正离子称为正离子鞘。在正离子鞘和阳极间的电场因正离子的存在而减弱了许多。此时若有电子走进此区，也不能产生“雪崩”而放电。这种不能计数的一段时间称为计数管的“死时间”。正离子打到阴极时会打出电子来，被打出来的电子经过电场的加速，又会引起计数管放电，放电后又产生正离子鞘，这个过程将会循环出现。盖革计数管的特性曲线如图 11-11 所示。图中 U 为加在计数管上的电压，I 为入射的核辐射强度，N 为计数率（输出脉冲数）。从这曲线中可知，当加在计数管上的电压一定时，辐射强度愈大，则输出脉冲数也愈大，如图中 I_1 比 I_2 大时，相应的输出脉冲数 N_1 也比 N_2 大。盖革计数管常用于探测 β 粒子和 γ 射线。

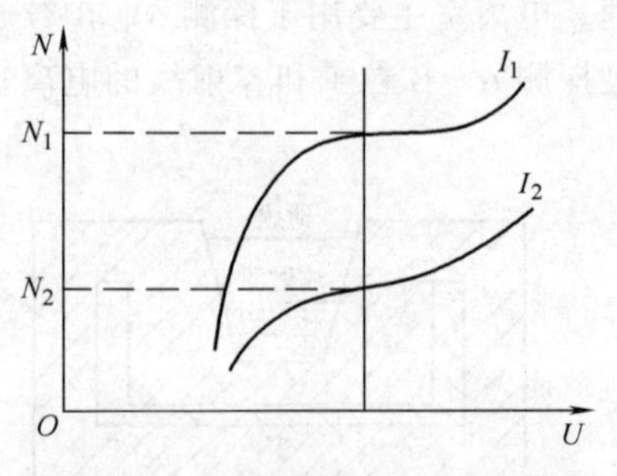

图 11-11　盖革计数管的特性曲线

三、射线式传感器的应用

射线式传感器可以检测厚度、液位、物位、转速、材料密度、质量、气体压力、流速、温度及湿度等参数，也可用于金属材料探伤。

1. 核辐射厚度计

图 11-12 所示为核辐射厚度计原理框图。放射源在容器内以一定的立体角放出射线，其强度在设计时已选定，当射线穿过被测体后，辐射强度被探测器接收。在 β 辐射厚度计中探测器常用电离室，根据电离室的工作原理，这时电离室就输出一电流，其大小与进入电离室的辐射强度成正比。前面已指出，核辐射的衰减规律为 $I=I_0\exp(-\mu_\rho x)$，从测得的 I 值可获得质量厚度 x，也就可得到厚度 h 的大小。在实际的 β 辐射厚度计中，常用已知厚度 h 的标准片对仪器进行标定，在测量时，可根据校正曲线指示出被测件的厚度。

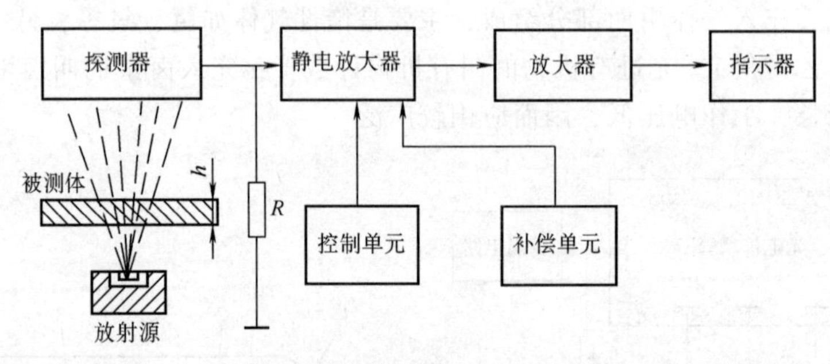

图 11-12　核辐射厚度计原理框图

2. 核辐射物位计

不同介质对 γ 射线的吸收能力是不同的，固体吸收能力最强，液体次之，气体最弱。核辐射物位计如图 11-13 所示。若核辐射源和被测介质一定，则被测介质高度 H 与穿过被测介质后的射线强度 I 的关系为

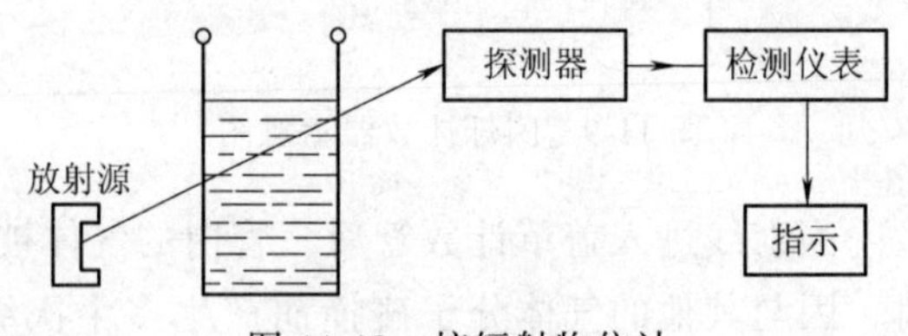

图 11-13　核辐射物位计

$$H=\frac{1}{\mu}\ln I_0+\frac{1}{\mu}\ln I \tag{11-10}$$

式中　I_0、I——穿过被测介质前、后的射线强度；

μ——被测介质的吸收系数。

探测器将穿过被测介质的 I 值检测出来，并通过仪表显示 H 值。目前用于测量物位的核辐射同位素有 ^{60}Co 及 ^{137}Cs，因为它们能发射出很强的 γ 射线，半衰期较长。γ 射线物位计一般用于冶金、化工和玻璃工业中的物位测量，有定点监视型、跟踪型、透过型、照射型和多线源型。

γ 射线物位计的特点是：①可以实现非接触测量；②不受被测介质温度、压力、流速等状态的限制；③能测量密度差很小的两层介质的界面位置；④适宜测量液体、粉粒体和块状介质的位置。

四、放射性辐射的防护

放射性辐射过度地照射人体，能够引起多种放射性疾病，如皮炎、白血球减少症等。因此需要很好地解决射线防护的问题。目前防护工作已逐步完善起来，很多问题的研究已形成专门的学科，如辐射医学、剂量学、防护学等。

物质在射线照射下发生的反应（如照射人体所引起的生物效应）与物质吸收射线能量有关，而且常常与吸收射线能量成正比。直接决定射线对人体的生物效应的是被吸收剂量，简称剂量，它是指某个体积内物质最终吸收的能量。当确定了吸收物质后，一定数量的剂量只取决于射线的强度及能量，因而是一个确定量，它可以反映人体所受的伤害程度。

我国规定：安全剂量为 0.05R/d（伦琴/日），0.3R/W（伦琴/周）。因此在实际工作中要采取多种方式来减少射线的照射强度和照射时间，如采用屏蔽层，利用辅助工具，或是增加与辐射源的距离等各种措施。

思考题与习题

1. 利用超声波进行厚度检测的基本方法是什么？

2. 在脉冲回波法测厚时，利用何种方法测量时间间隔 T 能有利于自动测量？若已知超声波在工件中的声速为 5640m/s，测得的时间间隔 T 为 22μs，试求出工件厚度。

3. 是否可用微波代替图 11-4 中的超声波来进行厚度测量？为什么？

4. 测量大厚度工件和测量表面涂层时应各采用何种放射源，为什么？

5. 在图 11-12 所示的核辐射厚度计中，传感器信号与厚度 h 是非线性关系，试说明应如何解决这一问题。

6. 核辐射接收器有哪几种？各有何特点？

第十二章 半导体式物性传感器

半导体式传感器是以半导体为敏感材料，利用各种物理量的作用，引起半导体内载流子浓度或分布的变化，来反映被测量的一类新型传感器。半导体式传感器的优点是灵敏度高、响应速度快、体积小、重量轻、功耗低、安全可靠、便于集成化和智能化，能使检测转换一体化，因而在工业自动化、遥测、工业机器人、家用电器、环境污染监测、医疗保健、医药工程和生物工程等领域得到了广泛应用。

从所使用的材料来看，凡是使用半导体为材料的传感器都属于半导体式传感器，如霍尔元件、光敏、磁敏、二极管和三极管热敏电阻、压阻式传感器、光电池、气敏、湿敏、色敏和离子敏等传感器。有些内容与其他传感器互相交叉，已在前面章节中介绍过。本章主要介绍气敏、湿敏、磁敏、色敏和离子敏半导体式传感器。

第一节　气敏传感器

一、半导体气敏传感器概述

气敏传感器是指用来检测气体的类别、浓度和成分的传感器，主要用于工业上的天然气、煤气、石油、化工、冶炼、矿山开采等领域的易燃、易爆、有毒等有害气体的监测、预报和自动控制。目前广泛使用的气体检测方法主要有化学分析法、光谱分析法、半导体气敏检测法等。化学法和光谱法进行气体检测较为复杂，使用受到一定条件的限制。自20世纪60年代研制成功了SnO_2半导体气敏元件后，气敏传感器进入了实用阶段，由于其使用方便、灵敏、价格低、性能好等优点越来越受到重视。

所谓半导体气敏传感器，是利用半导体气敏元件同气体接触，造成半导体性质变化，借此来检测特定气体的成分或者测量其浓度的传感器的总称。半导体气敏传感器大体上可分为电阻式和非电阻式两种，目前使用的大多为电阻式气敏传感器。半导体气敏传感器的分类如表12-1所示。

表12-1　半导体气敏传感器的分类

类别	主要物理特性	传感器举例	工作温度/℃	典型被测气体
电阻式	表面控制型	氧化银、氧化锌	室温~450	可燃性气体
	体控制型	氧化钛、氧化镁、氧化钴	室温~700	酒精、氧气
非电阻式	表面电位	氧化银	室温	硫醇
	二极管整流特性	铂/硫化镉、铂/氧化钛	室温~200	氢气、一氧化碳、酒精
	晶体管特性	铂栅MOS场效应晶体管	室温~150	氢气、硫化氢

气敏传感器是暴露在各种气体环境中使用的，由于检测现场温度、湿度的变化很大，又存在大量粉尘和油雾等，所以其工作条件恶劣。而且气体和传感元件的材料会产生化学反应，生成的反应物会附着在元件表面，往往会使其性能变差。因此，对气敏元件有下列要求：①能够检测易爆炸气体、有害气体等的浓度，与基准设定或允许浓度比较，并及时给出报警、显示与控制信号；②对被测气体以外的共存气体或物质不敏感；③性能长期稳定、重复性好；④动态特性好、响应迅速；⑤使用、维护方便，价格便宜。

二、气敏半导体材料的导电机理

这里以半导瓷材料 SnO_2 为例说明气敏半导体材料的导电机理。SnO_2 是 N 型半导体，其导电机理可以用吸附效应来解释。

图 12-1a 为烧结体 N 型半导瓷的模型。它是多晶体，晶粒间界有较高的电阻，晶粒内部电阻较低，图中分别以空白部分和黑点部分示意表示。导电通路的等效电路如图 12-1b 所示。图中 R_n 为颈部等效电阻，R_b 为晶粒的等效体电阻，R_s 为晶粒的等效表面电阻。其中 R_b 的阻值较低，它不受吸附气体影响。R_s 和 R_n 则受吸附气体所控制，且 $R_s \gg R_b$，$R_n \gg R_b$。由此可见，半导体气敏电阻的阻值将随吸附气体的数量和种类而改变。这类半导体气敏电阻工作时都需加热。器件在加热到稳定状态的情况下，当有气体吸附时，吸附分子首先在表面自由地扩散。其间一部分分子蒸发，一部分分子就固定在吸附处。此时如果材料的功函数小于吸附分子的电子亲和力，则吸附分子将从材料夺取电子而变成负离子吸附；如果材料功函数大于吸附分子的离解能，吸附分子将向材料释放电子而成为正离子吸附。O_2 和 NO_x（氮类氧化物）倾向于负离子吸附，称为氧化型气体。H_2、CO、碳氢化合物和酒类倾向于正离子吸附，称为还原型气体。氧化型气体吸附到 N 型半导体上，将使载流子减少，从而使材料的电阻率增大。还原型气体吸附到 N 型半导体上，将使载流子增多，材料电阻率下降。根据这一特性，就可以从阻值变化的情况得知吸附气体的种类和浓度。

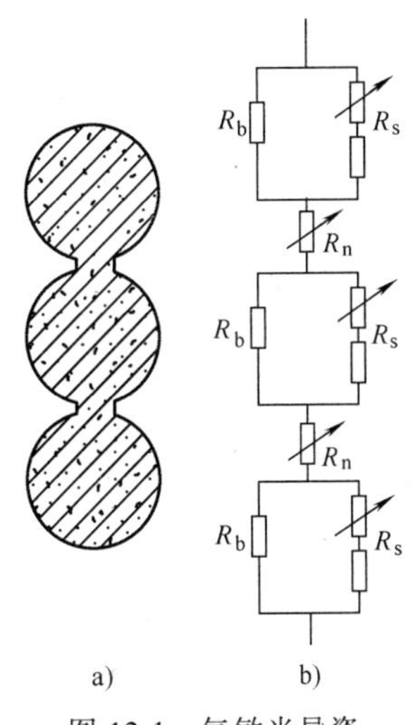

图 12-1　气敏半导瓷吸附效应模型

a）烧结体模型　b）等效电路

SnO_2 气敏半导瓷对许多可燃性气体，如氢、一氧化碳、甲烷、丙烷、乙醇等都有较高的灵敏度。掺加 Pd、Mo、Ga 等杂质的 SnO_2 元件可在常温下工作，对烟雾的灵敏度有明显的增加，可用来制造常温工作的烟雾报警器。

三、电阻型气敏器件

电阻型半导体气敏传感器是利用二氧化锡、二氧化锰等金属氧化物制成敏感元件，当它们吸收了可燃气体后，会发生还原反应，放出热量，使元件温度相应增高，电阻发生变化。电阻型气敏器件在目前使用得比较广泛，按其结构，可分为烧结型、薄膜型和厚膜型三种，下面分别予以介绍。

1. 烧结型

烧结型气敏器件的制作是将一定配比的敏感材料（SnO_2、InO）及掺杂剂（Pt、Pb）等以水或黏结剂调和，经研磨后使其均匀混合，然后将已均匀混合的膏状物滴入模具内，用传统的制陶方法进行烧结。烧结时埋入加热丝和测量电极，最后将加热丝和测量电极焊在管座上，加特制外壳构成器件。这种器件一般分为内热式和旁热式两种结构，如图 12-2 和图 12-3 所示。

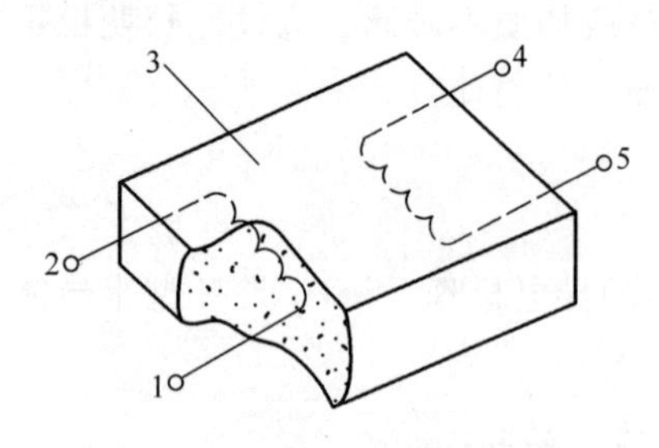

图 12-2 内热式气敏器件结构

1、2、4、5—电极

3—SnO_2 烧结体

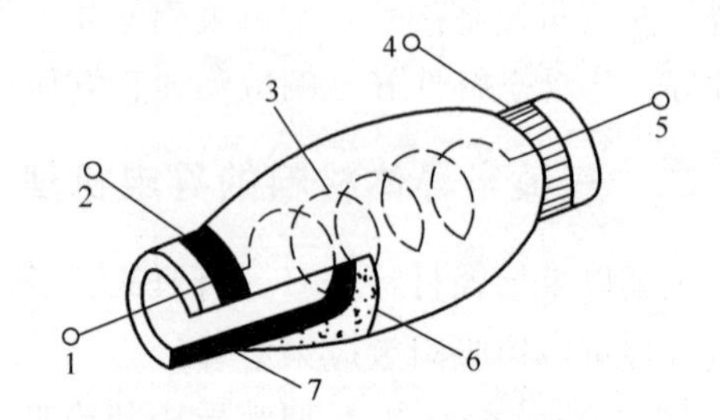

图 12-3 旁热式气敏器件结构

1、2、4、5—电极 3—加热器

6—SnO_2 烧结体 7—陶瓷绝缘管

内热式器件管芯体积一般都很小，加热丝直接埋在金属氧化物半导体材料内，兼作一个测量板，该结构制造工艺简单。其缺点是：①热容量小，易受环境气流的影响；②测量电路和加热电路之间相互影响；③加热丝在加热和不加热状态下产生胀、缩，容易造成与材料接触不良的现象。

旁热式气敏器件的管芯是在陶瓷管内放置高阻加热丝，在瓷管外涂梳状金电极，再在金电极外涂气敏半导体材料。这种结构形式克服了内热式器件的缺点，使器件稳定性有明显提高。

2. 薄膜型

薄膜型气敏器件的制作首先需处理基片（玻璃石英式陶瓷），焊接电极，之后采用蒸发或溅射方法在石英基片上形成一薄层氧化物半导体薄膜。实验测得 SnO_2 和 ZnO 薄膜的气敏特性较好。

薄膜型器件外形结构如图 12-4 所示。这种器件具有较高的机械强度，而且具有互换性好、产量高、成本低等优点。

3. 厚膜型

为解决器件一致性问题，1977 年发展了厚膜型器件。它是由 SnO_2 和 ZnO 等材料与 3%～15%（质量分数）的硅凝胶混合制成能印制的厚膜胶，把厚膜胶用丝网印制到事先安装有铂电极的 Al_2O_3 基片上，以 400～800℃烧结 1h 制成。其结构如图 12-5 所示。此种器件一致性较好，机械强度高，适于批量生产，是一种有前途的器件。

以上三种气敏器件都附有加热器。在实际应用时，加热器能使附着在测控部分上的油雾、尘埃等烧掉，同时加速气体的吸附，从而提高了器件的灵敏度和响应速度，一般加热到 200～400℃，具体温度视所掺杂质不同而异。

这些气敏器件的优点是：工艺简单，价格便宜，使用方便；对气体浓度变化响应快；即使在低浓度（3000mg/kg）下，灵敏度也很高。其缺点在于：稳定性差，老化较快，气体识别能力不强；各器件之间的特性差异大等。

各种可燃性气体的浓度与 SnO_2 半导瓷传感器的电阻变化率的关系如图 12-6 所示。对各种气体的相对灵敏度，可以通过不同的烧结条件和添加增感剂在某种程度上进行调整。一般来说，烧结型 SnO_2 气敏器件在低浓度下灵敏度高，而在高浓度下趋于稳定值。这一特点非常适宜检测低浓度微量气体。因此，这种器件常用来检查可燃性气体的泄漏、定限报警等。目前，检测液化石油气、管道空气等气体泄漏传感器已付诸实际应用。

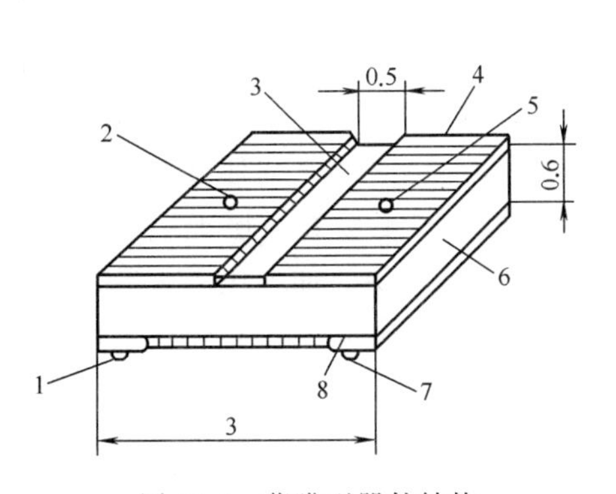

图 12-4　薄膜型器件结构

1、2、5、7—引线　3—半导体

4—电极　6—绝缘基片　8—加热器

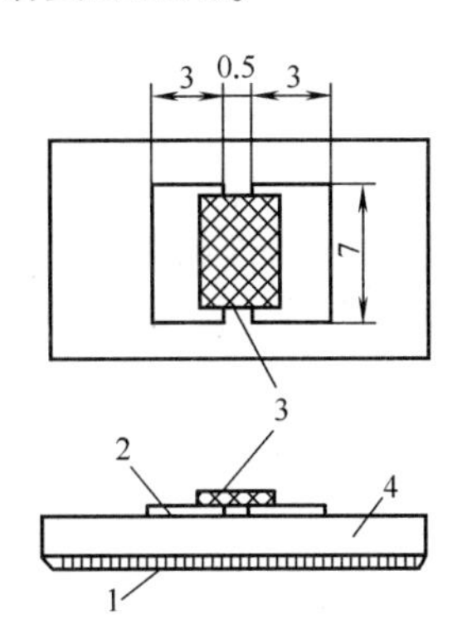

图 12-5　厚膜型器件结构

1—加热器　2—电极

3—湿敏电阻　4—基片

SnO_2 气敏器件易受环境温度和湿度的影响，图 12-7 给出了温湿度综合特性曲线。由于环境温湿度对气敏器件的特性有影响，故在使用时要加温湿度补偿，或选用温湿度性能好的气敏器件。

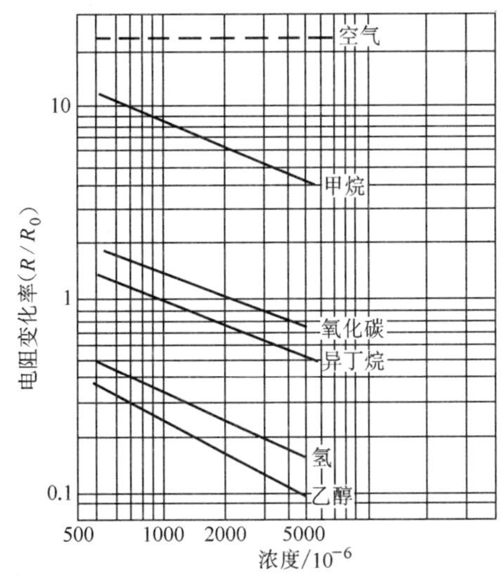

图 12-6　各种可燃性气体的浓度与传感器电阻变化率的关系

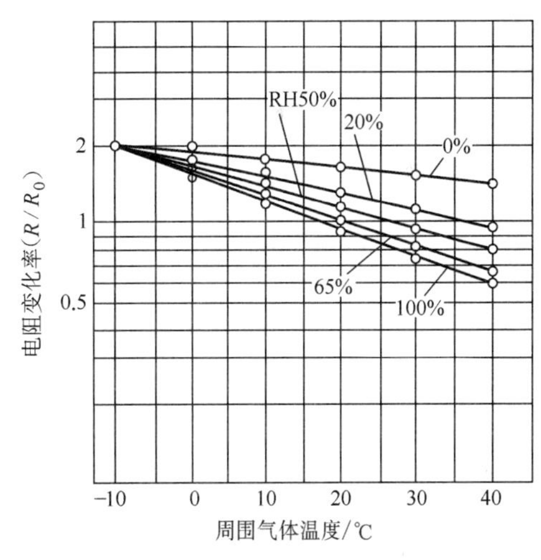

图 12-7　SnO_2 气敏器件温湿度特性

四、非电阻型气敏器件

非电阻型半导体气敏传感器是由半导体与金属构成的，主要分为二极管气敏器件和场效应晶体管（FET）型气敏器件两种。

1. 二极管气敏器件

如果二极管的金属与半导体的界面吸附有气体，而这种气体又对半导体的禁带宽度或金属的功函数有影响的话，则其整流特性就会发生变化。在掺镧的硫化镉上，薄薄地蒸发一层钯薄膜，就形成了钯硫化镉二极管气敏器件，这种器件可用来检测氢气。氢气对这种二极管整流特性的影响如下：在氢气浓度急剧增高的同时，正向偏置条件下的电流也急剧增大。所以在一定的偏置下，通过测量电流值就能知道氢气的浓度。电流值之所以增大，是因为吸附在钯表面的氧气由于氢气浓度的增高而解析，从而使肖特基势垒降低的缘故。

金属-氧化物-半导体（MOS）二极管的结构和等效电路如图 12-8 所示。它是利用 MOS 二极管的电容-电压特性的变化制成的 MOS 半导体气敏器件。在 P 型半导体硅芯片上，采用热氧化工艺生长一层厚度为 50~100nm 的 SiO_2 层，然后再在其上蒸发一层钯金属薄膜，作为栅电极。SiO_2 层电容 C_{ax} 是固定不变的，$Si\text{-}SiO_2$ 界面电容 C_x 是外加电压的函数。所以总电容 C 是栅极偏压的函数。其函数关系称为该 MOS 管的 $C\text{-}U$（电容-电压）特性。由于钯在吸附 H_2 以后，会使钯的功函数降低，这将引起 MOS 管的 $C\text{-}U$ 特性向负偏压方向平移，如图 12-9 所示。由此可测定 H_2 的浓度。

2. Pd-MOSFET 气敏器件

Pd-MOSFET 器件是利用 MOS 场效应晶体管（MOSFET）的阈值电压的变化做成的半导体气敏器件。Pd-MOSFET 与普通 MOSFET 的主要区别在于用 Pd 薄膜取代 Al 膜作为栅极。因为钯对 H_2 吸附能力强，而 H_2 在钯上的吸附将导致钯的功函数降低。阈值电压 U_T 的大小与金属和半导体之间的功函数差有关。Pd-MOSFET 气敏器件正是利用 H_2 在钯栅上吸附后引起阈值电压 U_T 下降这一特性来检测 H_2 浓度的。

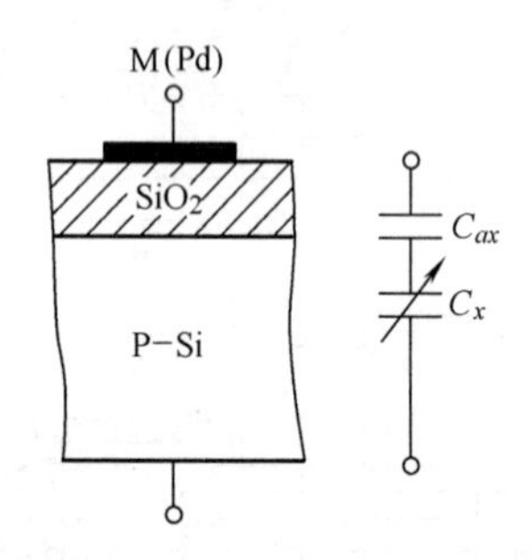

图 12-8 MOS 气敏器件的结构和等效电路

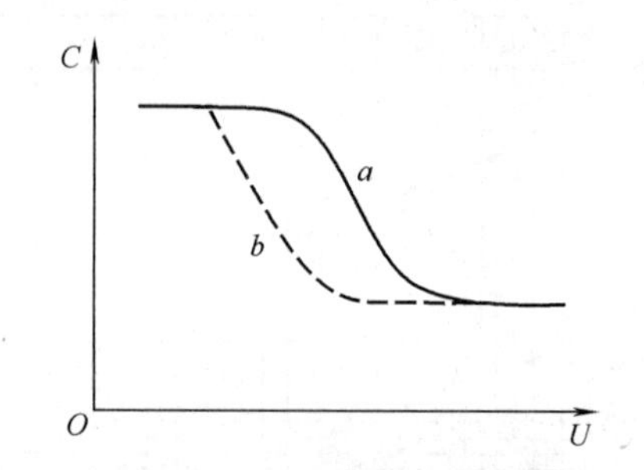

图 12-9 MOS 结构的 $C\text{-}U$ 特性

a—吸附 H_2 前 b—吸附 H_2 后

第二节 湿敏传感器

湿度与生产、生活、科研、植物生长等有着密切的关系。如湿度过高，会造成粮食霉变、设备腐蚀加快、影响植物果实成熟等；湿度过低，会引起人体感觉不适、易引发火灾事故等问题。因此，环境湿度的检测有重要意义。本节先对湿度这一物理量的基本概念做简要叙述，然后介绍常用的湿敏传感器。

一、湿度测量的名词术语

1. 湿度

湿度是指大气中所含的水蒸气量。它有两种最常用的表示方法，即绝对湿度和相对湿度。

2. 绝对湿度

绝对湿度是指一定大小空间中水蒸气的绝对含量，可用“kg/m^3”表示。绝对湿度也称水气浓度或水气密度。绝对湿度也可用水的蒸气压来表示。设空气的水气密度为 ρ_v，与之相应的水蒸气分压为 p_v，根据理想气体状态方程，可以得出其关系式为

$$\rho_v = \frac{p_v m}{RT} \tag{12-1}$$

式中　m——水气的摩尔质量；

R——摩尔气体普适常数；

T——热力学温度。

3. 相对湿度

在实际生活中，许多现象与湿度有关，如水分蒸发的快慢，然而除了与空气中水气分压有关外，更主要的是和水气分压与饱和蒸气压的比值有关。因此有必要引入相对湿度的概念。相对湿度为某一被测蒸气压与相同温度下的饱和蒸气压的比值的百分数，常用%RH 表示。这是一个无量纲的值，公式为

$$\%RH = \frac{p_1(T)}{p_2(T)} \times 100\% \tag{12-2}$$

式中　$p_1(T)$——温度 T 时的水蒸气压强；

$p_2(T)$——温度 T 时的饱和压强。

显然，绝对湿度给出了水分在空间的具体含量，相对湿度则给出了大气的潮湿程度，故使用更广泛。

4. 水蒸气压强

当空气和水蒸气的混合物与水（或冰）保持平衡时，就处于饱和状态，相对湿度达到 100%，此时水蒸气对水（或冰）的饱和压强称为水蒸气压强。

5. 露点

露点是在水汽冷却过程中最初发生结露的温度。若气温低于露点，水汽即开始凝结。

6. 湿度比

湿度比表示水蒸气的质量与干燥空气的质量比。

二、湿敏传感器概述

湿敏传感器是指通过器件材料的物理或化学性质变化，将外界环境湿度变化转化成有用信号的元件。尽管湿度传感器的类型有很多，但湿度检测与其他物理量的检测相比要困难些：首先是因为空气中水蒸气含量要比空气少得多；另外液态水会使一些高分子材料和电解质材料溶解，一部分水分子电离后与溶入水中的空气中的杂质结合成酸或碱，使湿敏材料不同程度地受到腐蚀和老化，从而丧失其原有的性质；再者，湿度信息的传递需要靠与湿敏器件直接接触来完成，因此湿敏器件只能直接暴露于待测环境中，不能密封。

通常，湿敏元件应满足：①所要求的湿度测量范围，且响应迅速；②在各种气体环境中特性稳定；③受温度的影响小，能在-30～+100℃的环境温度中使用；④不受尘埃附着的影响；⑤工作可靠，互换性好，使用寿命长；⑥制造简单，价格便宜。

半导体湿敏传感器在测量范围、响应速度、测量稳定性、可靠性、价格等方面具有令人

较为满意的特性，得到了广泛应用。下面主要介绍半导瓷湿敏电阻的原理、结构和特点。

三、半导瓷湿敏电阻

半导瓷湿敏电阻是湿敏传感器中最常用的一类，且品种繁多。制造半导瓷湿敏电阻的材料主要是不同类型的金属氧化物。图 12-10 是三种典型的金属氧化物半导瓷的湿敏特性图。由于它们的电阻率随湿度的增加而下降，故称为负特性湿敏半导瓷。还有一种材料（如 Fe_3O_4 半导瓷）的电阻率随着湿度的增加而增大，称为正特性湿敏半导瓷。

半导瓷湿敏电阻具有较好的热稳定性，较强的抗沾污能力，能在恶劣、易污染的环境中测得准确的湿度数据，而且还有响应快、使用湿度范围宽（可在 150℃以下使用）等优点，在实际应用中占有很重要的位置。按其制作工艺可分为涂覆膜型、烧结型、厚膜型、薄膜型及 MOS 型等。目前，烧结型在湿敏传感器的应用中占有很重要的地位。

（1）烧结型湿敏电阻　烧结型半导瓷湿敏电阻的结构如图 12-11 所示。其感湿体 4 为 $MgCr_2TiO_2$ 多孔陶瓷，气孔率达 30%~40%。多孔电极 3 的材料为 RuO_2，RuO_2 的热膨胀系数与陶瓷相同，因而有良好的附着力。RuO_2 通过丝网印制到陶瓷片的两面，在高温下烧结形成多孔性的电极，孔的平均尺寸大于 1μm。$MgCr_2O_4$ 属于甲型半导体，其特点是感湿灵敏度适中，电阻率低，阻值湿度特性好。为改善烧结特性和提高元件的机械强度及抗热骤变特性，在原料中加入 30%mol 的 TiO_2，这样在 1300℃的空气中可烧结成相当理想的瓷体。器件安装在一种高致密、疏水性的陶瓷片底座 6 上，为避免底座上的测量电极 a、b 之间因吸湿和沾污而引起漏电，在测量电极 a、b 的周围设置隔漏环。

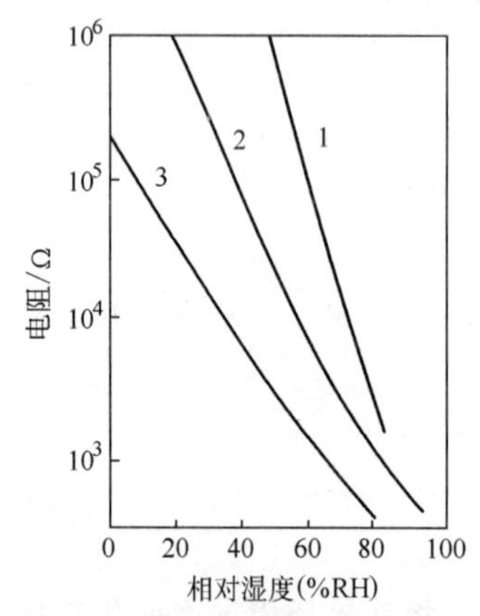

图 12-10　几种负特性的湿敏半导瓷

1—$ZnO\text{-}LiO_2\text{-}V_2O_5$ 系　2—$Si\text{-}Na_2O\text{-}V_2O_5$ 系

3—$TiO_2\text{-}MgO\text{-}Cr_2O_3$ 系

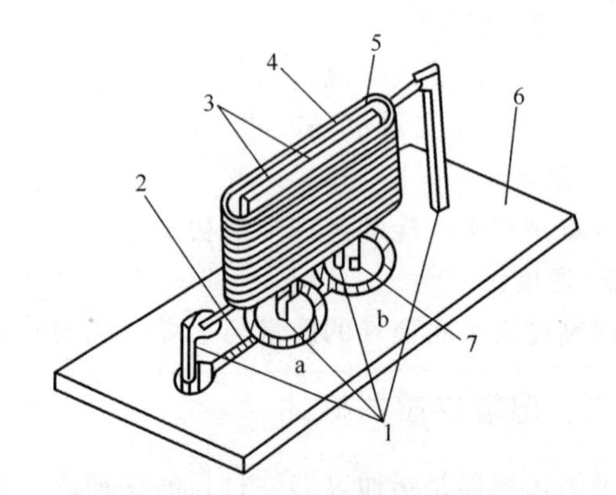

图 12-11　烧结型半导瓷湿敏电阻的结构

1—接线柱　2—隔漏环　3—RuO_2 电极

4—感湿体　5—加热丝　6—底座　7—感湿体引线

（2）涂覆膜型 Fe_3O_4 湿敏器件　除上述烧结型陶瓷外还有一种由金属氧化物微粒经过堆积、粘结而成的材料，它也具有较好的感湿特性。用这种材料制作的湿敏器件一般称为涂覆膜型或瓷粉型湿敏器件。这种湿敏器件有许多品种，其中比较典型且性能较好的是 Fe_3O_4 湿敏器件。

Fe_3O_4 湿敏器件采用滑石瓷做基片，在基片上用丝网印制工艺印制成梳状金电极。将纯净的 Fe_3O_4 胶粒用水调制成适当黏度的浆料，然后将其涂覆在已有金电极的基片上，经低温烘干后，引出电极即可使用。

涂覆膜型 Fe_3O_4 湿敏器件的感湿膜是结构松散的 Fe_3O_4 微粒的集合体。它与烧结陶瓷相比，缺少足够的机械强度。Fe_3O_4 微粒之间，依靠分子力和磁力的作用，构成接触型结合。虽然 Fe_3O_4 微粒本身的体电阻较小，但微粒间的接触电阻却很大，这就导致 Fe_3O_4 感湿膜的整体电阻很高。当水分子透过松散结构的感湿膜而吸附在微粒表面上时，将扩大微粒间的面接触，导致接触电阻的减小，因而这种器件具有负感湿特性。

Fe_3O_4 湿敏器件的主要优点是在常温、常湿下性能比较稳定，有较强的抗结露能力，在全湿范围内有相当一致的湿敏特性，而且其工艺简单，价格便宜。其主要缺点是响应缓慢，并有明显的湿滞效应。

第三节　磁敏传感器

磁敏传感器是基于磁电转换原理的传感器。早在 1856 年和 1879 年就发现了磁阻效应和霍尔效应，但作为实用的磁敏传感器则产生于半导体材料发现之后。20 世纪 60 年代初，西门子公司研制出第一个实用的磁敏元件；1966 年又出现了铁磁性薄膜磁阻元件；1968 年索尼公司研制成性能优良、灵敏度高的磁敏二极管；1974 年美国韦冈德发明了双稳态磁性元件。目前上述磁敏元件已得到广泛的应用。

磁敏传感器主要有磁敏电阻、磁敏二极管、磁敏晶体管和霍尔式磁敏传感器，其中霍尔式传感器在第五章已有详细的叙述，这里不再重复。本章只介绍磁敏电阻器和磁敏二极管。

一、磁敏电阻器

1. 磁阻效应

将一载流导体置于外磁场中，除了产生霍尔效应外，其电阻也会随磁场而变化，这种现象称为磁电阻效应，简称磁阻效应。磁敏电阻器就是利用磁阻效应制成的一种磁敏元件。

当温度恒定时，在弱磁场范围内，磁阻与磁感应强度 B 的二次方成正比。对于只有电子参与导电的最简单的情况，理论推出磁阻效应的表达式为

$$\rho_B=\rho_0(1+0.273\mu^2B^2) \tag{12-3}$$

式中　B——磁感应强度；

μ——载流子迁移率；

ρ_0——零磁场下的电阻率；

ρ_B——磁感应强度为 B 时的电阻率。

设电阻率的变化为 $\Delta\rho=\rho_B-\rho_0$，则电阻率的相对变化率为

$$\Delta\rho/\rho_0=0.273\mu^2B^2=K(\mu B)^2 \tag{12-4}$$

由式（12-4）可知，磁场一定时，迁移率高的材料磁阻效应明显。InSb 和 InAs 等半导体的载流子迁移率都很高，更适合于制作磁敏电阻。

2. 磁敏电阻的形状

磁阻的大小除了与材料有关外，还与磁敏电阻的几何形状有关。常见的磁敏电阻是圆盘形的，中心和边缘处为两电极。这种圆盘形磁阻器叫科尔比诺圆盘，其磁阻效应叫科尔比诺效应。

在考虑到形状的影响时，电阻率的相对变化与磁感应强度和迁移率的关系，可以用下式表示：

$$\Delta\rho/\rho_0 = K(\mu B)^2[1-f(L/b)] \tag{12-5}$$

式中　$f(L/b)$——形状效应系数，L、b 分别为磁敏电阻的长度和宽度。

各种形状的磁敏电阻器，其磁阻 R_B 与磁感应强度 B 的关系如图 12-12 所示，图中 R_0 为 $B=0$ 时的电阻值。由图可见，圆盘形样品的磁阻最大。

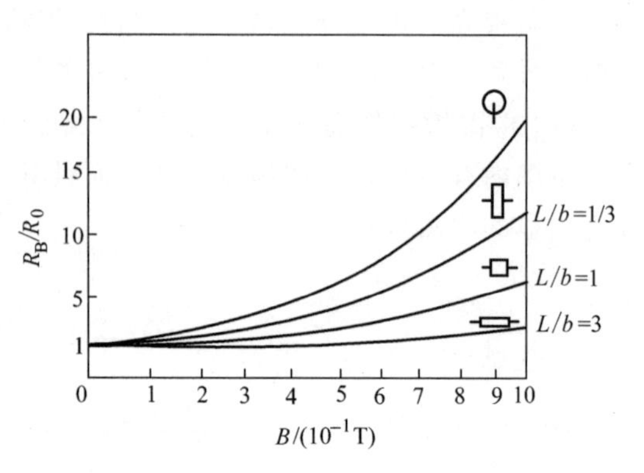

图 12-12　磁阻 R_B 与磁感应强度 B 的关系

3. 磁敏电阻的应用

磁敏电阻的应用非常广泛。除了用它做成探头，配上简单电路可以探测各种磁场外，在测量方面还可制成位移检测器、角度检测器、功率计、安培计等。此外，可用磁敏电阻制成交流放大器、振荡器等。

二、磁敏二极管

磁敏二极管的结构和工作原理如图 12-13 所示。在高阻半导体芯片（本征型 I）两端，分别制作 P、N 两个电极，形成 PIN 结。P、N 都为重掺杂区，本征区 I 的长度较长。同时对 I 区的两侧面进行不同的处理，一个侧面磨成光滑面，另一面打毛。由于粗糙的表面处容易使电子-空穴对复合而消失，称之为 r（recombination）面，这样就构成了磁敏二极管。

现利用图 12-13 对磁敏二极管的原理做简要说明。如果外加正向偏压，即 P 区接正，N 区接负，那么将会有大量空穴从 P 区注入到 I 区，同时也有大量电子从 N 区注入到 I 区，若将这样的磁敏二极管置于磁场中，则注入的电子和空穴都要受到洛仑兹力的作用而向一个方向偏转。当磁场使电子和空穴向 r 面偏转时，它们将因复合而消失，因而电流很小；当磁场使电子和空穴向光滑面偏转时，它们的复合率变小，电流加大。由此可见，高复合面与光滑面的复合率差别愈大，磁敏二极管的灵敏度也就愈高。磁敏二极管在不同的磁场强度和方向下的伏安特性如图 12-14 所示。

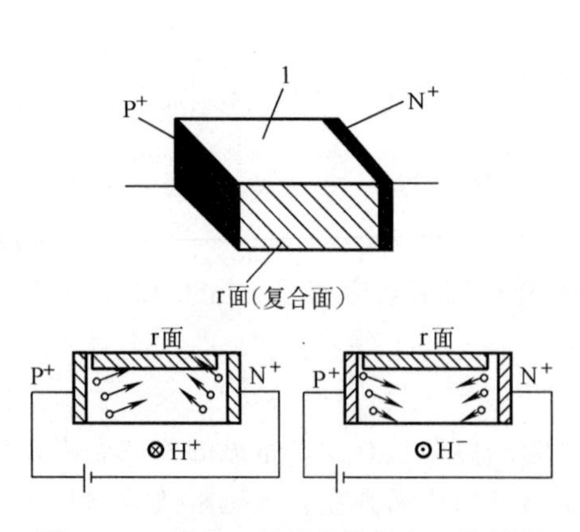

图 12-13　磁敏二极管的结构和工作原理

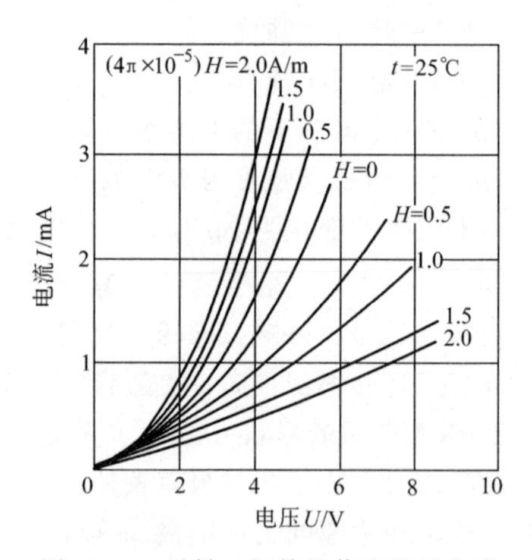

图 12-14　磁敏二极管的伏安特性曲线

利用这些特性曲线就能根据某一偏压下的电流值来确定磁场的大小和方向。磁敏二极管与其他磁敏器件相比，具有以下特点：

(1) 灵敏度高　磁敏二极管的灵敏度比霍尔元件高几百甚至上千倍，而且电路简单，成本低廉，更适合于测量弱磁场。

(2) 具有正反磁灵敏度　这一点是磁阻器件所欠缺的。故磁敏二极管可用作无触点开关。

(3) 灵敏度与磁场关系呈线性的范围比较窄　这一点不如霍尔元件。

磁敏二极管可用来检测交、直流磁场，特别适合于测量弱磁场；可制作钳位电流计，对高压线进行不断线、无接触电流测量，还可做无接触电位计等。

第四节　色敏传感器

半导体色敏传感器是半导体光敏器件的一种。它也是基于半导体的内光电效应，将光信号变成为电信号的光辐射探测器件。但是不管是光电导器件还是光生伏特效应器件，它们检测的都是在一定波长范围内光的强度，或者说光子的数目。而半导体色敏器件则可用来直接测量从可见光到近红外波段内单色辐射的波长。这是近年来出现的一种新型光敏器件。本节将对色敏传感器的测色原理及其基本特性做简要介绍。

一、半导体色敏传感器的基本原理

半导体色敏传感器相当于两只结构不同的光电二极管的组合，故又称双结光电二极管。其结构原理及等效电路如图 12-15 所示。为了说明色敏传感器的工作原理，有必要对光电二极管的工作原理做一回顾。

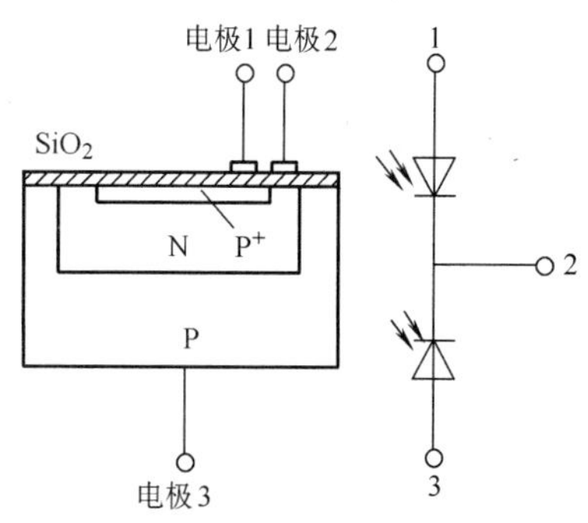

图 12-15　半导体色敏传感器结构和等效电路

1. 光电二极管的工作原理

对于用半导体硅制造的光电二极管，在受光照射时，若入射光子的能量 hf 大于硅的禁带宽度 E_g，则光子就激发价带中的电子跃迁到导带，而产生一对电子-空穴。这些由光子激发而产生的电子-空穴统称为光生载流子。光电二极管的基本部分是一个 PN 结。产生的光生载流子只要能扩散到势垒区的边界，其中少数载流子（P 区中的电子或 N 区中的空穴）就受势垒区强电场的吸引而被拉向背面区域。这部分少数载流子对电流做出贡献。多数载流子（N 区中的电子或 P 区中的空穴）则受势垒区电场的排斥而留在势垒的边缘。在势垒区内产生的光生电子和光生空穴则分别被电场扫向 N 区和 P 区，它们对电流也有贡献。用能带图来表示上述过程如图 12-16a 所示。图中 E_C 表示导带底能量；E_V 表示价带顶能量；“○”表示带正电荷的空穴；“●”表示电子；I_L 表示光电流，它由势垒区两边能运动到势垒边缘的少数载流子和势垒区中产生的电子-空穴对构成，其方向是由 N 区流向 P 区，即与无光照时 PN 结的反向饱和电流方向相同。

当 PN 结开路或接有负载时，势垒区电场收集的光生载流子便要在势垒区两边积累，从而使P区电位升高，N区电位降低，造成一个光生电动势，如图12-16b所示。该电动势使原PN结的势垒高度下降为$q(V_D-V)$。其中V即光生电动势。它相当于在PN结上加了正向偏压，只不过这是光照形成的，而不是用电源馈送的。这个电压称为光生电压，这种效应就是光生伏特效应。

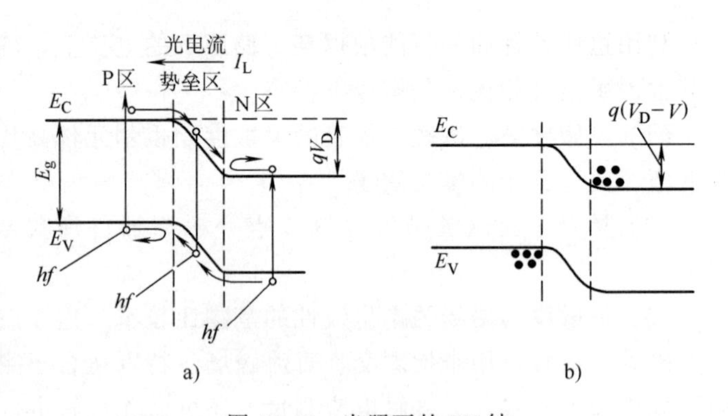

图12-16 光照下的PN结

a）光生电子和空穴的运动 b）外电路开路，光生电压出现

我们知道，光在半导体中传播时的衰减，是由于价带电子吸收光子而从价带跃迁到导带的结果，这种吸收光子的过程称为本征吸收，硅的本征吸收系数随入射光波长变化的曲线如图12-17所示。由图可见，在红外部分吸收系数小，紫外部分吸收系数大。这就表明，波长短的光子衰减较快，穿透深度较浅，而波长长的光子则能进入硅的较深的区域。

对于光电器件而言，还常用量子效率来表征光生电子流与入射光子流的比值大小。其物理意义是单位时间内每入射一个光子所引起的流动电子数。根据理论计算可以得到，P区在不同结深时量子效率随波长变化的曲线如图12-18所示。

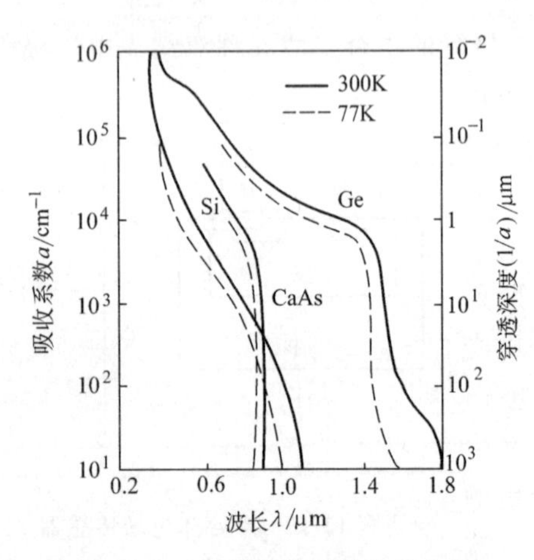

图12-17 吸收系数随波长的变化

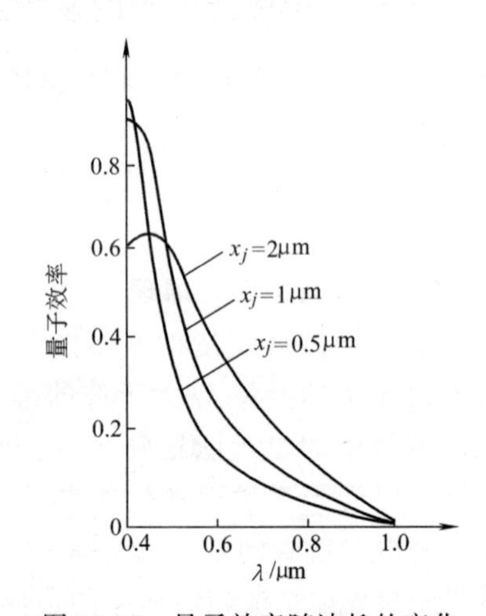

图12-18 量子效率随波长的变化

图12-18中x_j即表示结深。浅的PN结有较好的蓝紫光灵敏度，深的PN结则有利于红外灵敏度的提高，半导体色敏器件正是利用了这一特性。

2. 半导体色敏传感器的工作原理

在图12-15中表示的是结深不同的两个PN结二极管。浅结的二极管是P^+N结；深结的二极管是NP结。当有入射光照射时，P^+、N、P三个区域及其间的势垒区中都有光子吸收，但效果不同。如上所述，紫外光部分吸收系数大，经很短距离已基本吸收完毕，因此浅结的那只光电二极管对紫外光的灵敏度高；而红外部分吸收系数较小，这类波长的光子则主要在深结区被吸收，因此深结的那只光电二极管对红外光的灵敏度高。这就是说，在半导体中不同的区域对不同的波长分别具有不同的灵敏度。这一特性提供了将这种器件用于颜色识别的可能性，即可以用来测量入射光的波长。将两只结深不同的光电二极管组合，就构成了可以测定波长的半导体色敏传感器。在具体应用时，应先对该色敏器件进行标定。也就是测定不同波长的光照射下，该器件中两只光电二极管短路电流的比值 I_{SD2}/I_{SD1}。I_{SD1} 是浅结二极管的短路电流，它在短波区较大；I_{SD2} 是深结二极管的短路电流，它在长波区较大。因而两者的比值与入射单色光波长的关系就可以确定了。图 12-19 示出了不同结深二极管的光谱响应曲线。图中 VD_1 代表浅结二极管，VD_2 代表深结二极管。

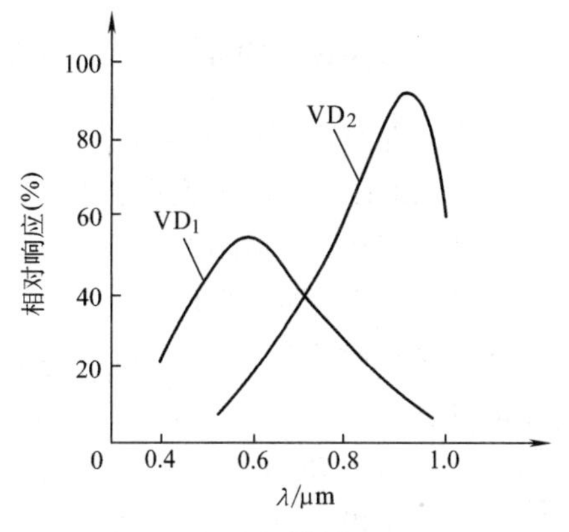

图 12-19　硅色敏管中 VD_1 和 VD_2 的光谱响应曲线

二、半导体色敏传感器的基本特性

1. 半导体色敏器件的光谱特性

光谱特性是表示它所能检测的波长范围，图 12-20a 给出了国产 CS-1 型半导体色敏器件的光谱特性，其波长范围是 400～1000nm。

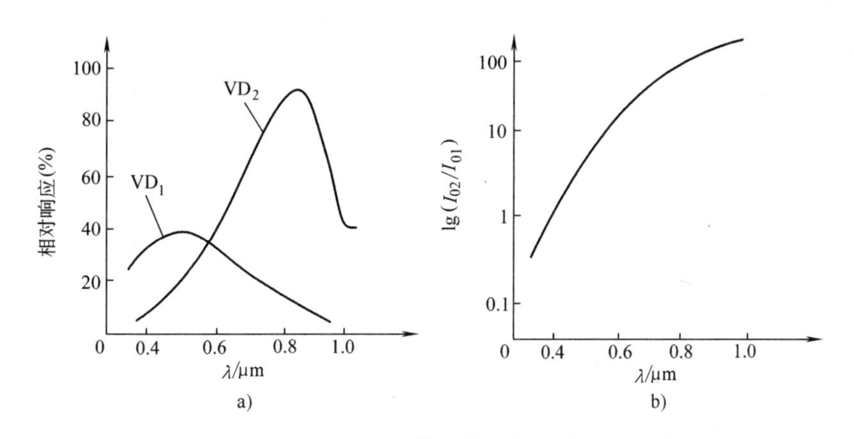

图 12-20　半导体色敏器件的特性
a）光谱特性　b）短路电流比-波长特性

2. 短路电流比-波长特性

短路电流比-波长特性表征半导体色敏器件对波长的识别能力，是用来确定被测波长的基本特性。上述 CS-1 型半导体色敏器件的短路电流比-波长特性曲线如图 12-20b 所示。

第五节　离子敏传感器

离子敏感器件是一种对离子具有选择敏感作用的场效应晶体管。它是由离子选择性电极（ISE）与金属-氧化物-半导体场效应晶体管（MOSFET）组合而成的，简称 ISFET。ISFET 是用来测量溶液（或体液）中离子浓度的微型固态电化学敏感器件。

一、ISFET的结构与工作原理

为了介绍离子敏感器件的工作原理，必须对场效应晶体管的结构有个基本了解。

1. MOSFET的结构和特性

用半导体工艺制作的金属-氧化物-半导体场效应晶体管的典型结构如图12-21所示。它的衬底材料为P型硅。用扩散法做两个N区，分别称为源极（S）和漏极（D）。在漏源之间的P型硅表面，生长一薄层SiO_2，在SiO_2上再蒸了一层金属，称为栅电极，用G表示。在栅极上加负偏压时，栅氧化层下面的硅是P型，而源极是N型，故源漏之间不导通。

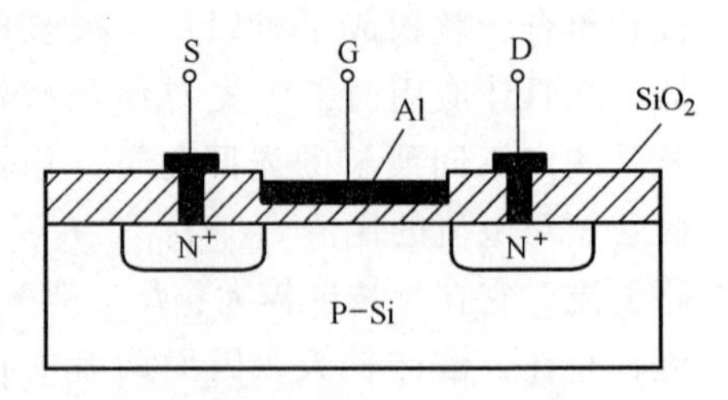

图12-21　MOSFET的剖面图

当在栅极和源极之间加正向偏压U_{GS}，且有$U_{GS}>U_T$（阈值电压）时，则栅氧化层下面的硅就反型了，从P型变为N型。这个N型区就将源区和漏区连接起来，起导电通道的作用，称为沟道。此时MOSFET就进入工作状态。这种类型称为N沟道增强型MOSFET。下面以此为例进行讨论。

在MOSFET的栅电极加上大于U_T的正偏压后，漏源之间加电压U_{DS}，则漏和源之间就有电流通过，用I_{DS}表示。I_{DS}的大小随U_{DS}和U_{GS}的大小而变化，其变化规律就是MOS-FET的电流-电压特性。图12-22示出了其输出特性和转移特性曲线。所谓转移特性曲线是指漏源电压U_{DS}一定时，漏源电流I_{DS}与栅源电压U_{GS}之间的关系曲线。由图12-22b可见，当$U_{GS}<U_T$时MOSFET的表面沟道尚未形成，$I_{DS}=0$；当$U_{GS}>U_T$时MOSFET才开启，此时I_{DS}随U_{GS}的增加而加大。阈值电压U_T的定义是当$U_{DS}=0$时，要使源和漏之间的半导体表面刚开始形成导电沟道时，所需加的栅源电压。U_T的大小除了与衬底材料的性质有关外，还与SiO_2层中的电荷数及金属与半导体之间的功函数差有关。离子敏传感器就是利用U_T的这一特性来进行工作的。

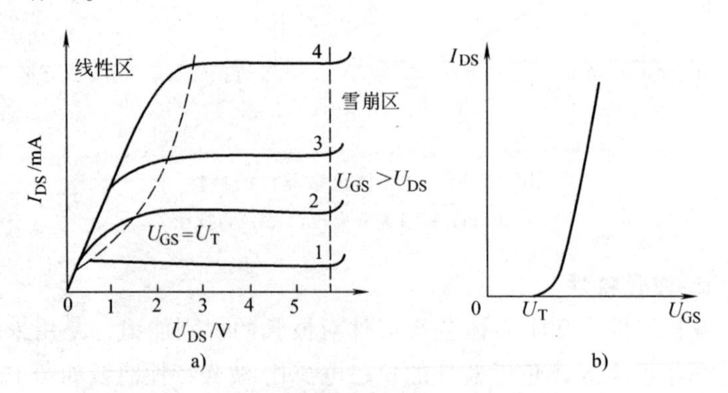

图12-22　N沟道增强型MOSFET特性

a）输出特性　b）转移特性

2. 离子敏传感器的结构与工作原理

前面已经简要介绍了MOSFET的结构和特性。如果将普通MOSFET的金属栅去掉，让绝缘氧化层直接与溶液相接触，或者将栅极用铂膜作为引出线，并在铂膜上涂覆一层离子敏感膜，就构成了一只ISFET，如图12-23所示。MOS场效应晶体管是利用金属栅上所加电压大小来控制漏源电流的；ISFET 则是利用其对溶液中离子有选择作用而改变栅极电位，以此来控制漏源电流变化的。

当将 ISFET 插入溶液时，在被测溶液与敏感膜接触处就会产生一定的界面电势，其大小取决于溶液中被测离子的浓度。这一界面电势的大小将直接影响 U_T 的值。如果以 α_i 表示响应离子的浓度，则当被测溶液中的干扰离子影响极小时，阈值电压 U_T 可用下式表示：

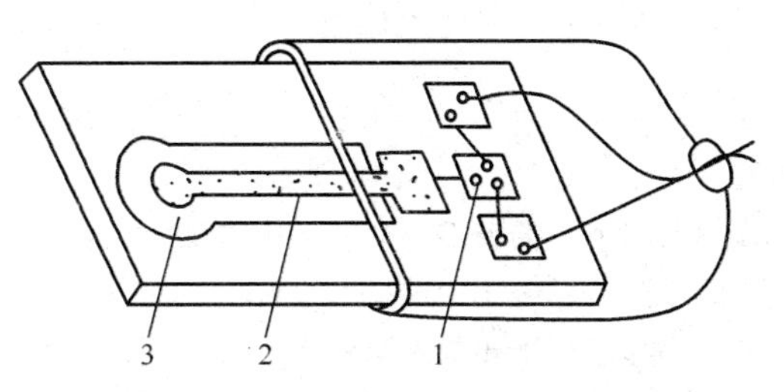

图 12-23　敏感膜涂覆在 MOSFET 栅极的 ISFET 示意图

1—MOSFET　2—铂膜　3—敏感膜

$$U_T = C + S\lg\alpha_i \tag{12-6}$$

式中的 C、S 对一定的器件、一定的溶液而言，在固定参考电极电位时是常数，因此 ISFET 的阈值电压与被测溶液中的离子浓度的对数呈线性关系。根据场效应晶体管的工作原理，漏源电流 I_{DS} 的大小又与 U_T 的值有关。因此，ISFET 的漏源电流将随溶液中离子浓度的变化而变化。在一定的条件下，I_{DS} 与 α_i 的对数呈线性关系。于是就可以由 I_{DS} 确定离子的浓度。

二、ISFET 的应用

ISFET 可以用来测量离子敏感电极（ISE）所不能测量的生物体中的微小区域和微量离子。因此，它在生物医学领域中具有很强的生命力。此外，在环境保护、化工、矿山、地质、水文以及家庭生活等各方面都有其应用。有关例子介绍如下：

1. 对生物体液中无机离子的检测

临床医学和生理学的主要检查对象是人或动物的体液，其中包括血液、脑髓液、脊髓液、汗液和尿液等。体液中某些无机离子的微量变化都与身体某个器官的病变有关。因此，利用 ISFET 迅速而准确地检测出体液中某些离子的变化，就可以为正确诊断、治疗及抢救提供可靠依据。

2. 在环境保护中的应用

ISFET 也可应用在大气污染的监测中。监测大气污染的内容很多，如通过检测雨水中多种离子的浓度，可以监测大气污染的情况及查明污染的原因。另外，用 ISFET 对江河湖海中鱼类及其他动物血液中有关离子的检测，可以确定水域污染情况及其对生物体的影响；用 ISFET 对植物的不同生长期体内离子的检测，可以研究植物在不同生长期对营养成分的需求情况，以及土壤污染对植物生长的影响等。

思考题与习题

1. 气敏传感器有哪几种类型？
2. 为什么多数气敏器件都附有加热器？
3. 半导瓷湿敏电阻有何特点？
4. 磁敏传感器有几种形式？
5. 何谓短路电流比？它与波长的关系如何？
6. 什么是 ISFET？

参考文献

[1] 唐文彦．传感器［M］．4版．北京：机械工业出版社，2007.
[2] 张广军．光电测试技术［M］．北京：中国计量出版社，2003.
[3] 秦积荣．光电检测原理及应用［M］．北京：国防工业出版社，1987.
[4] 王庆有．CCD应用技术［M］．天津：天津大学出版社，2000.
[5] 孙长库，叶声华．激光测量技术［M］．天津：天津大学出版社，2001.
[6] 强锡富．传感器［M］．北京：机械工业出版社，1989.
[7] 金篆芷，王明时．现代传感技术［M］．北京：电子工业出版社，1995.
[8] 强锡富．电动量仪［M］．北京：机械工业出版社，1984.
[9] 吴东鑫．新型实用传感器应用指南［M］．北京：电子工业出版社，1998.
[10] 袁祥辉．固体图像传感器及其应用［M］．重庆：重庆大学出版社，1996.
[11] 何希才．传感器及其应用电路［M］．北京：电子工业出版社，2001.
[12] 何友，等．多传感器信息融合及应用［M］．北京：电子工业出版社，2000.
[13] 张国雄，金篆芷．测控电路［M］．北京：机械工业出版社，2001.
[14] 井口征士．传感工程［M］．蔡萍，等译．北京：科学出版社，2001.
[15] 单成祥．传感器的理论与设计基础及其应用［M］．北京：国防工业出版社，1999.
[16] 刘迎春，叶湘滨．现代新型传感器原理与应用［M］．北京：机械工业出版社，1998.
[17] 刘广玉，等．新型传感器技术及应用［M］．北京：北京航空航天大学出版社，1995.
[18] 何圣静，陈彪．新型传感器［M］．北京：兵器工业出版社，1993.
[19] 贾伯年，俞朴．传感器技术［M］．南京：东南大学出版社，1992.
[20] 徐同举．新型传感器基础［M］．北京：机械工业出版社，1987.
[21] 樊尚春，刘广玉．现代传感技术［M］．北京：北京航空航天大学出版社，2011.
[22] 周真，苑惠娟．传感器原理与应用［M］．北京：清华大学出版社，2011.
[23] 林玉池，曾周末．现代传感技术与系统［M］．北京：机械工业出版社，2009.
[24] 张自嘉．光纤光栅理论基础与传感技术［M］．北京：科学出版社，2009.